제4판

인구지리학 개론

K. Bruce Newbold 지음

이재열 · 이건학 옮김

Σ시그마프레스

인구지리학 개론, 제4판

발행일 | 2025년 2월 5일 1쇄 발행

지은이 | K. Bruce Newbold
옮긴이 | 이재열, 이건학
발행인 | 강학경
발행처 | (주)시그마프레스
디자인 | 우주연, 김은경
편 집 | 김은실, 이지선, 윤원진
마케팅 | 문정현, 송치헌, 최성복, 김성옥

등록번호 | 제10-2642호
주소 | 서울특별시 영등포구 양평로 22길 21 선유도코오롱디지털타워 A401~402호
전자우편 | sigma@spress.co.kr
홈페이지 | http://www.sigmapress.co.kr
전화 | (02)323-4845, (02)2062-5184~8
팩스 | (02)323-4197

ISBN | 979-11-6226-481-2

Population Geography, Fourth Edition

＊ 책값은 책 뒤표지에 있습니다.

역자 서문

인구는 매우 중대한 사회-공간 담론을 형성하고 있으며, 이러한 상황은 지난 20여 년 사이에 더욱 심화되었다. 우리의 삶을 둘러싸고 여러 가지 인구지리학적 변동과 전환이 진행 중이기 때문이다. 가족계획의 압력에 시달리던 사회가 0.7명 남짓한 합계출산율을 기록하는 저출산 국가로 변했다. 2024년 12월에는 노년인구 비율이 20%을 넘으며 초고령사회에 진입했다. 외국인 인구는 230여만 명까지 증가해 전체 인구의 4.4%를 차지하게 되었고 미등록 이주민까지 포함하는 체류외국인은 300여만 명에 이르러, 전통적인 단일민족국가 이데올로기가 얼마나 유지될 수 있을지 미지수다. 2019년부터 인구의 50% 이상이 수도권에 집중하게 된 사이에, 지방 중소도시와 농어촌 지역은 인구 감소 및 공동화 현실을 어떻게 해결해 나갈지 고심하고 있다.

상황이 이러함에도 대부분의 사회과학 분과에서 인구를 주변부적인 분야로 취급하며 등한시하는 경향이 있지만, 다행스럽게도 지리교육 및 지리학에서는 꾸준히 인구를 핵심적인 교수·학습 주제로 가르쳐왔다. 일선 중고등학교 선생님을 비롯한 지리교육자들은 교육과정 설계와 실천적 교수학습 상황에서 세계와 우리나라를 가르치는 유용한 수단으로 인구를 활용해 왔다. 대학수학능력시험의 세계지리나 한국지리 문제 1~2개만 풀어보아도 어렵지 않게 알 수 있는 사실이다. 인구 관련 과목을 개설조차 하지 않는 여타 사회과학 분야와 달리, 모든 대학의 지리교육과와 지리학과에서는 인구지리학을 기본 교과목 중 하나로 개발해 가르치고 있다. 인구지리학의 위상은 지리교사 임용시험에서 꾸준히 출제되고 있는 사실로도 확인된다. 한마디로, 인구 지식은 지리교육자와 지리학자가 갖춰야 할 기본 소양으로 인식되고 있다.

『인구지리학개론』은 그러한 소양을 연마하기에 매우 적합한 책이다. 원저자인 캐나다 맥마스터대학교 브루스 뉴볼드(Bruce Newbold) 교수는 이동, 이주, 보건, 고령화 등에 관한 연구를 바탕으로 인구지리학 분야의 발전에 크게 공헌해 왔다. 이 책은 2009년 최초 출간 이후 2021년까지 네 차례의 개정을 거치며 풍부한 내용을 담아 입문자 수준에서 이해하기 쉽도록 전달력까지 갖추게 되었다. 기초적인 수식, 모델, 기법을 포함하고 있지만, 일반적인 인구학 서적과 달리 과도하게 테크니컬하지 않으면서 출생, 사망, 이동(이주), 도시, 정책 등 주요 이슈를 중심으로 세계 곳곳의 적절한 사례를 풍부하게 소개하는 것이 본 번역서의 가장 큰 장점이다. 그래서 지리교육이나 지리학 전공자가 아니더라도, 교양 수준에서 학습 도구로 활용하기에 무리가 없다. 여기에 포함된 세계 곳곳의 다양한 사례는 정책 벤치마킹 자원으로도 손색없다. 따라서 이 책은 다양한 독자층 사이에서 나름의 목적에 맞게 유용하게 쓰일 수 있을 것이다.

이러한 학문적, 교육적, 정책적 유용성에 주목해 번역 작업을 시작하였다. 계획보다 많이 지체된 모든 과정을 인내하면서도 원고를 꼼꼼히 살펴주신 윤원진 대리님과 김은실 차장님께 송구하지만 깊은 감사의 말씀을 드리고 싶다. 오랜 친구이자 학계 동료로서 동참해 준 서울대학교 지리학과 이건학 교수에게도 큰 도움을 받았다. 기술적 이슈가 주를 이루는 3~7장의 번역 작업을 맡으며, 정성적 접근의 지리학자가 정량적 접근의 지리학자와 어떻게 협력할 수 있을지에 대한 깨달음까지 주었다. 이건학 교수의 애정 어린 동참과 출판사의 세심한 검토에도, 혹시 있을 수 있는 오류에 대해서는 모든 책임이 대표 역자에게 있음을 밝힌다.

마지막으로, 번역서 출간의 계기를 마련해 주신 강철성, 강창숙, 류연택, 김종연 교수님께도 감사의 인사를 드리고자 한다. 2016년 3월부터 2024년 2월까지 8년 동안 충북대학교 지리교육과에서 인구지리학을 가르치는 기회를 얻었던 것이 번역에 착수했던 가장 중요한 이유였기 때문이다. 인구지리학을 전공필수 교과목으로 가르친 소중한 경험은 국내 어느 지리학자도 누려보지 못한 무한한 영광이다. 기회를 주신 교수님들께 무엇으로도 보답하기 어려운 은혜를 입었고 마음에는 큰 빚을 지고 있다. 일을 마무리한 장소가 시작한 곳과 다르지만, 출발점의 학문적 유산, 교육적 토대, 제도적 환경에 힘입은 것은 부인할 수 없다.

2025년 1월
역자를 대표해 이재열

차례

Chapter 1

인구지리학이란?

인구지리학의 정의와 범위
지리학적 관점
책의 구성
■ 포커스 : 공간 스케일의 중요성
■ 방법 · 측정 · 도구 : 인구지리학자의 도구

인류 역사 대부분 세계 인구는 많지 않았고 인구성장의 속도도 느렸다. 17세기 초반까지 세계 인구는 5억 명에 불과했으나, 이후에 의약, 위생, 영양이 개선되면서 매우 빠른 속도로 증가하였다. 1900년 무렵에는 약 20억 명이었고, 2020년까지 77억 3000만 명으로 증가했다.[1] 이러한 인구성장 대부분은 개발도상국에서 발생한다.[2] [A] 특히 아프리카와 아시아의 성장세가 두드러진다. 미래 인구성장도 개발도상국 세계에 집중할 것으로 보인다. 비교적 높은 출생률, 감소하는 사망률, 젊은 인구구성 때문이다.

출산력(fertility), 사망력(mortality), 인구이동과 같은 **인구과정**(population process)을 이해하려면 밑바탕이 되는 사회 이슈를 파악해야 한다. 분쟁, 자원이용, 환경파괴, 국가나 민족 간 관계 등이 그러한 이슈에 해당한다. 역으로 세계 곳곳의 사회는 인구과정과 인구특성을 바탕으로 형성된다. 그래서 출산력과 사망력의 과정을 통해서 인구와 지역의 특징을 파악할 수 있다. 일례로, 1세 미만의 영아 1000명당 사망자 수로 측정하는 **영아사망률**(IMR : Infant Mortality Rate)을 생각해보자. 2020년 기준 전 세계 영아사망률은 31명이었지만, 선진국의 경우 4명으로 매우 낮다. 출생 시점에서 평균 생존연수를 뜻하는 **기대수명**(life expectancy at birth)도 생각해보자.[B] 선진국에서 기대수명은 79세에 이르지만, 최빈개도국(LDC : Least Developed Country)에

[A] 유엔무역개발회의(UNCTAD : United Nations Conference on Trade and Development)의 결정에 따라 2021년 7월부터 한국도 선진국에 포함되었다. 그래서 원주의 설명과는 달리 현재의 유엔 분류 기준에서 "선진국 경제는 북아메리카와 유럽, 이스라엘, 일본, 한국, 오스트레일리아, 뉴질랜드로 구성된다." 반면, 개발도상국에는 "아프리카, 라틴아메리카와 카리브해, 이스라엘 · 일본 · 한국을 제외한 아시아, 오스트레일리아 · 뉴질랜드를 제외한 오세아니아" 지역이 포함된다. 자세한 내용은 UNCTAD 홈페이지를 참고하자(https://unctadstat.unctad.org/en/classifications.html).

[B] 0세를 기준으로 하는 **기대수명**의 개념과 달리, 특정 연령의 사람이 앞으로 생존할 것이라 기대되는 평균 생존연수는 기대여명으로 불린다.

서는 그보다 훨씬 낮은 65세에 불과하다. 가장 짧은 기대수명을 보이는 곳은 중앙아프리카 지역이다. 중앙아프리카공화국에서는 54세, 남수단에서는 56세의 수명만 기대할 수 있다.[3] 일반적으로, 낮은 기대수명과 높은 사망률은 열악한 보건 상태, 정부의 기초 서비스 제공 실패, 분쟁, 여성 차별 등의 요인에 영향을 받는다.

국가나 지역은 인구이동으로 연결되어 있다. **인구이동**은 로컬 수준에서 주택 수요 변화에 따른 거주 변화, 고용기회나 어메니티(amenities)에 영향 받는 국내이동, 세계적으로 발생하는 국제이동을 포함한다. 로컬이동이나 국내이동이 통제되는 경우는 거의 없다. 그러나 많은 국가에서 국제이동은 철저하게 통제되며, 특정한 프로그램의 자격을 얻는 사람에게만 입국이 허용된다. 젊고 숙련된 기술을 보유한 사람만을 선택적으로 받아들이고, 선택적 허가에서는 이동의 기원지와 목적지도 중요하게 고려된다. 선진국 대부분은 투자 능력이 있거나 자국에서 필요한 교육과 숙련된 기술을 체화한 이주민을 선호한다.

전쟁, 난민이동, 단순한 지리적 상호작용에 따라 열악한 보건과 질병의 문제가 발생하기도 한다. 국제이동에서는 합법 이주민의 이동을 무시할 수는 없지만, 난민과 **미등록 이주민**이 상당수를 차지한다. 미등록 이주민은 **불법 이주민**으로 불리기도 한다. 하지만 다른 곳에서 더 나은 삶을 찾고자 하는 사람에게 미등록 이주는 어쩔 수 없는 유일한 선택지일 수 있다. 최근의 시리아, 아프가니스탄, 소말리아 사태를 통해서 알 수 있듯이, **난민**과 **실향민**이 점점 더 가시적인 이슈가 되고 있다. 유엔의 정의에 따르면, 난민은 국적을 보유한 국가 밖에서 거주하면서 인종, 종교, 국적, 사회·정치적 소속에 근거한 박해의 두려움 때문에 고국에 돌아가지 못하는 사람을 일컫는다. 2019년에는 시리아, 아프가니스탄, 남수단에서 가장 많은 난민의 유출이 발생했다. 2020년 유엔난민기구의 추정에 따르면, 강제적 실향민 수는 전 세계적으로 7080만 명에 이른다. 역사상 가장 많은 수의 기록이며, 이 중 2040만 명의 난민은 유엔난민기구의 보호를 받고 있다.[4]

출산력, 사망력, 인구이동은 인구의 다중적 연결성을 파악하는 데에 매우 중요하다. 그리고 인구는 자원과 환경 문제를 포함해 오늘날 세계가 직면한 수많은 이슈에 기반을 둔다. 인구과정을 이해하려면 인구과정에 대한 측정을 해석하여 파악하는 능력이 필요하다. 이를 위해 이 책은 두 가지의 목적을 지향한다. 첫째, 여러 가지 기능적 도구를 제공하여 독자의 인구지리학 학습을 돕고자 한다. 무엇보다, 데이터를 기초로 인구과정과 인구구성을 측정하고 기술하는 능력을 키우는 것이 중요하다. 이러한 도구를 출산력, 사망력, 이동(이주)과 같은 주요 인구 이슈와 관련성 속에 파악하는 역량도 필요하다. 인구에 관한 연구는 범위의 측면에서 학제적 성격을 가지지만, 지리학적 관점의 중요한 가치를 인식해야 한다. **지리학**은 장소, 위치(입지), 지역 차, 확산의 역할을 강조하면서, 별개의 이슈들을 연결하는 능력과 안목을 제공한다. 둘째, 이 책은 인구과정을 이해할 필요성에 주목한다. 이에 인구연구학(population studies)을 소개하고,

인구와 관련된 현재와 미래 이슈를 제시할 것이다. 그러한 이슈들이 어떻게 경제, 정치, 자원 문제와 연결되어 있는지 파악하는 것도 이 책의 핵심 주제 중 하나이다.

인구지리학의 정의와 범위

인구지리학은 사람의 인구에 관한 연구 분야로, 인구의 규모, 구성, 공간분포, 시간에 따른 변화에 주목한다. 인구는 출생과 출산력, 사망과 사망력, (사람들의 공간상 움직임을 뜻하는) 이동의 세 가지 기본적 과정을 통해서 변한다.[C] 이 책의 이어지는 장들에서 이 주제들에 대해 상세히 살펴볼 것이다. 인구지리학자는 다른 인구연구자와 마찬가지로 사회의 인구구조를 이해하려 한다. 인구구조가 출생, 사망, 이동을 통해서 시간에 따라 어떻게 변화하는지도 인구지리학의 주요 관심사다. 이러한 연구에 주목하는 학술단체에는 미국지리학회(AAG)와 AAG의 인구지리학특별그룹, 캐나다지리학회, 영국왕립지리학회 등이 있다.[D] 지리학 밖에서는 미국인구학회(PAA)도 인구지리학자가 활동하는 중요한 무대 중 하나다(표 1.1).[E]

인구에 관한 연구는 다양한 학문 분야와 연구 전통에 기초한다. 한 마디로, 학제성이 인구 분야의 가장 중요한 특징 중 하나다. 지리학자, 경제학자, 사회학자, 계획학자, 인류학자 등이 인구연구에 많이 공헌하며, 각각의 관점, 방법론, 경험적 발견은 다른 학문의 관점과 타가수정(cross-fertilize)하고 있다. 보다 형식적으로 말하면, **인구통계학**(demographics)은 출산력과 사망력에 대한 분석에 뿌리를 두고 인구에 대한 통계적 분석을 추구한다. 비통계적 분석을 비롯한

표 1.1　지리학 및 유관 단체

지리학 협회	
미국지리학회(AAG)	www.aag.org
캐나다지리학회(CAG)	www.cag-acg.ca
영국왕립지리학회(RGS-IBG)	www.rgs.org
기타 단체	
미국인구학회(PAA)	www.populationassociation.org
미국 인구조회국(PRB)	www.prb.org
유엔인구국(UN Population Division)	un.org/development/desa/pd

[C] 출생(birth)은 생명의 시작을 말하며, 출산력(fertility)은 한 인구집단이 보유하는 출산의 빈도로 정의된다. 사망(death)은 모든 생명 기능이 회복의 가능성 없이 영구적으로 소멸된 상태를 뜻하고, 사망력(mortality)은 특정한 지역이나 인구집단에서 주어진 기간에 발생한 사망자 수를 의미한다(통계청, 2020, 『2020 통계용어』).

[D] 우리나라에서는 대한지리학회, 한국지리학회, 한국도시지리학회, 한국지역지리학회, 한국경제지리학회, 한국지도학회 등의 학술단체를 중심으로 다양한 주제와 관점의 인구지리학 연구가 활발하게 이루어지고 있다.

[E] 이에 상응하는 한국의 기관으로 한국인구학회와 한국인구교육학회가 있다.

다른 접근들은 **인구연구학**으로 통칭된다. **인구지리학**(population geography)은 인구에 대한 지리적 연구로서 위치와 공간적 과정을 중시한다.

인구지리학은 1950년대부터 시작된 비교적 신생 학문 분야이지만, 지리학 내에서 매우 중요한 위치를 차지한다.[5] 실제로 많은 지리학자가 출산력과 사망력의 공간적 차이, 이주, 인구 모빌리티 연구에 주목하고 있다. 특히 인구이동의 성격과 결과에 지리학자들의 관심이 집중되어 있다. 인구구조와 지역의 특성을 빠르게 변화시키는 원동력으로 작용하기 때문이다. 인구 모빌리티(이동성)는 로컬과 국제적 수준에서 장소 간 연결망을 형성하기 때문에 근본적으로 공간적인 현상이다. 일례로, 지난 몇십 년 동안 미국에서는 북동부 러스트벨트에서 인구유출이 활발했던 반면 남부와 남서부는 놀라운 인구성장의 성과를 기록했다. 많은 사람이 고용기회, 온난한 기후를 비롯한 여러 가지 어메니티를 찾아 이동했기 때문이다. 이와 함께, 남부를 향해 이동하는 은퇴자 인구도 많아졌다. 이를 계기로 미국에서는 도시 간 인구이동에 관심이 높아지게 되었다. 마찬가지로 영국에서는 인구흡인이 런던과 남동부에 집중되어 왔고, 북부에서는 인구유출을 통해 많은 인구를 잃었다. 다른 한편으로, 인구지리학자는 국제이동과 관련된 경제적, 사회적, 정치적 결과에 관심을 기울이며, 개발도상국 간의 노동이동에도 주목한다. 어떠한 이슈와 문제에 대해서든지 간에, 다양한 이론적 접근이 추구된다. 이의 범위는 젠더연구, 정치경제학, 마르크스주의, 효용 극대화 이론 등을 망라한다. 다른 한편으로, 인구지리학자는 민족과 인종, 출산력 선택, 사망력을 비롯한 여러 인구 관련 문제와 이슈에도 관심을 가진다.

인구는 출생, 연령, 사망을 포함해 다양한 자연법칙에 지배받는다. 출생부터 사망에 이르는 동안, 사람은 대학 진학, 혼인, 출산, 이직, 이주 등의 과정을 거친다. 이를 통해 우리 주위의 인구와 인구의 전환을 이해하는 것이 중요하다. 모든 수준의 정부는 관할구역의 인구에 관심을 가진다. 그래서 정부는 다음과 같은 문제에 큰 관심을 가지고 조사한다. 전체 인구에서 65세 이상 노년인구가 얼마나 있을까? 15세 미만의 유소년인구 비율은 얼마나 될까? 유권자 비율은 어떨까? 1년간 얼마나 많은 (거주의 위치를 옮긴) 이동자가 국내에서, 그리고 국제적으로 발생했을까? 그런 이동자들은 누구인가? 지역 내 민족이나 인종의 구성은 어떨까? 인구의 건강 수준은 어떠한가? 이러한 정보를 바탕으로, 정부는 다양한 프로그램을 마련해 전달하면서 주민의 요구에 부응한다. 한 마디로, 인구구성, 인구분포, 시간에 따른 인구의 변화를 이해하는 것이 중요하다. 이는 공공 부문뿐만 아니라 민간 부문에서도 계획 목적에 부합한다. 가령, 교육청과 대학은 교육 참여자나 등록자 수를 추산하고, 서비스 기관은 적절한 서비스의 전달을 위해서 노년층이나 이주민 인구의 위치, 규모, 연령구조를 파악한다. 이러한 인구 정보는 소매업체에서도 유용하다. 특정 상품의 세분시장을 겨냥하거나 특정 집단의 수요와 구매력을 파악하는 근거가 되기 때문이다.

국제적 스케일에서, 정부나 유엔, 유엔난민기구(UNHCR) 등의 국제기구는 출산력, 인구성장, 인구이동과 같은 이슈에 관심을 가진다. 관심의 범위는 합법·미등록 이주, 난민, 국내실향민(IDP : Internally Displaced Persons)을 망라한다. 사람들이 어느 곳을 떠나 어디를 향하는지, 이동의 이유는 무엇인지를 이해하기 위해서다. 여기에서는 이주자 개인이나 이들이 유출·유입 커뮤니티(공동체)에 주는 함의도 관건이다. 국제이동 대부분은 경제적 이슈와 더 나은 삶에 대한 기대로 인해 발생하기 때문이다.

지리학적 관점

퍼트리샤 고버와 제임스 타이너는 『21세기를 맞이하는 미국의 지리학』에서 "지리적 이슈가 더욱 커지고 있다."라고 말했다.[6] 관련된 인구지리학 이슈에는 합법·미등록 이주, 수용 국가에서의 적응(adjustment)과 동화(assimilation), 인구이동에 대한 경제·사회·정치적 반응, 인구 고령화 등이 있다. 이들은 한 국가만의 이슈가 아니라, 세계 곳곳에서 직면하고 있는 현안이다. 인구연구학이 사회학자, 경제학자, 인류학자 등이 함께하는 학제적 분야이지만, 지리적 관점의 가치는 매우 높다. **지리학**은 통합적 프레임을 통해서 인구 이슈를 바라보게 한다. 공간, 지역 변이, 확산, 장소, 인문·자연적 과정을 비롯한 지리학적 관심사는 인구 이슈를 탐색하는 데에 독특한 프레임을 제공한다. 지리학만이 공간을 다룬다거나, 지리학자들이 공간에만 관심을 둔다는 말이 아니다. 소가족이나 산아조절 기술과 관련된 아이디어의 공간적 확산처럼, 공간적 과정을 이해하는 데에 주목한다는 것이다. 어떤 이슈에 관심을 두든, 가령 관심사가 출산력이든 이주이든, 공간적 과정은 기본적으로 밑바탕에 깔린다. 예를 들어, 이주나 가족과 관계된 정책을 통해서 국가와 정부는 인구통계학적 구성에 변화를 꾀할 수 있다. 마찬가지로, 경제 시스템이 출산 행태나 인구의 사망력에 영향을 준다. 그리고 환경오염과 위기, 산림파괴, 수자원 부족은 지역 간 연계의 사례에 해당한다. 이들은 경관과 시간에 따라 역동적으로 변화하는 동태의 과정이며, 지리적 접근은 과거, 현재, 미래의 관계와 패턴을 설명할 수 있도록 한다.

인구지리학의 전환점은 1953년 AAG 연례 학술대회에서 마련되었으며, 이를 계기로 인구지리학이 지리학 연구의 전면에 등장할 수 있었다. 이 자리에서 위스콘신주립대학교 글렌 트레와다 교수는 인구지리학 연구의 확대 필요성을 역설했다.[7] 트레와다는 인구지리학이 자연지리학, 문화지리학과 함께 독립된 분과학문이 되어야 한다고 주장했다. 그의 발표 이후로 지리학은 자연지리학과 인문지리학으로 구분되었고, 인구지리학은 인문지리학의 주요 분야 중 하나로 자리매김했다.[8]

초창기의 인구지리학은 장소의 지리적 성격을 다루며, 인구의 위치와 특성을 기술하고 이들의 공간적 형태를 수치에 근거해 설명하는 데에 집중했다. 1966년 윌버 젤린스키가 인구지리학에 관한 책을 출간하면서, 인구지리학의 기초가 더욱더 공고해질 수 있었다.[9] 이를 통해서 인구지리학은 인구에 대한 **기술**(description), 인구의 공간적 형태에 대한 **설명**(explanation), 인구 현상에 대한 지리학적 **분석**(analysis)을 포함하는 분야로 발전할 수 있었다. 1970년대와 1980년대 동안 인구지리학자 대다수는 (경험적 연구를 수학, 과학적 탐구에 결합하는) 논리실증주의, 양적(정량적) 방법론, 대규모 데이터 분석에 의존했다. 이러한 경향성은 인구지리학과 **형식인구학**(formal demography) 간의 긴밀한 관계를 반영한다. 이 과정에서 계산 능력도 엄청나게 향상되었다. 데스크톱 컴퓨터와 통계 소프트웨어 패키지가 등장하면서 연구자가 발휘할 수 있는 유연성은 더욱 커졌다. 예를 들어, 추론통계 기법을 이용해 가설을 검증하거나 다변량 통계 분석을 활용하는 능력을 갖추게 되었다.

트레와다 이후로 인구지리학의 중요성과 범위가 확대되면서, 많은 지리학자가 이 분야의 발전에 공헌했고 방법론과 이론적 접근의 다양성도 증가했다. 예를 들어, 질적(정성적) 접근은 세세한 통찰력을, 지리정보시스템(GIS : Geographic Information System)과 공간분석 기법은 최신의 안목을 제시한다. 그리고 연구자 대부분은 장소의 중요성을 인식하고 지리학과 여타 사회과학 분야에서 제시하는 다양한 통찰력에 기초해 인구를 광범위한 맥락에서 파악한다. 지리학은 개념적 접근의 다양성에 기초한 프레임을 제시하며 복잡한 현상을 관찰할 수 있도록 해준다. 예를 들어, 경제지리학과 문화지리학은 출산력 선택에 대한 통찰력을 제시한다. **출산력 선택**은 자녀를 이해하는 데에 나타나는 트레이드오프를 강조하는 개념이다. 그러한 트레이드오프는 노동이나 연금계획의 수단으로서 자녀를 인식하는 사고방식과 교육을 제공하거나 사회의 광범위한 문화적 기대에 부응해야 하는 가정의 역할 사이에서 나타난다. 정치지리학, 사회지리학, 문화지리학도 중요한 교훈을 제공하는데, 특히 별개의 이슈 간에 생길 수 있는 잠재적 마찰을 이해하는 데에 도움을 준다. 무엇보다, 자원, 환경, 정치, 정책 간의 상호관계를 인구지리학 차원에서 인식할 수 있게 한다.

인구지리학에 속하는 모든 연구 주제나 연구자를 완벽하게 언급하기는 불가능하다. 피터 오그던이 강조하는 바와 같이, 인구 관련 연구를 수행하는 지리학자 일부는 자신을 **인구지리학자**로 언급하지 않는다.[10] 그 대신, 문화지리학, 민족지리학, 농촌지리학 등으로 자신의 연구 분야를 범주화하는 경향이 있다. 일반적인 인구지리학의 연구 분야는 여섯 가지로 구분된다.[11] 여기에는 ① 국내이동과 거주지 이동, ② 국제이동과 초국가주의, ③ 이주민의 적응 및 동화와 소수민족 엔클레이브, ④ 지역 간 인구통계학적 변이(차이), ⑤ 사회 이론과 인구과정, ⑥ 공공정책이 포함된다.

이들 중에서 국내이동과 거주지 이동에 관한 연구가 인구지리학의 대명사처럼 이야기되곤 한다. 이 범주에 속하는 구체적 인구 주제에는 이동과 경제주기(재구조화) 간의 관계, (인구 고령화, 베이비붐 코호트 등) 인구주기가 이동에 미치는 영향, 인구 모빌리티에 대한 생애과정 관점, 이동에 대한 문화기술지(민족지) 접근 등이 있다. 그러나 국제이동, 초국가주의, 이주민의 적응 및 동화, 소수민족 엔클레이브에 대한 연구에서도 많은 성과가 나타났다. 특히, 이주민 정착지와 엔클레이브의 시간에 따른 진화, 거주지 분산, 순환이동, 동반 이주, 신규 이주민의 경제적 통합 등이 중요한 주제로 다루어진다. 지역 간 인구통계학적 변이를 평가하는 연구는 인구 고령화, 출산율, 이동 성향, 사망력, 사망의 격차 문제를 강조한다. 예를 들어, 미국의 지리학자들은 주 간 이동률의 상당한 차이에 주목한다. 이와 관련해 특히 은퇴자 이동, 장소의 고령화, 빈곤이동에 대한 관심이 높다. 이 밖에도, 특정 인구 내의 출산력, 장애, 사망력, 이환력^F과 이들의 공공정책 함의도 지리학자의 관심사에 해당한다.

이러한 공간적 인구지리학 전통에 다양한 양적 · 질적 분석 기법이 도입되고 있다. 여기에는 GIS, 공간분석 기법이 포함된다.[12] 동시에, 인구지리학자는 전통적인 인구연구 영역 밖의 주제에도 관심을 가지며 보건, 교통, 경제분석에 관여한다. 보다 최근에는 환경지리학과 연계된 분야가 새롭게 주목받고 있다. 실제로 인구 이슈에서 환경 문제가 중심을 차지한다. 예를 들어, 인간의 이동은 환경파괴, 사회적 · 민족적 불안, 식량안보와 관련된다.[13] 이러한 연구 어젠다가 인구지리학에서 거의 주목받지 못하다가, 최근 들어 변화의 분위기가 나타나고 있다.[14] 정치학자 토머스 호머딕슨[15]처럼 비지리학자들도 인구–환경 연계 이슈에 관심을 보이기 시작했다. 인구와 건강 간의 관계,[16] 인구와 경제성장 간의 관계에 주목하는 비지리학자들도 있다.[17] 지리학자들이 이러한 논의에 참여하지 못한다는 뜻은 아니다. 지리학적 통찰력을 발휘할 수 있는 여지가 많다는 이야기다. 이런 맥락에서, 인구지리학자는 인구와 경제개발 간의 관계에 더욱 많은 관심을 기울일 필요가 있다. 다른 한편으로, 지리학 전반에서 큰 영향력을 발휘하는 GIS나 공간분석과 인구지리학 간의 관계도 깊어지고 있다.

책의 구성

이 책의 핵심 목표는 출산력, 사망력, 이동을 비롯한 인구 이슈를 찾아내 논의하는 것이다. 동시에, 인구지리학 탐구를 위한 일련의 기능적 도구도 제공하고자 한다. 이는 인구과정, 데이터, 인구구성을 측정하고 기술하는 일과 관련된다. 이 책은 특정 인구과정과 관련된 이슈에 초점을 맞추는 장으로 구조화되었다. 각 장에는 **포커스**와 **방법 · 측정 · 도구** 박스도 포함되어 있다. 각 장의 논의를 하나로 모을 수 있는 구체적 사례를 제시하기 위해서다. 여기에는 이슈, 관심 분야, 인구지리학 탐구법에 대한 논의가 포함된다. 인구지리학자가 자주 활용하는 측정과 도구가 제시되지만, 그렇다고 해서 완벽하게 기술하고 설명한다는 뜻은 아니다. 단지 도구와 이슈 간

---

^F 이환(罹患)은 질병에 걸려있는 상태를 뜻하는 용어이며, 이환력(morbidity)은 한 인구가 어떤 질병을 어느 정도로 앓고 있는지를 의미하는 보다 포괄적인 개념이다. 따라서 이환력은 질병과 관련해 인구의 총체적 건강 상태를 함의하는 개념이라 할 수 있다.

의 관계에 대한 이해를 돕고자 마련된 것이다. 포커스 박스는 실세계 사례를 제시하며 각 장에서 논의하는 개념을 구체화, 활용, 해석하는 역할을 한다. 방법·측정·도구 글상자는 (인구추계 기법 등) 인구지리학자가 일반적으로 많이 활용하는 방법론과 측정법을 소개하기 위한 것이다.

포커스 ## 공간 스케일의 중요성

인구이동처럼 지리학자가 관심을 가지는 공간적 현상은 하나의 스케일에서만 발생하지 않는다. 개인부터 국제적 수준에 이르기까지 다양한 **공간 스케일**(spatial scale)에서 나타난다. 가령, 사람들은 **근린**(neighborhood) 내 주택 간에 이동할 수 있지만, 그러한 이동은 도시나 국가, 더 나아가 국제적 범위에서도 일어난다. 그리고 각각의 스케일에서 설명 요인은 다를 수 있다. 예를 들어, 가족 규모의 변화에 따른 주거이동은 친교관계가 확립되고 고용된 지역 내에 머물며 로컬 수준에서 나타날 수 있다. 국내이동은 진학이나 취업의 필요성 때문에 발생할 수 있고, 고용기회 탐색, 은퇴 후 더 나은 어메니티의 추구, 가족과의 근접성 선호도 국내이동의 원인이 된다. 마찬가지로, 출산력 선택에서도 장소의 특수성이 반영된다. 특히 장소의 민족구성과 종교구성이 큰 영향을 미치는데, 이들의 상세한 모습은 평균으로 뭉뚱그려지는 상위 스케일에서 희석될 수 있다.

이런 이유 때문에, 공간 스케일 선택이 해석과 결과에 주는 여러 가지 함의를 이해해야 한다. 스케일의 문제를 세 가지 차원에서 생각해보자. 첫째, 분석의 스케일이 변하면 같은 문제에 대해서도 다른 질문이 (그리고 방법이) 적용될 필요가 있다. 로컬 이슈에 관심을 가지는 연구자는 근린이나 가구/가족 관련 문제에 초점을 맞추고, 보다 큰 스케일의 분석에서는 경제나 어메니티 효과가 중시된다. 둘째, 스케일이 변하면 우리

가 물리적으로 관찰할 수 있는 사실도 변화한다. 이는 특히 이주(이동)연구자에게 중요한 사항이다. 1800년대 에른스트 게오르크 라벤슈타인의 업적을 통해 널리 알려진 사실 중 하나는, 사람들이 장거리 이동보다 단거리 이동을 선호한다는 점이다.[18] 따라서 관찰되는 이주자의 수는 특정한 연구지역의 규모와 모양, 인구분포, 인구특성에 따라 다르다(그림 1.1). 예를 들자면, 노년층이 많은 인구의 이동은 청년층을 중심으로 형성된 인구에서보다 낮게 나타난다.[19]

셋째, 스케일이 변하면 결과와 결론도 달라질 수 있다. 이 현상은 **임의적 공간단위 문제**(MAUP : Modifiable Areal Unit Problem)로 알려져있으며, 지리학자와 지도학자가 우려하는 문제이다. MAUP는 합계(총량) 데이터를 사용하는 연구에 영향을 주는 오류의 근원이 될 수 있으며, 특히 **생태학적 오류**(ecological fallacy)와 밀접하게 관련된다. 생태학적 오류는 집단이나 지역 통계에 기초한 분석을 근거로 개별 행태를 추론할 때 발생한다.[G] 한편, 공간적 현상을 제시하기 위하여 지리적 데이터를 합산한 다음 센서스 트랙과 같은 공간적 객체로 지도화할 수 있다.[H] 그러나 이러한 구역과 경계는 미국 인구조사국과 같은 통계 기관이 임의로 정하는 것에 불과하다. 지리적 스케일이 변하면 (가령, 센서스 트랙에서 카운티 단위로 옮겨가며) 데이터 프레젠테이션의 의미도 변한다.[I] 이에 따른 새로운 시각화를 통해서 정보의 **재현**

[G] 가령, 어떤 지역에서 범죄율이 높다는 이유로 그 지역에 사는 특정인을 우범자로 취급하는 것은 생태학적 오류이다.

[H] 미국의 센서스 트랙은 행정구역 아래 통계적 소지역 단위 중 하나로, 그 아래에는 블록 그룹(block group)과 센서스 블록(census block)이 있다. 센서스 블록에 상응하는 우리나라의 단위구역 개념으로, 통계청에서 정의하여 사용하는 기초단위구가 있다. 기초단위구는 조사구 설정이나 근린지역 통계 서비스의 최하 단위구역으로, 도로, 하천 등 준항구적인 지형지물을 경계로 획정된 구역을 뜻한다.

[I] 예외는 있지만, 일반적으로 미국의 카운티(county)는 주(state) 아래의 지역단위이다. 예를 들어, 위스콘신주는 72개의 카운티로 구성된다. 카운티는 대개 정치적 자치성을 보유한 행정단위이지만, 그렇지 않은 경우도 있다. 도시와 카운티

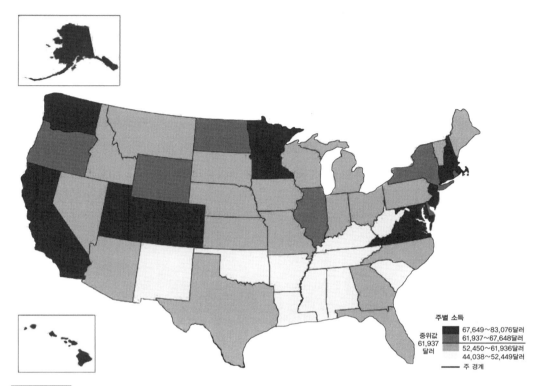

주별 소득

중위값
61,937
달러

67,649~83,076달러
61,937~67,648달러
52,450~61,936달러
44,038~52,449달러
—— 주 경계

그림 1.1　미국 주별 중위 가구소득(2018년)

같은 데이터를 카운티 스케일에서 지도화한 그림 2.4와 이 지도를 비교해보자. 그림 2.4의 상세함을 이 지도에서는 찾아볼 수 없다.

출처 : 미국 인구조사국

(representation)도 다르게 나타난다. 가령, 하나의 스케일에서 공간적 클러스터링은 다른 스케일에서 전혀 가시적이지 못한 현상일 수 있다. 마찬가지로, 스케일이 변하면 동일한 현상의 원인과 결과도 다를 수 있다.

개별 공간 스케일의 이슈는 서로 배타적이지 않다. 그러나 공간 스케일 선택은 신중하게 이루어져야 한다. 가능한 한 가장 작은 단위를 사용하는 것이 좋다. 물론, 작은 스케일에서라도 데이터의 신뢰도가 높아야 하며 연구하는 인구과정도 안정적이어야 한다. 이러한 조건을 충족하지 못하면, 다른 스케일의 분석을 수행해야 한다. 공간 스케일의 영향을 무조건 피해야 한다거나 스케일 간의 비교가 부적절하다는 뜻은 아니다. 실제로 한 스케일에서 과정에 대한 이해는 다른 스케일의 분석으로 상호보완될 수 있다. 스케일 간 비교를 통해서 공간적 과정에 대한 중요한 통찰력을 얻을 수 있다는 이야기다.

의 관계도 매우 유동적이다. 어떤 도시는 카운티와 일치하거나 카운티의 일부를 차지하지만, 몇 개의 카운티로 구성되는 대도시-지역의 사례도 있다. 예를 들어, 메트로폴리탄 통계지역(MSA : Metropolitan Statistical Area)을 기준으로 위스콘신주 최대 도시인 밀워키 메트로는 밀워키, 워싱턴, 오조키, 워케샤를 포함해 4개의 카운티로 구성된다. 한편, 센서스 트랙은 카운티 아래의 통계적 하위단위로, 통계 데이터 프레젠테이션의 안정적인 지리적 단위를 제공할 목적으로 마련되었으며 10년마다 시행되는 센서스 전에 재설정되기도 한다. 4000명의 인구가 센서스 트랙의 최적 규모로 설정되어 있지만, 실제로는 1200~8000명의 인구로 구성된다.

방법·측정·도구　인구지리학자의 도구

인구지리학은 인구통계학과 마찬가지로 경험주의와 통계분석 전통에 뿌리를 두고 있다. GIS가 광범위하게 쓰이기는 하지만, 인구지리학은 나름의 연구 분야를 정의하는 독자적인 분석 도구 세트를 보유하지 않는다. 그 대신, 인구지리학자는 지도학, 인구통계학, 경제학, 인류학, 사회학 등 관련 분야의 도구와 방법을 공유한다. 그렇지만 인구지리학자의 도구는 데이터, 방법, 프레젠테이션으로 구분해 다음과 같이 요약할 수 있다.

데이터

인구과정에 대한 분석과 통찰이 **데이터**에 의존한다는 것은 명백한 사실이다. 가령 인구의 출산력을 가늠하려면, 개별 여성이 출산하는 자녀의 수, 아이를 낳을 때 여성의 나이, 자녀를 낳을 수 있는 여성 인구수 등을 알아야 한다. 이러한 집단의 인구를 헤아리려면, 남성 또는 너무 어리거나 나이가 많은 여성을 고려해서는 안 된다. 대부분의 출산이 15세에서 49세 사이의 여성에게서 나타나는 점을 고려해 가정을 내릴 수도 있다. 물론 그보다 젊거나 나이 많은 여성들도 출산할 수 있지만, 전체 출산연령에서 차지하는 수가 매우 적다. 그래서 그런 여성들은 일반적으로 공식적 측정에는 포함되지 않는다.

이처럼 데이터는 인구지리학자의 도구상자에서 중요한 부분을 차지한다. 연구자들은 인구조사국과 같은 통계 기관이 수집하여 제공하는 **공공 데이터**를 활용한다. 이렇게 지리적으로 광범위한 대규모 조사는 특정한 국가에서 일정한 기간에 적합한 인구통계학적, 사회·경제적 데이터를 포함하고 일반적으로는 전체 인구에 대하여 **대표성**을 가진다고 가정된다.

데이터는 크게 **질적(정성) 데이터**와 **양적(계량) 데이터** 두 가지 유형으로 구분된다. 질적 데이터는 텍스트, 이미지, 구두 서술과 같은 비수치 정보로 구성된다. 이러한 형태의 데이터는 사례연구, 개방형 인터뷰, 초점집단(포커스그룹), 참여관찰, 일지(다이어리) 기록을 통해서 수집된다.[J] 양적 데이터는 수치 정보를 뜻하며, 실험 결과나 설문지 조사를 통해 수집된 합계, 비율, 척도를 포함한다.[K] 이러한 데이터는 통계분석이 이루어질 수 있는 정보를 제공한다. 코호트 요인 모델 같은 인구추계, 인구통계에 기초한 생명표, 회귀분석을 비롯한 다변량 분석이 그러한 통계분석 사례에 해당한다. 이러한 방법을 통해서 통계적 유의성을 검토하고 가설을 검증/기각할 수 있다.

방법

방법론 또한 중요하다.[L] 방법은 데이터의 원천과 데이터를 수집하는 방법과 관련된다. 질적 데이터와 양적 데이터 간에는 분석적 가정과 이론적 접근의 차이가

[J] **인터뷰**는 구조화(structured), 반구조화(semi-structured), 비구조화(unstructured) 인터뷰로 구분되며, 본문의 개방형 인터뷰는 비구조화 인터뷰에 해당한다. **구조화 인터뷰**는 미리 정해진 질문을 모든 사람에게 똑같이 묻는 형식이며, 개방형 **비구조화 인터뷰**는 질문을 정하지 않고 연구 대상자와의 이야기 흐름에 따라 진행된다. **반구조화 인터뷰**는 양극단 유형의 중간에 해당하며, 질문의 방향과 내용을 큰 틀에서 미리 계획하지만 인터뷰 과정에서 유연성을 발휘하는 방식이다.

[K] **척도**(scale)는 데이터의 형태를 구분하는 기준이다. 이에 따라 데이터는 명목척도(nominal scale), 서열척도(ordinal scale), 등간척도(interval scale), 비율척도(ratio scale)로 구분된다. 명목척도는 수치화된 측정의 결과가 아니라, 인종 구분을 수로 정의하는 것처럼 특정한 분류의 값을 말한다. 서열척도는 순위나 등급을 나타내는 데이터이며, 등간척도는 온도나 경위도처럼 일정한 간격으로 표시된 값의 데이터를 뜻한다. 비율척도는 거리나 면적처럼 비율을 통해서 상대적 차이를 가늠하고 수치 간의 계산이 가능한 데이터로 정의된다. 계산 가능성이 비율척도가 등간척도와 구별되는 가장 큰 차이점 중 하나다. 예를 들어, 서로 다른 두 지점의 위도를 더한 값은 본래의 수치와 관련해 아무런 의미가 없지만 두 지역의 면적을 더하면 개별 지역을 반영하는 속성이 계산 후에도 유지된다.

[L] 책의 전반에 구분 없이 쓰이지만, **방법**(method)과 **방법론**(methodology) 간의 개념적 차이에 유의해야 한다. 방법은 데이터의 수집, 분석과 관련되는 기술적 활동을 의미하고, 방법론은 연구 전반의 논리나 총체적 시스템과 관련된 개념이다. 따라서 방법론은 수집하는 데이터의 유형과 데이터 분석법을 넘어서 그러한 방법 선정의 근거가 되는 이론적 기반까지 아우르는 논리의 총체라 할 수 있다. 한 마디로, 방법론은 방법의 존재론적, 인식론적 토대라 할 수 있다. 가령, 센서스 데이터를 활용해 회귀분석을 수행하거나 특정 인구집단에서 인터뷰 데이터를 수집해 담론분석을 수행하는 활동

있다. 그래서 어떤 방법과 방법론을 선택하는지에 따라 탐구되는 인구 이슈와 문제가 다를 수 있다. 그리고 인구과정이 어떻게 정의되고 측정되는지는 경험적 측정과 이를 통해 유도된 결론에 영향을 미친다. 데이터가 어떻게 조작적으로 정의되고 해석되는지, 어떤 분석 방법을 사용하는지에 따라서 결과의 차이가 나타날 수 있다는 이야기다.

두 가지 데이터 종류에 따라서 방법도 다르다. 질적 방법은 통계적 추정이나 일반화보다 의미를 기술하는 데에 관심을 둔다. (사례연구, 인터뷰 등) 질적 방법은 일반화 가능성과 신뢰도가 부족하지만, 연구되는 과정에 대한 풍부한 기술을 통해서 보다 심층적인 분석을 가능하게 한다.[M] 질적 분석은 엔비보와 같은 컴퓨터 프로그램을 활용해서 수행되기도 한다(https://www.qsrinternational.com). 반면, 양적 방법은 의미와 경험보다 수량과 빈도에 초점을 맞춘다. 기술통계, 추론통계, (회귀분석 등) 다변량 통계 기법이 양적 방법에 해당하며, 이를 통해 연구자는 관심사를 이해하고 모델화할 수 있다. 양적 방법은 통계 패키지의 도움을 받아 이루어질 수 있다. SAS(http://www.sas.com), STATA(http://www.stata.com), SPSS (http://www.spss.com), R(http://www.r-project.org) 등이 일반적으로 많이 활용되는 통계 패키지이다. 양적 방법은 과학적, 실험적 접근과 관련되어 있으며, 심층적 기술을 제공하지 못하는 이유로 비판받는다. 이런 방법에서는 미국 인구조사국이 생산하는 대규모 데이터와 같은 자료를 주로 사용하는데, 이는 **실증주의**(positivism) 접근과 관련된다. 실증주의 이론의 목적은 경험적 관찰을 확증하고(또는 반증하고) 모델과 이론으로 일반화할 수 있는 법칙을 마련하는 것이다.[20]

인구지리학자는 인구구성, 출산력, 사망력, 이동을 기술하는 나름의 측정방식도 보유한다. 여기에서는 간략하게 세 가지 예만 살펴보자. **합계출산율**(TFR : Total Fertility Rate)은 한 여성이 가임 기간 동안 낳는 자녀의 수를 수치로 재현할 수 있도록 한다. **이동률**(migration rate)을 가지고 한 인구의 이동 경향성이나 가능성을 가늠할 수 있다. 마지막으로 **사망률**(mortality rate)은 한 사회의 사망과정을 함의한다. 이러한 측정치에 관해서는 이 책의 다른 부분에서 더욱 상세히 다루도록 하겠다.

인구지리학자를 비롯한 사회과학자는 센서스 자료 등 여러 가지 데이터를 풍부하게 활용해 인구의 트렌

은 방법과 관련된 계획이다. 이것을 방법론적 차원의 논의로 확대하려면, 그에 타당한 존재론적 기초와 인식론적 실천 양식의 맥락에서 선정한 방법의 적절성과 정당성까지 고려해야 한다. 예를 들어, 통계분석 방법은 일반화할 수 있는 보편타당한 진리가 존재하며 그것은 탐구를 통해 밝힐 수 있다는 **논리실증주의**적 세계관과 지식 접근법을 통해서 방법론적으로 정당화될 수 있다. 마찬가지로, 인터뷰 자료에 대한 담론분석은 지식의 보편타당성을 거부하는 **포스트구조주의** 세계관에 근거해 민족 정체성에 대한 인식의 다양성과 그로 인해 나타나는 마찰과 갈등의 정치를 파악하기 위해 활용될 수 있다.

[M] 양적 방법과 질적 방법의 **엄밀성**(rigor)을 따지는 방식은 다르다. 양적 연구의 엄밀성은 객관성(objectivity), 신뢰도 (reliability), 타당도(validity), 일반화 가능성(generalizability)으로 평가된다. 객관성은 철저한 외부자의 관점에서 가치 판단의 개입 없이 탐구하는 태도를 뜻한다. 그리고 신뢰도는 자료와 측정의 일관성으로, 타당도는 분석의 정확성으로 판단하며, 양적 방법에서는 이러한 자료와 분석을 바탕으로 일반화가 가능한 법칙을 추구한다. 반면, 연구 대상자와 긴밀한 상호작용이 요구되는 질적 방법에서 객관성은 불가능하고 부적절한 연구자의 태도이다. 그래서 연구자는 자신의 이해, 관점, 편견, 위치성(positionality)이 데이터 해석에 얼마나 영향을 주는지 성찰하면서 연구의 확인 가능성 (confirmability), 즉 연구 대상자의 지식과 입장을 확인하는 수준을 높여야 한다. 그리고 질적 방법에서는 자료나 측정의 일관성보다는 해석의 일관성이 중요하며, 이는 연구의 신뢰성(dependability)과 관련된다. 연구자의 해석이 연구 대상자의 이해방식과 일치하는지도 중요한데, 이를 함의하는 용어는 신빙성(credibility)이다. 양적 방법에서 신뢰도와 타당도는 수치화를 통해 검토되지만, 질적 방법의 신뢰성과 신빙성은 연구관계를 통해 증진된다. 공동연구나 동료검토를 통해서 해석의 신뢰성을 높일 수 있고, 연구 대상자의 지속적인 참여와 검토는 신빙성 향상의 수단으로 활용된다. 마지막으로, 질적 방법에서는 일반화 가능성이나 반복 가능성(replicability)보다 이전 가능성(transferability)이 훨씬 더 중요하다. 이전 가능성은 연구의 과정이 다른 맥락에서도 활용될 가능성을 뜻하며, 다른 연구자가 다른 맥락에서 활용할 수 있도록 연구의 맥락을 심층적으로 기술하여 연구의 이전 가능성을 높일 수 있다. 이러한 이전 가능성은 여러 사례에서 결과의 반복을 중시하는 양적 연구의 반복 가능성과 대조를 이루는 과정적 개념이다[J. Baxter, and J. Eyles, 1997, "Evaluating qualitative research in social geography: Establishing 'rigor' in interview analysis," *Transactions of the Institute of British Geographers* 22(4), 505-525 참고].

드(추세)와 공간적 결과를 이해한다. 그러한 데이터가 광범위하게 사용되는 이유는 자료의 타당도와 상세성 때문이다. 다른 한편으로, 인구지리학에서 질적 방법의 사용도 증가하고 있다.[21] 경험적 분석에 대한 의존성이 높아짐에 따라, 일부 연구자는 경험적 데이터에 대한 과도한 강조를 비판하기도 한다. 이들에 따르면, 방법과 접근이 데이터에 의해 결정되면서 이론적 관계에 대한 문제는 적절한 수준으로 주목받지 못한다. 다시 말해, 데이터의 이용 가능성이 연구 질문 형성에 제약조건으로 작용한다.[22]

프레젠테이션

데이터와 결과의 **프레젠테이션**도 중요하다. 표나 (보고서 등) 문서 형식이 일반적이지만, 데이터의 지리적 성격 때문에 지도도 정보를 제시하는 수단으로 널리 사용된다. 최근에 출현한 매핑 도구와 GIS가 이용 가능해졌기 때문에 지리적 데이터를 대규모로 저장, 프레젠테이션, 분석하는 일이 더욱 쉬워졌다. 이에 대해서는 2장의 **방법 · 측정 · 도구**에서 더욱 상세히 소개할 것이다.

원주

1. 특별한 언급이 없다면, 이 교재의 인구통계는 *World Population Data Sheet*(Washington, DC: Population Reference Bureau, 2020)를 사용했다. 자세한 사항은 해당 홈페이지(http://www.prb.org)를 참고하자.

2. 유엔의 분류 기준에 따르면, 선진국 세계는 유럽, 북아메리카, 오스트레일리아, 일본, 뉴질랜드로 구성된다. 이 외의 국가와 지역은 개발도상국 세계(developing world)로 분류된다.

3. https://www.census.gov/data-tools/demo/idb(2020년 2월 3일 최종 열람).

4. 유엔난민기구의 홈페이지(http://www.unhcr.org)를 참고하자(2020년 2월 3일 최종 열람).

5. 물론, 사람들은 이보다 훨씬 앞서 '인구지리'를 했었고 인구통계학 분야는 훨씬 더 오랫동안 존재했다.

6. Patricia Gober and James A. Tyner, "Population Geography," in *Geography in America at the Dawn of the Twenty-First Century*, ed. Gary L. Gaile and Cort J. Willmott (Oxford: Oxford University Press, 2005), 185-199.

7. AAG(http://www.aag.org)는 미국 지리학자들이 참여하는 국가적 학문 조직이다. 주요 행사로 연례 학술대회를 개최하며, 저명한 학술지 *Annals of the AAG*와 *The Professional Geographer*를 출간한다. AAG 산하의 인문지리학 전문 그룹은 인구연구에 관심을 가진 연구자들로 구성된다. 한편, 트레와다 교수의 발표는 이후에 AAG의 학술지에 실렸는데, 이의 서지 정보는 다음과 같다. Glen T. Trewartha, "A Case for Population Geography," *Annals of the Association of American Geographers* 43 (1953), 71-97.

8. David A. Plane, "The Post-Trewartha Boom: The Rise of Demographics and Applied Population Geography," *Population, Space, and Place* 10(2004), 285-288.

9. Wilbur Zelinsky, *A Prologue to Population Geography* (Englewood Cliffs, NJ: Prentice-Hall, 1966).

10. Peter E. Ogden, "Population Geography," *Progress in Human Geography* 22, no.1(1998), 352-354.

11. Gober and Tyner, "Population Geography."

12. Barbara Entwisle, "Putting People into Place," *Demography* 44, no. 4(2007), 687-703.

13. Vaclav Smil, "How Many People Can the Earth Feed?" *Population and Development Review* 20, no. 2(1994), 225-292.

14. Hussein Amery and Aaron T. Wolf, *Water in the Middle East: A Geography of Conflict* (Austin: University of Texas Press, 2000).

15. Thomas Homer-Dixon, *Environment, Scarcity, and Violence* (Princeton, NJ: Princeton University Press, 1999); Michael T. Coe and Jonathan A. Foley, "Human and Natural Impacts on the Water Resources of the Lake Chad Basin," *Journal of Geophysical Research* 106, no. D4(2001), 3349–3356.

16. Roger-Mark de Souza, John S. Williams, and Frederick A. B. Meyerson, "Critical Links: Population, Health, and the Environment," *Population Bulletin* 58, no. 3(September 2003).

17. David Foot, *Boom, Bust, and Echo: How to Profit from the Coming Demographic Shift* (Toronto: Macfarlane Walter and Ross, 1996); Richard Florida, *The Rise of the Creative Class: And How It's Transforming Work, Leisure, Community and Everyday Life* (New York: Basic Books, 2002).

18. Ernst Georg Ravenstein, "The Laws of Migration," *Journal of the Royal Statistical Society* 52(1889), 241–301.

19. Peter A. Rogerson, "Buffon's Needle and the Estimation of Migration Distances," *Mathematical Population Studies* 2(1990), 229–238; K. Bruce Newbold, "Spatial Scale, Return and Onward Migration, and the Long-Boertlein Index of Repeat Migration," *Papers in Regional Science* 84, no. 2 (2005), 281–290.

20. Adrian Bailey, *Making Population Geography* (London: Hodden Arnold, 2005).

21. John H. McKendrick, "Multi-Method Research in Population Geography," *Professional Geographer* 51, no. 1(1999), 40–50.

22. K. Bruce Newbold, "Using Publicly Released Data Files to Study Immigration: Confessions of a Positivist," in *Research Methods in Migration Studies: War Stories of Young Scholars* (New York: SSRC Press, 2007). 이 연구는 SSRC 홈페이지(http://www.ssrc.org/publications/view/researching-migration-stories-from-the-field/)에서도 열람이 가능함(2020년 2월 3일 최종 열람).

인구의 세계

세계 인구가 얼마나 빠르게 성장했을까? 성장은 어디에서 가장 빠르게 나타날까? 세계적 인구성장의 특징은 무엇일까? 높은 출산력과 사망력에서 낮은 출산력과 사망력으로의 전환을 어떻게 이야기할 수 있을까? 인구성장의 함의는 무엇이며 세계 인구는 어느 규모까지 성장할 수 있을까? 이 장에서는 세계의 인구성장을 간략하게 돌아보며 이와 관련된 여러 이슈를 살펴본다. 포커스의 주제는 인도, 독일, 미국의 인구성장 체제[레짐(regime)] 비교이며, 방법·측정·도구에서는 인구 데이터의 그래픽 재현과 인구추계(population projection) 기법을 소개한다.

인구성장의 역사

인류 역사 대부분에서 **세계 인구**는 적었고 **인구성장**도 느렸다(그림 2.1). 기원전 8000년부터 기원전 5000년 사이에 수렵·채집 사회에서 농업 기반의 사회로 전환이 이루어지면서 인구가 성장하기 시작했다. 그러나 1세기까지도 인구는 여전히 2억 명 남짓한 수준에 머물러있었다. 출생률이 높았지만, 기근, 전쟁, 전염병의 효과에 따른 높은 사망률로 상쇄되었다. 일례로, 14세기에는 **흑사병**의 일종인 선페스트가 창궐하면서 유럽과 중국 인구가 1/3에서 1/2까지 감소했다.[1] 이에 따라 1600년대까지 세계 인구는 5억 명에 불과했는데, 이는 오늘날 미국의 인구보다 그다지 많은 수준은 아니다.

그러나 1600년대 중반부터 세계의 인구성장 속도가 빨라졌다. 식량 생산과 안보, 상업, 영

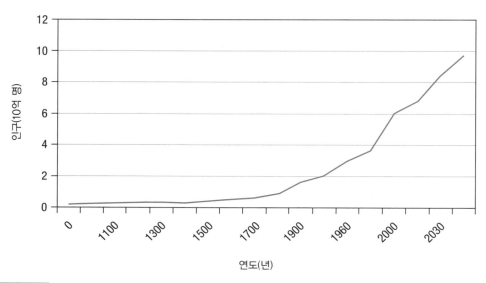

그림 2.1   세계의 인구성장
출처 : Population Bureau World Data Sheet 2020

양이 개선되며 기대수명이 서서히 증가했기 때문이다. 이에 따라 1800년대까지 세계의 인구는 약 10억 명까지 증가할 수 있었다. 그리고 19세기 동안은 유럽을 중심으로 인구가 급증했다. 산업혁명에 힘입어 유럽 인구는 1800년과 1900년 사이에 2배로 증가했다. 같은 기간에 북아메리카의 인구 규모는 유럽 이민자의 유입으로 12배가량 확대되었다.[2] 이 시대에 저개발 국가의 인구성장은 훨씬 더 느렸지만, 이들은 여전히 세계 인구의 상당 부분을 차지하고 있었다.

의료가 발달하고 위생이 개선되면서 기대수명과 생존 기간이 늘어났고, 이에 따라 인구성장이 가속화되었다. 1900년대 세계 인구는 약 17억 명에 이르렀고, 1930년대에는 20억 명까지 증가했다. 20세기 중반에는 전대미문의 인구성장을 기록했는데, 1960년에 30억 명을 넘었고 1974년에는 40억 명에 도달했다. 그리고 나서 50억 명을 돌파하는 데에는 12년밖에 걸리지 않았다. 세계 인구가 70억 명을 넘어선 것은 2011년이었으며, 미국 인구조회국의 추계에 따르면 2050년 세계 인구는 98억 7000만 명에 이를 것이다.[3] 최신의 세계 인구는 미국 인구조사국의 인구 시계에서 꾸준히 업데이트되고 있다(https://www.census.gov/popclock/).

21세기 말 무렵 세계 인구의 모습에 대한 전망은 엇갈린다. 미국 인구조회국은 2050년 이후에도 인구성장이 계속되고 글로벌 인구는 110억 명을 넘어선다고 예상한다. 그러나 최근의 연구에 따르면, 세계 인구는 2064년 97억 3000만 명의 정점에 도달한 뒤에 2100년까지 87억 9000만 명 수준으로 하락하고 감소 추세는 다음 세기에도 이어질 것이다.[4] 이 연구에서는 전 세계적 출산율 하락의 지속을 가정함으로써 다른 추계와 차별화된다. 피임 접근성 증가와 여성의 교육 및 노동 참여 확대가 그러한 가정의 근거이다. 이러한 가정에 근거한 모델은 논란이 되기도 한다. 어쨌든 책의 다른 부분에서 논의하는 것처럼, 인구의 고령화와 결부된 인구감소는 상당한 함의를 갖는다.

금세기 말에는 인구가 감소할지 모르나, 앞으로 40여 년 동안은 개발도상국 세계를 중심으로 증가할 것이다. 1960년과 1998년 사이에 세계 인구는 30억 명에서 60억 명으로 2배 증가했다. 인구통계학자는 일정한 인구증가율을 가정하며 인구 규모가 2배로 증가하는 기간을 산정한다. 이는 배가 기간(doubling time)으로 일컬어지는데, 다음과 같은 수식을 통해 산출한다.

$$배가\ 기간 = 70/r$$

여기에서 r은 백분율(퍼센트)로 표시한 인구성장률이다. 예를 들어, 2020년 기준 인구성장률이 1.8%인 이집트의 인구 배가 기간은 70을 1.8로 나눈 38.89보다 큰 가장 작은 자연수인 39년이다. 같은 방식으로, 2020년 자연증가율이 0.3%인 미국의 배가 기간은 234년이다. 배가 기간 산출에서는 출산력과 사망력 변동에 따른 성장률(r) 변화가 나타나지 않는다고 가정하는 점에 유의하자.

지역별 성장

세계 곳곳에서 관찰되는 인구성장의 패턴은 각양각색이다. 세계를 3개의 지역, 즉 **선진국**, **개발도상국**, **최빈개도국**으로 나누어 생각해보자. 미국, 캐나다, 서유럽, 일본, 오스트레일리아 등의 국가가 선진국 세계에 속한다. 유엔의 관례에 따르면, 나머지 모든 국가는 개발도상국이며, 이 중 50개국은 최빈개도국에 해당한다. 최빈개도국의 다수는 사하라 이남 아프리카에 위치하며, 저소득, 경제적 취약성, 열악한 **인간개발**(human development) 문제에 시달리고 있다. 세계 인구성장 대부분은 개발도상국에서 발생한다. 세계 인구의 83% 이상이 개발도상국에 살고 있으며, 세계 인구성장률의 98%가 개발도상국의 몫이다. 2020년 1억 3900만 명의 영아가 개발도상국에서 태어났고, 산업화된 선진국에서 태어난 아이의 수는 1320만 명에 불과했다.[5]

개발도상국 간에는 **인구성장 체제**의 차이가 상당히 크게 나타난다. 전 세계에서 인구가 가장 많은 중국의 인구성장률은 0.3%에 불과하다. 중국에서 인구성장은 여전히 나타나고 있지만, 성장률이 감소하며 중국은 고령화 문제에 직면하게 되었다.[A] **한자녀정책**이 중요한 원인으로 작

[A] 인도의 인구가 이미 중국을 넘어섰다는 분석도 있다. 유엔에 따르면, 2023년 4월 인도의 인구는 14억 2900만 명에 도달해 14억 2600만 명의 중국 인구를 추월했다. 1970년대부터 중국보다 높은 수준으로 유지되었던 인도의 출산력이 역전의 원인으로 분석되고 있으며, 출산력 차이 때문에 인도와 중국의 인구 규모 격차는 2050년까지 더욱 벌어질 것으로 기대된다. 2050년 인도의 인구가 16억 7000만 명까지 성장하는 반면, 중국의 인구는 13억 1300만 명으로 줄어들 것으로 예상된다(https://www.un.org/development/desa/dpad/publication/un-desa-policy-brief-no-153-india-overtakes-china-as-the-worlds-most-populous-country/).

용했는데, 이에 대해서는 11장에서 상세히 다루도록 하겠다. 한편, 중국은 인구통계에도 막대한 영향을 미친다. 예를 들어, 아시아의 인구통계에 중국이 포함되면 출산율은 2.0이 되지만, 중국을 제외한 아시아의 출산율은 2.3이다. 이런 문제 때문에 미국 인구조회국을 비롯한 여러 기관에서는 중국이 포함될 때와 포함되지 않을 때의 통계를 따로 제공한다.

　　두 번째로 인구가 많은 인도의 인구성장률은 1.4%이고 출산율은 2.2이다. 인도의 인구가 매우 빠르게 성장하고 있다는 뜻이다. 인도는 2028년 무렵 중국을 초월해 세계에서 인구가 가장 많은 국가가 될 것으로 예측된다. 이후 2050년까지 인도의 인구는 16억 6000명으로 성장할 것이다. 개발도상국 세계에서 사하라 이남 아프리카의 인구성장률은 2.7%, 출산율은 4.8에 이른다. 이곳에서는 인구성장률이 매우 높아서 장기적인 인구성장이 기대된다. 중앙아메리카와 카리브해 지역의 인구성장률은 그보다 훨씬 낮은 수준이다. 그렇다 하더라도, 출산율이 **대체 수준**(replacement level)인 2.1보다 높아서 이 지역의 인구도 계속해서 증가할 것으로 기대된다.

　　선진국 세계의 대부분 지역에서 인구성장률은 훨씬 더 낮다. 미국에서 자연증가율은 0.3%에 불과하며 출산율은 대체 수준보다 낮은 여성 1인당 1.7명으로 나타난다. 그러나 이것도 서유럽과 동유럽 국가에 비하면 높은 수준이다. 2020년 유럽의 인구성장률은 −0.1%였다. 스페인을 비롯한 23개의 유럽 국가는 대체 수준 미만의 출산율을 기록하고 있어서 앞으로 몇십 년 동안 인구가 축소될 것으로 예견된다. 인구추계에 따르면, 2100년까지 스페인의 인구가 절반으로 줄어들 것이다.[6] 헝가리와 루마니아를 비롯해 음(−)의 성장률을 보이는 일부 동유럽 국가에서도 인구는 이미 감소하고 있다. 프랑스를 비롯한 일부 서유럽 국가에서만 인구성장이 간신히 유지된다. 이러한 유럽의 인구감소 추세는 국가 정체성, 정치권력, 경제성장 등 복합적인 문제를 야기하고 있는데, 이에 대해서는 이 장의 뒷부분에서 상세히 논하도록 하겠다.

도시성장

글로벌 인구성장과 함께 도시지역의 수와 규모가 폭발적으로 증가하고 있다. 1975년까지 세계 인구의 33%만이 도시에 거주했었다. 이러한 도시민의 대부분은 인구 100만 명 미만의 비교적 소규모 도시에 살았다.[7] 그러나 2020년을 기준으로 전 세계 인구의 약 56%가 도시지역에 거주한다. 물론 개발도상국이 선진국에 많이 뒤처져있는 것은 사실이다. 인구의 **도시화율**(urbanization rate)은 개발도상국에서 51%인 반면 선진국에서는 79%에 이른다. 최빈개도국에서 인구의 도시화 수준은 34%에 불과하다. 하지만 앞으로 몇십 년간 개발도상국의 도시인구는 빠르게 증가할 것으로 기대된다. 결과적으로 2050년까지 세계 인구의 68%가 도시에 거주하게 될 것이다.[8] 도시성장의 다른 측면들도 생각해보자. 우선, 인구 100만 명 이상의 도시 수는 2018년 548개에서 2030년 706개로 증가할 것이다.[9] 1990년까지 10개에 불과했던 인구 1000만 이상의 **거대도시(메가시티)**의 수도 2018년 33개로 증가했고, 이러한 초대형 도시의 수는 2030년

43개로 늘어나게 된다.[10] 이러한 메가시티 대부분은 개발도상국에 위치할 것이다. 인구의 자연증가, 이촌향도, 도시 재분류 등이 그러한 변화의 원인으로 지목된다.[11]

인구변천

1800년대 서구 국가에서 경험한 **인구폭발**(population explosion)은 높은 출산력과 높은 사망력에서 낮은 출산력과 낮은 사망력으로 변화하는 시작점이었다. 이 현상은 인구통계학자 사이에서 **인구변천**(demographic transition)으로 알려져있고, **인구변천 이론**(DTT)으로 형식화되어 있다(그림 2.2). 이 이론에 따르면, 인구변천 이전에 출생률과 사망률이 모두 높아서 서로 간에 상쇄 효과가 나타나고 인구성장은 느리다. 그다음으로, 사회가 발전하고 근대화됨에 따라 사망률이 감소하지만, 출산력은 여전히 높아서 인구증가가 매우 빠르게 나타난다. 인구변천이 마무리되면 변천 이전보다 낮은 수준에서 출생률과 사망률이 비슷해진다. 결과적으로 인구성장은 또다시 안정화된다.

인구변천 이론에서 가장 중요한 인구성장 결정 요인은 두 가지다. 하나는 변천 이전의 출산율이며, 다른 하나는 사망력 감소와 출산력 감소 사이의 기간이다. 첫 번째 요인은 출산율이 얼

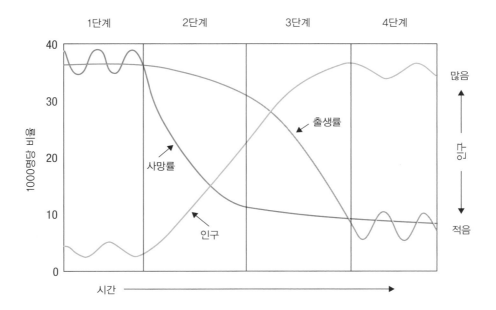

그림 2.2 **인구변천 이론**

빠른 인구성장은 2~3단계에서 출생이 사망을 초과할 때 발생한다. 이 두 단계가 지속되는 기간에 비례해 전체 인구 규모가 커진다. 최고의 1단계 출생률/사망률과 최저의 4단계 출생률/사망률 간 차이도 인구 규모 증가에 영향을 준다.

마나 많이 하락해야 하는지의 모습을 포착한다. 출산력이 높다는 것은 아이에 대한 사회적 수요가 높음을 시사하며, 출산력이 높은 사회일수록 출산력 감소는 오랜 기간에 걸쳐 진행된다. 두 번째 요인, 즉 사망력 하락과 출산력 하락 간의 기간 차이는 빠른 인구성장이 나타나는 시간을 의미한다. 이 기간이 길수록 오랜 시간 동안 인구가 빠르게 증가한다.

사망률이 먼저 감소한 이후에 출산율이 감소하는 현상에 기초한 인구변천 개념은 모든 국가에 적용될 수 있지만, 변천의 타이밍, 속도, 촉발 요인은 다양하게 나타난다. 선진국 세계에서 출산력과 사망력의 변동은 19세기 후반과 20세기 초반 사이에 나타났다. 산업혁명이 진전하고 공공보건이 개선됨에 따라 영아사망률이 감소했기 때문이다. 출산율의 변화는 이보다 늦게 나타났다. 바람직한 가족의 규모를 결정하는 사회·행태적 변화가 늦게 나타나는 경향이 있었기 때문이다. 그러나 1900년 이후에는 출산율이 빠르게 감소했다. 아이의 생존 가능성 증가, 결혼 패턴의 변화, 여성의 임금 노동 참여, 자녀 교육에 대한 부모의 관심 증대가 중요한 이유였다. 1900년 미국의 합계출산율은 평균 4~5명에 이르렀지만, 1930년대에는 여성 1인당 2명 수준으로 급락했다. 비슷한 패턴은 캐나다와 유럽에서도 나타났다.

이러한 인구변천이 개발도상국과 최빈개도국 세계에서는 마무리되지 않았다. 이들은 오히려 빠른 인구증가를 경험하고 있다. 1950년대 이후에는 개발도상국의 사망률이 매우 빠르게 하락했다. 항생제와 예방접종이 도입되고 의료와 영양이 개선되었기 때문이다. 반면, 출산율은 대체 수준보다 높게 유지되었다. 개발도상국 여성 1인당 자녀의 수는 2.5명이며, 중국을 제외할 경우 출산율은 2.8까지 증가한다. 사하라 이남 아프리카의 대부분 국가를 비롯한 최빈개도국의 출산율은 4.1로 훨씬 더 높다. 선진국 세계에서 사망력과 출산력은 안정화되었고, 이에 따라 인구성장도 낮은 수준에서 안정화되었다. 그러나 아프리카, 아시아, 카리브해, 중앙아메리카의 대부분 국가는 여전히 높은 출산력과 사망력의 수준을 유지하고 있다.

인구변천이 선진국 세계 밖의 국가에서도 시작되었지만, 이들의 출생률과 사망률은 선진국의 100년 전 수준보다 높은 경향이 있다. 여전히 많은 국가에서 출산율이 여성 1인당 6명 이상으로 나타나고 있다. 출산력 감소도 일반적으로 선진국 세계에서보다 느리게 진행된다. 사망력 감소와 출산력 감소 간 기간의 격차가 더 길다는 이야기다. 의학의 도입과 영양의 개선으로 사망력이 빠르게 줄었지만, 출산력을 결정하는 사회적 요인의 변동은 더 오랫동안 진행되기 때문이다. 사회·문화·종교적 기대, 여성의 노동 참여, 가족과 경제에 대한 고려, 가족계획 프로그램 용인과 접근성 등의 차이에 따라서도 변동의 속도가 다르다. 출생률과 사망률의 차이로 산출하며 연간 인구증가율을 함의하는 **자연증가율**은 개발도상국 세계에서 여전히 높게 나타난다.

DTT가 광범위하게 적용되어 왔지만, 서구 중심적 편향성 때문에 많은 비판을 받기도 했다. 실제로 DTT는 유럽의 인구통계학적 경험을 근거로 마련된 이론이며, 여기에는 모든 국가가 동일한 단계를 거쳐 진보한다는 가정도 깔려있다. 하지만 선진국 세계 밖에서 출산력 감소의 요인이 다를 수 있다. 사회마다 교육과 고용 접근성이 다르고 여성의 역할에 대한 기대도 천차만별이다. 이 밖에 DTT는 높은 출산력 수준, 사망력 감소의 다른 요인, 사회·문화적 이슈 등의 변수도 제대로 고려하지 못한다.[12]

장래인구 시나리오

21세기 초반을 기점으로 개발도상국 세계에서도 높은 출산율에서 낮은 출산율로 전환되는 모습이 나타나기 시작했다. 개발도상국의 2020년 합계출산율(TFR)은 2.5였는데, 이는 한 세기 이전보다 한참 낮은 수준이다.[13] 일부 분석가들은 출산율이 꾸준하게 낮아지며 개발도상국의 인구성장 위험성이 상당 부분 완화되었다고 주장한다. 오히려 인구감소와 인구 고령화가 개발도상국의 새로운 위협이 되었다.[14]

세계의 인구성장률은 1960년대에 정점을 찍었고 이후로는 감소했다. 하지만 글로벌 인구는 여전히 확대되고 있으며 금세기 중반까지는 성장이 계속될 것으로 기대된다. 인구감소는 그 이후에나 시작될 것이다.[15] 이것이 단기적인 것은 아니고 30~40년에 걸쳐서 일어날 변화이지만, 계속되는 글로벌 인구성장을 무시하면 심각한 위험에 직면할 것이다. 현재의 출산율을 기준으로 개발도상국 세계의 자연증가율은 1.4%에 이른다. 중국을 제외하면 개발도상국의 자연증가율은 1.6%까지 높아진다. 이것이 계속된다는 가정하에, 약 50년 안에 개발도상국 세계의 인구는 2배로 성장할 것이다. 중국을 제외하면 44년밖에 남지 않았다. 출산율은 아시아, 라틴아메리카, 카리브해 지역에서 감소하고 있지만, 최빈개도국에서는 여전히 아주 높은 수준을 유지하고 있다. 2020년 4.1의 TFR을 기록한 최빈개도국의 배가 기간은 27년밖에 되지 않는다. 사하라 이남 아프리카 지역만 따지면 2020년 TFR은 4.8까지 높아진다. 출산력이 빠르게 낮아지는 국가에서도 **인구모멘텀** 효과로 인해서 앞으로 20~30년간 성장은 계속될 것이다. 세계 인구의 상당수가 아직 자녀를 가질 때가 아닌 아이들이기 때문이다. 결과적으로 2025년까지 세계 인구는 80억 명으로 성장하게 되며, 인구추계 대부분은 2050년 인구를 73억에서 107억 명 사이로 전망한다(표 2.1).[B] 인구성장의 대부분은 선진국 이외의 지역에서 발생할 것이다. 따라서 인구성장이 느려졌다 하더라도 성장하는 인구를 위해 식량, 의복, 거처 등을 대비하는 일은 여전히 필요하다.

아시아의 많은 국가에서 TFR은 여전히 대체 수준보다 높다. 그러나 한국, 중국, 대만, 타이의 TFR은 대체 수준보다 낮다. 개발도상국과 최빈개도국의 출산율이 일반적으로 높지만, 중국

[B] 유엔에 따르면, 2022년 11월 15일 세계 인구는 이미 80억 명을 넘어섰다(https://www.un.org/en/desa/world-population-reach-8-billion-15-november-2022).

표 2.1   세계 지역별 인구통계(2020년)

	2020년 연앙인구 (100만 명)	합계출산율	자연증가율 (연간, %)	배가 기간 (년)	2035년 인구 (추계, 100만 명)
전 세계	7,773	2.3	1.1	63.6	8,937
북아메리카	368	1.7	0.3	233	406
중앙아메리카	179	2.2	1.2	58.3	203
남아메리카	429	2.0	0.9	77.7	476
카리브해 지역	43	2.1	0.8	87.5	45
오세아니아	43	2.3	1.0	70	53
북유럽	106	1.6	0.2	250	112
서유럽	195	1.7	0.0	—	201
동유럽	292	1.5	−0.2	—	279
남유럽	153	1.3	−0.2	—	153
아시아(중국 제외)	32,115	2.3	1.3	53.8	3,680
아시아(중국 포함)	4,626	2.0	1.0	70	5,112
서아시아	281	2.6	1.6	43.8	344
중앙아시아	75	2.8	1.8	38.9	89
남아시아	1,967	2.4	1.5	46.7	2,269
동남아시아	662	2.2	1.1	63.6	749
동아시아	1,641	1.5	0.3	233	1,662
사하라 이남 아프리카	1,094	4.8	2.7	25.9	1,591
북아프리카	244	3.0	1.8	36.8	306
서아프리카	401	5.2	2.7	25.9	587
동아프리카	445	4.5	2.8	25	645
중앙아프리카	180	5.8	3.3	22.6	281
남아프리카	68	2.4	1.1	63.6	79

출처 : Population Reference Bureau, *2020 World Population Data Sheet*

만은 예외적이다. 중국은 세계에서 인구가 가장 많은 국가이며, 2020년 연앙인구는 14억 200만 명이었고 연간 인구성장률은 0.3%였다. 1950년대 중국의 출산율은 7.0 이상이었지만, 지금은 대체 수준 아래인 1.5까지 떨어졌다. 출산율을 의도적으로 낮추었던 한자녀정책의 효과로 평가된다. 한자녀정책은 중단되었지만, 중국의 출산율은 낮게 유지될 것으로 예상된다. 인도도 출산력 통제정책을 추진했던 적이 있지만, 큰 성공을 거두지는 못했다.[16] 인도의 인구 규모가 아직은 중국보다 작지만, 연간성장률이 1.4%에 이르러 2028년에는 중국을 넘어설 것으로 예상된다. 이라크나 파키스탄을 비롯한 다른 아시아 지역에서는 출산력의 변화가 그다지 크지 않다. 한편, 아프리카에서는 낮은 출산력 체제로의 전환이 여전히 진행 중이다. 앙골라, 콩고민주공화국, 소말리아 같은 국가는 6.0 이상의 합계출산율을 보여서, 출산력이 낮아질 기미는 아직 보이지 않는다. 영아사망률도 1000명당 49명으로 매우 높고, 기대수명도 남성 62세, 여성 65세로 비교적 짧다. 반면, 대부분의 선진국에서는 낮은 성장률을 보이며 심지어는 인구가 감소하는 곳도 있다. 그리고 선진국은 기대수명이 길고 영아사망률이 낮은 경향이 있다.

　느린 인구성장 속도, 낮은 출산력 수준, 통제된 이주가 선진국 세계 인구의 일반적인 특징이다. 선진국 세계의 현재 연간성장률은 0.0%로, 인구는 증가하지도 감소하지도 않는 매우 안정된 상태에 있다. 그러나 일부 유럽 국가에서는 음(−)의 성장률을 보이며 인구가 줄고 있다. 예를 들어, 미국 인구조회국의 추계에 따르면 190만 명의 라트비아 인구는 2050년까지 150만 명 수준으로 축소된다. 극단적으로 낮은 출산력 수준 때문이다. 현재 독일의 인구는 8330만 명이지만, 2050년까지 7920만 명으로 줄어들 것이다. 그러나 2015~2016년에 걸쳐 난민이 유입되면서 독일의 인구감소는 완화될 것으로 보인다. **2015년 유럽 난민 위기** 이전의 추계에서 독일의 인구는 7640만 명까지 감소할 수 있다고 예상했었다.

　이러한 인구 추세는 무엇을 뜻할까? 그리고 무엇을 함의하고 있을까? 이런 의문을 바탕으로, 이 절의 나머지 부분에서는 전반적 인구성장과 관련된 이슈를 검토한다. 많은 부분은 이후의 장에서 상세하게 논의될 것이지만, 이어지는 절의 논의를 통해 세계의 인구성장 맥락을 파악하고자 한다. 일례로, 개발도상국 세계의 높은 출산력은 인구성장에 대한 전망으로 이어지지만, 선진국의 낮은 출산력은 인구감소의 원인으로 지목된다. 도시의 성장, 인구의 고령화, 이주 등의 이슈도 인구 추세의 중요한 구성 요소에 해당한다.

인구성장의 지속

현재의 세계 인구분포는 그림 2.3에 나타나있다. 1960년대부터 출산율이 낮아지고 인구성장률

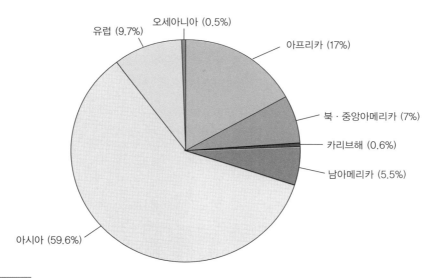

그림 2.3　지역별 세계 인구분포(2020년)

출처 : Population Reference Bureau, *2020 World Population Data Sheet*

표 2.2 2020년과 2050년(추계) 세계 10대 인구 국가

2020년		2050년	
국가	인구(100만 명)	국가	인구(100만 명)
중국	1,402	인도	1,670
인도	1,400	중국	1,367
미국	329	나이지리아	401
인도네시아	272	미국	388
파키스탄	221	파키스탄	369
브라질	212	인도네시아	331
나이지리아	206	브라질	232
방글라데시	170	에티오피아	205
러시아	148	콩고민주공화국	195
멕시코	128	방글라데시	193

출처 : Population Reference Bureau, *2020 World Population Data Sheet*

은 감소했지만, 가까운 미래에는 글로벌 인구가 증가할 것으로 보인다. 개발도상국과 최빈개도국 세계 대부분에서 출산력이 높기 때문이다. 금세기 말에 세계 인구는 70억 명과 100억 7000만 명 사이에서 안정화될 것이다. 20세기 후반 동안의 급속한 인구성장으로 인해서, 선진국 세계 이외의 국가들이 차지하는 인구의 비율은 68%에서 82%까지 증가했다. 유엔의 인구추계에 따르면, 이 수치는 2050년까지 86%로 증가한다(표 2.2).

앞으로 몇십 년 동안의 인구성장 전망은 세 가지의 가정에 기초한다. 첫째, 사망력 감소에 따라 기대수명이 늘어나면서 인구는 증가할 것이다. 기대수명이 길어지면 자녀의 유아기와 유년기 생존율이 높아지고 이들의 재생산(생식) 기간도 늘어난다. 둘째, 장래 인구성장에서 연령구조가 핵심으로 작용하게 될 것이다. 가임 기간 인구수가 많을수록 출산율과 무관하게 전체 인구는 빠르게 증가하는 경향이 있기 때문이다. 여성들이 과거보다 적은 자녀를 낳지만, 아이를 낳을 수 있는 여성들의 수가 많다는 뜻이다. 한자녀정책과 관련된 연령구조 변화가 나타나는 중국을 제외하면, 15세 미만의 유소년층이 개도국 세계 인구의 31%를 차지한다. 이들은 앞으로 재생산 기간에 진입할 수밖에 없다. 반면, 선진국 세계에서는 16%의 인구만이 15세 미만이며 이조차도 줄어들고 있다.

셋째, 인구통계학자 대부분은 출산율이 결국에는 대체 수준 아래로 하락하여 인구폭발의 시대가 끝날 것으로 전망한다. 그러나 세계의 많은 지역에서 출산율은 여전히 대체 수준보다 높게 유지된다. 그래서 출산율이 더 많이 하락할지는 알 수 없다. 예를 들어, 방글라데시와 이집트에 관한 연구는 출산율이 대체 수준 아래로 떨어진다는 전망의 위험성을 지적한다. 출산력을 낮추려는 방글라데시의 노력은 초기에 성공을 거두어 1970년대 6.0을 넘는 수준보다는 낮아졌지만, 이 나라의 출산율은 1990년대 이후로 거의 변하지 않았다. 마찬가지로, 2020년 이집트의 출산력은 2.9인데, 이는 1993년의 3.0과 거의 비슷하다. 아르헨티나의 경우, 2020년 출산율은 2.3이지만 지난 50여 년 동안 대부분 기간에 3.0 수준을 유지했었다.[17]

최근의 새로운 인구추계에서 글로벌 인구는 2060년 97억 3000만 명의 정점에 도달한다고 전망되기도 했다. 여기에는 이번 세기말에 TFR이 대체 수준보다 훨씬 낮아질 것이란 예측이 반영되었다.[18] 피임 접근성과 여성의 교육 수준 향상이 출산율 하락을 가속화할 수 있기 때문이다. 대부분 국가에서 자연증가는 멈추었고 인구는 금세기 말이나 그 이전부터 축소할 수 있다. 인구감소와 함께 인구의 고령화가 나타나면서 연령구조도 변할 것이다. 일부 국가에서 인구감소나 인구성장의 완화, 다른 곳에서는 인구성장이 결합된 효과로 고령화 및 이주와 관련된 이슈가 부각될 것이다. 이에 대한 상세한 논의는 다음 절에서 이어진다.

고령화와 인구감소

글로벌 스케일에서 세계 인구가 성장하지만, 일부 지역과 국가에서는 인구를 줄게 하는 출산율 감소와 **고령화**(aging)가 이슈로 부상하고 있다.[19] 매우 역설적인 상황이라 할 수 있다. 글로벌 인구에서 65세 이상의 노년인구가 차지하는 비율은 1950년 5%에서 2020년 9%로 증가했다.[c] 겉보기에는 적은 변화이지만, 이는 빙산의 일각에 불과하다. 미국 인구조회국의 예측에 따르면, 2050년 아시아 인구에서 노년인구는 18%를 차지하게 될 것이다. 이러한 노년인구의 성장에서 중국의 역할이 중요하다. 한자녀정책의 영향으로 인구의 고령화가 급격하게 진행되고 있기 때문이다. 마찬가지로, 라틴아메리카와 카리브해 지역에서 65세 이상의 인구는 2050년 19%까지 증가할 것으로 예상된다.

인구의 고령화는 대부분의 선진국 세계에서 훨씬 더 빠르게 진행되고 있다. 일본과 유럽 국가에서 노년인구 비율이 가장 높다. 세계 최고는 일본인데, 2020년 일본 인구의 29%가 65세 이상으로 나타났다. 미국, 캐나다, 오스트레일리아, 뉴질랜드도 그리 많이 뒤처져있지 않다. 베이비붐 세대가 은퇴하고 저출산율이 지속되고 있기 때문이다. 음(-)의 자연증가를 경험하는 국가도 많다. 에스토니아, 라트비아, 일본, 독일, 헝가리가 그에 속한다. 0.2의 자연증가를 보이는 캐나다와 같은 국가에서는 인구의 자연증가 속도가 매우 느리다.

결과적으로, 인구 부족이 선진국에서 중대한 이슈로 떠오르고 있다. 이와 관련된 사회·경제적 효과가 여러 가지 양상으로 나타나고 있어서, 일부 논객들은 인구성장의 저하와 고령화에 대한 우려를 공공연하게 표명하고 있다.[20] 고령화 사회의 결과가 어떻게 나타날지는 아직 불투명하지만, 논객 대부분은 부정적 결과를 가정한다. 국가의 국제적 영향력 약화, 국가 정체성의 상실, 젊은 코호트보다 노년인구를 선호하는 정치적 어젠다, 낮은 경제성장률, 보건 및 사회복

---

[c] 유엔은 65세 이상의 노년인구 비율을 기준으로 한 국가와 사회의 고령화 수준을 판단한다. 노년인구가 7% 이상이면 고령화(aging) 사회, 14% 이상이면 고령(aged) 사회, 20% 이상이면 초고령(super-aged) 사회로 범주화한다.

지 프로그램 수요 증대, 노동력과 경제활동인구의 축소 등이 그러한 문제에 해당한다. 이에 많은 국가는 출산력 증대와 이민자 유입을 통해서 인구성장을 촉진하려 한다.

이주

역사적으로 인류의 인구는 항상 이동했다. 2017년 유엔의 추산에 따르면, 2억 5800만 명의 사람이 자신이 태어나지 않은 곳에 살고 있다. 같은 해 국제이동자(international migrant)의 64%가 고소득 국가로 향했다.[21] 이들의 대부분은 경제적 기회를 찾아 이동했고, **글로벌화**도 영향을 미쳤다. 글로벌화는 세계의 경제와 고용을 연결하며 저임금, 저숙련 노동자의 활용도를 높인다. 대부분 국가는 다양한 법률적 수단을 동원해 입국을 통제하고 있지만, 이주는 인구 변화의 중대한 요인으로 작용한다. 미국이나 캐나다 같은 선진국에서 이주민의 대부분은 개발도상국 세계로부터 유입되었다. 이민정책은 일반적으로 '최고로 명석한' 이주민을 유치하기 위해 마련된다. 이러한 정책은 수용 국가에 이익으로 작용하지만, 비판의 대상이 되곤 한다. 인재를 필요로 하는 개발도상국에서 두뇌유출이 발생하기 때문이다.

국제이동은 많은 국가에서 우려를 일으키기도 한다. 이민정책에 내재한 인종주의나 배타적인 성격을 부인하기 어렵지만, 미국과 캐나다는 역사적으로 이민에 관대한 나라였다. 그러나 이러한 역사는 미국에서 위협을 받고 있다. 2001년 9/11 사태 이후에 이주민과 난민에 대한 통제가 강화되었고, 트럼프 행정부에서는 일부 국가로부터의 이민을 억제했다. 미국과 유럽에서는 **반이민 정서**가 정치와 경제적 논쟁에 자주 등장한다. 유럽 국가들의 경우, 노동력 수출국에서 노동력 수입국으로 변했다. 이는 수용하기 힘든 변화이다. 그러나 저출산과 고령화의 인구통계학적 현실에서 여러 유럽 국가는 노동력 위기에 직면해있다. 이주민 확대가 고용 수요에 부응하는 유일한 선택지일는지는 모르지만, 이는 중대한 정치·사회·문화적 문제를 일으키는 방안이다. 많은 유럽인은 여전히 외국 태생 사람들을 저숙련 노동자나 실업자로 간주한다. 보다 최근에는 이주와 관련된 테러리즘 문제가 발생해, 유럽에서는 이민정책을 수정해 국가 간 이동의 자유를 축소했다. 북아메리카, 특히 미국에서는 미등록 이주민의 문제가 불거지고 있다. 이들은 사람들이 꺼리는 업종과 조건에서 저임금 일자리에 종사하며 경제에 이바지하고 있지만, 로컬 서비스 제공에 부담으로 작용한다. 유럽에서는 난민이 대규모로 유입되어 이에 대처하는 능력을 높이는 방향으로 정책이 변화하고 있다.

선진국 세계는 일반적으로 이민을 통제한다. 통제는 이민자의 유형과 출신, 주어진 해의 입국자 수 제한 등을 통해서 이루어진다. 입법과 철저한 국경 관리의 수단이 동원되지만, 이주민의 진입을 통제하는 일은 점점 더 어려워지고 있다. 이민자 통제정책과 결과 간의 격차 때문에 이주민 위기가 발생하기도 한다. 현실적으로 정부가 이주를 완벽하게 통제하는 것은 불가능하다. 노동과 자본의 흐름이 증가하는 글로벌화, 자유주의와 시민권의 대두, 저렴한 노동력의 필요성이 이주의 흐름을 정당화한다. 이에 따라 합법 이주와 미등록 이주의 흐름을 통제하는 정부의 능력은 약해졌다.

개발도상국 세계에서도 이주는 중요한 노동력의 원천이다. 예를 들어, 인도네시아, 인도, 파키스탄의 노동력이 페르시아만 국가로 유입되어 건설과 석유산업 부문에서 일하고 있다. 이러한 이주자들은 가족에게 돈을 보내 새로운 주택과 재화에 투자하도록 한다. 이런 자금, 즉 **송금**은 가족뿐 아니라 국가적 차원에서도 중요한 소득원의 역할을 한다.[22] 이처럼 상대적으로 부유한 개발도상국으로의 이동은 한시적 노동자를 중심으로 나타나고 있다. 입국 제재가 가해지지 않는 경우도 있지만, 이런 국가에서도 입국 허용 요건이 강화되는 추세에 있다. 한편, 국경을 넘어서는 난민의 이동도 또 다른 인구 변화의 요인이다.

결론

앞으로 몇십 년간 글로벌 인구성장은 계속되지만, 금세기 후반부터 인구는 축소될 것으로 전망된다. 전 세계의 출산율이 대체 수준 아래로 떨어질 것이기 때문이다. 그렇지만 20억 명의 증가를 무시해서는 안 된다. 지정학적 관계, 식량안보, 자원 접근성 등의 이슈에 커다란 영향을 줄 수 있기 때문이다. 이는 논의의 출발에 불과하고, 아직도 많은 의문이 남아있다. 사망력이 인구변천 초기부터 빠르게 감소하는 데에 반해, 출산력은 상대적으로 느리게 낮아지는 이유는 무엇일까? 보건과 기대수명의 위협으로 작용하는 사망력의 전망은 어떠한가? 이주는 국가 간에서, 그리고 국가 내부에서 어떤 방식으로 인구를 변화시키는가? 인구성장은 개발(발전), 도시지역성장, 분쟁의 잠재력과 관련해 무슨 함의를 가지는가? 이에 대한 논의는 이어지는 장에서 더욱 상세히 다루도록 하겠다.

> **포커스**　**인도, 독일, 미국의 인구성장 체제**

지역별, 국가별로 차이 나는 **인구성장 체제(레짐)**를 인식하는 것은 그다지 어렵지 않은 일이다. 실제로 일부는 빠르게 성장하는 반면, 인구감소를 경험하는 곳도 있다. 여기에서는 빠르게 성장하는 인도, 인구감소에 직면한 독일, 적당한 인구성장을 유지하는 미국에 주목해본다(표 2.3).

인도는 개발도상국 세계의 다른 나라와 마찬가지로 20세기 동안 인구폭발을 경험했다. 1900년과 2000년 사이 2억 3800만 명에서 10억 명으로 4배 이상 증가

했다.[23] 2020년 인구는 14억 명이었으며 연간 인구성장률은 1.4%에 이르렀다. 2.2에 이르는 높은 합계출산율, 14세 이하 인구가 27%를 차지하는 젊은 인구구성, 기대수명의 증가로 인해서 인도의 인구는 중국을 추월해서 2050년에는 16억 6300만 명까지 성장할 것으로 기대된다. 젊은 인구구조의 **인구모멘텀** 때문에 인도의 인구는 계속해서 증가할 것이다. 실제로 많은 인도 여성이 아직 가임 기간에 이르지 못했다. 1960년대 이후 출산력이 감소하며 인도에서 인구성장은 느

표 2.3   인도, 독일, 미국의 인구성장(2020년)

	2020년 연앙인구 (100만 명)	성장률[a] (%)	합계 출산율	추계 연앙인구 (100만 명)		2020~2050년 인구 변화율 추계(%)	연령대별 인구 비율 (2020년, %)	
				2035년	2050년		유소년인구 (0~14세)	노년인구 (65세 이상)
인도	1,400.1	1.4	2.2	1,576.3	1,663.0	18.7	27	6
독일	83.3	−0.2	1.6	82.2	79.2	−4.9	14	22
미국	329.9	0.3	1.7	361.8	385.7	16.9	18	16

출처 : *2020 Population Data Sheet*, PRB(http://www.prb.org)
[a] IDB(International Data Base), https://www.census.gov/data-tools/demo/idb

려졌지만, 북부와 남부의 출생률 차이는 상당하다. 북부의 출생률은 4.0으로 매우 높고, 남부에서는 기대수명이 상대적으로 길다. 도시지역에 비해 농촌지역의 출산력은 높고 기대수명은 낮다.[24]

인구변천을 이미 경험한 독일에서는 인도와 정반대의 모습이 나타난다. 2020년 독일의 인구는 8330만 명으로 인도보다 훨씬 적었고, 성장률은 −0.2%로 인구가 감소하는 추세에 있다. 인구 규모는 2050년 7920만 명, 2100년 6000만 명까지 축소될 것으로 기대된다.[25] 1.6의 낮은 합계출산율 때문에 자연증가는 인구성장의 원천이 되지 못하고 오히려 인구감소가 더욱 심해질 것이다. 독일에서는 65세 이상의 노년인구가 22%를 차지하며 고령화도 빠르게 진행되고 있다. 반면 인구의 14%만이 14세 이하의 유소년인구로 파악된다. 독일과 비슷한 인구구조는 유럽의 다른 국가에서도 나타난다. 이런 국가에서 인구정책 논의는 출산력을 높일 것인지, 아니면 이민자의 규모를 늘릴 것인지에 초점이 맞춰져있다.[26] 출산율 변화의 촉진이 훨씬 더 어려운 일이기 때문에,[27] 이주가 단기적 해결책이 될 수는 있다. 물론 독일은 이주민의 목적지로 간주되지 않는 경향이 있다. 극우파 정당을 비롯한 일부에서 문화와 국가성의 상실을 우려하고 있기 때문이다. 이는 공장에서 일하는 **방문노동자**를 받아들였던 역사적 경험과 관련된다.[28] 한편, 2015년에는 100만 명의 난민을 받아들이기도 했으며, 결과적으로 독일은 단기적인 인구성장을 경험했다.

미국에서는 인구변천이 완료되었으나, 다른 선진국에 비해 인구성장이 비교적 안정적으로 나타나고 있다. 미국의 인구는 1915년 1억 명에서 1967년 2억 명, 2006년 3억 명까지 증가했다. 2020년을 기준으로 3억 2990만 명까지 증가했으며 2050년에는 3억 8570만 명까지 증가할 것으로 기대된다. 이러한 인구성장은 높은 이민의 수준 때문에 가능했다. 매년 100만 명 정도의 이주민이 지속적으로 유입되고 있으며, 21세기 중반까지 이민자가 인구성장의 핵심 동력이 될 것으로 전망된다.[29] 이민자의 수가 자연증가보다 높을 것이라는 이야기다. 출산율은 대체 수준보다 낮지만, 1.7 정도로 다른 선진국에 비해서는 비교적 높은 편이다. 소수민족과 외국 태생 인구, 특히 히스패닉 이주민의 출산율이 국내 출생 인구에서보다 높게 나타난다. 전통적으로 히스패닉의 출산율이 비히스패닉 백인보다 높았다. 2008년 금융 위기 이전까지 히스패닉의 출산율은 2.7 수준이었던 반면, 비히스패닉 백인의 출산율은 2.0에 머물렀다. 그러나 2017년 히스패닉과 비히스패닉 백인의 출산율은 각각 2.0과 1.7로 떨어졌다.[30] 백인의 낮은 출산율도 다른 선진국에 비하면 높은 수준이다. 그러나 비히스패닉 백인의 수는 2020년부터 감소하기 시작할 것이며, 이에 따라 미국에서 인구성장은 이주에 더욱 많이 의존할 수밖에 없을 것이다.[31] 외국 태생 히스패닉 인구가 국내 출생자보다 더 높은 출산율을 기록하지만, 이주민 출산율은 교육과 소득의 개선을 경험한 두 번째 세대부터 빠르게 감소하는 경향이 있다.[32] 베이비붐 세대 인구가 고령화되며 65세 이상 노년인구의 비율은 늘었지만, 이 인구의 비율은 2020년까지도 16% 수준으로 다른 선진국에 비해서는 높지 않다. 미국의 인구성장에서 이주민이 기여하는 바가 크지만, 2100년에는 미국 인구가 3억 3500만 명으로 약간 줄어들 전망이다.

그래픽 재현

『지리의 복수』의 저자 로버트 캐플런은 『월스트리트 저널』 기고문에서 "지도는 역사, 문화, 자연자원의 중요한 사실을 포착"한다고 말하며 대량 정보를 정확하게 제시하는 지도의 용도를 강조했다.[33] 이처럼 캐플런은 글로벌 분쟁을 이해하는 데에서 지도의 유용성을 언급하였다. 실제로 인구지리학자는 대량의 데이터를 제시해야 하는 상황에 자주 직면한다. 인구통계를 보여주는 최상의 방법은 무엇일까? 가장 명확한 방법의 하나로 **매핑**, 즉 지도화가 있다. 지도는 시각적 효과와 정보 소통 능력을 바탕으로 공간 패턴을 식별하여 보여준다. 지도는 (질병 감시 등) 공중 보건, (최적 이동경로, 간선도로변 오염 등) 교통, 상점과 서비스의 입지, 재난계획 등 여러 분야에서 활용된다. 많은 경우, 지도는 공간관계의 존재를 부각하고 이는 모델링을 비롯한 여러 가지 기법을 바탕으로 탐구되기도 한다.

지도의 유형

인구분포를 그래픽으로 재현하는 가장 간단한 방법은 인구 **점묘도**(dot map)이다. 이런 종류의 지도에서 기본적 아이디어는 매우 단순하다. 하나의 점이 한 사람, 인구집단, 물건 등의 위치를 상징하는 데에 사용된다. 널리 알려진 점묘도의 활용 사례로 존 스노의 1854년 런던 브로드 스트리트 우물 주변 콜레라 매핑이 있다.[34] 스노는 콜레라 창궐 기간의 사망자 거주지 위치를 지도화했고, 이들의 대부분이 우물과 가까이에 있었다는 점을 발견했다. 이를 통해 우물이 오염원으로 지목되었고 결국에는 폐쇄됐다. 점의 밀도는 데이터가 어디에서 발생하는지를 보여주는 가장 유용한 수단이다. 그러나 점이 항상 데이터의 위치를 정확하게 특정하지는 않는다는 사실에 유의해야 한다. 실제로 점은 센서스 트랙, 우편번호 구역, 카운티 등 하나의 지리적 단위에서 발생하는 데이터를 재현한다.

대안적 재현의 방식으로 **단계구분도**(choropleth map)가 있다. 이 또한 지리학자의 도구상자에 속해있다. 단계구분도는 관심사의 값에 따라 지역을 음영 처리하는 지도이다. 자주 활용되는 지도 유형이지만, 인위적인 경계 때문에 오해를 불러일으키기도 한다. 센서스 트랙이나 카운티와 같은 경계를 통해서 지도를 정의하기 때문이다. 이러한 경계들로 인해서 데이터의 인위적인 규칙이 나타나고, 단위 규모의 차이 때문에 시각적 왜곡도 발생할 수 있다. 등급 간격의 선택과 공간 스케일 변화 때문에 동일한 현상의 매핑이라 하여도 해석이 다를 수 있다(그림 2.4). 1장에서 언급했던 바와 같이, **임의적 공간단위 문제**(MAUP)가 존재하기 때문이다.

한편, **카토그램**(cartogram)은 실제 면적이 유지되지 않는 지도이다. 카토그램에서는 표현하고자 하는 데이터의 양에 비례해 지역의 크기가 재조정된다. 지역이 실제 크기로 재현되지 않는다는 뜻이다. 가령, 지역의 면적을 인구 규모로 대체하고 실제 면적을 왜곡하면서 표현할 수 있다.[35] 마지막으로, 인구지리학자는 **유선도**(flow map)도 사용한다. 유선도는 한 지역에서 다른 지역으로 이동하는 흐름을 재현하는 데 유용하다.[36] 교통의 흐름, 정보의 교류, 질병의 전파 등의 지도화에도 유선도가 쓰인다. 유선도는 선의 폭에 변화를 주면서 흐름 규모의 차이를 표현하고, 화살표를 사용해 흐름의 방향을 재현한다.

GIS와 매핑

지난 몇십 년 동안 **지리정보시스템**(GIS : Geographic Information System)이 이용 가능해지면서 데이터의 표현, 저장, 관리, 조작이 더욱 쉬워졌다. GIS는 수치지도(digital map)와 지리 정보를 사용하여 지리 데이터를 저장, 검색, 표현, 분석하는 기능을 제공한다. 아크맵과 ESRI의 아크 시리즈 프로그램과 같은 GIS 패키지를 가지고 지도 제작과 분석을 비교적 손쉽게 수행할 수 있다.[□] 그러나 이용자는 "쓰레기를 넣으면 쓰레기가 나오는" 점에 유의하며 무슨 데이터를 어떻게 제대로 재현할 것인지를 고심해야 한다. 제시할 데이터의 성격이 변하면, 예를 들어 절대적 수치의 인구를 상댓값이나 비율로 바꾸면, 최종 산출물과 해석도 달라진다. 마찬가지로, 색채나 데이터 범주만 달리해도

□ 최근 들어서는 상업적 소프트웨어뿐만 아니라, QGIS와 같은 오픈소스 GIS 패키지도 널리 사용되고 있다. QGIS는 프로젝트 홈페이지(https://www.qgis.org/ko/site)에서 무료로 내려받아 사용할 수 있다.

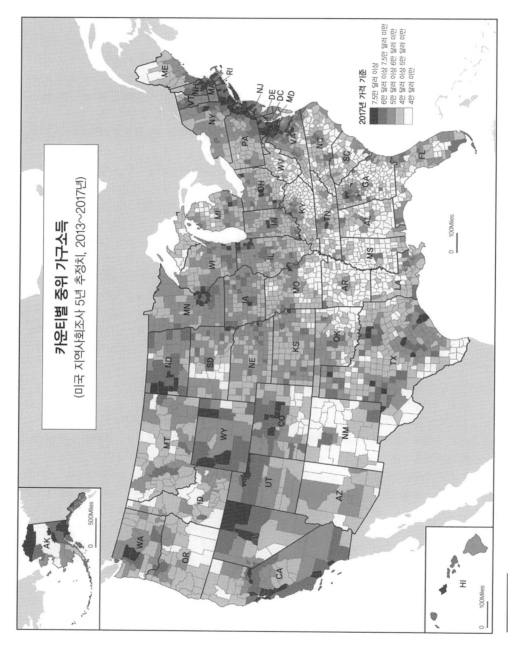

그림 2.4 미국 가운티별 중위 가구소득(2013~2017년)

출처 : 미국 인구조사국

오해의 소지가 생기는 지도가 생성된다.[37] 지도화 단위 간에 경계를 넣거나 공간단위의 크기만 바꾸어도 인위적인 패턴이 나타난다. 그래픽 지도 형태로 데이터를 가장 잘 재현하는 방법에 대한 지리학 문헌은 곳곳에 많이 있다.[38]

커널추정, 공간이동평균, 크리킹과 같은 **공간분석** (spatial analysis) 기법은 경계와 관련된 이슈를 해결하며 데이터의 재현을 더욱 매끄럽게 해준다. 이러한 방법은 정의된 지리적 지역에 걸쳐 평균을 계산하기

때문에, (센서스 트랙, 카운티 등) 특정한 경계에서 값이 갑자기 변하는 데이터 재현의 문제에 제약받지 않는다. 이러한 기능은 널리 사용되는 GIS 매핑 프로그램에 포함되어 있다. R, S-Plus, CrimeStat, GeoDa를 비롯한 보다 전문적인 공간분석 프로그램도 마찬가지다.[39] 이러한 프로그램은 보다 복잡한 분석의 기능도 지원한다. 예를 들어, 지리적 경향성 모델링이나 자기상관(autocorrelation), 즉 공간에 따른 지리적 상관성의 존재 여부를 테스트할 수 있다.

방법·측정·도구 **인구추정과 인구추계**

인구지리학자와 인구통계학자는 인구의 추정(estimate)이나 추계(projection)를 제공해야 하는 상황에 자주 직면한다.[40] 두 용어가 뒤섞여 사용되는 경우가 종종 있지만, 둘 간에는 중대한 차이가 있다. 가령, 센서스 기간 사이 특정 연도의 인구 규모를 계산하는 일은 **인구추정**이다. 추정은 보통 기존 센서스 수치, (이주, 출산력, 사망력 등) 인구 변화의 요소, (고용 정보, 납세 기록 등) 인구 변화를 포착하는 여러 정보를 기반으로 이루어진다. 반면, **인구추계**는 장래(미래)의 특정 시점의 인구 규모를 산출하는 것이다.[41] 과거, 현재, 미래의 인구 규모에 대한 정보를 사용해 장래인구를 추계할 수 있다. 추계와 추정의 정확성은 사용되는 방법의 가정과 규칙에 따라 다르게 나타난다.

인구추정
센서스 기간 사이의 인구를 추정하기 위해 다음과 같은 식을 이용한다.

$$P_{t+x} = P_t + B_{t,t+x} - D_{t,t+x} + M_{t,t+x}$$

여기에서 P_{t+x}는 $t+x$ 시점의 추정인구이며 P_t는 추정의 바탕이 되는 시작점의 인구이다. $B_{t,t+x}$는 t와 $t+x$ 사이의 출생자 수를 뜻한다. 마찬가지로, $D_{t,t+x}$와 $M_{t,t+x}$는 각각 t와 $t+x$ 사이의 사망자 수와 이동에 의한 인구 변화를 나타낸다. (하위 국가 스케일의 추정에서는 국내이동과 국제이동이 고려된다.) 이 방정식은 책의 다른 부분에서 논의하는 **잔차법**(residual method)에 해

당한다. 인구과정이 특정 기간의 인구 규모 차이로 나타난다는 뜻이다. 이 기간 동안 모든 정보를 이용하는 것이 불가능하기 때문에 추정이 필요한 것이다. 일례로, 대다수 정부는 이출(emigration)통계를 수집하지 않는다. 그래서 (전체 이주자 수에서 이출자 수를 빼서 구하는) 순국제이동(net international migration) 데이터를 이용할 수 없기 때문에 이출에 대한 추정이 필요하다.

한편, 인구수를 알고 있는 두 연도의 단순한 평균을 바탕으로 연중 한 시점의 인구는 다음과 같이 추정할 수 있다.

$$P_e = P_1 + n/N \, (P_2 - P_1)$$

여기에서 P_e는 추정된 인구 규모, P_1은 기간의 시작점 인구 규모, P_2는 마지막 시점의 인구 규모이다. 그리고 n은 P_1 시점에서 추정 시점까지 경과한 개월 수이며, N은 P_1과 P_2 간의 전체 개월 수이다. 이 방법은 두 시점 사이에 일정하게 나타나는 선형적 인구성장을 가정한다. 두 기간 사이의 간격이 짧을수록 인구추정이 정확하다.

인구성장률을 알고 있을 때는 다음과 같이 인구를 추정한다.

$$P_e = P_2 - r \, [(P_2 - P_1)/t]$$

여기에서 t는 인구를 알 수 있는 두 센서스 간의 햇수

이며, r은 인구성장률을 나타낸다. 그리고 r은 다음과 같이 구할 수 있는데, 여기에서 ln은 자연로그를 뜻한다.[E]

$$r = [\ln(P_2 / P_1)] / t$$

지금까지 소개한 방법들은 간단한 계산법을 제시하지만, 선형적 인구 변화를 가정하기 때문에 근본적인 한계를 지니고 있다. 실제로 매끄러운 인구 변화에 대한 가정에는 근거가 부족하다. 예를 들어, 장단기적 경제적 사건으로 인해서 인구이동성의 변화가 나타날 수 있다. 이러한 추정의 신뢰도는 작은 지리적 스케일에서 낮은 경향이 있다. 데이터의 신뢰도가 낮거나 단기적 변동에 민감하게 반응하기 때문이다. 센서스 간격이 너무 긴 경우에도 인구추정의 신뢰도가 낮아진다.

인구추계

인구추계는 과거와 현재의 센서스 정보를 이용하여 미래의 인구 규모를 예측하는 것이다. 우선, 현재 인구 경향의 외삽을 통해서 장래인구를 단순히 추계할 수 있다.[F] 가령 과거 센서스 몇 개 기간의 인구를 알고 있다면, 미래로 향하는 대략의 최적선을 구해 인구추계가 가능하다. 현재의 인구성장률을 다음과 같이 장래 인구 추계에 반영할 수 있다.

$$P_{t+10} = P_1 + rP_1$$

방정식에서 r은 10년을 기준으로 산출한 성장률로 가정되며, 결과적으로 10년 후의 장래인구 추계가 도출된다. 추계 기간이 10년 이외의 다른 기간으로 조정될 수도 있다. 한편 비선형적 성장, 즉 성장의 곡선이 가팔라지는 지수적 성장을 고려하면, 다음과 같은 식을 구할 수 있다.

$$P_{t+10} = P_1 (1+r)^n$$

이와 관련된 추계 기법으로 회귀분석이 사용되기도 한다. 이 방법의 장점은 과거 센서스 여러 개의 수를 분석에 이용할 수 있다는 점이다. 인구성장의 비선형적 재현의 가능성도 회귀분석의 장점에 속한다.

소개한 방법들은 단기적 추계에서 유용하지만, 인구과정을 반영하지 못하는 한계가 있다. 따라서 앞에서 언급한 인구추정과 마찬가지로 성장률 r의 타당도에 대한 문제가 생긴다. 가령 출산력과 사망력의 급격한 변화에 따라 인구성장이 변하면 r의 안정성에 대한 가정 자체가 의문시된다.

인구추계 방법은 국가나 지역의 인구를 예측하는 데에 사용된다. 복수의 하위인구 추계에 적용되기도 하는데, 여기에서는 흥미로운 계산의 이슈가 발생한다. 예를 들어, 국가 전체의 인구를 알고 미국의 주와 같은 각 지역의 장래인구를 추계한다고 가정해보자. 이렇게 산출된 주의 추계인구를 합하여 국가적 수준의 예측치를 얻을 수 있지만, 이 값이 알려진 인구수와 다를 수 있다. 따라서 주의 추계인구 스케일이 재설정되어야 하며, 이는 할당과 같은 과정을 통해서 이루어질 수 있다. 이 사례에서는, 주의 추계인구에 이미 알려진 주 인구의 비를 곱하는 방식으로 할당하여 산출한다. 이 방법 또한 문제는 있는데, 인구분포의 비율이 변하지 않는다는 가정이 깔려있기 때문이다.

여기에서 살핀 인구추계 도구는 제한된 정보만을 활용하면서 한 지역에 대한 인구추계에도 도움을 준다. 그러나 세 가지의 중대한 결점이 있다. 첫째, 출산력, 사망력, 이동과 같은 인구 변화 요인을 구별하지 않는다. 둘째, 인구추계를 위해서는 성별, 연령별 인구구조에 대한 정보가 필요하지만, 제시된 도구는 이러한 수준의 상세함을 제시하지 못한다. 셋째, 앞에서 언급한 바와 같이 과거의 경향이 미래에도 계속된다고

[E] 인구가 계속해서 증가하는 연속적인 과정이라면, 자연로그를 이용해 $P_2/P_1 = e^{rt}$의 방정식이 구해진다. 여기에서 양변에 자연로그를 취하면, $r \cdot t = \ln(P_2/P_1)$이 되어, $r = \ln(P_2/P_1)/t$가 되는 것이다. 한편, 인구성장을 연속적인 과정으로 가정하지 않고 일정한 연간 인구성장률이 t 해 동안 지속된다고 가정하면, $P_2/P_1 = (1+r)^t$의 수식을 통해서 r을 산출한다. 이 방정식은 이어지는 인구추계 부분에서 소개된다. 두 가지 방법의 차이에 대한 상세한 설명은 다음의 문헌을 참고하자. 이희연, 2005, 『인구학 : 인구의 지리학적 이해』, 법문사, 57.

[F] 이런 방식의 추계, 즉 과거부터 현재까지 "인구 변화 추세에 대한 시계열 분석을 바탕으로 추계하는 방법"은 경향외삽법(trend-extrapolation)으로 불린다[조대헌 · 이상일, 2011, "이지역 코호트–요인법을 이용한 부산광역시 장래 인구 추계," 『대한지리학회지』, 46(2), 214].

가정한다. 그러나 개인 선호와 경제의 장단기적 변화
도 미래 인구구조에 영향을 줄 수 있다는 점에 유의해
야 한다.

코호트 요인 모델

앞에서 서술한 추계 방법에 대한 문제점을 해결하는
차원에서 **코호트 요인 모델**을 살펴보자. 이 모델은 일
반적으로 인구의 연령−성 성분을 고려하며 지역과 전
체 인구를 일관성 있게 추정할 수 있도록 한다. 코호
트 요인 모델은 두 가지 핵심 개념을 밑바탕으로 한
다. 첫째, 인구는 유사한 개인의 연령별, 성별 코호트
로 구성된다.[G] 둘째, 이 모델은 변화의 요인에도 초점
을 맞춘다. 특히, 개별 코호트 인구가 출산력, 사망력,
이동과정의 영향으로 인구와 인구구조에 변화를 일으
키는 점을 인식한다.

이동이 없는 **단일 지역 코호트 요인 모델**을 가정하
면, 다음과 같이 행렬 방정식이 만들어진다.

$$p(t + n) = G^n p(t)$$

여기에서 $p(t)$는 시점 t에서 연령−성 집단 하나의 열
벡터이며, $t + n$ 시점에서 이 코호트의 추계인구는
$p(t+n)$으로 표현된다. G는 성장 행렬인데, 여기에는
인구동태통계에서 얻을 수 있는 출생률과 생존률이 포
함되어 있다. 출생률은 가임연령 집단에만 연동되고 모
든 비율값은 추계 기간 동안 일정하다는 가정에 유의
하자. $p(t)$와 G를 곱하여 인구를 추계함으로써, 시간에
따른 인구의 고령화와 생존 경향이 외삽될 수 있다.

다지역(multiregional) **코호트 추계 모델**은 코호트
생존 개념을 사용해 연령집단으로부터 개인의 나이를
고려하고 지역 간 이동도 반영한다. 예를 들어, 두 지
역 시스템에서 하나의 지역은 이동의 흐름을 통해서
다른 지역과 연결된다. 그래서 한 지역에서 전출은 다
른 지역에서 전입으로 정의된다. 이러한 방식으로, 다
지역 인구추계 모델은 연령−지역 분포와 연령별 사망
력, 출생력, 이동을 고려한다. 추계의 절차는 기본 모
델과 동일하다. 출산율, 사망률, 이동률이 최초 인구에

적용되어 장래인구를 추계한다는 이야기다.

이처럼 행렬 방정식에는 변화가 없지만, 지역이 추
가되기 때문에 각각의 행렬은 훨씬 더 복잡해진다. 인
구는 연령집단으로 구분되고, 각각의 연령집단은 지
역으로 나뉜다. 성장 행렬의 구조도 개인의 나이와 위
치가 동시에 모델화될 수 있도록 변하게 된다. 그리고
단일 지역 모델에서와 같이 성장 행렬은 추계 기간 동
안 일정하다고 가정된다. 일반적으로 추계의 기간과
연령집단의 폭이 같게 맞춰진다. 예를 들어, (미국, 캐
나다, 오스트레일리아의 센서스처럼) 이주의 간격이 5
년으로 설정되면, 연령집단도 5년으로 정의한다. 이렇
게 해서, 현재의 10~14세 연령집단과 이에 적합한 성
장률을 반영해 5년 후 15~19세 인구수를 추계할 수
있다. 그리고 행렬 방정식을 반복하면 더 먼 미래의
추계도 가능하다. 예를 들어, n=3인 15년 후의 추계
는 다음과 같다.

$$p(t + 5n) = G^3 p(t)$$

이 모델은 단기 추계에 유용하지만 추계 기간이 길어
지면 모델에 내재한 가정 때문에 문제가 발생할 수 있
다. 모델 대부분은 네 가지의 가정을 기초로 한다. 첫
째, 지역 간 이동의 가능성은 시간이 흘러도 변하지 않
는다. 둘째, 인구집단은 동질이라 각 개인은 동일한 확
률의 영향을 받는다. 셋째, 확률은 고정된 시간 동안 적
용된다. 넷째, 두 지역 간 이동률은 현재의 위치에 영향
을 받는다고 가정하면서 마르코프 성질을 상정한다.

이러한 가정의 대부분은 비현실적이다. 첫째, 추계
기간 동안 이동률의 정상성(stationarity)은 가능하지
않다. 흑인, 백인, 이주민, 국내 출생자 등 집단별로 이
동률은 다를 수 있기 때문이다. 이에 더해, 이동률은
경제적 기회나 어메니티의 변동, 인구의 고령화에 영
향을 받는다. 둘째, 마르코프 성질을 근거로 이동률은
단지 현재의 위치에서 영향을 받는다고 가정된다. 과
거의 위치나 행태가 현재의 이동 결정에 영향을 미치
지 못한다는 것이다. 마르코프 가정은 모델링을 단순
화시키는 장점이 있지만 개인의 높은 이동성을 고려하

[G] 그러나 코호트의 구분이 고정되어 있지는 않다. 한국에서는 여기에 소개하는 바와 같이 연령과 성을 고려해 코호트를
설정하지만, 미국과 같은 다민족 국가에서는 민족과 인종 범주가 고려되기도 한다. 코호트 요인 모델에 대한 상세한 설
명과 사례연구 적용은 다음의 문헌을 참고하자. 조대헌·이상일, 2011, "이지역 코호트−요인법을 이용한 부산광역시
장래 인구 추계".

지 못하는 한계도 지닌다. 예를 들어 귀환이동에 관한 문헌에 따르면, 고향으로 돌아오는 사람들에게 과거이동의 경험은 중요하게 작용한다.[42] 이러한 문제에도 불구하고 코호트 요인 모델을 활용하는 장기적 인구추계는 인구가 어디로 향하는지와 관련해 중요한 통찰력을 제공한다. 물론, 현재의 인구통계 비율값이 장기간에 걸쳐 유지된다는 가정하에 가능한 일이다.

원주

1. Alene Gelbard, Carl Haub, and Mary M. Kent, "World Population beyond Six Billion," *Population Bulletin* 54, no. 1(March 1999); Lori S. Ashford, Carl Haub, Mary M. Kent, and Nancy V. Yinger, "Transitions in World Population," *Population Bulletin* 59, no. 1(March 2004); Joseph A. McFalls Jr., "Population: A Lively Introduction," *Population Bulletin* 62, no. 1(March 2007); Massimo Livi-Bacci, *A Concise History of World Population*, 3rd ed.(Oxford: Blackwell, 2001).

2. Gelbard, Haub, and Kent, "World Population." 이 밖에도 미국 인구조회국 홈페이지(http://www.prb.org)에서 유용한 보고서를 검색할 수 있다.

3. https://www.prb.org/wp-content/uploads/2018/08/2018_WPDS.pdf(2020년 2월 3일 최종 열람).

4. Stein Emil Vollset et al., "Fertility, Mortality, Migration, and Population Scenarios for 195 Countries and Territories from 2017 to 2100: A Forecasting Analysis for the Global Burden of Disease Study," *Lancet*, 14 July 2020, https://doi.org/10.1016/S0140-6736(20)30677-2.

5. International Data Base(IDB), https://www.census.gov/data-tools/demo/idb(2020년 2월 3일 최종 열람). 국가의 분류와 기준은 유엔 홈페이지(http://un.org/ohrlls)에서 검색이 가능하다(2020년 6월 23일 최종 열람).

6. Vollset et al., "Fertility, Mortality, Migration, and Population Scenarios."

7. Martin T. Brockerhoff, "An Urbanizing World," *Population Bulletin* 55, no. 3(September 2000).

8. United Nations, *World Urbanization Prospects: The 2018 Revision*(New York: United Nations, 2000), http://esa.un.org/unpd/wup/(2020년 2월 3일 최종 열람).

9. United Nations, Department of Economic and Social Affairs, Population Division(2018), *The World's Cities in 2018*—Data Booklet(ST/ESA/ SER.A/417).

10. UN, *World Cities in 2018*.

11. 개발도상국의 도시지역에서 출산율은 평균적으로 낮은 경향이 있지만, 대부분은 대체 수준보다 높다.

12. John C. Caldwell, "Toward a Restatement of Demographic Transition Theory," in *Perspectives on Population*, ed. Scott W. Menard and Elizabeth W. Moen(New York: Oxford University Press, 1987), 42-69.

13. 중국이 이러한 인구통계에서 배제되는 경우가 종종 있다. 한자녀정책이 중국의 인구통계학적 미래를 크게 변화시키며 다른 개발도상국과 큰 차이를 보이게 했기 때문이다.

14. Darrell Bricker and John Ibbitson, *Empty Planet: The Shock of Global Population Decline* (Toronto: Signal, 2019); Phillip Longman, *The Empty Cradle: How Falling Birthrates Threaten World Prosperity* (New York: Basic Books, 2004).

15. Vollset et al., "Fertility, Mortality, Migration, and Population Scenarios."

16. Carl Haub and O. P. Sharma, "India's Population Reality: Reconciling Change and Tradition," *Population Bulletin* 61, no. 3(September 2006).

17. 아르헨티나의 출산율 감소는 2000년대 초반 경제 위기가 초래한 단기적 현상일 수 있다. 당시 아르헨티나 정부는 거의 파산 위기에 몰려있었다. 한편, 출산율 안정화에 대한 논의는 다음 연구를 참고하자. Carl Haub, "Flat Birth Rates in Bangladesh and Egypt Challenge Demographers' Projections," *Population Today* 28, no. 7(October 2000), 4.

18. Vollset et al., "Fertility, Mortality, Migration, and Population Scenarios."

19. Warren Sanderson and Sergei Scherbov, "Rethinking Age and Aging," *Population Bulletin* 63, no. 4 (December 2008).

20. Longman, *The Empty Cradle*.

21. UN, "The International migration Report 2017," https://www.un.org/en/development/desa/population/migration/publications/migrationreport/docs/MigrationReport2017.pdf(2020년 6월 23일 최종 열람).

22. https://www.migrationpolicy.org/programs/data-hub/global-remittances-guide(2020년 2월 5일 최종 열람).

23. Haub and Sharma, "India's Population Reality."

24. Haub and Sharma, "India's Population Reality."

25. Vollset et al., "Fertility, Mortality, Migration, and Population Scenarios."

26. European Commission, "Childbearing Preferences and Family Issues in Europe," *Eurobarometer* 65, no. 1(2006).

27. 출산력의 결정 요인에 대해서는 5장을 참고하길 바란다.

28. Philip L. Martin, "Germany: Reluctant Land of Immigration," in *Controlling Immigration: A Global Perspective*, ed. Wayne A. Cornelius, Philip L. Martin, and James F. Hollifield(Stanford, CA: Stanford University Press, 1992), 189-226.

29. 미국 인구조사국, https://www.census.gov/programs-surveys/popproj.html(2020년 2월 7일 최종 열람).

30. T. J. Mathews and Brady E. Hamilton, "Total Fertility Rates by State and Race and Hispanic Origin: United States, 2017," *National Vital Statistics Report* 68, no. 10(2019).

31. Sandra L. Colby and Jennifer M. Ortman, "Projections of the Size and Composition of the U.S. Population: 2014 to 2060," 미국 인구조사국, Report P25-1143(3 March 2015).

32. Laura E. Hill and Hans P. Johnson, *Understanding the Future of Californians' Fertility: The Role of Immigrants* (San Francisco: Public Policy Institute of California, 2002).

33. Robert D. Kaplan, "Geography Strikes Back," *Wall Street Journal* (8 September 2012), C1.

34. http://www.ph.ucla.edu/epi/snow.html(2020년 2월 7일 최종 열람).

35. http://www.worldmapper.org(2020년 2월 7일 최종 열람).

36. Sandy Holland and David A. Plane, "Methods of Mapping Migration Flow Patterns," *Southeastern Geographer* 41(2001), 89-104.

37. http://colorbrewer2.org/#type=sequential&scheme=BuGn&n=3(2020년 2월 7일 최종 열람).

38. Mark Monmonier, *How to Lie with Maps*, 3rd ed.(Chicago: University of Chicago Press, 2018).

39. R은 무료 배포 프로그램이며, GeoDa에 대한 정보는 홈페이지(https://geodacenter.github.io/)를

참고하자. S-Plus에 관한 정보는 http://www.solutionmetrics.com.au/products/splus/default.html에서 확인할 수 있다. 공간통합사회과학센터(CSISS : Center for Spatially Integrated Social Sciences)와 www.spatialanalysisonline.com도 유용한 정보원이다(2020년 2월 7일 최종 열람).

40. 미국 인구조사국 홈페이지(https://www.census.gov/programs-surveys/popproj.html)에서 인구추정과 인구추계에 대한 유용한 정보를 제공한다(2020년 2월 7일 최종 열람).

41. Andrei Rogers, *Regional Population Projection Models* (Beverly Hills, CA: Sage, 1995).

42. K. Bruce Newbold and Martin Bell, "Return and Onwards Migration in Canada and Australia: Evidence from Fixed Interval Data," *International Migration Review* 35, no. 4(2001), 1157−1184.

Chapter 3

인구 데이터

모집단
데이터 유형
자료원
데이터 품질
결론
- 포커스 : 센서스 데이터와 미국 지역사회조사(ACS)
- 포커스 : 생애과정
- 방법·측정·도구 : 데이터 작업

데이터(자료)는 인구통계와 인구분석의 초석이다. 실제로 센서스 등 인구 조사에 기반한 양질의 **공공 데이터**가 존재하기 때문에 다양한 연구가 가능하다. 그러한 데이터의 활용은 실증주의 과학에 기반한 이론적 접근을 수반한다. 실증주의 과학의 최종 목표는 경험적 관찰을 검증하고(또는 반증하고) 모델과 이론으로 일반화될 수 있는 법칙을 수립하는 것이다. 하지만 데이터의 이러한 활용은 문제의 소지가 있다. 데이터에는 일정 정도의 불완전함이 내재하기 때문이다. 예를 들어, 이동, 이주, 동화와 같은 인구과정의 동기와 세부 사항을 포착하지 못한다. 그 대신 통계적 추론처럼 경험적으로 계량화할 수 있는 관념들에만 의존한다. 이동이나 문화접변과 관련해서도 계량화할 수 있는 측면에만 주목한다. 이주민 인구도 광범위하게 정의되기 때문에, 이 용어만 가지고 합법 이주민, 미등록 입국자, 난민을 구분할 수 없다. 마찬가지로 출산력 선택의 동기를 설명해줄 수 있는 데이터가 거의 없는 실정이다. 따라서 개인이나 사회적 수준의 인구 문제를 고찰하는 데에 있어서 공공 데이터의 지속적 사용이나 실증주의 방법론에 대해 의문이 제기될 수밖에 없다.

데이터는 (변수나 구성물의 포함과 관련된) 내용, (모집단의 대표성과 관련된) 품질, (나타내는 시기와 특정 시점의 사건과 연관된) 시의성, (지리적 지역, 공간 스케일 등) 범위, (데이터 접근성을 뜻하는) 가용성의 측면에서 다양하다. 이들 각각은 데이터 분석과 해석에 영향을 미칠 수 있는 중요한 요소들이며, 따라서 여러 가지 자료원에 대한 충분한 논의도 필요하다. 이 장에서는 여러 유형의 데이터를 소개하고 논의한다. 구체적 주제에는 질적 데이터와 양적 데이터,

자료원, 데이터 품질 이슈, 데이터 유형별 비용과 편익이 포함된다. 상세한 논의에 앞서, 우선 모집단과 표본 데이터를 구분하여 살펴볼 것이다.[A] 포커스에서는 미국의 센서스와 지역사회조사(ACS : American Community Survey)에 대해 살펴보고, **방법·측정·도구**에서는 데이터 분석에 대해 논의한다.

모집단

먼저 모집단이 무엇인지를 정의할 필요가 있다. 이 용어는 다양한 개념을 설명하기 위해 사용되는데, 생물학자의 정의와 인구집단을 정의할 때 사용하는 인구지리학자의 정의는 다르다. 이 책에서 지금까지 모집단 개념은 일반적으로 세계, 국가, 도시, 또는 다른 어떤 지리적 단위의 인구를 지칭하는 데에 사용되었다. 같은 논리에서 강의의 수강생, 대학 신입생, 대학 전체 학생도 모집단이 될 수 있다. 모집단은 무엇을 지칭하든 간에 어떤 사람이 포함되는지를(역으로, 누가 빠져있는지를) 정의하는 일정한 경계의 의미를 갖는다. 때에 따라 (가령, 수강생처럼) 공통으로 공유되는 특성을 가지기도 한다. 한 마디로, 모집단은 인구집단에서 개인을 포함하거나 배제함으로써 최대한 정확하게 정의할 수 있다. 모집단에는 지리적 차원도 있다. 가령 모집단이 뉴욕이라면 뉴욕이 의미하는 바를 구체화할 필요가 있다. 지리적인 참조가 없다면, 뉴욕주, 뉴욕시, 뉴욕 메트로폴리탄 지역 모두가 가능하다. 그렇지만 각각의 모집단이 지칭하는 사항은 완전히 다를 것이다. 또한, 시기도 고려해야 한다. 가령, 1900년의 뉴욕에 관심을 두는지, 아니면 2020년이나 2050년의 뉴욕인지를 분명히 해야 한다. 시점에 따라 모집단이 다를 수 있기 때문이다. 이처럼 시간을 포함하면, 모집단은 역동적으로 변화하는 개념으로 정의될 수 있다.

모집단을 조심스럽게 정의해도, 완전한 모집단의 분석이 난관에 부딪히거나 심지어는 현실적으로 불가능할 수도 있다. 특히, 한 국가의 인구와 같이 규모가 큰 경우는 더욱 그러하다. 모든 사람을 헤아리기에는 수가 너무 많다. 조사의 실행이 너무 방대하고 엄청난 비용이 드는 문제도 있다. 가령, 뉴욕과 같은 대도시의 모든 사람을 집계한다고 가정해보자. 여기에는 연령, 혼인 여부, 가족 규모, 교육 수준, 교통수단 등의 질문에 대한 답을 받는 일까지 포함된다. 실제로 미국 인구조사국에서는 10년 단위로 센서스를 실시하는데(**포커스** 참고), 이는 아주 거대하고 막대한 비용이 소요되는 사업이다.[1] 2010년 센서스는 가구당 96달러의 비용이 투입된 사업이었고, 2020년 센서스의 비용은 가구당 151달러까지 높아져 역사적으로 가장 비싼 조사로 기록되었다.[2] [B]

[A] 이 책에서 population은 대부분 '인구'로 번역되지만, 통계적 관찰이나 조사 대상의 전체 집단을 의미할 때는 모집단(母集團)으로 번역한다.

[B] 우리나라에서도 센서스는 큰 비용이 드는 사업이다. 2010년 센서스에는 1808억 원의 예산이 투입되었고, 기존 방식을

이에 대한 대안으로 인구지리학자는 모집단을 대표한다고 간주되는 **표본(샘플)**을 자주 사용한다. 미국 인구조사국이 관리·운영하는 ACS에서 모집단을 대표하는 표본이 활용된다. 표본은 대체로 모집단의 (연령, 성별, 소득, 교육 등) 구성과 구조를 정확하게 반영하도록 설계된다. 특정한 지역의 실제 인구 크기를 도출하기 위해서, (표본 응답자 1인이 모집단에서 더 많은 수의 사람을 대표한다는 개념인) 표본 **가중치**(weight)가 적용되기도 한다. 다른 한편으로, 대표성이 없거나 목적성을 가진 표본도 존재한다. 예를 들어, 연구자는 신규 이주민, 기존 이주민, 특정 민족집단의 여성 등으로 관심 대상을 좁혀 표본을 추출할 수 있다. 이러한 경우, 연구 결과는 연구자의 목적에 부합하지만 특정 그룹에만 적용되는 것이다. 그래서 보다 큰 모집단으로 이전해 일반화할 수는 없다.[3]

데이터 유형

데이터는 크게 두 가지 유형으로 구분할 수 있다. 우선 **1차 데이터**는 연구자가 직접 수집한 데이터를 의미한다. 대체로 한 번씩만 수집되고 특정한 지리적 지역에 제한된다. 특정 문제나 이슈를 반영하는 비교적 작은 표본인 특징도 있다. 1차 데이터의 수집과 생산에는 많은 시간과 비용이 들지만, 유연성이 높은 장점이 있다. 특정한 연구 문제와 요구 사항에 적합한 표본추출법을 마련하고 조사 질문과 내용을 정의할 수 있기 때문이다.

  2차 데이터는 사전에 정의된 질문과 표본추출법, 지리적 지역을 바탕으로 기관, 정부 조직, 개인이 수집한 데이터를 말한다. 보통 이러한 데이터는 대중이 바로 사용할 수 있도록 확인, 검증, 정제의 절차를 거친다. 2차 데이터는 국가적 공신력을 보유하며 상세하고 엄밀한 표본추출법을 사용하기 때문에, 데이터 사용자들이 표본의 대표성을 확신할 수 있다는 장점을 지닌다. 표본이 정확하게 모집단을 재현하는 것으로 여겨진다는 뜻이다. 2차 데이터의 주요 자료원에는 미국 인구조사국, 노동 통계국과 같은 국가적 또는 국제적인 공식 통계 기관이 포함된다. 실제로 캐나다 통계청이나 미국 인구조사국과 같은 통계 기관은 센서스나 노동인구 조사, 보건 조사 등 수많은 데이터의 자료원 역할을 하고 있다. 미국에서 제공되는 대표적 데이터 파일에는 센서스와 현재인구조사가 있다. 이와 함께, 소득동태패널조사, 미국 청소년종단조사, (10년 주기 롱폼 센서스를 대체한) 미국 지역사회조사 등의 종단 데이터도 공개된다.[c]

유지한다면 2015년 센서스 비용은 2712억 원까지 증가할 수 있었다. 이에 정부는 2015년 센서스부터 현장 조사 중심의 전통적 방식을 대체해 행정 데이터를 활용하는 등록센서스를 도입했다. 이러한 변화의 비용 절감 효과는 매우 컸다. 2015년 센서스 예산은 2010년보다 30%가량 줄어든 1257억 원이었으며, 2020년에도 기존 방식 때보다 적은 1370억 원이 투입되었다(https://www.census.go.kr/cds/cdsCensusCncpt.do?q_menu=3&q_sub=1).

[c] 센서스는 전수 조사 질문지와 표본 조사 질문지로 구분하여 조사되며, 각각은 미국에서 간략 서식의 숏폼(short form)과 상세 서식의 롱폼(long form)이란 별칭으로 불린다. 전수 조사 질문지는 전체 인구를 대상으로 하며 응답자가 쉽게 답

1차 데이터와 2차 데이터는 **질적(정성) 데이터**와 **양적(계량) 데이터**를 모두 포함할 수 있다. 질적 데이터는 비수치 정보로 구성되며, 사례연구나 개방형 인터뷰, 초점집단(포커스그룹), 참여관찰, 다이어리(일지) 등을 통해 수집된다. 예를 들어, 질적 데이터를 수집하는 과정에서 연구 참여자(대상자)가 자신의 이동에 대한 경험을 구술하도록 질문할 수 있다. 구체적으로 왜 이동하게 되었는지, 해당 목적지를 선택한 이유는 무엇인지 등을 물을 수 있다. 이러한 **구술사**(oral history)는 관심이 있는 프로세스에 대한 풍부한 이해를 제공하지만, 대체로 적은 표본에 기반하기 때문에 표본이나 분석 맥락을 초월해 결과를 일반화하는 데는 제한적이다. 반면, 양적 데이터는 수치 정보로 구성된다. 특정 지역의 연령별 또는 성별 인구수, 교육 수준, 거주지나 이동 데이터, 이 외의 사회·경제적, 사회인구학적 특성에 관한 합계가 양적 데이터의 사례에 해당한다. 이들을 바탕으로 비율이나 비중 등 다른 형태의 측정치를 생성하여 관심 모집단을 기술하기도 한다.

자료원

지리학자는 인구의 구성과 구조, 교통, 인구−환경 이슈, 인구 보건 등과 같은 주제에 관심을 가지고 있다. 이러한 문제를 이해하고 의견을 제시하거나 해법을 마련하기 위해서는 적절한 **데이터(자료)**가 중요하다. 해당 문제에 대하여 데이터가 얼마나 잘 대답할까? 인구지리학자는 적절한 데이터를 어디에서 찾을 수 있을까? 이와 관련해, 다섯 가지의 주요 **자료원**을 고려해볼 수 있다.[ᴰ] 여기에는 센서스 데이터, 대표표본 조사, 인구동태신고, 간접적으로 수집된 2차 데이터, 연구자가 직접 수집한 1차 데이터인 개인 데이터 세트가 포함된다.[4]

센서스 데이터

센서스는 특정한 시기와 국가에 존재하는 인구통계적, 경제적, 사회적 데이터의 집합으로 정의되며, 가장 잘 알려져있고 가장 많이 사용되는 인구 데이터 자료원 중 하나다. 인구를 구성하는

할 수 있도록 필수적인 문항 몇 가지만 제시한다. 반면, 일부의 인구만을 대상으로 하는 표본 조사 질문지는 인구에 대한 상세한 정보를 얻을 수 있도록 보다 많은 문항으로 구성된다.

[ᴰ] 우리나라에서 가장 유용한 인구 데이터 자료원 중 하나는 통계청에서 운영하는 국가통계포털(KOSIS : Korean Statistical Information Service)이다(https://kosis.kr). KOSIS에서는 우리나라 인구 센서스인 인구주택총조사 데이터 이외에도 다양한 주제의 인구 데이터를 수집해 제공한다. 전수 조사와 표본 조사를 결합해 매년 실시하는 인구총조사 데이터는 인구의 규모, 분포, 구조를 중심으로 구성된다. 주민등록인구현황, 인구동향조사, 국내인구이동통계는 인구동태신고 데이터에 근거해 매월 갱신된다. 법무부에서 집계해 KOSIS에 공유되는 국제인구이동통계도 내국인과 외국인의 국제이동을 주제로 매월 갱신되는 데이터이다. 외국인 인구와 관련해서는, 법무부, 행정안전부, 출입국관리사무소, 지방자치단체가 매년 조사해 발표하는 출입자및체류외국인통계와 지방자치단체외국인주민현황도 유용하다. KOSIS에서는 5년 주기의 장래인구추계도 이용할 수 있다.

모든 개인을 집계함으로써 센서스는 특정한 시기의 인구에 대한 스냅숏을 제공한다.[E] 대부분의 센서스는 사람들을 집계할 때 그들이 통상적으로 거주하는 장소에 할당한다. 이는 **상주 센서스** (de jure census)로 불리는데, 집계 시점에 머무르는 장소에 사람들을 할당하는 **현주 센서스**(de facto census)와 구분된다.[F] 일리노이주 시카고에서 일하면서 인디애나주 게리에 사는 사람이 있다고 가정해보자. 이 사람은 상주 센서스에서 게리로 할당되지만, 현주 센서스에서는 시카고 인구로 집계될 것이다. 일반적으로는 상주 센서스가 선호된다. 한 지역에 통상적으로 거주하는 인구를 더욱 잘 보여줄 수 있기 때문이다. 이를 바탕으로 센서스에서는 개인의 인구통계적, 사회적 특성들이 수집되는데, 여기에는 연령, 성, 혼인 여부, 가구구성, 교육 수준, 소득이 포함된다. 이와 함께, 주거 유형, 직업, 응답자의 민족적 기원을 비롯한 여러 가지 가구특성 관련 정보도 수집된다.[G]

[E] 개인을 구별하여 헤아려야 한다는 ① 개인 집계(individual enumeration)는 ② 정의된 영토 내 보편성(universality within a defined territory), ③ 동시성(simultaneity), ④ 정의된 주기성(defined periodicity), ⑤ 소지역 통계 생산 역량(capacity to produce small-area statistics)과 함께 유엔이 제시한 센서스의 다섯 가지 필수적 특징에 해당한다. 정의된 영토 내 보편성은 영토를 정확하게 정의하며 모든 사람을 집계해야 한다는 것이며, 이를 위해 특정 시점을 정해야 한다는 것이 동시성이다. 정의된 주기성은 최소한 10년에 한 번씩 정해진 시간 간격으로 센서스를 실시하는 것이며, 소지역 통계 생산 역량은 국가의 실정에 맞게 최소의 지리적 단위를 정해 그 수준까지 데이터를 생산해야 한다는 것이다. 이러한 필수적 특징은 센서스의 지침을 마련한 유엔의『인구 · 주택 센서스 원칙 및 권고안』에 명시되어 있다. 현행의 3차 개정 원칙 및 권고안은 2017년에 발간된 United Nations, *Principles and Recommendations for Population and Housing Censuses Revision 3* (New York: United Nations, 2017)에서 확인할 수 있다. 최초의 권고안은 1958년, 2차 개정은 2008년에 발간되었다. ①~④는 기존 2차 지침에서도 명시되었고, ⑤는 3차에서 새롭게 추가된 것이다.

[F] 상주인구는 현주인구에 한시적 부재인구를 더하고 한시적 현주인구를 빼서 구한다. 유엔에서는 조사 기준일 전 12개월의 대부분 기간이나 12개월 이상을 거주한 사람을 상주인구에 포함할 것을 권고하지만, 상주인구를 규정하는 방식은 국가마다 다르다. 우리나라 인구주택총조사에서는 해외에서 취업이나 취학 중인 사람, (외교관, 외국 정부, 국제기구 등에 소속되어) 공무로 체류 중인 국내 거주 외국인과 그 가족, 국내에 주둔하는 외국 군인 및 군무원과 그 가족은 상주 인구에서 제외한다.

[G] 2020년 인구주택총조사를 기준으로 센서스 문항은 16개 전수 항목과 55개 표본 항목으로 구성된다. 전수 항목 전체와 표본 항목의 일부는 행정 자료를 통해서 간접적으로 조사되지만, 표본 항목 데이터는 대부분이 현장 조사를 통해 수집된다. 이를 인구, 가구, 주택의 범주로 나누어 정리하면 다음 표와 같다.

	전수 항목	표본 항목	
		현장 조사	행정 자료
인구	성명, 성별, 생년월일, 가구주와의 관계, 국적, 입국 연월일, 1년 전 거주지, 국적 취득연도	성명, 성별, 생년월일, 가구주와의 관계, 국적, 입국 연월, 교육 정도, 교육 영역, 출생지, 아동 보육, 활동 제약, 활동 제약 돌봄, 통근 · 통학 여부, 통근 · 통학 장소, 이용 교통수단, 통근 · 통학 소요시간, 경제활동 상태, 종사상 지위, 산업, 직업, 현 직업 근무연수, 근로 장소, 혼인 상태, 혼인 연월, 출산 자녀 수, 자녀 출산 시기, 추가 계획 자녀 수, 결혼 전 취업 여부, 경력 단절, 사회활동, 생활비 원천	1년 전 거주지, 5년 전 거주지
가구	가구 구분, 주거시설 형태	가구 구분, 1인 가구 사유, 혼자 산 기간, 반려(애완) 동물, 마시는 물, 소방시설 보유 여부, 사용 방 수, 난방시설, 주차 장소, 건물 및 거주층, 거주 기간, 주거 전용 영업 겸용 여부, 점유 형태, 임차료	주거시설 형태, 타지 주택 소유 여부
주택	거처의 종류, 총 방 수, 주거시설 수, 주거용 연면적, 대지면적, 건축 연도		거처의 종류, 총 방 수, 주거시설 수, 주거용 연면적, 대지면적, 건축 연도

출처 : http://www.census.go.kr/

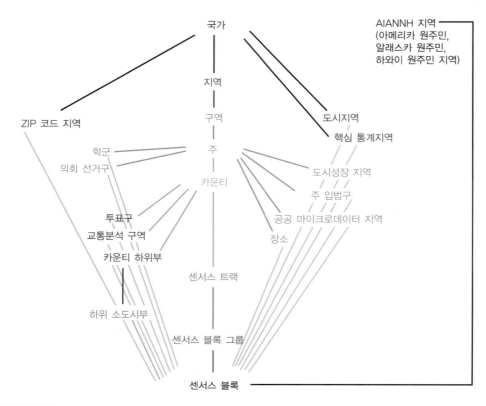

그림 3.1 미국 센서스 영역의 위계

출처 : "Appendix A: Census Geographic Terms and Concepts," 미국 인구조사국, https://www.census.gov/programs-surveys/geography/guidance/hierarchy.html

2020년 센서스 기간에는 신종 코로나 바이러스가 대유행하면서 대학 캠퍼스가 폐쇄되고 온라인 교육으로 전환되면서 **센서스 조사 기준일** 직전에 많은 학생이 본가로 돌아갔다.[ㅂ] 이러한 상황에서 이들을 어디로 집계해야 하는지의 문제가 생겼다. 인구조사국은 센서스 조사 기준일에 통상적으로 거주하거나 숙박하며 대부분 시간을 보내는 곳으로 집계해야 한다고 공지하였다. 즉, 본가 주소가 아니라 자신이 다니는 대학 주소로 집계될 수 있도록 하였다.[5] 학생이 어디로 집계되는지는 센서스 조사 자체의 범위를 넘어서 중요한 함의를 가진다. 정부 예산 배분, 재난계획, 공중 보건 등 여러 가지 프로그램이나 정책에 반영되기 때문이다.

센서스를 비롯한 **공공 데이터**가 매우 광범위하게 사용되는데, 이는 데이터 파일이 제공하는 타당성과 높은 수준의 지리·사회·경제적 상세성 때문이다(그림 3.1). 연산 능력이 향상되고, (추론 기법을 통한 가설검증이나 인구이동의 인과관계 설명 등) 인구연구의 분석 도구가 확대되고 정교화됨에 따라 데이터도 함께 증가하고 있다. 따라서 센서스는 인구지리학자가 사용하

[ㅂ] 미국의 센서스 조사 기준일은 4월 1일이며, 코로나 바이러스는 2020년 초반부터 확산되기 시작했다.

는 1차 데이터의 대표적 자료원으로 당연시되고 있다.[I] 미국은 1790년 이후로 10년마다 0으로 끝나는 해에 센서스를 실시해오고 있다. 영국의 센서스 데이터는 1801년부터 10년마다 1로 끝나는 해에 수집된다. 캐나다에서는 5년 주기의 센서스가 1과 6으로 끝나는 해에 실시된다.[J] 세 국가의 센서스 모두 통치의 목적과 필요성에서 시작되었지만, 이후에는 다양한 인구특성 관련 정보를 수집하는 수단으로 진화하였다. 이와 마찬가지로, 대부분 국가에서 센서스를 시행하고 있지만, 데이터의 품질과 시기는 국가마다 다를 수 있다.[K]

대표표본 조사

대표표본 조사(representative sample survey)도 인구 데이터의 중요한 자료원 중 하나다. 이는 국가, 지역, 주/도 단위에서 개인이나 가구의 인구 정보를 수집하는 대표표본 조사를 말하며, 대표성을 바탕으로 사용자가 일반화된 결론을 도출할 수 있도록 해준다. 이러한 표본 조사를 제공하는 기관에서는 인구 관련 주제에만 초점을 맞춰 정보를 제공하지는 않는다. 미국 인구조사국과 캐나다 통계청의 경우, 센서스 프로그램과 함께 보건, 이민, 청소년 조사와 같은 국가적 대표표본 데이터 수집 도구를 운용한다. 인구 집계의 목적으로 설계되지는 않았지만 연령, 위

[I] 센서스에서 전수 조사 결과는 1차 데이터로 분류할 수 있지만, 표본 조사 자료는 간접적으로 수집된 2차 데이터에 가깝다. 우리나라에서는 2010년까지 전수 조사와 10% 가구 대상의 표본 조사를 결합한 현장 조사 기반의 전통적 접근을 활용했다. 기존의 접근에는 조사 불응과 고비용 문제가 있었다. 이에 2015년부터는 행정 데이터베이스를 기반으로 하는 등록센서스를 도입하여 전수 조사를 대체했고, 표본 조사 대상 가구를 20%로 늘렸다. 등록센서스에는 여러 한계도 존재한다. 기존 센서스와의 비교에서 생기는 호환 가능성의 문제, 조사 내용이 행정적 개념 정의에 종속되어 국가 간 비교가 어려워지는 문제, 개인의 의사와 무관하게 정보가 수집되는 문제 등이 그러한 한계에 해당한다.

[J] 유엔에서는 10년의 센서스 라운드(round) 기간을 정해 한 라운드에 최소한 한 번씩은 센서스를 실시하도록 권고한다. 각 라운드는 5로 끝나는 해부터 4로 끝나는 해까지를 말한다. 예를 들어, 2010 라운드는 2005년부터 2014년까지의 기간을, 2020 라운드는 2015년부터 2024년까지의 기간을 말한다. 2020 라운드 동안 우리나라는 2015년과 2020년에 2회의 센서스를 완료했다. 5년 주기의 우리나라 인구주택총조사의 조사 기준일은 1980년부터 0과 5로 끝나는 해의 11월 1일로 고정되었다.

[K] 우리나라 센서스의 역사는 일제의 식민통치 일환으로 1925년에 시작되었고, 이후 주요 센서스의 특징을 나열하면 다음 표와 같다.

회	조사 기준일	명칭	주요 특징
1	1925년 10월 1일	간이국세조사	최초 인구 센서스
8	1960년 12월 1일	인구주택국세조사	표본 조사 병행 시작, 주택 관련 조사 추가
10	1970년 10월 1일	총인구 및 주택조사	5년 조사주기 고정
12	1980년 11월 1일	인구 및 주택 센서스	조사 기준일 고정
14	1990년 11월 1일	인구주택총조사	현행 명칭 사용, OMR 카드 이용 조사
17	2005년 11월 1일	인구주택총조사	인터넷 조사방식 도입
18	2010년 11월 1일	인구주택총조사	인터넷 조사방식 확대, 최후의 가정방문 조사
19	2015년 11월 1일	인구주택총조사	등록센서스 도입, 표본 조사 20% 확대
20	2020년 11월 1일	인구주택총조사	태플릿 PC 활용, 모바일 및 전화 조사 도입

출처 : http://www.census.go.kr/

치, 성, 소득, 교육 수준, 가구구조 등 인구특성을 제공하는 대표표본 조사도 있다. 미국 인구조사국의 미국 지역사회조사(ACS)와 현재인구조사(CPS : Current Population Survey)는 인구지리학자가 자주 참고하는 대표표본 자료원에 해당한다. ACS는 롱폼 센서스를 대체하기 위해 개발되었으며(포커스 참고), 월간 조사인 CPS는 노동력 특성에 관한 1차 정보원의 기능을 한다.

인구동태신고

인구동태신고(vital registration)는 주민등록제도와 관련되며, 출생, 사망, 결혼, 이혼, 인구이동과 같은 사건의 기록을 축적하는 인구통계 데이터 자료원으로 기능한다. 일례로, 사망통계는 장래인구 추계와 생존확률 계산에 사용된다. 사망 원인에 관한 정보는 커뮤니티의 건강을 보호하기 위해 이용될 수 있다. 등록해야 하는 정보 유형은 국가마다 다를 수 있지만, 대부분의 국가에서 인구동태 기록을 법적으로 규정한다. 일부 유럽 국가에서는 (출생과 사망은 물론이고 인구의 이동성까지 파악할 수 있도록) 광범위하게 시행되고 있다.

2차 데이터

센서스 및 부속 자료뿐만 아니라, 인구지리학자는 여러 가지 2차 데이터 자료원도 활용한다. 예를 들어, 미국의 보건교육부나 노동 통계국과 같은 기관들은 직간접적으로 인구 데이터를 제공하는 통계를 수집하고 있다. 국세청도 납세 신고자 주소에 기반해 이동 데이터를 공표한다. 이를 통해 납세자의 연간 이동성을 추적할 수 있다.[6] 국토안보부에서는 난민과 비호자를 포함한 이주민통계를 제공한다. 국가 간 비교 데이터는 통합 공공 마이크로데이터 시리즈의 국제편, 인구조회국, 여러 유엔 부속 기관을 통해 이용할 수 있다.[7] ㄴ 이 밖에 세계보건기구와 해외의 국가 통계 기관도 인구 데이터를 수집하여 배포한다. 국제 지구과학정보 네트워크 센터에서는 위성 센서스와 같은 흥미로운 데이터 애플리케이션을 제공한다.[8]

일반적이지 않은 2차 데이터 자료원에서 인구 정보를 획득한 연구도 있다. 본 저자도 그러한 연구진의 일원이었던 적이 있었다.[9] 이 연구에서 작은 농촌 커뮤니티의 이동성을 측정하기 위해 지역 학교위원회와 수도 · 전기 · 가스를 공급하는 유틸리티 회사의 데이터를 이용하였다. 미국 인구조사국의 데이터는 시의성이 떨어지고 연구에 필요한 분석 수준에서는 이용할 수 없었기 때문이다. 학교위원회의 데이터는 일리노이주 교육위원회의 학교 성적표 파일에서 가져왔다. 이를 통해 일리노이주의 각 학군과 개별 학교 학생의 이동성과 빈곤에 관한 데이터를 얻었고, 학군 간 전입 및 전출 기록을 바탕으로 이동률을 계산했다. 학교 학생에 국한하지 않고

ㄴ 유엔, 국제통화기금(IMF), 세계은행(World Bank), OECD, WTO, ILO에서 제공하는 통계는 우리나라 국가통계포털(KOSIS)의 국제 · 북한통계편에서 이용할 수 있다(https://kosis.kr 참고).

모든 가구의 이동성을 포착하기 위한 자료원으로 하수도 요금청구서 데이터를 사용했다. 납부 자 이름의 변동을 통해 커뮤니티 간 이동을 확인하면서 로컬이동성에 대한 부가적인 통찰을 얻을 수 있었다. 이 데이터는 문헌이나 다른 자료원에 누락된 하위 인구집단의(즉, 농촌의 가난한 이주자의) 이동성을 분석할 수 있게 도움을 주었다. 그러나 데이터의 품질, 비교 가능성, 반복 가능성, 비용, 연구 윤리 및 도덕 등과 관련된 2차 데이터 활용의 문제를 일으켰다.

한편, 최근 **빅데이터**는 인구지리학자를 비롯한 많은 사람에게 새로운 **데이터 마이닝**의 흥미로운 기회를 제공하고 있다. 빅데이터는 매우 거대한 데이터 세트를 의미하는데, 컴퓨터 연산 분석을 통해 인간 행태의 패턴과 경향성, 그리고 인간 행태 간의 연관성을 밝히는 데에 유용하다.

행정 데이터는 이용이 확대되고 있는 빅데이터 자료원 중 하나이다. 정부가 개인과 기업에 관한 데이터를 일상적으로 수집하기에 빅데이터 자료원으로서 기능이 가능해졌다. 미국에서는 사회보장제도, 과세 파일, 메디케어/메디케이드 데이터가 그러한 행정 데이터 자료원에 해당한다.[M] 세금, 이민, 고용 기록 정보가 연계된 캐나다의 고용동향 데이터베이스와 영국의 국민건강보험등록부 및 환자등록부 데이터도 마찬가지다. 이러한 자료원들은 여러 가지 방식으로 인구통계학적 분석에 사용되어 왔다.[10]

행정 데이터 이외에, GPS, 교통 네트워크, 모바일 기술도 빅데이터 자료원의 역할을 한다. 트위터나 페이스북과 같은 소셜 미디어 콘텐츠에 배태된 데이터는 이동이나 이동성에서 사회적 연결의 역할을 이해할 수 있도록 해준다. 이처럼 빅데이터 이용의 기회는 많아졌지만, 여러 가지 장애물도 존재한다. 분석 방법, 연산 능력, 이론적 관점, 데이터 수집의 맥락 등이 그러한 문제에 해당한다. 누가 어디에서 어디로 이동했는지는 문제의 일부에 불과하다는 뜻이다. 한마디로, 데이터를 사용하는 것과 이유와 맥락을 이해하는 것은 전혀 다른 이슈이다.[11]

개인 데이터 세트

2차 데이터 자료원이 만족스럽지 못할 경우가 있다. 가령, 데이터가 (앞에서 소개한 사례에서처럼) 너무 오래되어 쓸모없을 수 있다. 특정한 인구집단에 대한 값이 불충분하거나 누락되어 있고, 재현의 지리적 스케일이 올바르지 않을 수 있다. 이런 경우에는, 연구자가 데이터 세트를 직접 구축하는 수밖에 없다. 개인화된 데이터 세트는 여러 가지 장점이 있다. 연구자 스스로 표본추출 방법을 선택하고 지리적 범위나 수집하려는 질문을 정의할 수 있다. 질적 요소와 양적 요소 모두를 포함해 연구를 진행할 수도 있다. 개인 데이터 세트에는 몇 가지 약점도 있다. 연구 질문이나 스크립트는 **생명윤리위원회**의 심의를 거쳐야 하고, 연구자는 기밀과 개인 정보 보

[M] 메디케어와 메디케이드는 모두 미국 정부가 사회적 약자를 대상으로 제공하는 의료보험 프로그램이다. 메디케어는 65세 이상 노년인구를 위한 제도로 연방정부가 운영한다. 메디케이드는 연방정부와 주정부가 공동으로 운영하는 프로그램인데, 65세 미만의 저소득층을 수혜 대상으로 한다.

호 문제에 주의를 기울여야 한다. 통계분석이나 모집단에 대한 일반화를 원한다면, 양적 데이터 표본을 충분히 크게 만들어 일반화 가능성을 확보해야 한다. 물론 이것이 쉬운 일은 아니다. 1차 데이터 사용의 어려움은 일반화의 목표가 그다지 중요하지 않은 질적 연구에도 있다. 양적 데이터와 마찬가지로, 질적 데이터 작업도 많은 시간과 비용이 드는 일이다. 데이터의 수집, 전사, 코딩 등의 과정이 만만치 않기 때문이다.[N] 그러나 연구자가 기대할 수 있는 보상은 엄청나다. 연구의 목적에 정확하게 일치하는 데이터 세트를 얻을 수 있기 때문이다.

데이터 품질

모든 데이터의 자료원이 똑같을 수는 없다. 보편성, 품질, 공간적 범위, 일반화 가능성, 타당도, 신뢰도, 반복 가능성의 측면에서 다를 수 있다. 어떤 자료원이든 데이터 수집과정을 비롯해 여러 단계에서 다양한 방식으로 발생한 **오차**를 포함한다. 보편성이 요구되는 센서스의 경우 모든 사람이 집계되어야 하지만, 여러 가지 문제 때문에 현실은 그렇지 못하다. 노숙자처럼 집계하기 어려운 개인이나 집단이 있고, 집계되기를 거부하는 사람들도 있다. 실제로 어떤 센서스든 **과소 집계**의 문제는 있다. 1990년 미국 센서스 사후 조사에서는 거의 400만 명이 누락된 사실이 알려졌다. 집단에 따라 집계의 누락 비율도 달랐다. 특히 노숙자, 소수민족 남성 빈곤층, 아메리카 원주민의 누락이 많았다.[12] 과소 집계는 도시에서 중대한 함의를 가진다. 의회 의석수 배정이나 선거구 조정에 영향을 주기 때문이다. 인구의 과소 집계 때문에 연방 예산 배정에서 손해를 보는 지방정부는 인구 재조사를 요구하기도 한다.

응답자 역시 데이터 품질에 영향을 주는 오차 요인이다. 예를 들어, 응답자가 정확한 답을 주지 않을 수 있다. 특히 소득과 관련한 질문에 그러한 문제가 자주 발생한다. 때에 따라 거짓된 답변을 하거나, 자신의 생각이 아니라 사회적으로 적절하다고 느끼는 답을 주기도 한다. 나이와 관련해서도 잘못된 정보를 제시하는 응답자가 많은데, 많은 사람이 실제보다 어리게 답하는 경향이 있다. 과거의 사건에 관한 질문은 **회상편향**(recall bias)을 유발한다. 사건, 사실, 날짜 등을 정확하게 상기하지 못하고 기억에만 의존하기 때문이다. 실제로 일정 정도의 **응답자편향**(respondent bias)은 거의 모든 질문과 관련해 나타난다. 이러한 문제 때문에 많은 문헌에서는 최상의 설문을 마련해 제대로 실행하는 여러 가지 방안을 소개하고 있다.[13] 다른 한편으로, 정보의 부정확한 기록이나 전사, 그리고 질문의 부정확한 표현도 오차가 발생하는 중요한 이유다. 마지막으로, 통계 기관이 정보를 숨기거나 제한하면서 데이터 품질을 낮추는 경우도 있

[N] 전사는 현장에서 수집된 음성 녹취나 녹화 기록을 문서로 옮겨 재구성하는 작업을 말하며, 코딩, 내용분석, 담론분석 등 본격적인 질적 데이터 분석에 앞서 반드시 거쳐야 하는 과정이다.

다. 소수인구나 소지역에 대한 비밀 보호를 위해 데이터를 숨기는 것이 그에 해당한다. 그래서 ACS에서는 소지역의 데이터를 5년 **연속평균**에 기초해 공표한다. 매년 공표되는 대규모 지역의 데이터와는 다른 방식이다(포커스 참고).

공간은 지리학의 핵심 개념 중 하나이며, 지리학자는 공간을 어떻게 정의할 것인지의 문제에 직면한다. 현상을 공간적으로 비교하려는 지리학자에게 센서스 데이터나 대표표본 자료원이 실용적인 해법으로 쓰인다. 자체 조사를 통해 공간을 생성하려면 많은 시간과 비용이 소모되기 때문이다. 물론 일회성의 개별 조사가 최선책인 경우도 있다. 연구자가 특정 로컬이나 공간에 관심을 두고 있을 때가 그런 상황에 해당한다. 공식 데이터가 부적절하거나 존재하지 않을 경우도 마찬가지다. 가령, 근린(이웃)에 주목하는 연구자가 있다고 가정해보자. 이 사람은 센서스에서 정의된 센서스 트랙을 근린의 대용으로 사용해야 할지 모른다.[14] 하지만 센서스 트랙으로 근린을 정의하는 것은 매우 부적절할 수 있다. 농촌이나 저밀도 지역에서 확인할 수 있듯이, 센서스 트랙 간에는 공간적인 가변성이 크기 때문이다. 그리고 개인이 자신의 근린을 정의하는 방식이 사람마다 다른 문제도 있다.

이용할 수 있는 데이터가 많지만, 데이터 이용에는 항상 매수자 위험 부담 같은 것이 따른다. 그래서 연구자는 자료원이 국가나 지역에서 대표성을 갖는지 주의 깊게 살펴야 한다. 인구동태신고 시스템이 모든 데이터를 포함하는지도 확인해야 한다. 출생과 사망이(특히 유아 사망이) 제대로 신고되지 않을 수 있고, 사망 원인이 누락, 오기, 오분류될 소지도 있다. 일반적으로 선진국 세계 국가는 비교적 완벽한 수준의 등록 데이터를 보유한다. 아르헨티나, 칠레, 콜롬비아 등 일부 남아메리카 국가와 한국, 일본, 중국, 스리랑카 등 일부 아시아 국가에서도 등록 데이터가 거의 완벽하게 수집된다. 그러나 사하라 이남 아프리카 국가 대부분의 인구동태신고 시스템은 부적절하거나 불완전한 실정이다.

결론

지리학자를 비롯한 사회과학자는 최근 들어 풍부해진 2차 데이터 자료원의 혜택을 보고 있으며, 이를 통해 사회를 형성하는 인구통계학적 경향을 이해하는 데 공헌한다. 센서스 등 여러 공공 데이터가 폭넓게 사용되는 데에는 높은 타당도와 지리적, 사회적, 경제적 상세성의 역할이 크다. 새로운 연산 능력의 도입과 분석 도구의 확대 및 정교화도 데이터의 증대에 원동력으로 작용한다. 이러한 대규모 데이터는 공간과 공간적 관계에 주목하는 지리학자에게는 매우 실용적인 자원이다. 일회성 개별 조사와 같은 방법을 통해 공간을 생성하는 데에는 많은 시간과 비용이 들기 때문이다. 실제로 특정 위치의 대표성을 확보하려면 매우 큰 규모의 표본이 필요하다. 공간적 차이를 포착하기 위해서는 여러 공간에서 반복되는지도 확인해야 한다. 물론 그런 이유만으로 모든 연구자가 나름의 데이터 세트 생성을 포기하지는 않을 것이다. 인구통계학적 과정의 탐구에서 질적 데이터 사용이 중단되는 일도 발생하지는 않을 것이다. 따라서 양적 데이터와 질적 데이터 자료원을 경쟁관계에 있는 것으로 인식하지 말아야 한다. 둘은 상호보완적이기 때문에, 인구과정에 대하여 여러 가지 접근과 통찰이 가능할 수 있도록 해준다.

포커스 센서스 데이터와 미국 지역사회조사(ACS)

센서스

센서스는 인구를 헤아려 인구의 기본적 구성을 확인하기 위한 도구로 개발되었다. 대부분 국가는 정부 구성이나 예산, 그 외 다른 자원들을 배분하기 위한 수단으로 인구 센서스를 활용한다. 미국에서는 헌법에 따라 1790년에 첫 센서스 조사가 실시되었고, 그 이후로는 10년마다 시행되고 있다. 미국 인구조사국에서 수집된 정보는 의회 의석수와 주정부 예산을 배분하는 데 사용되고, 거의 모든 수준의 정부에서 의사 결정에 동원된다.[15]

미국 센서스는 원래 단순한 인구 조사로 시작되었지만, 시간이 지나면서 연령, 성별, 주소 등을 넘어서 다양한 인구 관련 질문을 포함하게 되었다. 그리고 일정한 비율의 인구에 대해서는 **롱폼(상세 서식)**으로 불리는 **표본조사표**의 작성이 요구되기도 했다. 6명 중 1명꼴로 표본 조사 대상이었으며, 이들은 **숏폼(간략 서식)**의 **전수조사표**를 작성하는 사람들보다 훨씬 더 상세한 사회경제학적, 사회인구학적 질문에 응답해야 했다.[o] 표본조사표 질문에는 교육의 수준 및 기간, 소득, 주택 유형, 시민권, 이민 지위, 민족, 모든 세대 구성원의 인종 등에 관한 사항이 포함되어 있었다. 2010년 센서스부터 롱폼 조사가 중단되면서, 이후로 상세 정보는 미국 지역사회조사(ACS)를 통해서 수집되었고 공공 마이크로데이터 표본(PUMS : Public Use Microdata Sample)으로 공표되고 있다.

PUMS 데이터의 주요 장점에는 자료의 상세함이 있다. 이와 더불어, 이동량, 유동, 순이동률 등과 같은 통계를 다양한 공간 스케일로 생성하는 작업도 용이하다. 데이터의 크기도 또 다른 장점에 해당한다. PUMS는 전체 미국 인구를 대표한다. 따라서 분석의 타당도, 신뢰도, 일반화 가능성, 반복 가능성을 확보할 수 있다. 예를 들어, 시공간에 걸쳐 분석을 반복할 수 있기 때문에 모집단의 구조나 구성에서 변화를 관찰하거나 시간에 따른 변화를 추적할 수 있다. 인구이동과 이주에 관심을 가진 지리학자에게 유용하도록 PUMS에는 이동성과 이전 거주지에 대한 질문이 포함되어 있다. 이 질문은 1940년 센서스에서 처음으로 도입되었는데, 센서스 시점의 거주지와 5년 전 거주지를 대조하여 인구이동성의 측정이 가능하도록 했다. 이 데이터는 롱폼을 통해서도 수집되었고, 미국에서 인구이동의 습성을 파악할 수 있도록 해주었다. 현재 ACS에서는 1년 전 거주지에 대한 정보를 수집한다. 센서스에는 (이민자와 비이민자를 구분하는) 출신과 입국 시점에 대한 정보도 포함되어 있다. 이를 통해 외국 태생 인구의 이동성과 경제적 특성을 분석할 수 있다.

PUMS와 같은 데이터는 전체 인구에 대한 상세한 스냅숏을 제공하지만, 2차 데이터로서 한계도 가진다. 특히 두 가지 한계점을 인식하는 것이 중요하다. 첫째, 분석은 일반적으로 데이터 내부의 관계, 측정, 정의와 관련된 가정에 영향을 받는다. 이러한 성격 때문에, 2차 데이터 분석은 종종 데이터에 내재하는 문제에 제약받는다. 예를 들어, 미국 센서스에서 이주에 대한 질문이 있더라도 합법적 이주민인지 미등록 이주민인지에 대한 신분 정보는 누락되어 있다. 따라서 일반적

---

[o] 미국에서 롱폼과 숏폼으로 구분된 센서스 조사는 1970년에 도입되어 2000년까지 실시되었다. 2010년 센서스부터는 성명, 성별, 연령, 출생, 인종, 민족 등 10개의 간단한 질문으로 구성된 숏폼만을 사용한다. 이는 2005년 도입된 미국 지역사회조사(ACS)에 기존 롱폼 질문이 포함되면서 가능해진 변화이다(https://www.census.gov/history/www/through_the_decades/questionnaires/ 참고).

인 2차 데이터는 변수나 구성을 정의하는 데에서 유연성이 거의 없다.[16] 둘째, 미국 통합 공공 마이크로데이터 시리즈(IPUMS-USA)에서 센서스 데이터를 1850년까지 이용할 수 있지만,[17] 시점 간 비교가 언제나 가능한 것은 아니다. (도시명이나 직업 분류 코드 변경 등) 변수 정의의 변화나 조사 질문의 신규 도입, 표현방식 변화, 삭제 등의 문제로 인해서 시간에 따른 비교 분석은 복잡해질 수 있다. 이러한 데이터의 시간적 호환성 문제는 최근에 도입된 국가역사지리정보시스템(NHGIS)에서 비교적 잘 해결되었다.[18] 센서스 데이터를 1790년부터 모두 제공하면서, 역사 GIS(historical GIS)란 이름으로 개별 센서스 연도에 해당하는 지리적 지역의 **셰이프 파일**(shape file)을 제공하는 것이 NHGIS의 가장 큰 장점이다.[ᴾ] 이 덕분에 인구특성의 통시적 비교가 가능해졌다.

인구학자를 비롯한 여러 분야의 사회과학자들은 상세한 인구통계적, 사회·경제적 정보를 제공해주는 센서스에 오랫동안 의존해왔다. 그러나 미국 정부는 센서스 데이터 수집에 대하여 점점 더 소극적으로 변해갔다. 예산 및 민감한 질문에 대한 의회의 문제 제기로, 롱폼 조사는 2000년을 끝으로 센서스에서 빠졌고 이는 ACS로 대체되었다.[19] 이와 달리 캐나다에서는 롱폼 센서스가 유지되고 있다.[20] 단지 2011년에만 인구를 단순 집계하고 롱폼 조사를 자발적인 전국가구조사(NHS)로 대체했던 적이 있다. 이로 인해 NHS와 이전 센서스 데이터를 직접 비교하는 것이 불가능해졌다. 참여의 자발성 때문에, 작은 지리적 범위의 인구와 (신규 이주민, 저소득 가구 등) 가장 취약한 인구 구성원을 과소 집계하는 문제도 발생했다.[21] 이에 롱폼 센서스를 2016년에 재도입하였지만, 신뢰도 높은 데이터가 2011년에만 빠져있어 장기적 인구분석을 어렵게 하고 있다. 영국에서는 2021년이 센서스의 마지막 해가 될 수 있다. 실제로 영국 통계청은 센서스를 행정 데이터로 대체하는 방안을 검토해오고 있다.[22] 즉, 국민건강보험, 운전면허청, 학교 센서스, 출생 및 사망 등록, 국세청 등 행정 데이터에 기반한 **등록센서스**의 도입을 고려하고 있다.[23] 그러나 행정 데이터로 옮겨가는 과정에서 발생하는 대표성이나 데이터 품질 문제에

대한 의문이 제기되었다. 누가 무엇을 수집해야 하는지도 미궁의 문제로 남아있다. 이런 상황이라면, 2021년 센서스 다음에도 현행 방식이 계속될지도 모를 일이다. 앞으로 다가올 10년 후에도 공식적인 센서스가 유지될지는 아직 알 수 없다는 이야기다.

미국 지역사회조사

롱폼 센서스가 중단된 이후로, 미국 인구에 대한 보다 상세한 통계 정보는 **미국 지역사회조사**(ACS)에 기반하고 있다. 아마도 ACS는 가장 크고 가장 잘 알려진 **대표표본 데이터** 자료원 중 하나일 것이다. 롱폼 센서스로 수집되던 정보를 대체할 목적으로, ACS는 다양한 지리적 수준에서 미국 인구의 인구통계적, 경제적, 사회적 특성에 대한 최신의 추정치 정보를 제공한다. ACS에는 주택특성에 대한 추정치도 포함되어 있다.[24] 인구 집계가 본래의 목적은 아니지만, 통계적 표본추출을 통해 매년 인구가 어떤 모습인지에 대한 추정치를 제공한다. 매년 약 40가구 중 1가구를 대상으로 설문 조사를 실시하는데, 대상자의 주소는 해당 지역 내 다른 주소지들을 대표할 수 있도록 무작위로 선정된다(그림 3.2, 3.3).

주나 대규모 메트로폴리탄 지역처럼 큰 영역에 대한 인구추정은 보통 연 단위로 공표된다. 이보다 작은 지역의 인구추정은 표본의 크기에 따른 **연속평균** 산출 방식으로 이루어진다. 예를 들어 2만 명 이하의 소지역에서는 5년 평균으로, 2만~6만 5000명 사이의 지역에서는 3년 평균으로 인구를 추정한다.[25] 이러한 연속평균은 매년 갱신된다. 인구특성 데이터 역시 공표와 관련하여 문제가 생길 수 있어서 5년 주기로 공개한다. 예를 들어, 소수 민족이나 인종 집단이 거주하는 지역에서는 이들의 수가 너무 적어서 매년 공표에 어려움이 있기 때문이다.

ACS에는 롱폼 센서스를 능가하는 여러 가지 장점이 있다. 이 중에서 세 가지에 주목해보자. 첫째, ACS의 가장 중요한 이점은 데이터의 시의성에 있다. ACS는 대규모 메트로폴리탄 지역의 인구수를 10년 주기의 센서스보다 훨씬 더 짧은 1년 주기로(소규모 메트로폴리탄 지역은 5년 주기로) 갱신한다. 인

[ᴾ] 셰이프 파일은 원래 세계 최대 GIS 소프트웨어 회사인 미국 ESRI사가 ArcView, ArcGIS와 같은 자체 소프트웨어를 위해 개발한 벡터(vector) 형식의 GIS 데이터 포맷이었다. 현재는 거의 모든 GIS 소프트웨어에서 호환되며 수많은 응용 부문에서 범용적으로 활용됨에 따라, 벡터 GIS 데이터의 표준 포맷으로 자리 잡고 있다. 벡터 GIS 데이터는 실세계 공간 현상을 (x,y) 좌표를 가진 점, 선, 면의 기하학적 차원으로 재현하는 전형적인 GIS 데이터 포맷 중 하나이다.

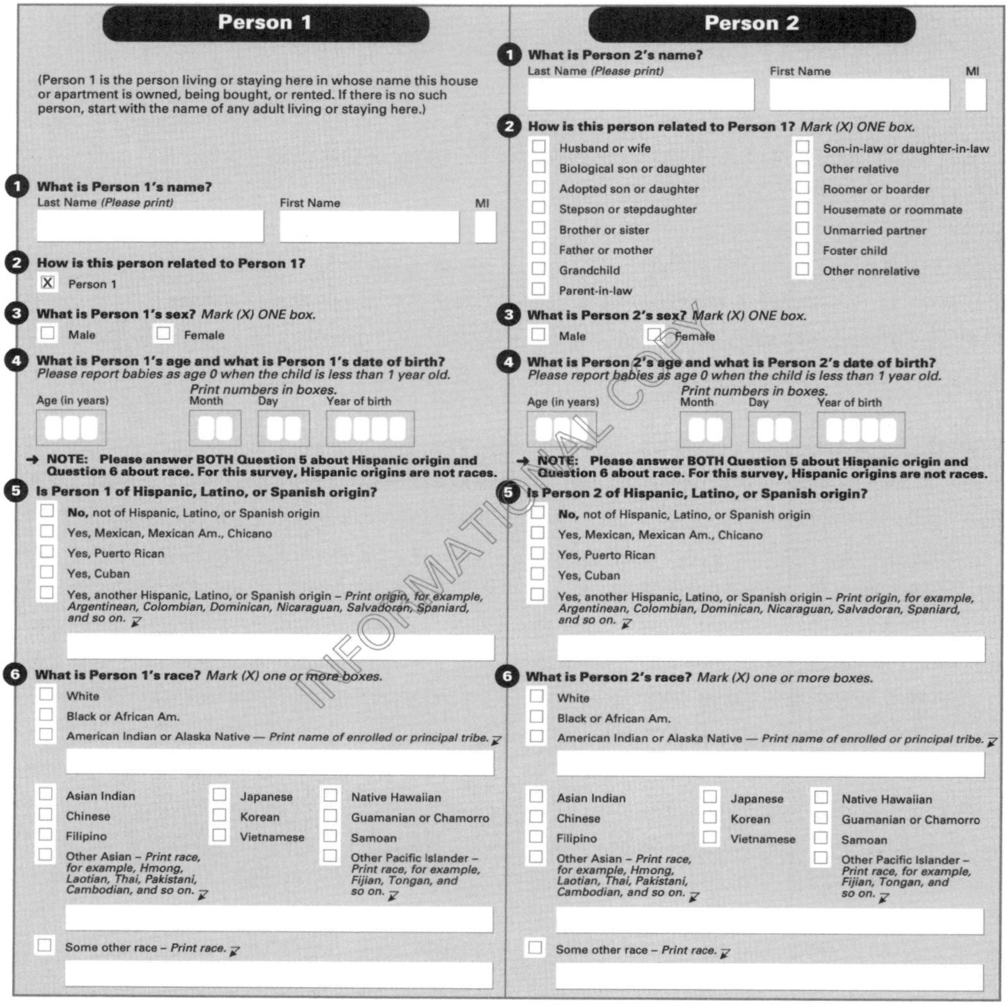
Person 1

(Person 1 is the person living or staying here in whose name this house or apartment is owned, being bought, or rented. If there is no such person, start with the name of any adult living or staying here.)

1 What is Person 1's name?
Last Name *(Please print)* First Name MI

2 How is this person related to Person 1?
[X] Person 1

3 What is Person 1's sex? *Mark (X) ONE box.*
Male Female

4 What is Person 1's age and what is Person 1's date of birth?
Please report babies as age 0 when the child is less than 1 year old.
Print numbers in boxes.
Age (in years) Month Day Year of birth

→ NOTE: Please answer BOTH Question 5 about Hispanic origin and Question 6 about race. For this survey, Hispanic origins are not races.

5 Is Person 1 of Hispanic, Latino, or Spanish origin?
No, not of Hispanic, Latino, or Spanish origin
Yes, Mexican, Mexican Am., Chicano
Yes, Puerto Rican
Yes, Cuban
Yes, another Hispanic, Latino, or Spanish origin – *Print origin, for example, Argentinean, Colombian, Dominican, Nicaraguan, Salvadoran, Spaniard, and so on.*

6 What is Person 1's race? *Mark (X) one or more boxes.*
White
Black or African Am.
American Indian or Alaska Native — *Print name of enrolled or principal tribe.*
Asian Indian
Chinese
Filipino
Other Asian – *Print race, for example, Hmong, Laotian, Thai, Pakistani, Cambodian, and so on.*
Japanese
Korean
Vietnamese
Native Hawaiian
Guamanian or Chamorro
Samoan
Other Pacific Islander – *Print race, for example, Fijian, Tongan, and so on.*
Some other race – *Print race.*

Person 2

1 What is Person 2's name?
Last Name *(Please print)* First Name MI

2 How is this person related to Person 1? *Mark (X) ONE box.*
Husband or wife
Biological son or daughter
Adopted son or daughter
Stepson or stepdaughter
Brother or sister
Father or mother
Grandchild
Parent-in-law
Son-in-law or daughter-in-law
Other relative
Roomer or boarder
Housemate or roommate
Unmarried partner
Foster child
Other nonrelative

3 What is Person 2's sex? *Mark (X) ONE box.*
Male Female

4 What is Person 2's age and what is Person 2's date of birth?
Please report babies as age 0 when the child is less than 1 year old.
Print numbers in boxes.
Age (in years) Month Day Year of birth

→ NOTE: Please answer BOTH Question 5 about Hispanic origin and Question 6 about race. For this survey, Hispanic origins are not races.

5 Is Person 2 of Hispanic, Latino, or Spanish origin?
No, not of Hispanic, Latino, or Spanish origin
Yes, Mexican, Mexican Am., Chicano
Yes, Puerto Rican
Yes, Cuban
Yes, another Hispanic, Latino, or Spanish origin – *Print origin, for example, Argentinean, Colombian, Dominican, Nicaraguan, Salvadoran, Spaniard, and so on.*

6 What is Person 2's race? *Mark (X) one or more boxes.*
White
Black or African Am.
American Indian or Alaska Native — *Print name of enrolled or principal tribe.*
Asian Indian
Chinese
Filipino
Other Asian – *Print race, for example, Hmong, Laotian, Thai, Pakistani, Cambodian, and so on.*
Japanese
Korean
Vietnamese
Native Hawaiian
Guamanian or Chamorro
Samoan
Other Pacific Islander – *Print race, for example, Fijian, Tongan, and so on.*
Some other race – *Print race.*

그림 3.2 ACS 설문지(개인)

출처 : 미국 인구조사국

구이동도 1년 전 시점의 거주지에 대한 설문을 바탕으로 측정한다. 따라서 연구자들은 연간 인구이동 데이터를 일관되고 정확하게 평가할 수 있게 되었다. 반면 센서스는 조사일 기준 5년 전 거주지 질문에 기반했다. 데이터 공표 시점을 고려하면 실제 이동이 발생하고 10년 후에나 데이터를 이용할 수 있었다. 둘째, ACS는 인구통계적 사건의 시점에 상대적으로 가까운 최신 인구특성 정보를 제공한다. 센서스는 사회인구학적 정보나 사회 · 경제적 정보를 센서스 조사 기준일에 측정하는데, 이는 인구이동이 발생하고 5년이나 지난 후의 과거 데이터일 수 있다. 이에 반해, ACS에서는 이동 사건과 인구통계 및 경제적 특성이 더욱 긴밀하게 연결되어 있다. 그래서 교육 등 개인의 이주 목적과 이동 사건 간의 보다 밀접한 상관관계를 파악할 수 있다. 셋째, ACS는 이동 데이터의 공백을 메워준다. 5년 전 거주지 조사에 기반한 센서스의 이동 데이터는 매 10년의 후반기에 대한 정보만 제공했다. 그래서 전반기 5년의 이동 데이터가 빠져있는 공백의 문제가 있었다. 이와 달리, ACS에서는 인구이동을 매년 추적할 수 있도록 하고 있다.

그러나 ACS는 인구이동에 주목하는 인구지리학자에게 중대한 의문과 고민거리를 안겨준다.[26] 과거의 롱

Housing

Please answer the following questions about the house, apartment, or mobile home at the address on the mailing label.

1 Which best describes this building? *Include all apartments, flats, etc., even if vacant.*
- [ ] A mobile home
- [ ] A one-family house detached from any other house
- [ ] A one-family house attached to one or more houses
- [ ] A building with 2 apartments
- [ ] A building with 3 or 4 apartments
- [ ] A building with 5 to 9 apartments
- [ ] A building with 10 to 19 apartments
- [ ] A building with 20 to 49 apartments
- [ ] A building with 50 or more apartments
- [ ] Boat, RV, van, etc.

2 About when was this building first built?
- [ ] 2000 or later – *Specify year*
  - [ ][ ][ ][ ]
- [ ] 1990 to 1999
- [ ] 1980 to 1989
- [ ] 1970 to 1979
- [ ] 1960 to 1969
- [ ] 1950 to 1959
- [ ] 1940 to 1949
- [ ] 1939 or earlier

3 When did PERSON 1 (listed on page 2) move into this house, apartment, or mobile home?
Month [ ][ ] Year [ ][ ][ ][ ]

A *Answer questions 4 – 5 if this is a HOUSE OR A MOBILE HOME; otherwise, SKIP to question 6a.*

4 How many acres is this house or mobile home on?
- [ ] Less than 1 acre → SKIP to question 6a
- [ ] 1 to 9.9 acres
- [ ] 10 or more acres

5 IN THE PAST 12 MONTHS, what were the actual sales of all agricultural products from this property?
- [ ] None
- [ ] $1 to $999
- [ ] $1,000 to $2,499
- [ ] $2,500 to $4,999
- [ ] $5,000 to $9,999
- [ ] $10,000 or more

6 a. How many separate rooms are in this house, apartment, or mobile home? *Rooms must be separated by built-in archways or walls that extend out at least 6 inches and go from floor to ceiling.*
- INCLUDE bedrooms, kitchens, etc.
- EXCLUDE bathrooms, porches, balconies, foyers, halls, or unfinished basements.

Number of rooms [ ][ ]

b. How many of these rooms are bedrooms? *Count as bedrooms those rooms you would list if this house, apartment, or mobile home were for sale or rent. If this is an efficiency/studio apartment, print "0".*

Number of bedrooms [ ][ ]

7 Does this house, apartment, or mobile home have –
	Yes	No
a. hot and cold running water?	[ ]	[ ]
b. a bathtub or shower?	[ ]	[ ]
c. a sink with a faucet?	[ ]	[ ]
d. a stove or range?	[ ]	[ ]
e. a refrigerator?	[ ]	[ ]
f. telephone service from which you can both make and receive calls? *Include cell phones.*	[ ]	[ ]

8 At this house, apartment, or mobile home – do you or any member of this household own or use any of the following types of computer?
	Yes	No
a. Desktop or laptop	[ ]	[ ]
b. Smartphone	[ ]	[ ]
c. Tablet or other portable wireless computer	[ ]	[ ]
d. Some other type of computer *Specify*	[ ]	[ ]

9 At this house, apartment, or mobile home – do you or any member of this household have access to the Internet?
- [ ] Yes, by paying a cell phone company or Internet service provider
- [ ] Yes, without paying a cell phone company or Internet service provider → SKIP to question 11
- [ ] No access to the Internet at this house, apartment, or mobile home → SKIP to question 11

10 Do you or any member of this household have access to the Internet using a –
	Yes	No
a. cellular data plan for a smartphone or other mobile device?	[ ]	[ ]
b. broadband (high speed) Internet service such as cable, fiber optic, or DSL service installed in this household?	[ ]	[ ]
c. satellite Internet service installed in this household?	[ ]	[ ]
d. dial-up Internet service installed in this household?	[ ]	[ ]
e. some other service? *Specify service*	[ ]	[ ]

그림 3.3 ACS 설문지(주택)

출처 : 미국 인구조사국

폼 센서스는 조사 기준일과 5년 전 거주지를 비교하면서 이동에 대한 일관된 정의와 시간 프레임을 제공했었다. 그러나 ACS의 설문지에서 응답자는 작성한 날의 거주지와 1년 전에 살았던 곳을 비교한다. 이런 식으로(즉, 1년 단위로) 인구이동을 고려하는 기간이 5년 단위의 롱폼 센서스보다 훨씬 더 짧게 설정되어 있다. 그리고 이동 시점도 응답자마다 다르다. 동일한 커뮤니티의 두 응답자는 같은 연도지만 전혀 다른 두 시점에서 ACS 조사에 응했을 수 있다는 이야기다. 이동의 기간이 다르면, 전혀 다른 경제적 기회가 반영되었을지도 모를 일이다. 그리고 센서스와 ACS의 이동 합계를 직접 비교하는 것도 문제의 소지가 될 수 있다. 5년 간격으로 기록된 센서스 이주민의 수가 1년 단위로 기록된 ACS 이주민의 수를 5배 한 것보다 훨씬 적기 때문이다.[27] 한 마디로 두 통계는 쉽게 호환되지 않는다.[28]

생애과정

인간은 태어난 순간부터 죽음을 피할 수 없다. 이러한 비관적 전망에도 불구하고, 우리의 대다수는 진학, 사교, 연애, 주택 구매, 취업, 퇴직 등 공통된 삶의 통과의례 과정을 겪는다. 대체로 사람들은 나이나 사건의 시퀀스, 즉 연속되는 순차적 과정에 기반해 행태의 전형적 패턴을 따라간다. 이러한 규칙성을 고려하여, 인구지리학자와 인구통계학자들은 공통된 접촉 지점에 많이 주목하고 있다. 우리의 의사 결정과 동기를 더욱 잘 이해하기 위해서다.

생애과정 접근(life course approach)은 기본적으로 개인과 개인을 둘러싼 사회적 변화 사이의 상호작용을 연구하는 방안이다.[29] 생애과정은 시간이 지남에 따라 달라지는 개인 위치(position)의 시퀀스로 정의될 수 있다. 이러한 위치(지위)는 교육, 결혼, 고용, 양육, 거주지 등의 문제와 관련된다. 생애과정 분석은 위치 변화의 빈도와 시기를 연구한다. 여기에서 위치 변화는 사건이나 전환으로 정의된다. 대학 진학, 고용, 결혼, 양육과 같은 일련의 단계는 삶의 궤적으로 정의될 수 있고, 전환 사이의 시간은 각 시기의 역할이 지속되는 기간을 의미한다.

궤적은 성별에 따라 다를 수 있지만 대개 **코호트** 간에 공유된 경험을 뜻한다.[a] 이는 문화적 스크립트 또는 사회적 경로로도 알려져있다. 이러한 궤적은 사회적으로 제도화되어 있다. 진학, 취업, 연금 수령 등의 시점과 관련되어 있기 때문이다. 제도 역시 시간이 지남에 따라 변한다. 일례로 평균 혼인연령의 변화를 생각해보자. 1950년대에 약 20세였던 미국 여성의 평균 혼인연령이 지금은 27.4세로(남성의 경우는 29.5세로) 높아졌다.[30] 결혼은 더 이상 무조건적인 규범도 아니다. 오늘날에는 다양한 삶의 방식이 존재하기 때문이다. 고연령층 사이에서는 은퇴의 시기와 의미도 변했다. 일반적인 은퇴연령, 즉 65세를 넘어서도 일하는 사람들이 점차 늘고 있다.

이러한 변화에도 불구하고, 생애과정 분석은 종단적(시간적) 관점에서 생애 사건과 이력을 이해할 수 있게 길을 열어주었다. 이처럼 과거 사건이 현재 사건에 어떻게 영향을 미치는지를 파악하는 데에 유용하기 때문에, 생애과정 분석은 특히 이동분석에서 성공적으로 활용되어 왔다.[31] 개별 사례연구에서 연구자들은 생애과정의 단계를 반영하는 생애과정 집단에 주목하고 있다. 이를 통해 이동 패턴이 생애과정 위치에서 일정 정도 영향을 받는다는 사실을 파악했다.

데이터 작업

훌륭한 연구를 하려면, 제대로 설계된 연구 문제에 도전해야 한다. 이를 위해서는 연구 문제에 적합한 이론적 토대를 바탕으로 기존 문헌의 공백을 찾는 일도 중요하다. 동시에 이론적 관점, 방법, 데이터 역시 훌륭한 연구 수행에 필수 요소이다. 훌륭한 데이터가 결과 도출에 보탬이 되지만, 그렇더라도 항상 훌륭한 결과가 보장되지는 않는다. 그래서 연구자는 적절한 방법을 사용해 데이터가 시사하는 바를 발굴해내야 한다. 연구 방법이나 도구의 선택이 결과에 영향을 준다. 심지어는 결과와 결론에 편향을 일으킬 수도 있다. 한

마디로, 쓰레기가 들어가면 쓰레기가 나온다. 물론 훌륭한 데이터를 가지고 있어도 쓰레기 같은 결과가 나올 수 있다. 데이터를 제대로 사용하지 않거나 적절한 방법을 활용하지 못할 때가 그런 경우이다.

이론적 관점

어떤 연구 문제의 유형이든 간에, 이론은 방법을 정의하고 결과를 해석하는 필수적 맥락을 제공한다. 가령, 경제적 빈곤, 고용기회, 어메니티, 건강 등 이동자 나름의 이유를 가진 인구이동의 문제를 생각해보자. 이

---

[a] 사전적 의미에서 코호트는 동질적인 특성을 공유하는 집단을 뜻한다. 출생 시기에 따라 특정 경험을 공유하는 연령집단이 코호트의 대표적 사례이다.

에 대한 설명은 여러 가지 이동 이론에서 압축해 제시하고 있다.[32] 일례로, 인적자본 이론은 이동을 개별 이동자의 선택으로 간주한다. 이동자를 기원지(출발지), 목적지, 임금, 직업 안정성 등 여러 가지 선택지를 판단하여 이동의 비용을 계산하는 합리적 행위자로 여긴다는 뜻이다. 반면, 구조주의 관점에서 이동은 인간의 삶을 형성하는 경제적, 사회적, 정치적 구조와의 관계 속에서 정의된다. 이런 관점에서 이동은 강요된 과정으로 인식될 수밖에 없다.[33]

데이터 수집 및 조작

연구 문제를 정한 후, 연구자가 수행하는 첫 번째 작업 중 하나는 적절한 **데이터(자료)**를 수집하는 것이다. 이것은 데이터를 사용하는 것만큼 복잡하다. 특정한 인구집단, 가령 대학을 갓 졸업한 청년층에 관심을 가진 연구자가 있다고 가정해보자. 데이터 수집은 간단해 보인다. 센서스와 같은 기존 데이터 자료원에 접속해서, 데이터를 내려받고 적절한 표본을(예를 들어, 연령별 표본을) 정의하면 될 것 같다. 센서스는 의지하기 좋은 자료원으로 보이지만, 센서스 데이터의 수집은 복잡한 일이다. 예를 들어, 미국에서 2020년 센서스 준비는 조사 기준일보다 훨씬 이전에 시작되었다. 관련 연구와 테스트가 2012년부터 2014년까지 진행되었고, 2015년부터 2018년까지는 운영방식 개발과 시스템 시험의 단계를 거쳤다. 준비 테스트, 실시, 마감은 2019년과 2023년 사이의 기간에 계획되어 있다. 이러한 과정의 궁극적인 목표는 2010년보다 적은 비용으로 높은 품질의 센서스를 실시하는 것이었다. 그러나 2020년 센서스는 이미 지금까지 실시된 어떤 센서스보다도 비싼 비용의 조사가 될 것으로 추정되었다.[34] 미국 센서스에 근본적인 변화가 필요한 시점에 도달했다. 미국의 인구가 갈수록 다양해지고 있기에, 이들에게 다가가는 새로운 방안을 마련해야 한다. 예를 들어, 인터넷을 활용한 정보 수집, 행정 데이터의 재활용, 소프트웨어 재설계 등을 통해 필요한 인력의 고용시간을 줄일 수 있을 것이다.

설문 조사나 인터뷰와 같은 1차적 수단을 동원해 데이터를 수집해야 하는 연구자들도 있다. 이런 경우, 우선은 **표본(샘플)**을 확인하고 모집해야 한다. 여기에서는 표본구조와 (임의추출, 눈덩이추출 등) 표본추출방식에 대한 고려도 필요하다.[35] 그리고 인터뷰 참여, 설문지 작성 등 데이터 수집 활동에 응해달라고 요청해야 한다. 일반화가 가능한 결과를 원한다면, 관심 모집단을 대표하는 임의적 표본을 구성해야 한다. 임의성이 그다지 중요하지 않을 때도 있다. 이런 경우, 특정한 커뮤니티나 집단의 표본을 크게 잡아 적절한 정보를 수집한다. 수집된 데이터를 입력하거나 전사한 다음에는, 입력 오류가 없는지 확인해야 한다. 양적 데이터는 모집단에 대한 표본의 대표성을 검토하는 작업이 필요하다. **대표성**은 연령, 성별, 교육, 소득 등을 기준으로 표본의 특성과 모집단 값을 비교하여 확인할 수 있다.

여기에 이르면 데이터 작업에 착수할 준비가 거의 끝난 것이다. 그러면 이런 물음에 답해야 한다. 데이터를 어떻게 조작해야 할까? 어떤 분석 방법이 최상일까? 가령 인구이동을 탐구하고자 한다면, 인구이동을 어떻게 정의할 것인지가 매우 중요하다. 이는 데이터뿐만 아니라 연구 문제와도 밀접하게 관련된다. 예를 들어, 국제이동이나 이주 문헌에서는 한시적 이주, 초국가주의, 영구적 이주가 구분되어 있다. 마찬가지로 국내이동 문헌도 (한랭기후와 온난기후 사이를 오가는 스노버드의 계절적 움직임과 유사한) 계절이동, (도시 간의) 로컬이동, (카운티 간의) 지역이동, 주 간 이동 등을 구별한다.[R] 이 외의 다른 이슈들도 분석에 영향을 미친다. 유입 및 유출 지역의 크기·형태·특징, (한시적 이동을 살피는 데에 중요한) 이동의 간격, 표본집단의 구성이 그러한 이슈에 해당한다. 따라서 연구자는 관심 모집단을 명확하게 정의해야 한다.

방법

연구자는 다양한 방법 중에서 자신의 데이터에 가장 적합한 방법을 선택할 수 있는 역량을 지녀야 한다. 이런 조건에서 연구 방법이 정의되어야 한다. 예를 들어, 질적 데이터에는 질적 기법이 요구되며, 여기에는 데이터에서 공통된 테마(주제)나 이슈를 **코딩**하여 해석하는 작업이 포함된다.[36] 안셀름 스트라우스와 줄리엣 코빈은 개방 코딩, 축 코딩, 선택 코딩의 단계로 진행할 것을 제시한다.[37] 개방 코딩과 축 코딩은 데이터

[R] 스노버드는 철새처럼 추운 미국 북부 지역이나 캐나다에서 따뜻한 남쪽 지역으로 이동하는 사람들을 일컫는 용어이다.

를 한 줄씩 꼼꼼하게 코딩하는 마이크로분석이다. 우선, **개방 코딩**에서는 데이터를 검토하여 최초의 테마(주제)와 개념을 생성한다. 이 과정의 핵심은 각 인터뷰를 천천히 정독하면서 테마와 개념을 찾아내는 것이다. **축 코딩**은 개방 코딩에서 확인한 테마와 개념을 재검토하면서 내재하는 상호관계를(즉, 테마와 개념 속의 또는 테마와 개념 간의 네트워크와 위계를) 발견하는 작업이다. 다시 말해, 축 코딩에서는 개방 코딩에서 확인된 다양한 테마 간의 상호관계성이 도출된다. 마지막으로, **선택 코딩**은 개방 코딩과 축 코딩을 통해 확인된 카테고리(범주)와 하위 카테고리(하위 범주)를 통합하거나 정교화하는 과정이다. 여기에서는 연구의 핵심 테마를 재현하는 중심 카테고리를 식별해야 한다. 중심 카테고리는 "다른 카테고리를 묶어 전체를 설명할 수 있게 하는" 카테고리로 정의된다.[38] 이러한 중심 카테고리들을 통해서 보다 거시적인 이론적 프레임(틀)이 형성된다.

다른 한편으로, 계량지리학자에게 유용한 도구들도 있다. 예를 들어, 평균, 표준편차, 기본적인 교차분석 등을 포함하는 **기술통계**(descriptive statistics)는 데이터의 특성을 요약하며 탐색할 수 있도록 한다. 이러한 기술통계 분석은 표본이 관심 모집단을 대표하는지 확인하는 역할도 한다. 미국 인구조사국이나 캐나다 통계청에서 생산된 데이터를 사용하는 연구자에게 기술분석 단계는 크게 중요하지 않다. 그런 기관의 통계는 모집단에 대하여 대표성을 가지고 있기 때문이다. 그러나 직접 수집한 데이터를 사용하는 연구자에게는 기술통계가 매우 중요한 부분이다. 데이터의 요약적 탐색 후에는, 추론통계나 다변량통계와 같은 방법이나 기법으로 관심이 옮겨갈 수 있다. GIS와 공간분석 기법도 폭넓게 활용되고 있다. 이들은 특히 데이터 매핑(지도화), 지리적 경향성 이해, 클러스터나 핫스폿 탐색에 유용하다. 이 모든 것을 통해서 데이터를 더욱 잘 이해하고 분석의 통계적 유의성도 확보할 수 있다. 이들 기법 중 여러 가지가 이 책의 다른 부분에서 논의된다.

원주

1. 2000년 센서스를 위해 미국 인구조사국은 86만 명의 인력을 고용하였다. 2020년 센서스의 경우, 2015년과 2016년에 현장 테스트를 수행하였고 2020년 데이터 수집까지 추가적인 테스트를 계속하였다. http://www.census.gov/2020census(2020년 2월 25일 최종 열람).

2. Frank A. Vitrano and Maryann M. Chapin, "Possible 2020 Census Designs and the Use of Administrative Records: What Is the Impact on Cost and Quality?" 미국 인구조사국. https://nces.ed.gov/FCSM/pdf/Chapin_2012FCSM_III-A.pdf(2020년 2월 25일 최종 열람).

3. 대부분의 통계학 서적은 기본적인 표본추출 기법, 기법별 장단점, 기법 간 차이점에 대한 설명을 제시한다. 지리학자들의 통계학 서적을 나열하면 다음과 같다. J. Chapman McGrew Jr., Arthur J. Lembo, and Charles B. Monroe, *An Introduction to Statistical Problem Solving in Geography*, 3rd ed.(Long Grove, IL: Waveland Press, 2014); Peter A. Rogerson, *Statistical Methods for Geography: A Student's Guide*, 4th ed.(Thousand Oaks, CA: Sage, 2014); James E. Burt, Gerald M. Barber, and David Rigby, *Elementary Statistics for Geographers*, 3rd ed.(New York: Guilford Press, 2009).

4. 데이터 세트에 대한 정보를 제공해주는 훌륭한 자료원 중 하나로 http://www.icpsr.org가 있다.

5. Linda A. Jacobsen and Mark Mather, "Coronavirus and the 2020 Census: Where Should College Students Be Counted," PRB, 23 March 2020, https://www.prb.org/coronavirus-and-the-2020-census-where-should-college-students-be-counted/(2020년 5월 12일 최종 열람).

6. David A. Plane, C. J. Henrie, and M. J. Perry, "Migration Up and Down the Urban Hierarchy and Across the Life Course," *Proceedings of the National Academy of Sciences* 102(2005), 15313−15318.

7. IPUMS, https://usa.ipums.org/usa/. 미국 인구조회국, http://www.prb.org(2020년 2월 25일 최종

열람).

8. http://www.ciesin.org/index.html(2020년 2월 25일 최종 열람).

9. Matthew Foulkes and K. Bruce Newbold, "Using Alternative Data Sources to Study Rural Migration: Examples from Illinois," *Population, Space, and Place* 14(2008), 177–188.

10. M. Thomas, M. Gould, and J. Stillwell, "Exploring the Potential of Microdata from a Large Commercial Survey for the Analysis of Demographic and Lifestyle Characteristics of Internal Migration in Great Britain," Department of Geography, University of Leeds, Working paper 12/03, 2012; L. Einav and J. Levin, "Economics in the Age of Big Data," *Science* 346, no. 6210(2014), 715–721.

11. 빅데이터의 지리적 응용에 대해서는 다음의 논문을 참고하자. Wenjie Wu, Jianghao Wang, and Tianshi Dai, "The Geography of Cultural Ties and Human Mobility: Big Data in Urban Contexts," *Annals of the American Association of Geographers* 106, no. 3(2016), 612–630. 다음 서적에서는 빅데이터의 장점과 단점을 논의한다. K. Bruce Newbold and Mark Brown, "Human Capital Research in an Era of Big Data: Linking People with Firms, Cities and Regions," in *Regional Research Frontiers*, ed. Randy Jackson and Peter Schaeffer(Cham: Springer, 2017), 317–328.

12. 미국 인구조사국, http://www.census.gov(2020년 2월 25일 최종 열람).

13. Kristin G. Esterberg, *Qualitative Methods in Social Research* (Boston: McGraw-Hill, 2002); Anselm Strauss and Juliet Corbin, *Basics of Qualitative Research: Techniques and Procedures for Developing Grounded Theory*, 4th ed.(London: Sage Publications, 2015).

14. 센서스 트랙을 근린(이웃)으로 정의하는 것은 이 개념을 특정 자료원에 연결하는 것이다. 하지만 통계 기반의 센서스 트랙과 사람들이 일반적으로 이해하는 근린 간의 유사성은 없다. 그래서 지리학자들은 근린을 정의하는 최적의 방안을 마련하기 위해 오랫동안 고심해왔다.

15. 2020년 센서스 정보는 다음 웹사이트에서 확인할 수 있다. https://census.gov/2020census(2020년 6월 20일 최종 열람). 여기에서는 센서스의 역사를 소개하며 2020년 센서스 출시와 테스트에 대한 링크도 제공된다.

16. 추가적인 논의는 다음 문헌을 참고하자. Louis DeSipio, Manuel Garcia Y. Griego, and Sherri Kossoudji eds., *Researching Migration: Stories from the Field* (New York: Social Science Research Council, 2007), http://www.ssrc.org/publications/view/researching-migration-stories-from-the-field/ (2020년 2월 25일 최종 열람).

17. http://www.ipums.org(2020년 2월 20일 최종 열람).

18. http://www.nhgis.org(2020년 2월 25일 최종 열람).

19. ACS에 대한 정보는 다음 웹사이트를 참고할 것. https://www.census.gov/programs-surveys/acs/about.html(2020년 2월 26일 최종 열람).

20. Richard Shearmur, "The Death of the Canadian Census: A Call to Arms," *AAG Newsletter* 40 no. 2 (2011), 19.

21. Statistics Canada(2014) Sampling and Weighting Technical Report, Catalogue #99-002-X2011001.

22. Danny Shaw, "UK's 2021 Census Could Be the Last, Statistics Chief Reveals," BBC News, 12 February 2020, https://www.bbc.com/news/uk-51468919(2020년 2월 26일 최종 열람).

23. Michael Thomas, Myles Gould, and John Stillwell, "Exploring the Potential of Microdata from a Large Commercial Survey for the Analysis of Demographic and Lifestyle Characteristics of Internal Migration in Great Britain," "Innovative Perspectives on Population Mobility: Mobility, Immobility,

and Well-Being," University of St. Andrews(2012년 7월 2~3일).

24. ACS에 대한 최신 논의는 데이터 편람이나 FAQ, 그 외 관련 정보를 담고 있는 다음 웹사이트를 참고할 것. https://www.census.gov/programs-surveys/acs/(2020년 2월 20일 최종 열람).

25. Rachel S. Franklin and David A. Plane, "Pandora's Box: The Potential and Peril of Migration Data from the American Community Survey," *International Regional Science Review* 29, no. 3(2006), 231–246. 이 논문은 ACS의 잠재력과 개선점에 대해 잘 정리하고 있다.

26. Andrei Rogers, James Raymer, and K. Bruce Newbold, "Reconciling and Translating Migration Data Collected over Time Intervals of Differing Widths," *Annals of Regional Science* 37(2003), 581–601.

27. K. Bruce Newbold, "Counting Migrants and Migrations: Comparing Lifetime and Fixed-Interval Return and Onward Migration," *Economic Geography* 77, no. 1(2001), 23–40.

28. Philip H. Rees, "The Measurement of Migration from Census Data and Other Sources," *Environment and Planning A* 9(1977), 247–272.

29. Jan Kok, "Principles and Prospects of the Life Course Paradigm," *Annales de démographie historique* 1, no. 113, 203–230, https://www.cairn.info/revue-annales-de-demographie-historique-2007-1-page-203.htm#(2020년 7월 16일 최종 열람).

30. 미국 인구조사국, "Median Age at First Marriage: 1890 to Present," https://www.census.gov/content/dam/Census/library/visualizations/time-series/demo/families-and-households/ms-2.pdf(2020년 7월 16일 최종 열람).

31. Ronald L. Whisler, Brigitte S. Waldorf, Gordon F. Mulligan, and David A. Plane, "Quality of Life and the Migration of the College-Educated: A Life-Course Approach," *Growth and Change* 39, no. 1(2008); David A. Plane and Frank Heins, "Age Articulation of U.S. Inter-metropolitan Migration Flows," *Annals of Regional Science* 37(2003), 107–130.

32. 이주 이론에 대한 상세한 소개는 이 책 8장의 관련 부분을 참고할 것.

33. Caroline B. Brettell and James F. Hollifield, *Migration Theory: Talking across Disciplines*, 2nd ed.(New York: Routledge, 2007).

34. Vitrano and Chapin, "Possible 2020 Census Designs."

35. 대부분의 통계책에서 표본추출 방법에 대해 설명하고 있다.

36. Esterberg, *Qualitative Methods in Social Research*; Anselm Strauss and Juliet Corbin, *Basics of Qualitative Research: Techniques and Procedures for Developing Grounded Theory*, 2nd ed.(London: Sage Publications, 1998).

37. Strauss and Corbin, *Basics of Qualitative Research*.

38. Strauss and Corbin, *Basics of Qualitative Research*, 146.

인구분포와 인구구성

사회의 구성과 분포는 연령, 민족, 인종, 거주지 등으로 측정되며 매우 다양하게 나타난다. 이러한 인구구성은 정부나 서비스 제공과 관련된 결정을 내릴 때 중요한 역할을 한다. 인구지리학자는 인구분포와 인구구성 관련 개념에 전문성을 가진다고 알려져있다. **인구분포**는 인구의 위치와 지리적 패턴을 의미하며, 인구밀도나 사람이 사는 곳과 관련된다. **인구구성**은 일정 지역 인구의 여러 가지 특성을 나타낸다.[1] 이 장에서는 인구분포 및 인구구성과 관련된 주제들을 살펴본다. 포커스에서는 중국의 고령화와 미국의 인구 변화 양상을 살펴보고, 방법 · 측정 · 도구에서는 생명표 개념을 소개할 것이다. 생명표는 인구의 형태와 구조를 수학적으로 기술하는 방법의 하나다.

인구분포

인구는 전 세계적으로, 그리고 국가적 차원에서도 불균등하게 분포한다. 북극과 남극, 그리고 사막을 포함한 대부분 지역에서 인구는 희박하다. 이러한 지역은 생계와 생존의 측면에서 생활조건이 가혹하고, 주민을 위한 선택지도 매우 부족하다. 반면 농업 생산 지역이나 도시지역에서 인구밀도는 대단히 높다. 미국의 경우 서부, 동부, 걸프 지역의 해안지대에서 인구밀도가 매우 높지만, 내륙 평야의 대부분 지역에서는 인구밀도가 상대적으로 낮다.

　지리학자들은 관측된 인구분포를 설명하기 위해 다양한 도구를 사용한다. 가장 일반적인 인구의 재현방식은 주어진 지역의(가령, 일리노이주의) 인구 규모나 일정 지역에 거주하는 인구 비율을(가령, 미국에서 일리노이주에 거주하는 인구의 비율을) 제시하는 것이다. 설명하려는 인구와 지역의 명확한 구분도 매우 중요하다(3장 참고). 인구를 정치적 단위 내에 포함시키는 것이 가장 일반적인 방식이다. 센서스 트랙, 근린, 도시, 주, 국가 등이 그러한 정치적 단위에 해당한다. 이를 이용함으로써 신뢰도가 높고 의미 있는 통계를 사용할 수 있으며, 특정 시점을 참조하는 일도 가능해진다. 아프리카계 미국인, 특정 지역의 이민자 수와 같은 하위인구를 정의하는 것도 중요한 지리학적 문제이다. 수의 합계는 매우 중요하지만, 이것만 가지고 지리적 분포나 구성을 말하기는 곤란하다. 따라서 더 많은 정보를 위해서는 또 다른 형태의 측정도 필요하다.

인구밀도

인구밀도(population density)는 인구분포의 일반적 척도 중 하나이다. 주어진 지역 j에 인구가 군집한 정도를 나타내는 인구밀도 D_j는 다음 수식으로 표현된다.

$$D_j = P_j \, / \, A_j$$

여기에서 P_j는 j 지역의 인구수를, A_j는 일반적으로 제곱마일(mi^2) 또는 제곱킬로미터(km^2)로 정의되는 토지면적을 의미한다. 일례로 캐나다의 인구밀도는 (2016년 센서스를 기준으로) 3.9 명/km^2이다. 이는 세계에서 가장 낮은 인구밀도 중 하나에 해당한다. 그러나 캐나다 내에서 인구밀도는 극단적인 모습을 보인다. 최대 도시인 토론토의 일부 지역은 4000명/km^2 이상의 인구밀도를 보이고, 캐나다 사람의 대부분은 미국과의 국경으로부터 약 200km 이내 지역에 살고 있다.[2] 따라서 밀도는 인구분포의 불완전한 척도이다. 자원 가용성, 기후 적합성 등 자연적 요인과 사회·경제적 자원 같은 인문적 요인이 인구분포에 영향을 미치기 때문이다. 하지만 인구밀도는 국가나 지역 간의 인구분포를 비교하는 데에 많이 사용된다. 세계적 스케일에서 인구밀도를 비교해보면 국가 간 큰 차이를 파악할 수 있다.

미국의 인구밀도는 (36명/km^2으로) 캐나다보다 약 10배 정도 높다(그림 4.1). 중국과 홍콩의 인구밀도는 각각 153명/km^2과 6659명/km^2이다.[3] 인구밀도를 약간 변형한 형태로, 인구를 경작이 가능한 경지면적으로 나눈 값이 있다.[A] 이 경우, 2019년 캐나다의 인구밀도는 85명/km^2이 된다. 같은 방식으로, 미국은 216명/km^2, 중국은 1176명/km^2, 홍콩은 25만 581명/km^2의 인구밀도를 구할 수 있다.[4] 확실한 사실은 밀도 계산에 사용되는 분모가(즉, 토지면적이) 결과와 해석에 엄청난 영향을 미친다는 점이다.

[A] 전체 인구를 경작이 가능한 경지면적으로 나눈 인구밀도는 지리적(physiological) 인구밀도라 불리며, 이는 전체 토지면적으로 나눈 산술적(arithmetic) 인구밀도와 구분된다. 이 외에도 농부 수를 경지면적으로 나눈 농업적 인구밀도와 토지의 생산성까지 고려하여 계산이 훨씬 더 복잡한 경제적 인구밀도의 개념도 있다.

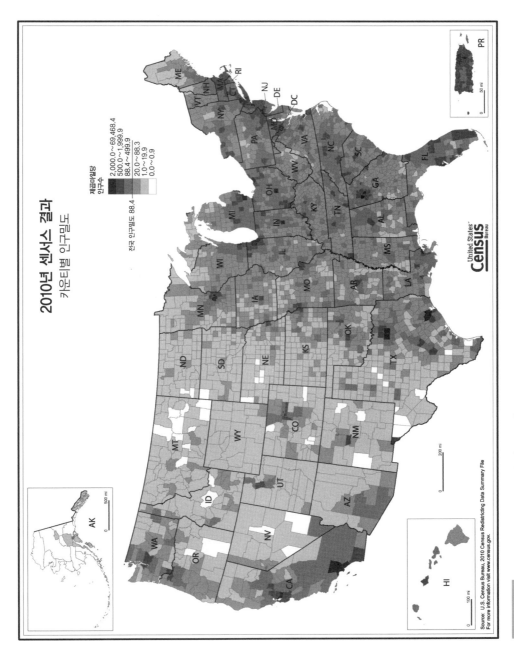

그림 4.1 미국 카운티별 인구밀도(2010년)

출처: 미국 인구조사국

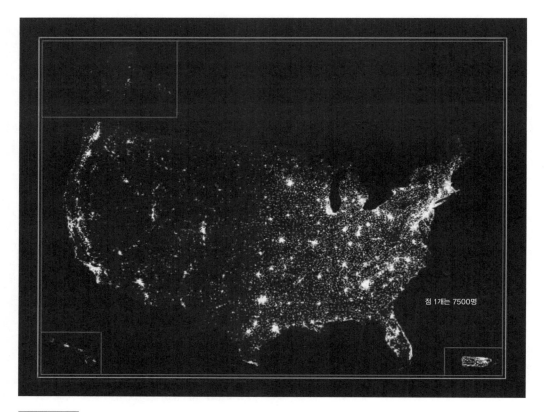

점 1개는 7500명

그림 4.2　2010년 미국의 인구분포

출처 : 미국 인구조사국

지도

인구밀도의 측정 이외에, **지도**(특히, 점묘도와 단계구분도)도 인구분포의 재현에서 자주 이용
된다. 예를 들어, **점묘도**(dot map)를 사용해 인구분포를 재현할 수 있다(그림 4.2). 점묘도에서
하나의 점은 공간상의 사람 1명 또는 사람의 한 집단을 나타낸다. **단계구분도**(choropleth map)
가 사용되기도 한다(그림 4.1). 단계구분도에서는 주나 카운티와 같은 지역이 인구밀도에 따라
(또는, 다른 인구속성에 따라) 음영 처리된다. 어떤 형태의 지도를 제작하든지, 정확한 위치가
중요하고 축척, 기호 등 디자인 요소도 적절하게 고려해야 한다.[5]

인구구성

세계의 연령구조는 점점 더 고령화되어 가고 있다. 20세 미만 인구의 비율은 줄어들고, 20~64세
와 65세 이상 인구의 비율이 늘고 있다는 뜻이다. 이는 전 세계적으로 낮아지는 출산율과 높아

지는 기대수명이 반영된 결과이다. 마찬가지로, 교외지역의 인구구성이 내부도시와 다르다는 사실을 추측할(그리고 검증할) 수 있다. 인구구성의 차이는 교외지역 간에도 나타난다. 이처럼 인구구성은 인구분포의 문제와 결부될 수밖에 없다. 다시 말해, 인구구성은 지리의 영향을 받는다. 그래서 인구지리학자는 인구의 구성이나 특성에 관심을 보이게 마련이다. 이 절에서는 인구구성을 파악하는 몇 가지 방법을 소개한다.

인구피라미드

인구피라미드는 인구의 성별 구성과 연령별 구성을 시각화하는 방법이다. 인구의 연령은 수직 축에, 각 연령별 인구 비율은(또는, 인구수는) 수평축에 위치시켜 그래픽으로 표현한다. 남성은 왼쪽에, 여성은 오른쪽에 나타내는 것이 일반적이다. 전형적인 인구피라미드에서 연령집단은 보통 (항상은 아니지만) 5세 단위로 구분된다. 그리고 최고령(즉, 80대 이상) 인구집단의 연령 범위는 그 끝을 한정하지 않고 개방된 채로 남겨둔다.[6]

인구피라미드는 크게 세 가지 유형으로 구분된다. 첫 번째는 **확대형 피라미드**로 불리는 유형으로, **파고다형**으로 일컬어지기도 한다. 아래가 넓고 위로 갈수록 좁아지는 특징을 가진 유형이며, 이런 형태는 젊은 연령집단의 높은 인구 비율, 높은 출산율, 낮은 기대수명 때문에 나타난다. 두 번째 유형은 아랫부분이 좁은 **수축형 피라미드**인데, 이런 형태는 출산율 감소와 젊은 연령집단의 낮은 인구 비율에 기인한다. 여기에서는 연령대가 낮아질수록 코호트의 인구 비율이 줄어드는 패턴도 일부 나타난다. 세 번째 유형인 **안정형 피라미드**에서는 각 연령대의 인구구성이 다소 비슷한 특징을 보인다. 인구는 증가하지도 않고 감소하지도 않는 안정된 상태에 있다.

한편, 인구피라미드는 인구의 이해와 관련해 네 가지 중요한 함의를 가진다. 첫째, 피라미드는 한 국가가 **인구변천**에서 어디에 도달했는지와 관련해 여러 가지 특징을 나타낸다. 인구변천 초기에는 출산율과 사망률이 모두 높고, 고령까지 생존하는 인구가 적어서 파고다 형태의 구조를 보인다. 변천의 중간 단계에 이르면 출산율이 여전히 높지만, 사망률이 낮아지며 이전 단계보다 많은 사람이 더 오래 생존한다. 따라서 인구증가가 빠르게 진행되고, 인구피라미드는 삼각형의 모습으로 나타난다. 인구변천 후반기에 이르면 출산율과 사망률이 모두 낮아지며, 피라미드의 모습은 직사각형이나 항아리 형태로 변한다.

둘째, 피라미드의 하단은 일반적으로 남성 쪽이 여성 쪽보다 넓은데, 이는 **출생성비**를 반영하는 것이다. 역으로, 피라미드의 상단은 여성이 더 넓은데, 이는 성별 사망력과 기대수명 차이를 반영한다. 기대수명은 여성이 남성보다 길다.

셋째, 인구피라미드는 시간에 따른 인구구성의 변화를 드러낸다. 예를 들어, 1900년, 1970년, 2000년, 2030년(추계)의 미국 인구피라미드를 비교하며 연령구조를 파악해보자. 1900년의 연령구조는 피라미드 형태에 가깝지만 2030년에는 직사각형의 형태로 변할 것으로 예상된다(그

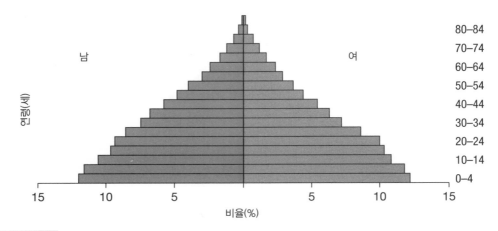

그림 4.3a 1900년 미국 연령피라미드

출처 : 저자, 미국 인구조사국

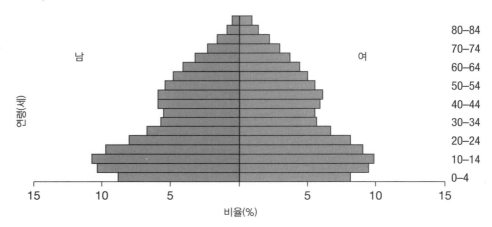

그림 4.3b 1970년 미국 연령피라미드

출처 : 저자, 미국 인구조사국

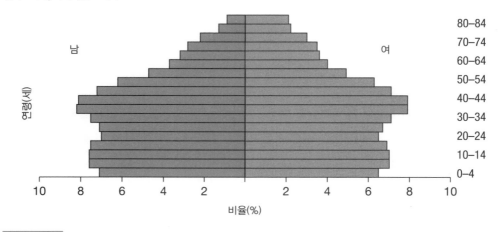

그림 4.3c 2000년 미국 연령피라미드

출처 : 저자, 미국 인구조사국

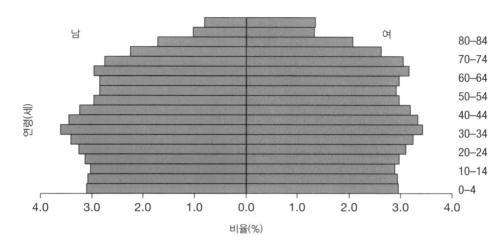

그림 4.3d 2030년(추계) 미국 연령피라미드

출처 : 저자, 미국 인구조사국

림 4.3a~d). 1970년 피라미드에서는 (1946~1964년에 태어나고 1970년에는 10~14세, 15~19세, 20~24세 연령대인) **베이비붐** 코호트 셋을 확인할 수 있다. 여기에서는 1930년대부터 1940년대 초반까지 대공황과 제2차 세계대전의 효과에 따른 낮은 출산력도 나타난다. 2000년 피라미드에서는 상대적으로 인구가 많은 35~49세 연령대를 통해서 베이비붐 코호트가 중년으로 나이 들어가는 모습을 확인할 수 있다. 이들의 바로 아래 세대에서 나타났던 **베이비버스트**(baby bust) 현상의 모습도 보인다. 피라미드에서 고령층이 증가하고 청년층이 감소하는 모습이 나타나는데, 이는 기대수명의 연장과 출산율 하락이 빚은 결과이다.

　넷째, 인구피라미드의 형태에는 전쟁이나 질병의 영향도 반영되어 있다. 대표적으로 사하라 이남 아프리카의 일부 지역에서는 **에이즈**(HIV/AIDS)로 인해 기대수명이 감소했고, 사망률이 증가함에 따라 인구피라미드가 엄청나게 변화된 것을 볼 수 있다. 아래가 넓고 위로 갈수록 좁아지는 전통적 형태의 인구피라미드가 에이즈 유행이 한창일 때 재구조화되었다는 이야기다. 에이즈 유병률이 높은 나라에서는 **인구 굴뚝**이 특징적으로 나타난다(그림 4.4). 에이즈로 인해서 젊은 성인 인구가 공동화되고, 이에 따라 유아의 수가 감소하여 피라미드의 바닥은 더 좁아지기 때문이다. 특히 가임기에 도달하는 여성의 수가 감소하면 유아의 수도 많이 줄어든다. 청소년 사이에서 에이즈 감염이 늘어도 인구피라미드는 아주 극단적으로 변한다. 성인 인구, 특히 20~30대 인구가 상당히 축소되기 때문이다.

성비

인구의 **성비**는 여성 100명당 남성의 수로 정의된다. 여성보다 남성이 많으면 성비는 100을 초

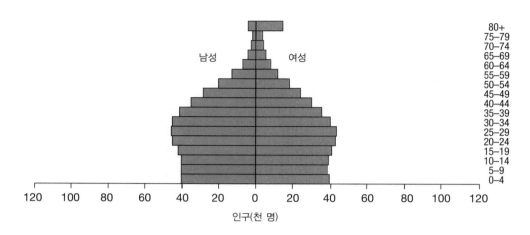

그림 4.4 보츠와나 연령 피라미드(2050년 추계)

출처 : V. Angelo, 2023, HVI/AIDS, population and sustainable development, *Desenvolvimento e Saúde em África*, 99–120.

과하고, 반대로 여성이 남성보다 많으면 100보다 작은 성비가 나타난다. 국가적 스케일에서 성비는 일반적으로 100보다 약간 작다. 그러나 이 수치는 연령 간 변이를 드러내지 못한다. 보통 출생 시에는 남성이 여성보다 많고, 성비는 (100명의 여아마다 105명의 남아가 있는) 약 105 정도이다. 이러한 차이는 보다 높은 연령대로 올라가면서 사라진다. 연령이 많아지면서 남성의 기대여명이 짧아지기 때문이다. 그래서 높은 연령층에서 성비는 여성 쪽으로 기울어지고, 결과적으로 국가의 성비가 100 미만이 되는 것이다. 예를 들어, 2018년 미국 지역사회조사에서 0~5세 어린이의 성비는 105, 85세 이상의 성비는 55로 나타났다.[7]

이러한 자연적, 생물학적 영향 외에도, 연령대별 성비의 시공간적 차이에 영향을 미치는 다섯 가지의 주요 원인이 있다. 첫째, 남성이 여성보다 이동하기 쉬운 경우 성비에 중대한 영향을 미친다. 이 현상은 특히 상대적으로 작은 지리적 스케일에서 일어나는 이동과 관계된다. 이러한 이동의 효과로 (남성이 이주하고 여성이 남는) 유출지역의 성인 성비는 낮아지고 유입지역에서는 성비가 증가한다. 특히 자원 산지나 갑작스러운 호황을 경험하는 소위 붐타운에서 높은 성비가 나타난다. 다른 한편으로, 역사적 이주 패턴도 남성을 중심으로 나타났다. 이들은 홀로 이주했다가 정착한 다음에야 배우자와 가족을 불러들였다.

둘째, 출생성비는 환경적 효과에도 영향을 받는다. 예를 들어, 환경오염으로 인해서 정상출생성비, 즉 여아 대비 남아의 출산 생존율이 변할 수 있다. 실제로 폴리염화바이페닐(PCB), 다이옥신 등 여러 화학 물질이 내분비 교란을 일으킨다고 알려졌다.[8] 그러나 이에 대해서는 아직 제대로 이해되지 못하고 있는 부분이기 때문에, 논쟁의 여지가 있기는 하다.

셋째, 유전적, 생물학적 이유로 출생성비가 변할 수 있다. 예를 들어, 배란기 시작과 끝에는 (높은 자연 유산의 가능성이 있지만) 남아를 임신할 확률이 높다.[9] 성비는 산모의 나이와 관련이 있는데, 나이가 많은 여성일수록 여아를 임신할 가능성이 더 크다. 여성들의 결혼과 출산이 늦어지면서 여아 출산 비율은 높아질 수 있다.[10]

넷째, 남아를 선호하는 소가족 사회의 여성들은 초음파 검사를 통해 아이의 성별을 결정할 수 있다. 여아를 낳으면 출생 신고를 하지 않거나 심지어 **영아살해**를 하는 경우도 있다. 이러한 관행은 중국에서 흔하다. 오랫동안 **한자녀정책**을 유지하면서 가족 규모를 제한했기 때문이다. 비록 2015년까지 단계적으로 폐지되었지만, 중국의 일부 지역에서 성비는 120에 이르며, 정상출생성비는 약 135로 훨씬 더 높다.[11] 일부 아시아 문화권의 남아선호가 미국을 비롯한 서구 사회에 이식되고 있다는 점은 매우 흥미롭다. 예를 들어, 미국의 한국계, 중국계, 인도계 가정에서 첫아이가 여자일 경우 (통상 105 정도인) 성비는 117에 이른다. 만약 처음 두 아이가 모두 여아라면, 성비는 약 150 수준까지 높아진다.[12] 이는 그런 가정에서 남아선호가 훨씬 더 높음을 시사한다.[13] 이와 비슷한 경향은 캐나다에서도 나타난다. 인도계 가정의 둘째와 셋째 아이의 성비는 각각 119와 190으로 나타났고, 중국계, 한국계, 베트남계 가정에서의 셋째 아이 성비는 139에 이른다.[14]

마지막으로 다섯째, 성비는 문화적 요인이나 경제적 요인과는 별개로 위도에 따라 달라지기도 한다.[15] 적도 근처의 성비는 (101인 아프리카처럼) 비교적 균등하고, 유럽과 아시아 국가에서는 (105로) 다소 높게 나타난다. 이렇다 하더라도, 지금까지 서술한 다섯 가지 요인 중 단일 변수의 영향을 정확하게 파악하는 것은 매우 어려운 일이다.

인구연령(중위연령)

인구지리학자를 비롯한 사회과학자는 한 인구의 연령을 어떻게 기술할지에 대한 질문을 자주 받는다. 예를 들어, 인구가 젊은가? 아니면 나이 들었는가? 이것을 기술하는 최상의 방법은 무엇인가? 한 인구의 평균적 나이의 척도로서 **중위연령**(median age)이 흔하게 사용된다.[B] (여기에는 인구의 절반은 젊고 나머지는 나이가 많다는 가정이 밑바탕에 깔려있다.) 2020년 미국 인구의 중위연령은 38.5세로 역대 최고 수준이었다.[16] 2010년과 2020년 사이에 (1946~1964년 출생의) 베이비붐 세대가 고령화되면서, 중위연령이 약 1.5세 정도 증가한 결과였다. 2030년에는 미국의 중위연령이 40세를 넘어설 것이라는 전망이 있다.[17] 미국에서 중위연령은 지역 간 차이를 보이며 다양하게 나타난다. (중위연령이 31.0세인) 유타주가 가장 젊고, (중위연령이 45.1세인) 메인주는 다른 북동부 주와 마찬가지로 비교적 나이가 많은 인구를 보유한다. 이러한 지역의 고령화는 청년층 인구의 유출을 반영한다. 이와 달리, 남부와 서부 주는 청년층 유입 덕분에

[B] 중위연령보다 많이 쓰이지는 않지만, 평균연령과 최빈연령이 한 인구의 평균적 나이를 판단하는 지표로 사용되기도 한다. 평균연령은 모든 사람의 나이를 더해 전체 인구수로 나눈 값이며, 최빈연령은 가장 많은 사람이 속한 연령집단의 나이를 뜻한다.

중위연령
47.1~67.4세
41.7~47.0세
38.1~41.6세
33.7~38.0세
22.6~33.6세
2017년 전국 중위연령은 38.0세이다.

그림 4.5 2014~2018년 미국 카운티별 중위연령

출처 : 미국 인구조사국

젊은 인구를 가진다. 그러나 (중위연령 42.2세의) 플로리다주는 은퇴자의 이주 목적지가 되면서 인구의 나이가 상대적으로 높아졌다.[18] 주 아래의 카운티 수준에서는 보다 세분화된 패턴이 나타난다(그림 4.5).

부양비

인구구성은 한 인구 내에서 젊은 인구와 나이 든 인구의 비를 통해서도 파악된다. 여기에서 인구는 (0~14세의) 유소년인구, (15~64세의) **경제활동인구(생산연령인구)**, (65세 이상의) 노년인구(고령인구)로 구분된다. 이를 통해 **부양비**(dependency ratio)를 산출해 경제활동인구에 대한 인구의 연령분포를 파악할 수 있다. 일반적으로 부양비는 15~64세 인구에 대한 0~14세와 65세 이상에 해당하는 **피부양인구**(dependent population)의 비로 구한다. 유소년인구와 노년인구보다 경제활동인구가 더 많으면 경제활동인구의 부양 부담이 줄어든다. 동일한 수입과 재산으로 더 적은 사람을 부양해도 되기 때문이다. 부모는 자녀에게 주택, 의복, 교육을 포함해 대부분의 재정적 지원을 제공한다. 그리고 경제활동인구가 납부한 세금은 유소년인구와 노년인구가 의존하는 보건, 사회복지, 교육 프로그램에 투입된다.

세 가지의 부양비 측정값이 널리 사용된다. 첫째는 **유소년부양비**(YDR : Young Dependency Ratio)로 경제활동인구에 대한 유소년인구의 상대적 크기를 의미하며 다음과 같이 정의된다.

$$YDR = (P_{0-14} \,/\, P_{15-64}) \times 100$$

즉, 0~14세의 피부양 유소년인구를 15~64세의 경제활동인구로 나누어 계산한다. 그러나 미국에서 피부양 유소년인구는 0~17세, 경제활동인구는 18~64세로 정의한다.

마찬가지 방식으로, **노년부양비**(ODR : Old Dependency Ratio)는 다음과 같이 정의된다.

$$ODR = (P_{65+} \,/\, P_{15-64}) \times 100$$

마지막으로 **총부양비**(TDR : Total Dependency Ratio)는 다음과 같이 산출한다.

$$TDR = ((P_{0-14} + P_{65+}) \,/\, P_{15-64}) \times 100$$

모든 식에서 P_{x-y}는 x부터 y까지의 (예를 들면, 0세부터 14세까지의) 연령대 인구를 나타낸다.

이러한 부양비 측정값들을 미국의 사례를 통해 살펴보자(표 4.1). 미국의 유소년부양비는 앞으로 40여 년 동안 비교적 일정하게 (약 0.35 수준으로) 유지될 전망이다. 하지만 인구의 고령화와 베이비붐 세대의 은퇴에 따라 2020년 0.25였던 노년부양비가 2060년에는 0.41까지 증가할 수 있다. 피부양 노년인구에 비해 경제활동인구가 감소할 것이기 때문이다.[c]

광범위한 사용과 직관적 의미에도 불구하고, 부양비 개념에는 몇 가지 단점이 있다. 특히 정책과 연결될 때 문제의 소지가 있다. 무엇보다, 대부분의 선진국에서는 15~19세의 청소년이 풀타임 직장을 갖는 경우가 거의 없다. 이 점을 고려해, 피부양 유소년인구를 0~19세, 경제활동인구를 20~64세로 재정의한다면 보다 현실적일 것이다. 실제로 많은 선진국에서 0~19세와 20~64세의 연령집단을 구분해 피부양 유소년인구에 대한 이해를 개선하고자 한다. 마찬가지로, 노년부양비 정의에는 65세 이상의 모든 사람이 생산연령인구에 의존한다는 가정이 깔려있다. 이들의 소득세가 보건이나 사회복지 프로그램 지원에 사용되기 때문이다. 이러한 이유로 노년부양비의 변화는 정부 지출과 경제에 더 큰 영향을 미친다고 여겨진다. 그러나 의존성은 연령에 따라 갑자기 변하지 않는다. 실제로 1980년대에 비해 더 오랜 기간 부모에게 재정적으로 의존하는 젊은 인구가 증가하고 있다(포커스 참고). 직장을 다니든, 학교에 다니든 20대가 되

---

[c] 부양비와 관련해서 노령화지수도 중요한 개념이다. 노령화지수는 유소년인구 100명에 대한 노년인구의 비로 구하며, 한 국가나 지역의 부양비 구성을 통해 고령화 정도를 파악하고 다른 국가나 지역과 비교하는 데에 유익한 지표이다.

표 4.1   **2020~2060년 미국 부양비**

연도	유소년(14세 이하)부양비	노년(65세 이상)부양비	총부양비
2020	0.37	0.28	0.64
2030	0.37	0.35	0.72
2040	0.36	0.37	0.73
2050	0.35	0.38	0.73
2060	0.35	0.41	0.76

출처 : 미국 인구조사국, National Population Projections Tables: Main Series

어서도 여전히 부모 곁에 사는 것은 아주 흔한 일이 되었다. 이는 학자금 대출의 증가, 졸업 후 고용기회 감소와 같은 경제 현실을 반영하는 현상이다. 다른 한편으로, 65세 이상의 노년인구가 노동시장에서 활동하면서 경제에 기여하는 경우도 많다. 건강 등의 이유로 노동에 참여하지 않는 경제활동인구도 존재한다. 따라서 부양비는 조심스럽게 해석되어야만 한다.[19]

결론

인구분포와 인구구성은 인구의 연령·성별구조를 시각적으로, 수치적으로 설명한다. 따라서 연령구조와 성별구조는 인구를 이해하고 서비스를 제공하는 데 중요한 밑바탕이다. 예를 들어, 정부는 인구의 연령을 근거로 서비스 제공을 계산하고, 그렇게 함으로써 노년인구 비율이 높은 지역에 필요한 수준의 서비스를 배분할 수 있다. 이와 관련해, 지리정보시스템(GIS)과 공간분석 기술의 발전은 인구분포를 고찰하는 새로운 방식을 제공해주고 있다. 실제로 GIS와 새로운 분석 도구의 인기 덕분에 인구 문제에 대해서만큼은 지리가 중요하다는 사람들의 인식이 더욱 분명해졌다.[20]

출산력 선택, 이동, 사망력 등의 인구과정도 인구구조와 인구구성에 영향을 미칠 수 있다. 예를 들어, 사망력 감소는 노년인구의 비율을 늘리고 성별 균형의 추가 여성 쪽으로 치우치게 한다. 출산력도 인구구성 변화에 중대한 영향을 준다. 특히, 출산력 감소는 인구 고령화의 원인으로 작용한다. 이동은 인구와 인구특성의 재분배에 영향을 미친다. 특히 단기적 효과의 잠재력이 강력한데, 이는 이동의 연령 및 성별 선택성과 관련된다. 일반적으로 이동은 청년층에 집중되는 경향이 있고, 성별로 이동의 차이를 보이는 상황도 종종 발생한다. 따라서 연구자들은 이러한 과정이 인구에 미치는 잠재적 효과에 주목해야 한다. 이는 특히 장기적 추세의 탐구에서 바람직한 태도이다. 이에 대한 보다 상세한 논의는 책의 뒷부분에서 계속해 나가도록 하겠다.

미국 인구의 변화 모습[21]

미국 인구의 규모, 구성, 분포는 상당한 역사적 변화의 과정을 겪었다. 이주민의 초기 정착은 동부 해안을 따라서 진행되었다. 그리고 서부 개척의 시대, 1803년 루이지애나 매입, 1845년 텍사스 합병, 1848년의 멕시코 할양의 과정을 거치며 미국의 영토가 확장됐다. 이에 따라 인구분포도 변해왔다. 탐험, 토지, 자원, 개척은 기존 미국인과 새로운 이민자가 새로운 영토에 정착하는 원동력으로 작용했다. 결과적으로 인구분포가 서서히 서쪽으로 이동했는데, 이러한 과정은 지금까지도 이어지고 있다. 미국 인구의 서부 이동은 인구의 지리적 중심을 나타내는 **인구중심점**(population centroid)을 통해 확인할 수 있다.[22] 미국의 인구중심점은 1700년대 후반 동부 해안을 시작으로 서서히 그리고 지속적으로 서쪽과 남쪽을 향해 옮겨가고 있다. 1890년 인구중심점은 인디애나주 남동부에 있었고,

1990년에 미시시피강 서부, 2010년에는 미주리주의 텍사스 카운티로 이동했다(그림 4.6). 이는 서부와 남부의 인구성장을 반영하는 변화이다. 실제로 캘리포니아, 플로리다, 텍사스 3개 주가 2015년 미국 인구성장의 절반을 차지했다. 이 3개 주에는 미국 인구의 27%가 몰려있다. 이들의 인구성장은 국내이동과 이주민 유입에 모두 영향을 받았고 경제와도 밀접하게 관련된다. 앞으로도 미국 인구중심점은 서쪽과 남쪽으로 계속해서 이동할 전망이다.[23] ▯

미국 인구의 지리적 변화는 연평균 성장률을 통해서도 확인된다. 그림 4.7의 지도는 카운티 스케일에서 연평균 성장률을 보여준다. 1930년에서 2000년 사이로 기간은 한정되지만, 대평원 지역의 인구감소, 남부와 남서부 지역 카운티의 성장 등 인구분포의 장기적 변화가 분명하게 나타난다. 이러한 인구분포의 변화는

▯ 우리나라의 인구중심도 꾸준히 이동하고 있다. 1955년 우리나라의 인구중심점은 충청북도 영동군 양산면 수교리에 있었고, 2015년까지 충청북도 청주시 상당구 금천동으로 이동해왔다. 지도에 나타나는 것처럼, 인구중심점의 이동은 1980년대 초반까지 보은군 일대를 거치며 북쪽으로 진행되었으나 1985년부터는 청주시를 향해 북서 방향으로 틀어졌다. 경기도 남부와 충청권의 인구 유입 증가가 이동 방향 전환의 원인으로 작용했다(김재태·이낙영·오미애·이상인, 2018, "우리나라 인구이동 및 인구중심의 변천에 관한 연구,"『통계연구』, 23(3), 1–23).

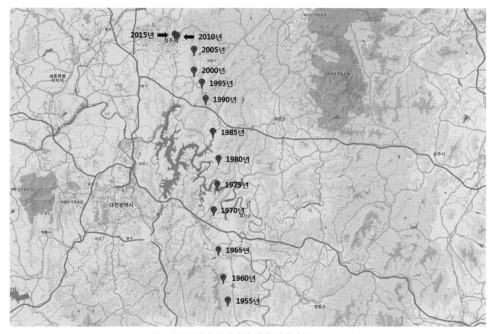

한국 인구중심점의 지리적 변화(김재태 등, 2018, 20)

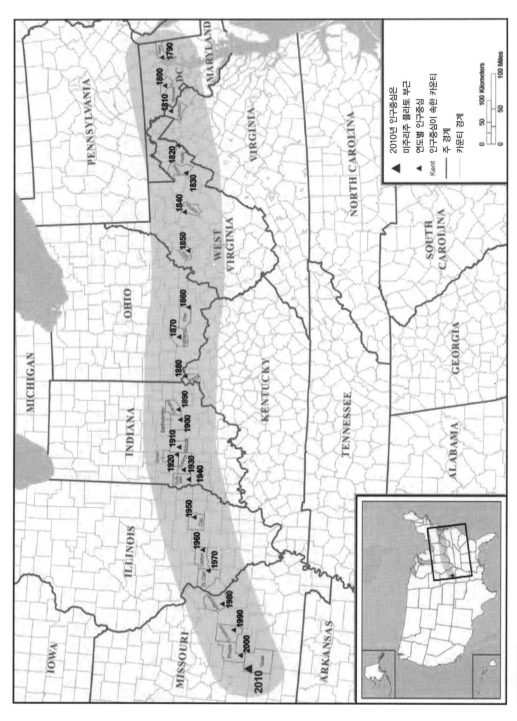

그림 4.6 미국 인구중심점의 변화(1790~2010년)

출처 : 미국 인구조사국

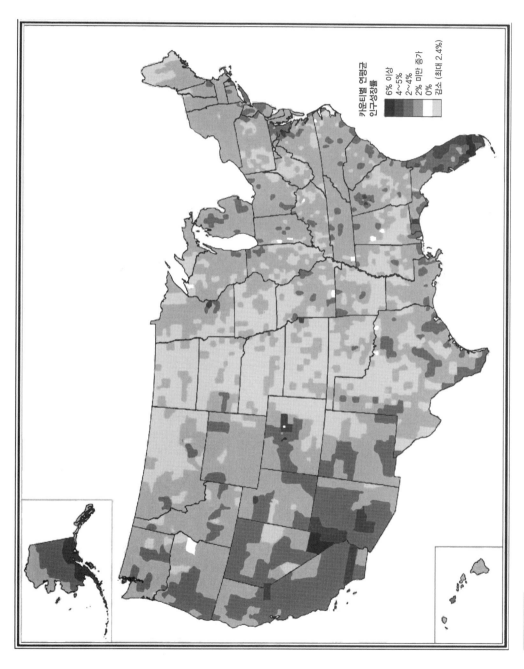

출처 : 미국 인구조사국

그림 4.7 미국 카운티별 연평균 인구성장률(1930~2000년)

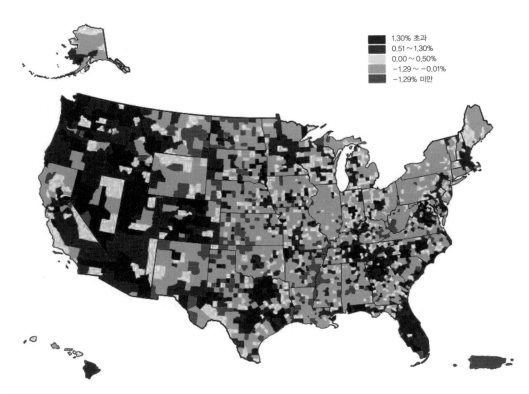

■	1.30% 초과
■	0.51~1.30%
■	0.00~0.50%
■	−1.29~−0.01%
■	−1.29% 미만

그림 4.8 미국 카운티별 인구 변화율(2017~2018년)

출처 : 미국 인구조사국

인구밀도에서도 확인된다. 1790년 미국의 인구밀도는 1.8명/km²에 불과했으나, 1900년에는 8.3명/km²까지 증가했다.[24] 이후 2010년에는 33.7명/km² 수준에 이르렀다.[25] 지역별로는 3806명/km²인 DC(District of Columbia)에서 가장 높고, 인구밀도가 가장 낮은 주는 2.24명/km²의 와이오밍이다. 그림 4.8은 카운티 스케일에서 보다 최근의(2017~2018년 기간의) 인구 변화를 보여준다. 여기서도 해안지역, 플로리다, 서부 카운티 중심의 빠른 인구성장이 확인된다. 보다 미시적인 스케일에서는 내슈빌, 애틀랜타, 오스틴 등의 메트로폴리탄 지역에서 성장이 두드러진다.

국가적 수준의 인구구성 변화는 중위연령, 인구피라미드, 부양비 등 연령의 모습을 반영하는 수치를 통해서도 파악된다. 2013~2017년 미국 지역사회조사에 따르면 미국의 중위연령은 37.8세로 2000년의 35.3세보다 높아졌다.[26] 중위연령의 증가는 낮은 출산율과 베이비붐 세대의 고령화에 크게 영향을 받지만, 베이비붐 세대의 고령화는 아직 부양비에 반영되지 않았다.

(0~17세의) 유소년부양비와 (65세 이상의) 노년부양비는 모두 2000년과 2018년 사이에 비교적 일관되게 (0.4의 유소년부양비와 0.2의 노년부양비 수준으로) 유지되었다.[27] 즉 경제활동인구 5명이 노인 1명을 부양하는 셈이다. 그러나 이것은 (짧은 기대수명과 높은 출산력에 따라) 0.07 수준이었던 1900년의 노년부양비보다는 훨씬 높은 것이다. 반면, 유소년부양비는 출산력 감소에 따라 꾸준히 낮아졌다.[28] 앞으로는 베이비붐 세대의 고령화가 시작됨에 따라, 노년부양비가 더욱 높아질 것이다. 2030년에는 마지막 베이비붐 세대가 65세에 이르게 되고, 2020년 미국 인구의 16%를 차지했던 노년인구는 20% 이상이 될 것이다.[29]

노년인구 분포에는 지역 간 차이도 나타난다.[30] 2020년 노년인구 비율은 (20.5%인) 플로리다주에서 가장 높았는데, 이곳은 중위연령도 (41.8세로) 매우 높았다. 이는 은퇴자들에게 매력적인 플로리다주의 지역성을 반영한다. 대평원 지역의 주와 로드아일랜드, 펜실베이니아, 웨스트버지니아 등 북동부 지역의 일부

주에서도 노년인구 비율이 높다. 이와 달리, 서부와 남동부 주 대부분은 상대적으로 낮은 노년인구 비율을 보인다. 특히, 유타, 콜로라도, 텍사스가 가장 젊은 인구가 많은 지역에 속한다.

한 국가에서 민족과 인종 구성의 변화는 그 나라에서 일어나는 가장 근본적이면서도 광범위한 변화를 의미한다. 초창기 미국은 서유럽 이주민과 노예무역으로 형성되었기 때문에, 오랫동안 백인과 흑인의 국가로 정의되었었다. 그러나 1960년대 이민 자유화 정책과 함께 큰 변화가 일었다. 아시아를 비롯한 비전통 지역에서 이주민 유입이 크게 증가했기 때문이다. 입국자 수는 꾸준히 증가해 21세기 초에는 매년 100만 명의 이주민이 유입되었다. 1990년대와 2000년대에는 라틴아메리카, 특히 멕시코로부터 유입된 합법 이민과 미등록 이주가 크게 증가했다. 이에 따라 민족구성도 변했는데, 캘리포니아와 텍사스에서는 소수 민족과 인종이 비히스패닉계 백인을 넘어 다수인구를 차지하게 되었다.

2017년을 기준으로 미국 인구의 약 13.6%가 외국 태생이다.[31] 비록 이 수치가 (1890년 14.8%인) 역사적 기록보다는 낮지만, 외국 태생 비율은 2030년까지 역대 최고치를 넘어서고 2065년에는 18%에 이르게 된다는 전망이 있다.[32] 라틴아메리카 출신의 비율이 (53.1%로) 가장 높은데, 특히 멕시코 태생이 상대적으로 많다. 중국, 인도, 파키스탄을 포함한 아시아 출신은 전체 외국 태생 인구의 30.5%를 차지한다. 유럽 출신의 비율은 11.1%에 불과하다.[33] 유럽 출신이 74.5%에 이르렀던 1960년과 매우 다른 모습이다. 민족구성의 변화는 뉴욕이나 로스앤젤레스 같은 대표적 이민자 도시 이외의 지역에서도 나타난다. 이는 이민자들이 미국 전역으로 확산된 최근의 변화를 반영하는 것이다.[34]

외국 태생 인구가 미국 인구구성에 미치는 영향이 매우 크다. 미국 인구조사국은 2040년대 초반까지 소수 민족과 인종이 전체 인구의 다수를 차지할 것이라고 예측했다. 자신을 히스패닉, 흑인, 아시아인, 아메리카 원주민, 하와이 원주민, 태평양 도서 원주민으로 지칭하는 미국인이 비히스패닉 백인보다 더 많아질 것이란 뜻이다.[35] 2050년 비히스패닉 백인은 미국 인구의 46%를 차지할 것으로 예측되는데, 이는 2010년의 64%에 비하면 매우 낮은 수치이다. 소수집단에서의 상대적으로 높은 출산력과 이주민 유입의 증가가 그런 전망의 원인으로 지목된다. 개인이 자신의 출신을 밝히는 방식도 변하고 있다. 자신을 다인종으로 여기는 사람이 많아졌기 때문이다. 미국 인구의 미래는 현재보다 훨씬 더 다양해질 것이다. 2011년 로스앤젤레스 주민의 48.1%가 히스패닉이나 라틴계로 확인되었는데, 이는 2000년에 비해 2.6% 증가한 수치이다.

마지막으로 미국 태생과 외국 태생 사이에는 의미 있는 구성적 차이가 있다. 2010년 외국 태생에서 18~64세 연령층은 80% 이상이었지만, 미국 태생 사이에서는 60%에 불과했다. 마찬가지로 외국 태생의 7% 정도만이 18세 미만의 유소년이었고, 미국 태생 가운데에는 유소년층이 27%에 이른다. 외국 태생 인구피라미드는 미식축구공 모양처럼 나타난다. 유소년 인구와 노년인구의 비율이 낮고 경제활동인구 비율이 높기 때문이다. 이것은 청년층 인구를 선호하는 이민 정책과 관련되어 보인다. 미국 인구를 이민자와 본토 출신으로 구분하지 않고 민족이나 인종 측면에서 바라보면, 또 다른 해석이 가능해진다. 특히 비히스패닉 백인보다 소수집단 사이에서 높은 출산율은 장래의 민족과 인종 구성에 큰 영향을 미치게 될 것이다. 1950년대 이후 18세 미만 인구는 1990년과 2000년 사이에 가장 많이 증가했는데, 이러한 유소년층 인구성장에서 소수민족이 차지하는 비율이 매우 높다. 하지만 이 연령대의 인구증가 수준은 2000년 이후에는 매우 낮게 나타나고 있다.

2060년까지 미국의 65세 이상 인구는 2배로 증가할 것이다.[36] 이러한 인구의 고령화는 미국의 사회적, 인구통계학적, 경제적, 정치적 변화에 큰 영향을 미치게 될 것이다. 미국과학·공학·의학한림원이 공동 발간한 보고서에서 연구자들은 미국의 고령화 인구를 형성하는 중요한 인구통계학적 추세를 밝히고 있다.[37] 보고서에 따르면, 기대수명은 조금씩 증가하고 고령화 추세는 미국 전역으로 확대되고 있지만, 건강과 사망력의 격차도 나타난다. 이에 더해, 일반적 은퇴연령인 65세를 넘어 일하는 사람이 많아지고 있으며, 하나 이상의 신체적 장애를 갖는 노인의 수도 증가하고 있다.

사회보장제도, 메디케어 등 대부분의 노년 복지후생 프로그램은 경제활동인구에게 징수한 재원으로 운영된다.[E] 그래서 노년부양비의 증가는 우려스러운 측면이 있다. 감소하는 경제활동인구가 증가하는 노년인

E 메디케어는 65세 이상 노년인구를 대상으로 미국 연방정부가 운영하는 의료보험제도이다.

구를 부양할 수 있을까? 일부 예측에 의하면, 2030년에 이르면 메디케어 지출은 사회보장 지출보다 많아질 것이다. 2037년에는 사회보장신탁펀드 재원이 고갈될 우려도 있다. 이는 메디케어 가입자 수 확대와 의료 서비스 이용 및 비용의 증가에 따른 결과이다.[38] 이러한 사회 프로그램이 현재와 같은 상태로는 오랫동안 유지될 수는 없다. 이에 정부는 (가령 사회보장 혜택

수혜 연령을 65세에서 67세로 높이는 것처럼) 수혜 자격을 조정하거나, 통상적 은퇴연령인 65세를 넘어서도 경제활동을 계속하도록 장려하는 방안도 고려해야 한다. 공공의료 이외에 가족의 지원이 필요한 사람도 많아질 것이지만, 베이비붐 세대의 출산율은 낮은 편이다. 그래서 이들을 돌봐줄 자녀가 많지 않아, 이러한 불일치는 큰 문제의 소지가 될 수 있다.

포커스   중국의 고령화

중국은 급격한 인구증가에 대응해 1978년부터 2015년까지 **한자녀정책**을 실시하였다(11장 **포커스** 참고). 이는 한 가정에 자녀를 1명으로 제한하는 규제였다. 결과적으로 중국의 출산력은 (1.5 수준으로) 감소했다. 그리고 기대수명은 (남성 75세, 여성 79세로) 높아졌다. 이에 따라 인구 **고령화**도 빠르게 진행되고 있다. 1970년 중국의 중위연령은 19.7세였는데 2020년에는 38.5세까지 높아졌다. 인구의 지속적인 고령화 전망에 따라, (65세 이상의) 피부양 노년인구의 비율은 2020년 13%에서 2050년 26%로 증가할 것이다. 이에 상응해 경제활동인구의 비율은 낮아질 전망이다.[39] 중국이 장래에 직면하게 될 인구통계학적 변화도 과거의 문제만큼이나 도전적인 이슈이다. 그러나 고령화 문제만큼은 다른 나라보다 훨씬 빠른 해결책이 절실해 보인다.

중국의 고령화는 노년층에서의 만성 질환과 장애의

증가로 이어진다. 중국 정부는 건강하고 활동적인 생활정책과 장기돌봄 전략, 그리고 만성 질환 예방과 통제 등을 포함하는 보건정책을 내놓기 시작했다.[40] 노년층의 의료 및 장기돌봄 수요의 증가로 의료비용이 급증하게 될 것이지만, 비용을 지불할 경제활동인구의 감소가 예상된다. 장래에 발생하게 될 의료비용은 중국 정부에 큰 도전이 될 것이다. 지난 수십 년간의 빠른 경제성장에도 불구하고, 노년층을 위한 비용을 감당할 수 있을지가 불확실하기 때문이다. 게다가 전통적으로 여성, 특히 며느리에게 떠넘겨졌던 비공식적인 건강돌봄은 의료 체계를 더욱 복잡하게 만든다. 최근 여성 경제활동인구가 증가하고, 남아선호 문화에도 변화가 생김에 따라 과거의 비공식적 노인 돌봄도 미래에는 문제가 될 것으로 보인다.[41]

포커스   부메랑 자녀

수십 년 동안 미국의 가구구성은 크게 변화하였다. 1950년대와 1960년대의 (남편, 아내, 자녀로 구성된) **핵가족** 형태에서 한부모 가정의 수와 비율이 크게 증가하는 방향으로 진화했다. 이혼이 늘고 기존과는 다른 형태의 가정이 보편화되었기 때문이다. 이러한 변화에도 불구하고, 자녀가 교육을 마치고 성인이 되면 부모 곁을 떠나 독립한다는 공통된 기대가 있었다. 하지만 이러한 모델은 많은 성인 자녀가 부모와 함께 살게 되면서 변하기 시작했다. 집을 떠났다가 되돌아오거나(즉, **부메랑 자녀**가 되거나) 부모 곁을 전혀 떠나지 못하는 사람이(즉, **발사 실패 자녀**가) 많아졌다는 뜻이다.

여전히 부모 집에 사는 미국 성인 자녀 비율이 눈에 띄게 늘었을 뿐 아니라, 이제는 장기적인 추세가 되어버렸다. 2016년 기준 25~35세의 밀레니얼 세대 15%가 부모 집에 살았는데, 이는 2000년에 부모와 함께 살던 10%의 X세대보다 높은 수치다.[42] 이와 비슷한 추세는 유럽과 캐나다에서도 나타나고 있다.[43]

교육 때문에 집을 떠났다가 교육과 취업 간 전환기에 혹은 취업 문제가 순조롭지 않을 때 집으로 돌아오는 것은 생애과정의 일부가 되었다. 그러나 다른 요인도 중요하다. 부모 곁에 돌아오거나 남는 가장 중요한 이유는 교육이나 독신 생활 때문이다.[44] 교육 중에는 보통 부모 집에 산다. 고졸 이하의 자녀도 부모 집에 머무르는 경우가 많다. 이런 집단은 부모 집을 떠났다가 돌아올 가능성도 크다. 금전적 이유나 고용 문제도 성인 자녀가 부모 집에 머무는 중요한 이유이다. 이런 문제는 대학 학자금 대출, 청년 실업 증가, 계약직과 임시직이 증가하는 **긱경제**(gig economy) 등의 현상과 관련되어 있다. 이 모든 것들은 장기적 소득 안정성이 보장되지 않았음을 의미한다. 그래서 부메랑 자녀와 발사 실패 세대의 등장이 일시적인 현상은 아닌 것처럼 보인다. 계속되는 경제적 불확실성 속에서 진화하는 생애과정의 새로운 부분이 될 가능성이 높다. 부모와 가구의 특성 또한 중요한데, 성인 자녀는 부모가 결혼 상태일 때 부모 집에 돌아오거나 남으려는 경향이 있다. 재정적 지원과 정서적 지지가 가능한 가구일수록, 성인 자녀가 집에 머무르는 것에 더욱 수용적이다. 이런 경우, 부모 집은 다음 도전을 준비할 수 있는 비즈니스 인큐베이터의 역할을 하는 것이다.[45] 그러나 다른 한편으로, 병든 부모를 돌보기 위해 집으로 돌아오는 자녀들도 있다.

부모와 자녀가 함께 살면 모두에게 이로운 점이 있지만, 비용이 들기 마련이다. 부메랑 자녀를 둔 부모는 영원히 독립한 줄 알았던 성인 자녀가 되돌아왔을 때의 좌절감을 토로한다. 얹혀사는 성인 자녀는 부모에게 재정적, 정서적 부담이 되기도 한다.[46] 역으로, 성인 자녀는 그들에게 주어진 요구와 기대에 좌절감을 많이 느낀다. 이것이 독립심에는 방해가 될 수 있지만, 부모와 함께 산다는 것은 재정적 지원과 정서적 지지가 될 수 있다.

방법·측정·도구 ## 생명표

인구통계학자들은 **생명표**를 사망력과 **기대여명**을 요약하는 수단으로 활용한다.[F] 기본적으로 표에 포함된 정보들은 한 연령대에서 다른 연령대까지의 생존확률과 특정 x 연령의 기대여명을 나타낸다. 표 4.2는 미국의 (2016년 기준 여성의) 기본 생명표인데, t 시기에 태어난 코호트의 연령에 따른 사망력 변화를 보여준다.[47] 코호트의 초기 크기는 **기수**(radix)로 알려진 l_0이며 보통 10만 명으로 정한다. 생명표는 기본적으로 두 가지 가정을 전제로 한다. 첫째, 특정 연령층의 사망률이 코호트 구성원의 생애 동안 변하지 않는다. 둘째, 코호트의 연령이 높아지면 정해진 사망률에 따라 사망한다. 표의 각 열은 다음과 같이 정의된다.

$_hM_x$[연령별 사망률] x 연령에서 $x+h$ 연령 사이에 관찰된 특정 연령대 사망률
$_hq_x$[연령별 사망확률] x 연령의 사람이 $x+h$ 연령에 도달하기 전에 사망할 확률

l_x[연령별 생존자 수] x 연령의 생존자 수
$_hd_x$[연령별 사망자 수] x 연령에서 $x+h$ 연령 사이의 사망자 수
$_hL_x$[연령별 정지인구(靜止人口)] x 연령에서 $x+h$ 연령 사이 생존자(l_x)의 생존연수 합계
T_x[총생존연수] x 연령 생존자들이 모두 사망할 때까지 생존할 것으로 기대되는 생존연수의 합계
e_x[기대여명] x 연령에 생존한 사람이 앞으로 생존할 것으로 기대되는 평균 생존연수

각각의 가상 코호트는 출생부터 시작하여 연령별 사망률(ASMR : Age-Specific Mortality Rate, $_hM_x$)을 갖는다. 각 연령별 사망률 M으로부터 q를 도출할 수 있고 다시 d를 도출할 수 있다.

연령별 사망률은 다음 수식을 통해 도출할 수 있다.

[F] 기대여명은 특정 연령의 사람이 앞으로 생존할 것으로 기대되는 평균 생존연수를 의미하며, 0세인 영아의 기대여명을 기대수명이라고 말한다.

표 4.2 **2016년 미국 여성 생명표**

연령대	$_hM_x$	$_hq_x$	l_x	$_hd_x$	$_hL_x$	T_x	e_x
<1	0.005	0.005	100,000	545.391	99,491.08	8,098,361	81
1~4	0	0.005	99,454.61	82.191	397,616.6	7,998,870	80.4
5~9	0	0.001	99,372.41	54.908	496,717.5	7,601,253	76.5
10~14	0	0.001	99,317.51	62.455	496,445.8	7,104,536	71.5
15~19	0.001	0.002	99,255.05	149.496	495,947.7	6,608,090	66.6
20~24	0.001	0.003	99,105.56	255.667	494,926.6	6,112,142	61.7
25~29	0.001	0.004	98,849.9	358.604	493,391.6	5,617,216	56.8
30~34	0.001	0.005	98,491.3	483.811	491,305.5	5,123,824	52
35~39	0.001	0.007	98,007.48	642.393	488,519.6	4,632,519	47.3
40~44	0.002	0.008	97,365.09	822.148	484,913.6	4,143,999	42.6
45~49	0.003	0.013	96,542.95	1,209.543	479,911.2	3,659,085	37.9
50~54	0.004	0.019	95,333.41	1,864.636	472,333.5	3,179,174	33.3
55~59	0.006	0.029	93,486.77	2,726.709	460,966.9	2,706,841	29
60~64	0.008	0.041	90,760.06	3,684.694	445,131.9	2,245,874	24.7
65~69	0.012	0.06	87,075.37	5,220.86	423,164.2	1,800,742	20.7
70~74	0.019	0.093	81,854.51	7,595.101	391,457.8	1,377,577	16.8
75~79	0.03	0.144	74,259.41	10,715.01	346,157.7	986,119.6	13.3
80~84	0.052	0.233	63,544.39	14,778.05	282,640.4	639,961.9	10.1
85 +	0.136	1	48,766.34	48,766.34	357,321.5	357,321.5	7.3

출처 : WHO Life Tables for WHO Member States, http://apps.who.int/gho/data/view.main.61780?lang=en(2020년 3월 4일 최종 열람)

$$_hM_x = {_hD_x} / {_hP_x}$$

분자인 $_hD_x$는 특정 연령대의 관찰된 사망자 수이며, 분모인 $_hP_x$는 특정 연령대의 인구로 보통 **연앙인구**(mid-year population)로 정의한다.[G] 연령별 사망률은 연령별 사망확률 $_hq_x$를 정의하는 데 사용될 수 있는데 다음과 같다.

$$_hq_x = \frac{h \, _hM_x \, _hP_x}{_hP_x + (h/2) \, _hM_x \, _hP_x}$$

이 식은 기본적으로 다음 연령집단인 $x+h$ 연령까지 생존하지 못할 확률은 x 연령 생존자 수에 대한 해당 연령대의 사망자 수와 관련이 있음을 의미한다. 물론 사망자는 해당 기간에 동일하게 분포하는 것을 가정한다. 표 4.2에서 미국의 40세 여성이 45세까지 생존하지 못할 확률은 0.008이다.

각 코호트 내에서 특정한 수만큼의 사망자($_hd_x$)가

있으므로 x 연령의 생존자 수는 코호트 연령이 높아질수록 감소한다. 그리고 연령별 사망자 수는 다음과 같이 결정될 수 있다.

$$_hd_x = l_x \, _hq_x$$

즉, x 연령의 생존자 수(l_x)를 $x+h$ 연령에 도달하기 전에 사망할 확률($_hq_x$)로 곱해준 것이다. 따라서 다음 연령집단인 $x+h$ 연령의 시작까지 생존자 수를 구하는 공식은 다음과 같다.

$$l_{x+h} = l_x - {_hd_x}$$

표 4.2를 다시 살펴보면, 40~44세 코호트의 사망자 수는 822.1명이다. 40세까지 9만 7365.1명의 여성이 생존하기 때문에 45세까지 생존하는 여성은 9만 6543명(=97,365.1-822.1)이다.

[G] 연앙인구는 출생률과 사망률을 산출할 때 해당 연도의 중간에 해당하는 7월 1일을 기준으로 산출한 인구를 말한다.

h 기간 동안 연령대별 생존연수의 합, 즉 정지인구는 다음과 같이 정의될 수 있다.

$$_hL_x = \frac{h(l_x + l_{x+h})}{2}$$

즉, $_hL_x$는 두 연령집단의 생존자 수와 코호트 기간 h의 함수이다. 이때 사망자 수는 연령집단 내에 걸쳐 동일하게 분포한다고 가정한다. 예를 들어, 40~44세 코호트의 생존연수 합은 484,770.25[=5×(97,365.1+96,543)/2]이다.

다음으로 코호트의 x 연령 이상 총생존연수(T_x)는 x 연령부터 마지막 연령집단까지의 생존연수를 합산하여 구할 수 있다.

$$T_x = \sum_{i=x}^{z} {}_hL_l$$

z는 생명표에서 최고령의 코호트를 의미한다. 45세 이상 누적 생존연수는 3,659,085이다.

마지막으로 현재 x 연령 사람들의 기대여명은 x 연령 이상의 총생존연수를 x 연령의 생존자 수로 나누어 산출할 수 있다.

$$e_x = \frac{T_x}{l_x}$$

따라서 미국 45세 여성의 기대여명은 37.9년(=3,659,085/96,542.95)이다.

지금까지 언급한 계산에는 세 가지 예외가 있다. 먼저, 유아 사망은 대개 출생 후 첫해 후반부보다 전반부에 주로 발생한다. 결과적으로 1세 미만의 아이들은 보통 구분하여 표시하는데 다음과 같은 방법을 이용하여 추정한다.

$$L_0 = \frac{l_0 + l_1}{2}$$

이에 따르면, 1~4세 연령대의 생존연수를 계산할 때 0세 연령대는 이미 추정되어 있기 때문에 연령 간격이 5년이라고 가정하면 $h-5$ 대신 $h-4$를 사용해야 한다. 둘째, 마지막 연령집단은 개방되어 있다. 따라서 이 연령대의 모든 생존자는 해당 연령대에서 사망하기 때문에 q는 1이 될 수 있고 사망자 수는 다음과 같다.

$$d_z = l_z$$

마지막으로, 최고령 집단의 생존연수 또한 조정될 필요가 있다. 인구통계학자들은 이 연령 코호트의 특정 연령대 사망률(M_z)은 매년 일정한 출생 수(l_0, 10만 명)를 더함으로써 인구수가 변하지 않는 이론적인 정상인구(stationary population, 또는 정지인구)에서 관측되는 사망률과 같다고 가정한다. 따라서 M_z와 d_z가 구해지면 최고령 집단의 생존연수는 다음과 같이 산출할 수 있다.

$$L_z = \left(\frac{d_z}{M_z} \right)$$

생명표의 사용

추상적인 계산들로 보이지만 실제로 생명표는 보험 회사에서 보험료를 산정하는 데 일반적으로 사용되고, 연령별로 더욱(즉, 1세 단위로) 세분화된다. 남녀의 생존율 차이가 주어진다면 성별로도 세분화할 수 있다. 생명표는 또한 생존율을 결정하는 데 사용할 수 있다. 예를 들어, 45세까지 생존하는 40~44세 미국 여성의 비율은 다음과 같이 정의될 수 있다.

$$\left(\frac{5 \times l_{45}}{_5L_{40}} \right) = \left(\frac{5 \times 96,543}{484,914} \right) = 0.995$$

원주

1. Arthur Haupt, Thomas T. Kane, and Carl Haub, *Population Handbook*, 6th ed., http://www.prb.org.

2. 2016년 토론토의 인구밀도는 4334명/km²이었다. Statistics Canada, Community Profile, https://www12.statcan.gc.ca/census-recensement/2016/dp-pd/prof/index.cfm?Lang=E(2020년 3월 2일 최

종 열람).

3. 미국 인구조사국, International Data Base. 인구밀도 값은 2018년 기준이다. https://www.census. gov/data-tools/demo/idb(2020년 10월 14일 최종 열람).

4. *World Population Data Sheet* (Washington, DC: Population Reference Bureau, 2020).

5. Terry A. Slocum, Robert B. McMaster, Fritz C. Kessler, and Hugh H. Howard, *Thematic Cartography and Geographic Visualization*, 3rd ed.(New York: Prentice Hall, 2008); John Krygier and Denis Wood, *Making Maps Third Edition: A Visual Guide to Map Design for GIS* (New York: Guilford Press, 2016).

6. 인구피라미드를 제작하는 유용한 도구는 다음 웹사이트에서 사용할 수 있다. http://www.cs.mun. ca/~n39smm/Excel/Population%20Pyramid.pdf(2020년 3월 2일 최종 열람).

7. 미국 인구조사국, https://data.census.gov/cedsci/table?q=S0101&g=0100000US&hidePreview=tru e&table=S0101&tid=ACSST1Y2018.S0101&lastDisplayedRow=30&vintage=2018(2020년 3월 2일 최종 열람).

8. Marc G. Weisskopf et al., "Maternal Exposure to Great Lakes Sport-Caught Fish and Dischlorodiphenyl Dichloroethylene, but Not Polychlorinated Biphenyls, Is Associated with Reduced Birth Weight," *Environmental Research* 97, no. 2(2005), 149–162; William H. James, "Was the Widespread Decline in Sex Ratios at Birth Caused by Reproductive Hazards?" *Human Reproduction* 13, no. 4(1998), 1083–1084.

9. Peter H. Jongbloet, "Over-Ripeness Ovopathy: A Challenging Hypothesis for Sex Ratio Modulation," *Human Reproduction* 19, no. 4(2004), 769–774.

10. Alfonso Gutierrez-Adan, Belen Pintado, and Jose de la Fuente, "Demographic and Behavioral Determinants of the Reduction of Male-to-Female Birth Ratio in Spain from 1981 to 1997," *Human Biology* 72, no. 5(2000), 891–898.

11. Ruoyu Chen Lingxiang Zhang, "Imbalance in China's Sex Ratio at Birth: A Review," *Journal of Economic Surveys* 33, no. 3(2019), 1050–1069; Eric Baculinao, "China Grapples with Legacy of Its 'Missing Girls,'" NBC News(14 September 2004), http://www.nbcnews.com/id/5953508/ns/ world_news/t/china-grapples-legacy-its-missing-girls-/#.XQpVmIhKiHs(2019년 6월 19일 최종 열람); Jeremy Hsu, "There Are More Boys than Girls in China and India," *Scientific American* 4(August 2008).

12. Lena Edlund and Douglas Almond, "Son-Biased Sex Ratios in the 2000 United States Census," *Proceedings of the National Academy of Sciences* 105(2008), 5681–5682.

13. F. X. Egan, W. A. Campbell, A. Chapman, A. A. Shamshirsaz, P. Gurram, and P. A. Benn, "Distortions of Sex Ratios at Birth in the United States: Evidence for Prenatal Gender Selection," *Prenatal Diagnoses* 31(2011), 560–565, https://doi.org/10.1002/pd.2747.

14. Douglas Almond, Lena Edlund, and Kevin Milligan. "Son Preference and the Persistence of Culture: Evidence from Asian Immigrants to Canada," *Population and Development Review* 39, no. 1(2013), 75–95; Marcelo L. Urquia, Rahim Moineddin, Prabhat Jhal, Patricia J. O'Campo, Kwame McKenzie, Richard H. Glazier, David A. Henry, and Joel G. Ray, "Sex Ratios at Birth after Induced Abortion," *Journal of the Canadian Medical Association* 188, no. 9(2016), E181–190.

15. Kristen J. Navara, "Humans at Tropical Latitudes Produce More Females," *Biological Letters* (1 April 2009), http://www.ncbi.nlm.nih.gov/pmc/articles/PMC2781905.

16. CIA Factbook, https://www.cia.gov/the-world-factbook/(2020년 3월 2일 최종 열람).

17. 미국 인구조사국, *US Population Projections*, table 3, "Projections of the Population by Age and Sex for the United States," https://www.census.gov/data/tables/2017/demo/poppproj/2017-summary-tables.html(2020년 3월 2일 최종 열람).

18. 미국 인구조사국의 주별 중위연령 자료.

19. Kevin Kinsella and David R. Phillips, "Global Aging: The Challenge of Success," *Population Bulletin* 60, no. 1(March 2005).

20. Gary L. Gaile and Cort J. Willmott, eds., *Geography in America at the Dawn of the Twenty-first Century* (New York: Oxford University Press, 2003), 9.

21. 이 책의 4판이 나왔을 때, 미국은 2020년 센서스를 준비하고 있었다. 안타깝게도 책의 집필이 끝날 때까지 2020년 센서스 결과를 활용할 수 없었다. 그래서 인구통계학적 지표는 2010년 센서스와 미국 지역사회조사(ACS)의 데이터를 참고하였다. 주거와 인종을 포함한 미국의 인구통계학적 변화에 대한 보다 폭넓은 논의는 다음 문헌을 참고하자. Brookings Institution, "State of Metropolitan America: On the Front Lines of Demographic Transformation"(2010), http://www.brookings.edu/wp-content/uploads/2016/06/metro_america_report.pdf; *The Changing Demographic Profile of the United States*, https://fas.org/sgp/crs/misc/RL32701.pdf(2020년 3월 2일 최종 열람); Linda A. Jacobsen, Mark Mather, and Genevieve Dupuis, *Household Change in the United States* (Washington, DC: Population Reference Bureau, 2012).

22. David A. Plane and Peter A. Rogerson, *The Geographical Analysis of Population with Applications to Planning and Business* (NewYork: Wiley, 1994).

23. Mark Mather, "Three States Account for Nearly Half of U.S. Population Growth," Population Reference Bureau(December 2015), http://www.prb.org/three-states-account-for-nearly-half-of-u-s-population-growth(2020년 3월 2일 최종 열람).

24. 인구밀도는 토지면적과 시간에 따른 토지면적의 변화를 반영한다.

25. 미국 인구조사국, Resident Population Data, 2010.

26. 미국 인구조사국, https://data.census.gov/cedsci/all?q=median%20age&hidePreview=false&tid=ACSST1Y2018.S0101&t=Age%20and%20Sex(2020년 3월 2일 최종 열람).

27. 여기에서는 개념 정의의 차이에 주의해야 한다. 미국 인구조회국은 0~15세가 아니라 0~17세의 집단을 기준으로 유소년부양비를 산출한다.

28. 미국 인구조사국은 종종 18세 미만과 18세에서 64세까지의 인구수로 유소년부양비(YDR)를 정의한다. 이와 같은 정의는 다른 곳에서 사용되는 것과 다르다. Mary M. Kent and Mark Mather, "What Drives US Population Growth?" *Population Bulletin* 57, no. 4(December 2002).

29. 미국 인구조회국, https://www.prb.org/usdata/indicator/age65/snapshot(2020년 3월 2일 최종 열람).

30. 미국 인구조사국, Age and Sex Distribution: 2010.

31. Jynnah Radford, "Key Findings about U.S. Immigrants," Pew Research Center, https://www.pewresearch.org/fact-tank/2019/06/17/key-findings-about-u-s-immigrants/(2020년 3월 2일 최종 열람).

32. Pew Research Center, "Modern Immigration Wave Brings 59 Million to U.S., Driving Population Growth and Change Through 2065: Views of Immigration's Impact on U.S. Society Mixed," Washington, DC, September 2015.

33. 미국 인구조사국, *Selected Social Characteristics in the United States*.

34. Jill H. Wilson and Nicole Prchal Svajlenka, "Immigrants Continue to Disperse, with Fastest Growth in the Suburbs," Brookings Institution, Immigration Facts Series, no. 18(29 October 2014); Audrey Singer, Susan W. Hardwick, and Caroline B. Brettell, eds., *Twenty-First Century Gateways: Immigrant Incorporation in Suburban America* (Washington, DC: The Brookings Institution Press, 2008).

35. 미국 인구조사국, "An Older and More Diverse Nation by Midcentury."

36. Linda A. Jacobsen, Mary Kent, Marlene Lee, and Mark Mather, "America's Aging Population," *Population Bulletin* 66, no. 1(February 2011).

37. National Academies of Sciences, Engineering, and Medicine, "Future Directions for the Demography of Aging: Proceedings of a Workshop"(Washington, DC: The National Academies Press, 2018), https://doi.org/10.17226/25064(2020년 6월 12일 최종 열람).

38. Mark Mather and Lillian Kilduff, "The U.S. Population Is Growing Older, and the Gender Gap in Life Expectancy Is Narrowing," 미국 인구조회국, 19 February 2020, https://www.prb.org/u-s-population-is-growing-older(2020년 6월 12일 최종 열람).

39. *World Population Data Sheet* (Washington, DC: Population Reference Bureau, 2020).

40. Toshiko Kaneda, "China's Concern over Population and Health," https://www.prb.org/chinas-concern-over-population-aging-and-health(2020년 3월 2일 최종 열람).

41. Kaneda, "China's Concern."

42. Richard Fry, "It's Becoming More Common for Young Adults to Live at Home-and for Longer Stretches," Pew Research Center, 5 May 2017, https://www.pewresearch.org/fact-tank/2017/05/05/its-becoming-more-common-for-young-adults-to-live-at-home-and-for-longer-stretches/(2020년 3월 2일 최종 열람).

43. Katherine Burn and Cassandra Szoeke, "Boomerang Families and Failure-to-Launch: Commentary on Adult Children Living at Home," *Maturitas* 83(2016), 9–12.

44. Burn and Szoeke, "Boomerang Families and Failure-to-Launch."

45. Adam Davidson, "It's Official: The Boomerang Kids Won't Leave," *New York Times* (20 June 2014), MM22.

46. Burn and Szoeke, "Boomerang Families and Failure-to-Launch."

47. 세계보건기구(WHO)는 모든 회원국의 생명표를 가지고 있다. http://apps.who.int/gho/data/node.main.692?lang=en(2016년 5월 3일 최종 열람).

출산력

인구 규모와 인구성장은 출산력과 사망력이 결합된 효과로 나타난다. **출산력**은 사회가 스스로 재생산하는 능력으로 정의되며, **사망력**은 사망자 수를 뜻한다. 세계의 지역 간 출산율의 차이는 뚜렷하다. 사하라 이남 아프리카 국가들은 출산율이 가장 높은 축에 속하고, 가장 낮은 수준의 출산율은 동유럽 국가 사이에서 나타난다. 일부 동유럽 국가는 인구감소 문제에 직면해있다.[1] 출산 행태의 지역 간 차이도 분명하다. 생물학적 원인과 함께 사회적 요인도 영향을 미치기 때문이다. 이 장의 초반에서는 출산력 패턴을 파악하고, 그다음으로 인구 출산력의 결정 요인과 출산력 추세의 진화를 살펴볼 것이다. 포커스에서는 북아메리카, 유럽, 우간다의 출산율을 비교하고, **방법 · 측정 · 도구**에서는 여러 가지 출산력 측정 방법을 검토할 것이다.

출산력 패턴

지난 200년 동안 세계적 출산력 패턴은 엄청나게 변화했다. 이와 관련해 다음과 같은 질문이 가능하다. 무엇이 출산율을 결정하는가? 특정 장소에서 출산율이 변화하는(예를 들어, 감소하는) 이유는 무엇인가? 그러한 변화가 왜 다른 곳에서는 나타나지 않는가? 무슨 이유에서 출산율은 서서히 변화하는가?

인구변천 이론(DTT)은 높은 사망력과 높은 출산력에서 낮은 사망력과 낮은 출산력으로의 변화를 나타내는 모델로 활용된다. 이 모델은 기대수명이 높아지고 사망률이 낮아지며 발생하는, 이른바 **인구폭발**의 문제도 고려한다. 이러한 출산력 레짐의 변화는 19세기와 20세기 초반 사이에서 북아메리카와 유럽의 대부분 국가에서 나타났다. 1800년대 전반 북아메리카의 출산율은 5를 넘는 수준이었으나, 1900년에는 3.5까지 낮아졌다.[2] 이 지역에서 느리고 안정된 인구 성장을 낳은 현대적 출산력 패턴으로의 변천은 사실 1930년대에 이미 완료되었다. 개발도상국에서는 그러한 출산력 패턴의 전환이 한참 후에 일어났다. 이들 대부분은 1950년대까지 출산력의 감소를 전혀 경험하지 못했다. 지금까지도 상당 수준의 출산력 감소를 경험하지 못한 개발도상국도 있다. 인구변천 이론은 출산력 감소의 패턴을 제시하지만, 그러한 감소가 나타나는 이유를 제대로 설명하지는 못한다.

선진국 세계의 관점에서 가장 중요한 최근의 인구통계학적 사건 중 하나는 **베이비붐**이다. 이 현상은 어디까지나 선진국에 국한된 일이었다. 베이비붐은 비교적 높은 출산율을 통해서 출산력이 단기적으로 급상승하는 현상을 말한다. 이는 장기적 출산력 감소 추세로부터의 이탈을 함의하기도 한다. 베이비붐 세대에는 1946년에서 1964년 사이에 태어난 사람들이 포함되며, 미국, 캐나다 등 제2차 세계대전 참전국에 큰 영향을 미쳤다. 베이비붐은 매우 중요한 인구통계학적 현상이며, 이것에 가장 많이 영향받은 지역은 북아메리카이다. 높은 출산율이 비교적 짧은 기간 동안 유지되었지만, 이것의 영향은 오랫동안 계속되고 있다. 1950년대와 1960년대에는 교육 서비스 제공과 관련된 문제를 낳았다. 베이비붐 세대가 경제활동인구로 진입했을 때에는 커리어나 레저(여가)의 이슈가 부상했다. 앞으로 10년 이내에 베이비붐 세대가 은퇴하게 되면서 사회복지 프로그램과 의료 서비스 문제가 중요해질 것으로 보인다.[3] 베이비붐은 출산력 행태의 지각 변동이라고는 보기 어렵다. 단지 일시적이었던 출산력 수준의 급등으로 보는 게 맞다. 보다 장기적인 흐름에서 출산율은 하락하고 있고, 이러한 추세는 베이비붐보다 몇십 년 앞서 시작되었다.

출산력 결정 요인

산업화 이전 사회가 일반적으로 그러했듯이 혁명 이전의 러시아에서 생존하기는 매우 힘들었다. 기대수명은 겨우 30년을 조금 넘는 수준이었다. 정상 출산 영아의 사망률은 30%대 수준이었고, 유아의 50%가 5세 이전에 사망했다. 높은 사망률 때문에 대가족이 일반적인 가정의 모습이었다. 이러한 가족 형태는 20세 이전의 조혼을 비롯한 문화적 관습들에도 영향을 받았다.[4] 모든 형태의 산아조절은 불법이었고, 독신은 수치였으며, 이혼은 죄악으로 취급받았다. 그러나 러시아 혁명 이후 40년 동안 출산율이 대부분의 서구 사회와 비슷한 수준으로 낮아졌다.

혁명 이전 러시아에서는 사회·경제적 요인으로 대가족 형태가 요구됐지만, 종교가 중요한 원인으로 작용했던 사례도 있다. 예를 들어, 미국과 캐나다에 분포한 독실한 종교집단인 후터파 교도 사이에서도 대가족 형태가 중요시되었다. 기록에 따르면, 1900년대 초반 후터파 가정의 자녀 수는 평균 11명에 이르렀다.[5] 그러나 이들 집단의 출산율은 절정이었을 때에도 개인이 아이를 낳을 수 있는 생물학, 생리학적 최대치인 **가임력**보다 훨씬 낮았다. 출산력을 최대치 아래로 낮추는 데에서 어떤 사회적 측면이 작동했는지, 다시 말해 경제, 정부, 제도가 출산 행태 변화에서 무슨 역할을 했는지는 제대로 알려지지 않았다. 가족 규모나 남녀의 사회적 역할과 관련된 문화적 가치도 출산력과 출산력 감소에 영향을 미친다. 예를 들어, 아프리카의 많은 여성은 어린 나이에 성교를 시작하고 피임을 거의 하지 않지만, 자녀의 수는 6~7명 정도로 유지된다. 이 또한 생물학적 최대치에 훨씬 미치지 못하는 수치이다. 모유 수유, 출산 후 금욕 등의 문화적 관습과 토착적 산아조절 기술이 출산력을 최대치 아래로 유지하는 데에 보탬이 된다.

후터파, 러시아, 다른 국가의 사례를 통해서 **출산력 결정 요인**을 어느 정도 일반화할 수 있다. 출산력 결정 요인은 크게 출산력에 직접 작용하는 생물학적 **근접 결정 요인**과 간접적으로 영향을 미치는 사회·경제·문화적인 **원위 결정 요인**으로 구분된다.[6] [A] 다른 한편으로, 인구학자 존 본가르츠는 모든 인구에서 출산력 수준의 차이를 설명할 수 있는 네 가지 변수를 제시하였다.[7] 여기에는 결혼이나 성교의 비율, 피임 비율, 불임 여성 비율, 유산 발생률이 포함된다.[B] 첫째로 결혼이라는 제도는 모든 사회에서 출산력을 장려하는 제도라고 할 수 있다. 여성의 성교가 늦어질수록 출산율은 낮아진다. 반대로 여성이 어린 나이에 결혼하는 곳에서는 출산력이 높은 경향이 있다. 임신의 위험성에 대한 노출이 많아지고 임신할 수 있는 기간이 늘어나기 때문이다. 과거에는 결혼연령과 성교 시작의 연령이 거의 같았지만, 이제는 그렇지 않다. 현대적 산아조절 기술의 이용 가능성이 증대했고, 혼전 성관계에 대한 수용성도 높아졌기 때문이다. 독신과 (자발적이든, 비자발적이든) 금욕은 성관계 빈도에 영향을 미치며 임신 가능성을 제거하거나 변화시킨다. 문화적 가치, 성관계 관련 관행, 혼외 출산, 피임 등도 출산력 결정에 영향을 준다.

둘째, 출산력 패턴은 피임과 낙태에도 영향을 받는다. 피임약 등 현대적이고 효과적인 가족계획 수단의 개발과 보급 때문에 피임이 쉬워졌고, 궁극적으로는 생식혁명이 일어났다. 산아조절

[A] 이러한 결정 요인 분류에는 중요한 가정 한 가지가 배태되어 있다. 결혼, 성교, 피임, 낙태 등과 관련된 근접 결정 요인만이 출산력에 직접적인 영향을 미치고, 사회·경제·문화적 변수는 간접적인 방식으로만 출산력에 영향을 준다는 것이다. 후자의 원위 결정 요인이 그 자체로 출산력에 직접 영향을 주지 못하고, 근접 결정 요인을 통해서만 효과를 발휘할 수 있다는 뜻이다. 그래서 근접 결정 요인은 중간 변수로 불리기도 한다(한국인구학회, 2016, 『인구대사전』, 통계청, 798).

[B] 본가르츠의 네 가지 변수는 각각 결혼지표(Cm), 피임지표(Cc), 인공유산지표(Ca), (모유 수유로 인한) 산후불임지표(Ci)로 불린다(한국인구학회, 2016, 『인구대사전』, 통계청, 799). 이러한 변수가 작용하지 않으면 여성은 평생 15~16명의 아이를 낳을 수 있다. 이처럼 결정 변수의 개입 없이 여성이 평생 낳을 수 있는 아이의 수는 합계가임률(TF : Total Fecundity Rate)로 개념화되는데, 합계출산율(TFR)은 이들 간의 함수로 정의될 수 있다(TFR = TF × Cm × Cc × Ca × Ci).

방법에 대한 접근성 증가와 핵가족화 경향은 출산력을 감소시켰다. 개발도상국에서 출산력 감소는 선진국의 출산력 변천과정보다 훨씬 빠르게 진행된다. 생식혁명에도 불구하고 피임은 지역에 따라 차이가 크고, 이는 출산력 수준에 반영된다. 예를 들어, 미국과 캐나다의 (15~49세) 가임여성 중에서 성관계 시 현대식 피임법을 사용하는 비율은 70%에 이른다.[8] 유럽에서는 피임 비율이 낮은데, 특히 동유럽에서 54%로 매우 낮다. 이는 낮은 피임법 사용률의 역사와 높은 낙태율에 영향을 받은 것이다.

개발도상국 세계에서 피임법 사용률은 다른 지역보다 낮지만, **가족계획** 프로그램이 피임과 산아조절 수단의 필요성에 대한 인식을 높이며 출산력에도 큰 영향을 미치고 있다. 출산력 규제는 (절제나 금욕 등) 전통적인 방식에 의존되기도 한다. 종교적 신념, 사회적 가치, 현대적 산아조절 방법에 대한 접근 문제로 피임법 사용률은 매우 낮다. 산아조절을 서양발 도덕적 해이의 침입으로 여기며 그것의 가치를 인정하지 않는 정부도 있다. 에이즈가 유행하고 있는 상황에서 콘돔으로 에이즈 전염 위험을 줄일 수 있지만, 몇몇 정부는 국민에게 현대적 산아조절 방법을 기피하도록 유도했다.[9] 산아조절의 시기와 방법은 국가에 따라 다른데, 선진국 여성들은 출산을 지연시키거나 출산 후 피임을 위한 산아조절법을 10대 후반이나 20대 초반부터 사용하기 시작한다. 개발도상국 세계에서는 원하는 가족 규모에 도달한 이후 피임법 사용이 시작되는 경향이 있다.

셋째, 인공 유산으로도 알려진 낙태는 세계에서 가장 흔한 산아조절법이다. 이는 선진국에서 낮은 출산율의 중요한 요인으로 여겨진다.[10] 캐나다와 미국, 유럽의 대부분 국가, 중국, 인도, 러시아를 포함해 세계의 주요 지역에서 낙태는 합법이다. 그런데 가장 높은 낙태율이 보고된 지역은 (2010~2014년 1000명당 59명인) 카리브해이고, 그다음이 (1000명당 48명인) 남아메리카였다.[11] 동유럽은 전통적으로 낙태율이 높은 지역이었으나, 1990~1994년 1000명당 88명에서 2010~2014년 42명으로 급격히 감소했다. 그러나 동유럽의 낙태율은 1000명당 18명 정도인 서유럽보다 여전히 높은 수준에 있다. 불행히도 낙태는 11장에서 논의할 것처럼 여아가 아닌 남아를 선택하기 위한 수단으로 동원되는 경우가 많다.[12]

넷째, 불임은 자발적이든 비자발적이든 가임력과 관련이 있다. 예를 들어, 모유 수유는 출산 후 약 21개월 동안 임신 가능성을 (완전히 제거하지는 않지만) 줄이는 역할을 한다.[13] 근대화 과정에서 모유 수유는 감소하는 경향이 있다. 산아조절 기술이 부족한 개발도상국에서 모유 수유의 감소는 출산력을 증가시킬 수 있어 우려스럽다. 불임수술도 출산력을 낮추는 수단이며, 원하는 가족 규모를 이룬 후 임신 예방 수단으로 선진국에서 선호된다.

이상의 네 가지 변수는 출산력의 거의 모든 변이를 설명한다. 그리고 개별 결정 요인의 중요성은 한 인구 내에서 나타나는 문화, 경제, 보건, 사회적 요인에 영향을 받는다. 예를 들어, 많은 아프리카 사회에서 유아들은 2~3세까지 모유 수유를 받는다. 그래서 여성들은 출산 후 2년 정도 성관계를 자제하는 경향이 있다. 모유 수유와 성관계 자제는 모두 출산 간격을 넓히는 요인으로 작용한다. 이와 같은 방식으로 본가르츠는 출산력 결정 요인에 대한 중요한 통찰을 제공했지만, 출산력 선택을 형성하는 사회적 힘이 무엇인지에 대한 의문은 여전히 남아있다. 예를 들어, 다음과 같은 질문에 답하지 못한다. 결혼은 왜 늦어지는가? 왜 피임이 증가하는가? 아이들에게 부여된 사회적 가치는 어떻게 변하는가?

　　이런 질문에 대한 해답을 찾기 위해 시간과 공간에 따른 **출산력 변천** 이론에도 주목해야 한다.[14] 이는 두 가지의 미시경제학적 해석으로 대표된다. 하나는 리처드 이스털린의 **수요-공급 접근**이며,[15] 다른 하나는 여러 연구자가 제시한 **확산-혁신**의 관점이다.[16] 두 가지 이론 틀 모두는 출산력 감소를 산업화와 도시화에 따른 사회적 변화로 설명하는 **인구변천 이론**에 기반하고 있다(2장). 인구변천 이론이 함의하는 바에 따르면, 사망력 감소와 경제적 기회의 개선 상황에서 사람들은 자신이 감당할 수 있는 것보다 더 많은 아이가 가임기까지 생존할 것으로 이해한다. 그래서 출산력 감소는 근대적 산아조절법 도입 이전에 나타나게 된다. 실제로 유럽과 북아메리카에서는 산업화와 도시화가 20세기 이전부터 출산력 감소의 원동력으로 작용했다. 육아의 비용을 높이는 삶의 양식이 조성되었기 때문이다.[17] (농경 사회에서처럼) 자녀가 가계 소득을 늘리는 요인이 아니라, 교육기회와 같은 수단을 통해 투자해야 하는 대상으로 변했다는 이야기다.

　　그러나 도시화, 산업화, 출산력 간의 연계성에 관한 인구변천 이론의 가정은 많은 비판을 받았다(10장 참고). 경제개발과 출산력 간의 상관성이 약한 개발도상국이 그런 비판의 근거로 동원되었다. 아시아와 라틴아메리카의 몇몇 국가는(가령, 방글라데시와 아이티는) 저개발 상태에서 여전히 가난하고 도시화 수준이 낮지만 출산력 감소를 경험하고 있다. 따라서 경제개발과 경제적 안정을 출산력 감소의 충분조건이라 할 수 없다. 이러한 문제점에도 불구하고, 인구변천 이론에 기초해 출산력 감소에 관한 신고전주의 이론이 개발되었다. 구체적으로, 이스털린의 수요-공급 이론은 **출산력 선택**을 출산 행태와 관련된 비용과 편익의 합리적 계산 결과로 정의한다. 이러한 계산은 가구에 대한 문화적 기대의 맥락에서 작동한다. 우선, 자녀의 잠재적 공급과 생존 자녀에 대한 수요 간 균형점에서 가족이 형성된다. 따라서 사망률이 높으면 출산력도 높아야 자녀가 경제활동 연령까지 생존할 가능성이 커지고, 산아조절의 동기가 사라진다. 이런 상황에서 자녀는 노동의 원천이나 미래 보장의 원천으로 간주되며, 남아선호와 인구 보충의 욕구도 생긴다. 여기에서 자녀는 연금계획에 비유될 수 있다. 가족 내 생산과 소득에 기여하고 노인돌봄에 헌신하는 존재로 인식되기 때문이다. 결과적으로, 미래 보장에 대한 투자로서 대가족은 필수적인 것으로 여겨진다.

　　반면 자녀의 공급이 수요보다 많아지면 출산력 규제가 중요해진다. 여기에서 출산력 통제는 육아의 재정적, 사회적 비용에 근거해 결정된다. 더 많은 아이가 생식이 가능한 나이까지 생존할 수 있게 되었기 때문이다. 이처럼 출산 행태를 경제적 선택의 문제로 가정하는 것은, 여러 면에서 자녀를 사치품이나 시간과 돈의 투자 대상으로 여긴다는 뜻이다. 투자는 교육, 의류, 식료품 등에 투입되는 직접비용과 다른 소비재의 투자나 구매를 포기한 기회비용으로 구성된다. 이와 같은 상황에서 부모는 질과 양 사이의 트레이드오프 문제에 직면하게 된다. 선진국의 경우 질적인 측면이 더 강조되면서, 적은 수의 자녀에게 자원이 집중되도록 한다. 이러한 경우, 자녀에게 가족 경제 기여나 노년 부모 부양을 기대할 수는 없을 것이다. 대신에 자녀라는 존재는 양육에 필요한 교육, 의류, 식료품과 관련된 막대한 직접비용으로 간주된다. 동시에 자녀는 기회비용의 요인으로도 작용한다. 다른 소비재 구매나 여가 활용에 쓰일 수 있는 자금을 자녀를 위해 포기해야만 하기 때문이다.

앞서 언급한 이유로 출산 행태의 결정 요인에 관한 신고전주의적 해석은 비판받았고, 이에 출산 행태 변화를 아이디어의 공간 확산 과정에 연결하는 사회과학적 설명이 등장했다.[18] 공간 적으로 차별되게 확산하는 사회적 규범이나 새로운 아이디어처럼, 산아조절법 등 새로운 아이디어와 사회적 규범이 확산하며 출산력 변천의 시기에 영향을 미친다는 것이다. 과거에는 소가족에 대한 선호가 주로 도시지역으로부터, 그리고 고소득층에서 저소득층으로, 국가에서 국가로 확산되었다. 이러한 확산은 공간적으로 매끄럽게 진행되는 과정은 아니다. 예를 들어, 농촌지역이나 빈곤지역의 열악하고 낙후된 교통·통신 인프라 문제는 새로운 아이디어나 규범의 확산을 늦추거나 변화시키는 장애물로 작용할 수 있다. 종교적 이데올로기도 높은 출산력을 지속하고, 다른 한편으로는 가족계획 프로그램의 성공과 산아조절 방법의 채택을 제한하는 역할을 한다. 예를 들어, 이스라엘의 합계출산율(TFR)은 3.0에 이르지만, 일부 종교집단에서는 국가 수준의 2배에 이르는 출산력 수준을 보인다.[19] 일부 문화권에서는 성관계 중 콘돔과 같은 피임 기구의 사용을 간섭으로 여긴다. 이러한 문화적 관행 때문에 피임법의 사용이 제한되기도 한다.

새로운 아이디어나 규범의 수용은 개인적 차이에 따라서도 달라진다. 특히 여성은 산아조절과 같은 새로운 아이디어를 받아들이면 자신의 삶에 대한 통제권을 가지게 되었다고 느낀다.[20] 반대로, 여성들의 통제와 권력이 부족한 사회에서는 출산율이 높게 유지되는 경향이 있다. 따라서 여성의 학력, 직업 경력, 소득기회 등을 개선해 높은 수준의 성평등을 이루는 것이 중요하다. 여성의 교육적 지위 향상과 유급 고용 증대는 출산력 감소의 결정적인 요소로 작용한다. 실제로 여성의 교육 수준 향상과 출산력 감소 사이에는 거의 보편적인 상관관계가 존재한다. 교육 수준이 높은 여성일수록, 가족계획에 대한 이해도가 높고 출산 사이의 간격도 길게 유지한다. 이들은 교육 수준이 낮은 여성보다 더 이른 나이에 출산을 중단하는 경향이 있다. 예를 들어, 중등교육을 받은 여성은 그렇지 못한 여성보다 1/3에서 1/2 적은 자녀를 낳는 것으로 나타났다.[21] 그림 5.1은 초등교육 수료율과 TFR 사이의 관계를 보여준다. 수료율이 낮은 아프리카

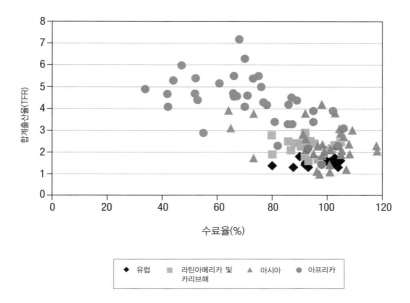

유럽   ■ 라틴아메리카 및
            카리브해   ▲ 아시아   ● 아프리카

그림 5.1   지역별 여성의 초등교육 수료율과 합계출산율(2018년)

수료율은 초등학교 입학/졸업 기준으로 100%를 초과할 수 있다. 구글에서는 이 그래프의 상호작용 버전을 제공하고 있으며, http://www.google.com/publicdata/directory?hl=en_US&dl=en_US(2020년 3월 23일 최종 열람)에서 이용할 수 있다. 데이터 옵션에는 교육, 건강, 환경 등이 포함되고, 시간 경과에 따른 관계 변화를 추적하기 위해 시간과 국가 옵션도 포함되어 있다.

출처 : World Bank, http://data.worldbank.org/(2020년 3월 23일 최종 열람)

에서는 TFR이 높게 나타나고, (아시아, 유럽, 북아메리카처럼) 수료율이 높은 지역에서는 TFR이 낮은 경향이 있다.

한 마디로, 여성의 교육기회 증대는 출산력 수준의 하락과 직접적인 관련이 있다. 교육 수준은 아이의 영양 및 건강 상태 향상에도 직결되어, 출산력 하락의 촉매제로 작용한다. 이로 인해 세계 인구는 2060년에 정점에 도달할 것으로 예상된다.[22] 관련성이 명확하지는 않지만, 교육 성취는 결혼을 지연시키고, 고용 선택의 확대와 소득 증대로 이어져 여성의 통제력을 높인다. 교육과 고용은 여성을 새로운 아이디어, 행태, 가족 외부의 영향에 노출되게 한다. 이를 위해서는 고용의 성평등도 매우 중요하다. 고용이 통제력의 획득으로 이어지지 않으면, 여성은 건강, 피임, 출산 시기 등을 스스로 결정할 수 없고, 결국 출산력 감소는 일어나지 않을 것이다.[23]

출산력 수준

출산력 수준에 대한 논의는 출산율과 **대체 출산력**(replacement fertility)에 초점이 맞춰져있다. 시간이 지나도 인구가 대체될 수 있을지에 주목한다는 이야기다. 인구통계학자들은 TFR 2.1

을 대체 출산력, 즉 부모 세대의 인구수를 정확하게 대체할 수 있는 자녀의 수로 간주한다. 여기에는 조기 사망도 고려되어 있다.[c] 하지만 이러한 평균치는 출산율의 지역적 차이를 반영하지 못한다. 가령, 미국의 히스패닉과 비히스패닉 백인 간의 출산율 차이, 대다수 캐나다인과 프랑스어권 퀘벡인 간의 출산율 차이를 고려하지 못한다. **대체 수준**이 항상 일관된 것도 아니다. 개발도상국에서는 높은 사망률로 인해서 인구를 대체하려면 2.5에서 3.3 정도의 TFR이 필요하다.[24] 인구증가와 인구감소 간의 구분이 극단적으로 단순화된 점에도 유의해야 한다. 대체 출산력을 TFR 2.1로 정의하면, 2.1 이상의 합계출산율은 인구증가를 뜻하고 그보다 낮으면 인구감소란 식이다! 두 경우 모두 나름의 문제가 있다.

높은 출산력의 함의

높은 출산력이 함의하는 바는 명확하다. 대체 수준 이상의 출산율은 인구증가를 의미하고, 세계 인구는 예측 가능한 미래 동안 계속 증가하게 될 것이다. 인구의 지속적인 증가는 국가에 심각한 문제를 일으킬 수 있다. 국가 제도가 취약할 때, 정부가 재정적인 어려움을 겪을 때, 보건 및 교육 시스템이 열악할 때에 특히 심각하다. 의료, 교육 등 공공 인프라에 대한 투자를 유지하기 힘든 일부 정부에서 인구증가는 이미 부담으로 나타나고 있다. 높은 인구증가는 대체로 경제성장을 저하하고, 빈곤을 심화시키며, 다른 사회 분야의 성공을 가로막는다.[25] 인구증가는 희소성이 커지는 토지와 수자원을 둘러싼 잠재적 갈등의 원인이며, 사회와 정부에는 도전적 과제로 작용한다.

출산력 감소의 함의

세계의 많은 지역에서 출산율은 여전히 높게 유지되고 있지만, 대체 출산력 이하를 경험하는 국가도 점점 많아지고 있다.[26] 더군다나 출산력이 대체 수준 밑으로 떨어지고 나면, 그 상태로 낮게 유지되는 경향이 있고 시간이 지나면서 더욱 낮아질 수도 있다.[27] 낮은 출산율, 인구성장의 둔화나 감소가 가져오는 장점도 물론 있지만, 동시에 여러 가지 문제점이 상존한다. 예를 들어, 인구 고령화가 저축률 향상, 전문 지식 증대, 실업률 감소, 혁신 확대 등과 관련될 수는 있다. 그러나 고령 노동자를 위한 재교육이나 평생교육에 투입되는 비용의 증가도 감수해야 한다. 마찬가지로, 낮은 인구성장이나 인구감소가 기술 변화, 소비, 투자율, 의료 서비스에 악영향을 주어서도 안 된다. 물론 이런 변화의 효과는 모든 지역이나 연령집단에서 동일하지는 않을 것이다.[28]

---

[c] TFR 2.1은 대체 출산력, 대체 출산율, 대체 수준 등으로 불리며, 재생산 수준이란 용어가 쓰일 때도 있다. 대체 수준이 두 부모만 고려한 2.0이 아니라 2.1인 이유는, 조기 사망, 특히 여성이 출산연령 전에 사망할 가능성과 함께 출생 시 남아가 여아보다 많은 105의 정상출생성비도 고려하였기 때문이다(한국인구학회, 2016, 『인구대사전』, 통계청, 810).

낮은 출산력과 인구감소가 환경, 기후변화, 식량 문제에 미치는 긍정적인 영향도 있지만, 미국 인구조회국은 낮은 출산력에 장점보다는 단점이 더 많다고 결론지었다.[29] 정치적으로 지속 불가능한 상황을 초래하는 심각한 문제가 될 수 있다고도 했다. 인구통계학적 관점에서 낮은 출산력은 65세 이상 노년인구 증가와 유소년인구 비율 감소로 이어진다. 노동력, 경제성장, 사회복지 지원에도 부정적 영향을 미친다. 캐나다에서 65세 이상 노년인구는 1951년 전체 인구의 7.8%에 불과했지만, 2020년에는 18%로 증가했다. 현재 추세라면 캐나다의 노년인구는 2036년 무렵 전체 인구의 26%에 이르게 될 것이다.[30] 인구의 연령분포는 젊은 인구층이 지배적인 전형적인 피라미드 형태에서 노년인구 비율이 증가한 직사각형 형태로 변할 것이다. 미국은 서구의 다른 국가에 비해 상대적으로 높은 (1.7의) TFR을 보이지만, 노년인구 비율은 다른 선진국과 마찬가지로 높아지는 추세에 있다. 1900년대 전체 인구의 4.1%였던 노년인구가 2020년에는 16%로 증가했고, 2030년에는 20% 이상이 될 것으로 보인다.[31] 유럽에서는 노년인구가 이미 EU 전체 인구의 21%를 차지한다. 이러한 노년인구의 증가세는 계속될 전망이다.

경제학자들은 일반적으로 시장이 인구 변화에 대응할 수 있다고 가정한다. 이에 따르면, 어린이가 희소하다면 아이의 가치가 높아진다. 그러면 (불가능하지만!) 어린이의 대체재를 찾거나, 다양한 인센티브를 통해서 아이의 가치를 높이는 방식으로 시스템은 저절로 수정될 것이라고도 한다. 이러한 가정과 전망은 2008~2009년의 경제 불황을 겪으면서 사실이 아닌 것으로 판명되었다. 경제적 기회가 출산력의 실제적 원동력이 될 수밖에 없는 현실도 분명해졌다. 실제로 미국에서는 당시의 불황이 출산율 감소의 결과를 낳았다. 경제적 역경과 불확실성으로 인해서 임신을 연기하는 가족이 많아졌기 때문이다.[32] 마찬가지로, 2020년의 코로나 팬데믹과 관련해서도 출산력은 크게 상승할 것처럼 보이지 않는다. 일각에서는 코로나19로 인한 격리, 검역, 사회적 상호작용 감소가 베이비붐으로 이어질 수 있다는 전망이 있었다. 부부가 함께하는 시간이 늘어나 임신 가능성이 높아질 것이란 이유에서였다. 그러나 코로나로 인해 출산율이 그대로 유지되거나 오히려 감소할 것으로 보인다. 2008년 경기침체 때처럼, 부부들은 경제적으로 힘든 시기에 출산계획을 미룰 것처럼 보이기 때문이다. 코로나19가 만들어낸 혼란이 언제쯤 정상화될지 모르는 상황에서, 불확실성은 오히려 더욱 커지고 있다. 또한 커플들, 특히 여성들은 임신 기간에 코로나 감염의 위험성이 큰 의료시설 방문을 두려워했다. 비단 여성이 아니더라도, 두려움 때문에 치료나 건강 검진을 위한 병원 방문까지 미루는 사람도 많아졌다. 이는 일부 사람들에게 비극적인 결과를 초래했다. 코로나19와 무관하게 사망자 수가 역사적 추세를 초과해 증가하는 현상이 나타났다. 마지막으로, 산모와 신규 부모 대상 지원이 줄었고, 돌봄 지원과 새로운 가족을 도와주는 상호작용도 제약을 받았다.

한편, 낮은 인구성장과 인구감소의 경제적 효과는 불분명하다.[33] 덴마크 경제학자 에스터 보저럽은 인구성장이 경제발전을 촉발했다는 점에 동의했다.[34] 장기적으로 인구가 증가하는 국가들은 인구가 정체되거나 감소하는 국가보다 강력한 경제성장을 보일 가능성이 크다는 것이다. 실제로 인구성장은 경제적 자극제가 된다고 여겨진다. 증가하는 인구는 서비스와 재화의 수요를 늘리며, 증가한 구매력 때문에 경제가 성장한다. 반대로 인구성장률이 감소하면 소비위축과 저축증가 때문에 경제성장은 느려진다. 이는 대부분의 선진국 사회에서 수용되는 이야기다. 이런 논리에서 단순하게나마 주택시장을 생각해보자. 인구감소와 시장 축소의 전망에도, 사람들은 왜 주택에 투자할까? 앞으로 수요자가 줄어들 게(그래서 가격 하락이) 뻔한데도 말이다. 물론 2008~2009년에는 경기침체로 인해 실업률이 높아지고 사람들의 구매력이 낮아져서, 불황이 더욱 심해졌던 적이 있다.

인구가 고령화되면, 작아진 규모의 경제활동인구가 서비스 관련 비용을 부담하며 노년인구를 부양해야 한다. 낮은 인구성장이나 인구감소와 관련된 부정적 경제 효과로 사회적 불평등은 더욱 심각해진다. 인구 고령화를 겪는 국가는 사회복지 프로그램에 더 치중하게 되고, 이는 노년층에 대한 부양 부담의 증가로 이어진다. 이는 의심의 여지가 없는 사실이다. 저출산 국가는 더 적은 경제활동인구로 노년인구를 부양해야 하는 동시에, 향후 국가의 경제와 안정을 위협하는 심각한 노동력 부족 문제에 직면할 것이다.[35] 인구의 연령구조 변화는 노년층의 소득 안정성, 주택, 교통, 서비스 문제로 이어진다. 이는 미국 사회보장제도의 위기나 개혁과 관련된 최근의 논쟁에서 첨예한 이슈로 부상했다. 특히 의료 부문에 있어서 노년층, 특히 75세 이상 노인에 과도하게 편향된 의료 서비스 소비 문제가 심각하다. 그리고 노년인구에 집중된 예산으로 인해서 아동복지가 어려움을 겪을지 모른다.

개발도상국과 선진국 세계 모두는 인구 고령화 문제에 대응하기 시작했다. 캐나다, 미국, 영국, 오스트레일리아를 포함한 몇몇 국가들은 공적연금의 수급연령을 높였다. 의무적인 은퇴연령을 폐지한 국가도 있다. 일부에서는 연금의 수급연령을 높이며 의료 및 연금 시스템을 인구 고령화 시대에 맞게 고쳐가고 있다(표 5.1 참고). 그러나 2008년 위기 이후 경기침체가 계속되면서 변화의 속도가 느려졌다.[36]

낮은 인구성장과 인구감소가 초래하는 부정적 영향은 경제를 넘어서 정치적 영역에서도 나타난다.[37] 국가 내부적으로는 **정치의 백발화**(graying of politics)가 나타날 수 있다. 이는 젊은 세대를 희생시키면서 나이 든 세대의 정치적, 경제적 이익을 더 많이 대변하려는 움직임을 말한다. 고령의 코호트에 의한 표의 결집과 통제는 영국의 EU 탈퇴를 낳은 2016년 브렉시트 투표에서 잘 드러났다. 연령이 높아짐에 따라 투표율이 증가하는 현상은 전혀 놀라운 일이 아니다. 하지만 흥미롭게도, 젊은 세대는 압도적으로, 즉 18~24세의 73%와 25~34세의 62%가 EU 잔류에 투표했다. 반대로 65세 이상의 60%가 EU 탈퇴에 찬성했다.[38] 이민이 출산력 감소를 상쇄할 수 있음에도, **반이민 정서**가 EU 탈퇴 결정에 큰 영향을 미쳤다. 여기에는 영국만의 자체적 이민정책 수립의 필요성을 제기하는 의미도 있었다. 이러한 의견은 특히 노년층 사이에서 탁

표 5.1　국가별 공적연금 수급연령 변화

국가	수급연령	적용 기간
오스트레일리아	65 → 67세	2017~2023년
영국	60 → 65세 (여성. 기존의 남성 기준에 맞춤)	2016~2018년
	65 → 66세	2018~2020년
	66 → 67세	2034~2036년
	67 → 68세	2044~2046년
캐나다	65 → 67세	2023~2029년
덴마크	65 → 67세	2019~2022년
프랑스	65 → 67세	2016~2022년
독일	65 → 67세	2012~2029년
아일랜드	65 → 66세	2014년까지
	66 → 67세	2021년까지
	67 → 68세	2028년까지
일본	60 → 65세	2001~2013년 (남성)
		2006~2018년 (여성)
스페인	65 → 67세	2013~2027년
미국	65 → 66세	2012~2020년
	66 → 67세	2022~2027년

출처 : *Globe and Mail* (2016년 8월 10일), A13

월했다.[39] 인구감소는 국제 정치의 측면에서도 함의를 가진다. 인구감소는 특히 인구통계학적 주변부화(demographic marginalization)나 국가성의 본질을 침해할 수 있는 **인구내파**(population implosion)의 문제와 관련된다. 인구감소로 인한 국가 방어 능력의 상실을 걱정하는 정부도 있다. 국가의 영향력은 인구의 규모와 활력에 좌우되기 때문에, 인구감소는 국가 정체성의 위기로 이어질 수 있기 때문이다.

　　많은 국가에서 출산력 수준이 감소하면서, 이른바 **인구배당**(demographic dividend)의 효과가 커진다. 인구배당은 인구의 연령구조가 성숙해짐에 따라 발생하게 되는 가속화된 경제성장으로 정의된다. 인구배당이 일어나려면 교육, 보건, 거버넌스, 경제정책에 대한 투자가 반드시 선행되어야 한다. 피부양인구에 비해 경제활동인구 수가 현저하게 증가할 정도로 출산력도 충분히 감소해야 한다. 어린이 보육에 대한 투자감소로 인한 부양비의 변화가 생겨야 하기 때문이다.[40] 경제성장과 함께, 인구배당의 효과는 아동 생존, 교육, 정치적 안정과 관련해서도 나타난다. 이들을 합쳐 4대 배당이라 부르기도 한다.[41]

　　1960년대와 1970년대 (한국, 대만, 홍콩, 싱가포르 등) 아시아 호랑이의 급속한 경제성장과 최근 남아메리카 지역의 경제성장은 일정 부분 인구배당으로 설명된다. 어쩌면 인구배당은 사하라 이남 아프리카에도 적용될 수 있다. 그러나 인구 변동만으로 인구배당이 자동으로 보장되지는 않는다. 인구배당의 효과를 극대화하기 위해서는 사회 · 경제적 정책이 선행되어야 한다.

따라서 국가가 가족계획, 보건의료, 교육 등에 투자를 늘릴 수 없는 경우라면, 사하라 이남 아프리카에서 인구배당에 대한 전망은 제한적일 수밖에 없다.[42]

아프리카의 출산력 변천

정부와 인구통계학자들은 개발도상국 세계에서 높은 출산력 수준이 낮아지는 징후를 찾으려 애쓰고 있다. 이러한 노력은 1950년대부터, 보다 중요하게는 개발도상국의 인구폭발이 시작된 이후부터 있었다. 기대했던 바와 같이, 출산율은 대부분 개발도상국에서 감소하였다. 그러나 출산율 감소가 느려져 앞으로도 계속된 인구성장이 예견되는 곳도 있다. 젊은 연령구조와 관련된 **인구모멘텀**, 기대수명 증가, 대체 수준보다 높은 출산력 등이 그러한 상황의 원인으로 지목되었다. 다차원의 여러 요인이 출산력 감소와 관련되어 있다. 국가나 국제 정책의 영향은 그러한 인과관계를 더욱 복잡하게 만든다. 모든 국가가 어떤 형태로든 출산력 변천을 이룰 것인지도 확신하기 어렵게 한다. 중국에서는 급속한 인구 고령화 문제 때문에 일부 세대에게 둘째 자녀에 대한 압박이 가해졌고, 결국에는 오랜 한자녀정책까지 포기해야만 했다. 세계의 많은 지역에서는 출산율이 여전히 대체 출산율보다 높게 나타나고 있다. 일례로, 방글라데시는 2020년에도 2.3명의 합계출산율을 유지하고 있다. 1970년대 6.0명 이상의 수준보다는 낮지만, 지난 20년 동안은 출산율 변화가 거의 없었다는 점도 중요하다. 초기의 성공적이었던 출산력 감소가 계속되지 못한다는 이야기다. 마찬가지로, 이집트에서도 1980년대와 1990년대에 출산율이 감소하였지만, 당시의 출산율 수준이 지금까지 (2020년의 경우 2.9명 수준에서) 이어져오고 있다. 이러한 정체의 상황은 불안정한 가족계획 프로그램에 기인한다. 결과적으로 이집트에서 전통 사회의 모습은 더욱더 분명해지고 있다.[43]

아시아와 라틴아메리카의 출산력 변천을 목격한 후, 모든 시선이 고질적인 높은 출산율에 시달리는 아프리카로 옮겨갔다. 실제로 대부분의 아프리카 국가에서(특히, 사하라 이남 아프리카에서) 출산력 변천의 기미가 전혀 보이지 않고 있다.[44] 아프리카 대부분 지역은 출산력 변천의 초기 단계에 머물러있다는 이야기다. 논란의 여지 없이, 아프리카는 가장 절박한 출산력 문제에 직면해있다. 개발도상국 세계의 사망률이 극적으로 감소한 지 약 50년이 지났지만, 아프리카의 합계출산율은 4.5 수준으로 여전히 높게 나타난다. 심지어는 사하라 이남 아프리카의 일부 지역처럼 5.0 이상의 합계출산율을 보이는 곳도 있다. 이처럼 높은 출산율 때문에, 사하라 이남 아프리카의 인구는 매년 2.5%의 증가율로 빠르게 성장하고 있다. 이 지역의 인구는 2020년 10억 9400만 명에서 2050년 21억 9200만 명까지 증가할 것으로 예상된다.[45] 사하라 이남 아프리카 국가 중 오직 14개 국가에서만 출산 행태 전환기의 모습이 관찰된다. 피임률 증가, 기대수명 연장, 출산율 감소의 특징이 극히 일부 지역에서만 나타나고 있다는 것이다. 많은 사하라 이남 아프리카 국가에서 출산력 감소는 성취가 요원한 목표로 남아있다.

아프리카의 출산율이 결국에는 낮아질 것이고, 금세기 후반에 이르러 대체 수준 아래로 떨어질 것이란 예측은 있다. 그러나 여기에는 여전히 많은 의문이 남는다. 언제쯤 대규모의 감소가 나타날지, 얼마나 빠른 속도로 감소할지, 상당 수준의 감소에 이르려면 시간이 얼마나 걸릴지는 여전히 예측 불가능하기 때문이다. 출산력 감소에 여러 가지 설명이 가능하듯, 이 질문들에 대한 답도 여러 차원에서 가능하다. 아프리카의 출산력 이슈와 관련해 중요한 네 가지 측면을 살펴보자. 첫째, 피임이 증가하고는 있지만 가족 규모를 줄이는 현대식 출산력 조절방식으로 보기는 어렵다. 출산 간격 조절을 위해서나, 희망 가족 규모 달성 후에 피임이 사용되는 경우가 더 많다.[46] 아프리카 기혼 여성의 현대적 피임법 사용률은 겨우 32% 정도에 머물고 있다. 북아메리카의 70%와 대조적인 모습이다. 프랑스어권인 서아프리카 3개국에서 피임에 대한 높은 인식이 확인되기는 했었다. 그러나 기혼 여성의 사용률은 낮았고, 오히려 성관계를 시작한 미혼 여성 사이에서 높게 나타났다.[47]

둘째, 대부분 아프리카 국가에서 영아사망률은 여전히 높다. 앞에서 이미 언급했듯이, 아프리카의 사망률은 감소했지만, 출산력 감소에는 아직 이르지 못했다. 출산력 수준이 감소하려면, 기대수명이 최소한 50년은 되어야 한다. 이러한 성과는 최근에서야 일부 아프리카 국가에서만 달성되었다. 셋째, 에이즈 위기가 많은 사하라 이남 국가의 기대수명에 영향을 미치고 있다(6장 참고). 기대수명과 출산력 선택 간의 관계에 대한 증거는 미약하지만, 기대수명 단축 이슈에는 주목할 필요가 있다. 일례로, 1990년대 후반 짐바브웨의 기대수명은 에이즈의 영향으로 21세나 낮아졌다. 이러한 상황은 2000년대 초반까지 계속되었다.[48] 넷째, 대부분 아프리카 사회는 성평등과 거리가 멀다. 사회적으로 소외된 여성의 문맹률이 높다. 20세기 후반 급속한 인구성장과 경제위기의 상황에서, 아프리카 국가는 인구에 상응하는 교육기회 확대에 어려움을 겪었다. 생식 보건은 항상 열악했다. 높은 인구성장률과 정체된 경제는 의료 시스템에 악영향을 주었다. 기초의료 서비스 투자, 개발, 현대화가 원활하지 못했기 때문이다. 많은 사회 시스템이 열악한 재정 상황에 있거나, 완전히 망가져버렸다. 그래서 절실한 상황에 있는 산모와 아이도 가장 기초적인 의료 서비스에 접근하기 어렵다.

아프리카의 출산력 감소 목표와 관련해, 희망적인 정책 선택지는 거의 없는 실정이다. 이는 1950년대부터 유엔 등 여러 국제 기관의 인구성장 이슈 경험을 통해 확인된 사실이다.[49] 출산력 감소가 불가능했다거나 불가능하다는 의미가 아니다. 가족계획 실행은 도전적인 과제란 의미이다. 아울러, 가족계획, 성평등, 교육, 경제개발 정책을 성공적으로 실행하려면 소외계층, 농촌지역 등 대상도 분명히 해야 한다. 일반적으로 보건과 가족계획에 투자한 국가는 그렇지 않은 국가에 비해 인구성장이 느리고 경제성장은 빠르다. 아프리카의 많은 정부는 인구와 개발 사이의 밀접한 관계를 인식하고 출산력 수준을 낮추기 위한 프로그램을 추진하지만, 대부분 이를 뒷받침할 재정적 능력이 부족한 상태에 있다. 그래서 모든 이해 당사자를 충분히 참여시키지도 못한다. 출산력 선택의 변화는 느리게 나타나지만, 정치·사회·경제적 힘을 가진 종교 지도자나 남성까지 포함하면 성공의 가능성이 커질 수 있다. 어쨌거나 아프리카에서 출산율 감소의 과제는 끊임없는 도전의 문제임이 분명해 보인다.

여성의 생식 보건

출산력 선택과 그 결과의 밑바탕에는 여성의 **생식 보건**(reproductive health) 문제가 있다. 여기에는 안전한 모성, 에이즈, 청소년의 생식 보건, 가족계획의 이슈가 포함되는데, 이들을 상호 배타적인 이슈로 인식해서는 안 된다. 이런 문제들은 주로 개발도상국 세계의 관심사이다. 예를 들어, (가임여성 10만 명에 대한 출산 관련 여성 사망자 수로 산출하는) **모성사망력**(maternal mortality)은 사하라 이남 아프리카에서 (542명으로) 가장 높으며, 시에라리온의 경우는 1000명이 넘는다. 이에 비해 캐나다의 모성사망력은 10명, 미국은 19명, 서유럽은 7명의 수준이다.[50] 열악한 생식의 결과와 관련된 이환력도 중요하다.[51]

　모성사망력은 출산 전, 출산 중, 출산 후에 적절한 의료 서비스를 받지 못하는 문제와 관련된다. 예를 들어, 사하라 이남 아프리카에서는 대부분의 출산과정에 숙련된 의료진이 부재하며, 산전 관리 역시 충분하지 못해 문제가 생길 때만 이용할 수 있다.[52] 임신 기간 중 의료 서비스의 중요성과 필요성에 대한 인식이 부족한 것도 문제다. 다른 한편으로, 모성사망력은 개별 사회의 성 역할과 사회·경제적 여건에 따라 복잡해질 수 있다. 예를 들어, 농촌지역은 숙련된 보건 서비스 제공자가 적을 뿐만 아니라 정보에 대한 접근성도 취약하다. 적절한 돌봄을 위한 자금이 부족하고, 생식 보건 서비스를 이용하기 어렵다.[53] 마찬가지로, 여성이 선호하는 여성 의료 서비스 제공자가 부족하며, 남편이 의료 서비스 이용 여부를 결정하는 경우도 많다. 따라서 남성도 생식 보건 논의에 포함되어야 한다. 불법적이고 위험한 낙태로 인한 합병증은 산모 사망이나 이환의 주요 원인으로 작용한다. 이런 일은 안전한 낙태에 대한 접근이 제한되거나 낙태 자체가 불법인 지역에서 흔하게 발생한다. 니카라과에서는 위험한 낙태로 인한 합병증이 여성 입원의 주요 원인 중 하나로 확인되었고, 모성 사망의 8% 이상이 안전하지 못한 낙태가 유발한 합병증과 관련되어 있다.[54]

　열악한 생식 보건의 부정적 결과로 가장 큰 위험에 처하게 되는 이들은 아마도 청소년일 것이다. 성병, 원치 않는 임신, 출산 합병증 등에 청소년이 노출될 가능성이 높기 때문이다.[55] 전 세계적으로 청소년기 소녀들의 사망은 다른 어떤 이유보다 임신과 더 많이 관련되어 있다. 실제로 모성사망력은 17세 미만의 여성 사이에서 4배나 높았다. 청소년들의 열악한 생식 보건은 생식 욕구나 조혼에 대한 해결 능력 부재, 그리고 가족계획에 대한 지식이나 경험 부족과 관련된다. **여성 할례**, 즉 소녀의 외부 생식기 일부 또는 전체를 제거하는 것은 불임이나 다른 합병증을 유발할 수 있다. 이런 악습은 일부 아프리카와 중동 국가에서 여전히 중요한 생식 보건 문제로 남아있다.[56]

여성 생식 보건은 가족계획을 포함한 숙련된 의료 서비스 제공자나 교육에 대한 접근성을 높여서 개선할 수 있다. 의료 서비스나 교육은 원치 않는 임신 가능성을 줄임으로써 산모와 신생아 모두의 건강에 기여할 수 있다. 이 장의 앞부분에서 언급한 것처럼, 피임법은 매우 다양하다. 그러나 가족계획 프로그램과 가족계획 실천 간에는 분명한 관련성이 존재하는 사실을 부인하기 어렵다. 이는 피임약 복용을 비롯해 임신을 제한하거나 출산 간격을 조정하는 모든 방법과 관련해 나타난다. 예를 들어 1980년대에 가족계획 프로그램을 도입한 이란에서, 기혼 여성의 57%가 현대식 가족계획을 실천하고 있다. 이처럼 가족계획 프로그램을 도입하거나 강화하는 국가의 출산율은 대체로 낮아지는 경향이 있다. 반면에, 피임의 부작용에 대한 두려움, 남편과 가족의 반감, 종교적 반대, 피임약이나 피임 도구에 대한 접근성 결핍 등은 가족계획 프로그램의 성공에 장애물로 작용한다. 일반적으로 충족되지 못하는 가족계획 수요는 빈곤에 처해있고 교육 수준이 낮은 여성 사이에서 가장 심각하다.[57]

결론

출산율은 분명 감소하고 있지만, 지리적 스케일에 따라 다양하게 나타나고 있다. 낮은 출산력을 통해 인구성장을 늦추거나 감소시키는 것이 암묵적인 바람이지만, 바람직한 인구성장률이 무엇인지에 대한 논의가 부족한 것도 사실이다. 단순히 현재의 세대를 대체하는 것만으로 충분한 것일까? 대체 출산력이 낮은 사회가 정치적으로 생존하며 경제적으로도 성장할 수 있을까? 대체 출산력이 낮은 사회의 정치적, 경제적, 사회적 함의는 무엇일까? 출산율이 낮은 국가는 **출산장려정책**을 통해 출산을 적극적으로 권장한다. 커플에게 금전적 인센티브를 제공하는 것이 전형적인 방식이다. 그러나 출산이 많은 곳도 있다. 이런 곳의 사람들이 이주를 통해 선진국 세계의 인구성장에 기여할 수 있지 않을까? 상황이 이러한데 정부는 출산력을 높이는 일의 필요성만 이야기해도 되는 것일까? 다른 한편에는, 출산력을 줄여 인구성장을 늦추려 하는 국가들도 있다. 이와 관련해서는 중국의 출산력 통제 실험이 가장 잘 알려져있다(이 책의 11장).

포커스 **북아메리카, 유럽, 우간다의 출산율 및 출산력 선택**

선진국과 개발도상국 간의 출산력 선택과 출산율을 비교해보면 큰 차이를 파악할 수 있다.[58] 이러한 차이를 (미국과 캐나다를 포함한) 북아메리카, 유럽, 우간다의 사례를 통해서 살펴보자.

북아메리카

지난 세기 동안 북아메리카의(즉, 미국과 캐나다의) 출산율은 요동이 있었지만 대체로 감소하는 추세였다. 1900년의 출산율은 약 3.5였다. 1930년대 대공황과 제2차 세계대전을 겪으면서 북아메리카의 출산율은 하락했다. 전후 **베이비붐**과 함께 상황은 바뀌었다. 미국의 TFR은 전쟁 직후 2.19에서 증가하기 시작해 1957년 3.58에서 정점을 찍었다. 이후 TFR은 계속해서 하락해 1960년대 중반에는 베이비붐 이전과 비슷한 수준이 되었고, 1970년대에는 약 1.7까지 낮아졌다. 1980~1990년대 동안 출산율은 여성 1명당 2.0명 정도로 약간 높아졌고, 2001년에는 2.1명으로 조금 더 증가했다. 이것은 선진국 중에서 가장 높은 TFR 수준이었다. 가장 최근에는 2007년 2.12명에서 2009년 2.01명, 2020년 1.7명으로 낮아졌다. 이는 최근 경기 침체에 영향을 받은 것이며, 경제 순환과 출산력 간의 오랜 관계와도 일치한다.[59] 그리고 향후 수십 년 동안 미국과 캐나다 모두에서 출산율 하락은 계속될 전망이다.[60]

미국과 캐나다의 역사와 인구통계학적 특성은 유사하다. 미국과 마찬가지로, 캐나다에서도 대공황과 전쟁의 영향으로 1900년부터 출산력이 감소했지만 제2차 세계대전 후에는 베이비붐이 나타났다. 캐나다의 TFR은 미국보다 약간 높은 수준에서(1959년 3.9에서) 정점을 찍었고, 이후 1972년에는 대체 수준 아래로 낮아졌다. 이러한 감소는 프랑스어를 사용하는 퀘벡주에서 두드러졌다. 이것은 예상을 벗어난 놀라운 현상이었다. 퀘벡 사회에서 가톨릭교회의 중요한 역할 때문에, 캐나다의 다른 지역보다 출산율이 높을 것으로 여겨졌기 때문이다. 최근 몇 년간 캐나다의 출산력은 미국과 다른 모습을 보인다. 2020년 기준 합계출산율은 1.5인데, 이는 미국보다 낮은 수치이다. 결혼 비율 감소, 평균 혼인연령 증가, 교육 수준 향상 등 미국과 유사한 사회 변화를 겪었지만, 캐나다의 출산력은 대체 수준 아래의 유럽에 더 가깝다.[61] 중요한 차이의 원인은 이민정책일 가능성이 크다. 캐나다 이민자들은 대체로 교육 수준이 높은데, 이러한 특성이 낮은 수준의 출산력에 영향을 주었다.

미국과 캐나다 모두에서 베이비붐은 제2차 세계대전과 대공황 이후 자녀에 대한 수요의 증가를 반영하는 현상이었다. 소득 증가, 우호적인 미래 전망, 이른 결혼 등의 요인도 영향을 미쳤다. 두 국가의 출산력 하락도 세 가지의 공통된 요인과 관련되어 있다.[62] 첫째, 가족보다 자신의 교육과 경력에 더 큰 비중을 두면서 결혼을 미루는 여성이 늘었다. 이는 고학력일수록 소득기회가 높아진다는 소득 잠재력과도 밀접하게 관련된다. 역으로, 가족을 돌보기 위해 집에 머무르면 수입을 포기해야 한다. 둘째, 1960년대는 성혁명의 시대로, 피임 가능성과 수용성이 높아졌다. 특히 피임약의 역할이 중요했다. 거의 완벽한 피임이 가능해지면서, 임신계획과 출산 간격 조정이 더욱 수월해졌다. 셋째, 베이비붐 세대로 인한 인구학적 압박을 고려하여, 출산력 감소는 경제적 측면으로 설명될 수 있다. 베이비붐 세대가 본격적으로 노동시장에 진입하면서 남성의 임금이 하락했다. 이로 인한 부족분을 채우기 위해 일하는 여성의 비율이 높아졌다. 이러한 변화는 여성의 교육적 성취와 커리어 관심 증대에도 영향을 받았고, 결과적으로는 결혼과 가족 형성의 지연을 일으켰다.

앞서 언급했다시피 미국의 출산력은 선진국 대부분보다 높고, 심지어는 일부 개발도상국보다도 높다. 이러한 차이에 대해 다양한 이유가 밝혀져있다.[63] 여기에서는 두 가지 원인에 주목한다. 첫째, 가장 중요한 이유는 인종적 다양성이다. 특히 국내 태생 백인에 비해 높은 출산력을 보이는 소수집단의 역할이 중요하다(그림 5.2).[64] 일례로, 2017년 비히스패닉 백인의 TFR은 1.66이었지만, 흑인의 TFR은 1.82, 히스패닉계의 TFR은 2.01에 달했다.[65] 히스패닉의 경우, 낮은 교육 수준과 대가족 형태를 지향하는 문화적, 종교적 특징으로 출산율이 더 높게 나타났다. 외국 태생 히스패닉이 국내 태생 히스패닉보다 높은 출산율을 보였지만, 외국 태생 히스패닉의 다음 세대 출산율은 본토 태생 미국인 수준으로 떨어질 가능성이 크다.[66] 둘째, 출산비용의 차이로 인해 출산율 차이가 나타날 수 있다. 예를

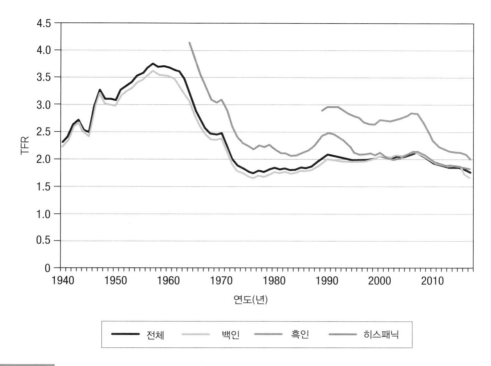

미국의 인종별 합계출산율(TFR) 변화(1940~2017년)

출처 : 저자, US CDC National Vital Statistics Reports

들어, 유럽에서는 주택 가격과 물가 수준이 미국보다 높은데, 이것이 높은 가족부양비로 이어져 낮은 출산력의 원인으로 작용한다.

유럽

유럽은 북아메리카와 다소 다른 출산력의 역사를 보유하고 있다. 일부에서는 오랫동안 대가족 형태를 장려해온 가톨릭의 종교적 가치에 따라 높은 출산력을 보인다. 그러나 북아메리카와 마찬가지로, 유럽도 산업화 이후 출산력 수준의 감소를 경험하기 시작했다. 자녀들이 노년의 부모에게 돌봄을 제공하는 존재가 아닌, 상당한 투자의 대상으로 여겨지게 된 것이 변화의 중요한 이유였다. 다양한 사회 · 경제적 여건에도 불구하고, 출산력 감소가(즉, 출산력 변천이) 유럽 전역에서 거의 동시에 발생했다. 이는 출산력 감소가 유럽에서 빠르게 확산하였음을 시사한다.[67] 한편, 베이비붐 현상이 중요했던 북아메리카의 맥락과 달리, 제2차 세계대전 이후에도 유럽의 출산율은 많이 증가하지 않았다. 2020년 유럽의 출산율은 대체 출산율보다 훨씬 낮은 1.5를 보이며 전반적으로 감소하고 있다. 북아메리카처럼 유럽의 출산율도 계속해서 낮게 유지될 전망이다.

우간다

우간다는 21세기 말까지 출산율이 대체 수준 이하로 낮아질 전망이지만, 현재는 아프리카에서 가장 높은 수준의 출산력(2020년 기준 TFR 5.0)을 보이는 국가 중 하나이다. 이에 따라 우간다의 인구도 매우 빠르게 증가하고 있다. 우간다는 인구변천 단계의 측면에서 앞서 살핀 사례와는 현저하게 다른 모습이다. 지난 50년 동안 우간다의 출산율은 거의 변하지 않았고, 1970년대와 1980년대에만 약간 증가하였다.[68] 결과적으로, 우간다의 인구는 15세 미만 인구가 47%를 차지하면서 매우 젊은 편이다. 이들은 아직 생식연령에 이르지 않았다. 따라서 우간다의 출산율은 앞으로도 높게 유지될 전망이다.[69] 2020년 4570만 명인 우간다 인구는 2035년까지 6950만 명으로 증가할 것이다.[70]

우간다의 높은 출산력은 지속되는 사회적 경향성에

영향받았다. 특히 소득기회를 다양화하고 가족을 돕기 위한 대가족의 필요성이 반영된 결과이다. 기대수명이 증가하고 사망력은 감소했지만, 출산력은 아직 그러한 변화에 부응하지 못하고 있다. 다른 한편으로, 전쟁을 비롯한 정치·경제적 혼란은 높은 출산력의 원인으로 작용했다. 미국 인구조회국에 따르면, 우간다의 피임 수요가 높지만 공급이 이를 따라가지 못한다.[71] 임신을 피하거나 더 나은 출산 간격을 유지하며 출산력 수준을 낮추고자 하는 열망은 있다는 이야기다. 이는 피임에 대한 수요가 높지만, 쉽게 이용할 수 없거나 높은 비용 부담이 있다는 의미로도 해석된다. 실제로 15~49세의 기혼 여성 중에서 42%만이 어떤 형태든 산아조절 방법을 사용하고, 겨우 36% 정도만이 현대적 방식을 이용하고 있다. 15~49세 기혼 여성의 35% 정도는 피임을 원하지만 피임에 접근하지 못한다. 이처럼 충족되지 못하는 수요는 현대식 피임 기술에 대한 인식 부족에 기인한다. 같은 맥락에서, 여성의 출산 결정 능력을 제한하는 사회·문화적 제약, 피임의 부작용에 대한 두려움도 중요한 문제다. 산아조절이 성적 문란함으로 보일 수 있다는 점도 우간다 여성의 고민거리다.[72]

방법·측정·도구 ## 출산력 측정

출산력 측정의 핵심은 출산력 선택이 인구 규모를 어떻게 결정하는지 이해하는 것이다. 한 인구의 출산력은 다양한 방법으로 측정될 수 있지만, 여기서는 가장 일반적인 방식을 살펴보도록 하겠다. 출산력 측정은 크게 두 가지 유형으로 나뉜다. 첫째, **기간 데이터**는 특정 기간에 대한 정보이다. 이는 특정 시점의 출산력에 대한 횡단면, 또는 스냅숏이라고 할 수 있다. 둘째, **코호트** 측정은 특정 집단, 가령 하나의 여성집단을 시간적으로 추적하면서 출산력 선택과 행태의 변화를 파악하기 위한 것이다. 출산력 측정에 이용되는 **데이터**의 자료원은 다양하다. 일반적으로 정부는 출생 데이터를 수집한 후 다른 **인구동태통계**와 합치는 과정을 수행한다. 출산력 비교는 **연령 표준화**를 통해 용이해질 수 있지만, 수집된 데이터의 질과 양의 차이로 인해 복잡해질 수도 있다.[D] 어쨌든, 데이터가 좋을수록 결론이 정확하다는 점은 분명하다.

2018년 미국에서는 약 386만 1000명의 출생 신고가 발생했다. **조출생률**(CBR : Crude Birth Rate)은 12였고, TFR은 1.8이었다.[73] TFR이 갖는 의미에 대해서는 이미 살펴보았고, 어떻게 또 다른 방식으로 출산력을 측정할 수 있을까? 아마도 출산력 측정에서 가장 기본적인 방법은 CBR일 것이며, 이는 다음과 같이 정의된다.

$$CBR = 1000\left(\frac{B}{P}\right)$$

여기서 B는 연간 출생아 수이고, P는 연앙인구로 나타낼 수 있다.[E] CBR을 통해 인구 변화에서 출산력의 영향을 간단하고 빠르게 계산할 수 있지만, 인구의 연

[D] 조출생률이나 조사망률 같은 지표는 인구의 연령구조에 큰 영향을 받기 때문에, 이런 지표를 가지고 지역이나 국가를 직접 비교하기는 어렵다. 예를 들어, 2020년 일본과 베트남의 조사망률은 각각 11.10명과 6.44명이었다. 두 수치에는 노년인구 비율이 큰 영향을 미치고 있어서, 인구구조의 차이를 고려하지 않은 채 일본과 베트남의 조사망률을 직접 비교하는 것은 문제가 된다. 이러한 인구구조 차이의 영향을 제거하기 위해 종종 사용되는 기법이 연령 표준화이다. 이 기법은 하나의 표준인구를 정해서, 표준인구의 연령별 인구구성비를 가중치로 적용해 서로 다른 지역이나 국가가 비교할 수 있도록 해준다. 연령 표준화의 과정을 통해 비교 가능하도록 다시 산출된 조출생률과 조사망률은 각각 (연령) 표준화 출생률과 (연령) 표준화 사망률이라고 한다(한국인구학회, 2016, 『인구대사전』, 통계청, 231~232; 888).

[E] 연앙인구는 특정 연도 인구수의 대푯값 중 하나이며, 한 해의 중간에 해당하는 7월 1일의 인구수를 말한다. 출생률과 사망률을 산출할 때는 주로 연앙인구가 쓰인다. 우리나라 통계청에서는 주민등록연앙인구를 공표하는데, 특정 연도의 주민등록연앙인구는 직전 연도 말의 주민등록인구와 해당 연도 말의 주민등록인구의 산술평균으로 구한다. 예를 들어, 2024년 주민등록연앙인구는 2023년 12월 주민등록인구와 2024년 12월 주민등록인구의 평균으로 공표된다. 이에 따라 주민등록연앙인구 데이터에는 소수점 이하의 수인 0.5가 포함되는 경우가 아주 많다.

령구조를 반영하지 못하기 때문에 인구 간 또는 지역 간 비교를 허용하지 않는다. 동일한 CBR을 갖는 두 지역은 인구의 연령구조 차이로 인해 출생 경향성이 다를 수 있기 때문이다.[F] 그래서 대안으로 **연령별 출산율**(ASFR : Age-Specific Fertility Rate) $_hF_x$를 사용하는데, ASFR은 다음과 같이 정의된다.

$$_hF_x = 1000 \left(\frac{_hB_x}{_hP_x^f} \right)$$

여기에서 $_hB_x$는 x 연령에서 $x+h$ 연령 사이 여성의 연간 출생아 수이다. $_hP_x^f$는 x 연령에서 $x+h$ 연령 사이 여성의 연앙인구이다. h는 코호트의 폭을 의미하는데 대개 5년으로 정의되며, 이는 센서스와 같은 데이터 파일에서 일반적인 인구 데이터와 일치한다.

한편, **합계출산율**(TFR)은 여성이 ① 최소한 가임연령까지 생존하고, ② 나이가 들면서 연령별 비율에 따라 출산할 것이라는 가정하에, 여성이 가임 기간 동안 낳을 기대 자녀의 총수로 측정한다. 이러한 측정은 출산 패턴을 설명하고 서로 다른 지역의 출산율을 비교할 때 자주 사용된다. 특히, 인구의 연령구조와 독립적이기 때문에(즉, 연령구조의 영향을 받지 않기 때문에) CBR보다 더 나은 출산력 측정값으로 여겨진다. TFR은 다음과 같이 정의된다.

$$TFR = h \sum_x {_hF_x}$$

TFR은 모든 가임여성 집단의 연령별 출산율($_hF_x$)을 합산한 다음, 사용된 연령집단(코호트)의 폭(h)을 곱하여 계산한다.

TFR은 출산력으로 인해 인구가 증가하는지 또는 감소하는지를 측정하는 반면, **총재생산율**(GRR : Gross Reproduction Rate)은 가임여성 1명이 낳을 것으로 기대되는 여아의 수를 의미한다. GRR은 연령별 비율을 고려하고, 가임 기간 동안 여성의 생존을

가정한다. 이러한 방식으로 총재생산율은 인구가 스스로를 대체할 수 있는지에 대한 대안적인 측정을 제공하는데, TFR에 여아의 출생 비율을 곱해서 구할 수 있다. 총재생산율이 1에 가깝다는 것은 한 여성이 스스로를 정확히 대체할 수 있음을 함의하고, 이때에 인구성장률은 0이 된다. 1 미만의 경우 현재 세대의 여성이 그다음 세대를 스스로 대체하지 못한다는 의미이고, 1보다 크면 현재 세대는 그들 자신보다 더 많이 대체하고 있다는 뜻이다.

마지막으로, **순재생산율**(NRR : Net Reproduction Rate)은 총재생산율의 기본 가정, 즉 모든 여성이 가임연령까지 생존한다는 가정의 비현실성 문제를 해결한다. 그리고 시간에 따라 인구가 증가할지, 아니면 감소할지를 GRR보다 더 정확하게 보여주는 지표라고도 할 수 있다. 특정 연도의 연령별 출산율과 연령별 사망률을 반영하며 한 여성이 낳는 여아의 수를 고려하기 때문이다. 순재생산율은 다음과 같이 정의된다.

$$NRR = \frac{W}{l_0} \sum_x {_hF_x}\, {_hL_x}$$

기본적으로 GRR에 연령 간격의 중간 지점까지 생존하는 여아의 비율을 곱한 값이다. 여아의 생존 비율은 생명표에서 얻을 수 있다(4장의 **방법·측정·도구** 글상자 참고). 만약 계산된 순재생산율이 1과 같으면 각 세대의 여성이 정확하게 해당 세대를 대체한다는 것이다. 1보다 크다면 인구는 증가할 것이고, 1보다 작다면 감소할 것이다. 0의 값은 현재 세대가 대체되지 못함을 의미한다.

출산력의 코호트 측정에는 완료된 출산력이 포함되는데, 한 여성 코호트의 총출생아 수로 측정한다. 그리고 출산 의도는 여성이 가임 기간 동안 출산할 의도가 있는 자녀의 수에 대한 추정치를 제공한다. 하지만 출산 의도는 출산 선호도나 경제적 상황에 따라 바뀔 수 있고, 이에 따라 원하는 자녀의 수가 증가하거나 감소할 수 있다.

[F] 조출생률을 가지고 연간 출생아 수의 많고 적음을 알 수 있으나, 여성의 출산력이 높은지 낮은지를 비교하기는 어렵다. 그래서 이에 대한 대안으로, 15~49세의 가임여성인구만을 고려한 일반출산율(GFR : General Fertility Rate) 지표가 쓰이기도 한다. GFR은 다음과 같이 정의된다.

$$GFR = \frac{B}{P_{15-49}^f} \cdot 1000$$

여기에서 B는 연간 출생아 수이고, P_{15-49}^f는 15~49세의 가임여성인구를 뜻한다. 이를 연령대별로 세분화한 것이 뒤이어 소개되는 연령별 출산율이다.

원주

1. 2020년을 기준으로 아프리카 전체의 합계출산율은 4.4이다. 하위지역별로는 중앙아프리카 지역이 5.8, 사하라 이남 아프리카 지역은 4.8의 합계출산율을 보인다. 이와 대조적으로, 동유럽의 합계출산율은 1.5에 불과하다. 그리고 미국 인구조회국에 따르면, 현재 190만 명인 라트비아 인구가 2035년에는 170만 명까지 감소할 것이다. 독일의 현재 인구는 8330만 명에 이르지만, 이 역시 2035년에는 8220만 명까지 감소할 것으로 예상된다.

2. 미국 인구조사국, *Historical Statistics of the United States* (Washington, DC: Government Printing Office, 1975).

3. David Foot, *Boom, Bust, and Echo* (Toronto: McFarlane, Walters, and Ross, 1996); Doug Owram, *Born at the Right Time: A History of the Baby Boom Generation* (Toronto: University of Toronto Press, 1996).

4. Sergi Maksudov, "Some Causes of Rising Mortality in the USSR," in *Perspectives on Population*, ed. Scott W. Menard and Elizabeth W. Moen(New York: Oxford University Press, 1987), 156–174.

5. John R. Weeks, *Population: An Introduction to Concepts and Issues*, 7th ed.(Belmont, CA: Wadsworth, 1999).

6. Kingsley Davis and Judith Blake, "Social Structure and Fertility: An Analytical Framework," *Economic Development and Cultural Change* 4, no. 3(1956); S. Philip Morgan and Miles G. Taylor, "Low Fertility at the Turn of the Twenty-First Century," *Annual Review of Sociology* 32(2006), 375–399.

7. John Bongaarts, "A Framework for Analyzing the Proximate Determinants of Fertility," *Economic Development and Cultural Change* 4(1978), 211–235.

8. *World Population Data Sheet* (Washington, DC: Population Reference Bureau, 2020).

9. Peter Gould, *The Slow Plague: A Geography of the AIDS Pandemic* (Oxford: Blackwell, 1993).

10. Weeks, *Population*.

11. Guttmacher Institute, "Induced Abortion Worldwide," World Health Organization, Department of Reproductive Health and Research, 2018, https://www.guttmacher.org/fact-sheet/facts-induced-abortion-worldwide(2020년 3월 18일 최종 열람).

12. Kate Gilles and Charlotte Feldman-Jacobs, "When Technology and Tradition Collide: From Fender Bias to Sex Selection," Population Reference Bureau, Policy Brief, September 2012.

13. Weeks, *Population*.

14. Karen Oppenheim Mason, "Explaining Fertility Transitions," *Demography* 34, no. 4(November 1997), 443–454.

15. Richard A. Easterlin, "An Economic Framework for Fertility Analysis," *Studies in Family Planning* 6(1975), 54–63; Richard A. Easterlin and Eileen M. Crimmins, *The Fertility Revolution: A Supply-Demand Analysis* (Chicago: University of Chicago Press, 1985).

16. Weeks, *Population*.

17. 차후에 논의되겠지만, 맬서스가 글을 쓸 당시 유럽에서는 이미 출산력이 (주로 상류층에서) 감소하기 시작했다. 만약 맬서스가 모든 사회계층에서 출산력이 감소할 것이라고 예상했다면 그의 글이 그렇게 비관적이진 않았을 것이다.

18. John Cleland and Christopher Wilson, "Demand Theories of the Fertility Transition: An Iconoclastic

View," *Population Studies* 41(1987), 5–30.

19. Sergio DellaPergola, John F. May, and Allyson C. Lynch, "Israel's Demography Has a Unique History," 미국 인구조회국(January 2014), http://www.prb.org/israels-demography-has-a-unique-history(2020년 3월 18일 최종 열람).

20. Nancy E. Riley, "Gender, Power, and Population Change," *Population Bulletin* 52, no. 1(May 1997).

21. Joseph A. McFalls Jr., "Population: A Lively Introduction, 4th ed.," *Population Bulletin* 58, no. 4(December 2003).

22. Stein Emil Vollset et al., "Fertility, Mortality, Migration, and Population Scenarios for 195 Countries and Territories from 2017 to 2100: A Forecasting Analysis for the Global Burden of Disease Study," *Lancet* (14 July 2020), https://doi.org/10.1016/S0140-6736(20)30677-2.

23. Alene Gelbard, Carl Haub, and Mary M. Kent, "World Population beyond Six Billion," *Population Bulletin* 54, no. 1(March 1999).

24 Thomas J. Espenshade, Juan C. Guzman, and Charles F. Westoff, "The Surprising Global Variation in Replacement Fertility," *Population Research and Policy Review* 9(2003), 575–583.

25. Wairagala Wakabi, "Population Growth Continues to Drive Up Poverty in Uganda," *Lancet* 367, no. 9510(2006), 558.

26. Morgan and Taylor, "Low Fertility at the Turn of the Twenty-First Century."

27. Darrell Bricker and John Ibbitson, *Empty Planet: The Shock of Global Population Decline* (Toronto: Signal, 2019).

28. Benoit Guerin, Stijn Hoorens, Dmitry Khodyakov, and Ohid Yaqub, "A Growing and Ageing Population Global Societal Trends to 2030: Thematic Report 1"(Santa Monica, CA: RAND Corporation, 2015), http://www.rand.org/pubs/research_reports/RR920z1.html(2020년 3월 18일 최종 열람); David E. Bloom, Axel Boersch-Supan, Patrick McGee, and Atsushi Seike, "Population Aging: Facts, Challenges, and Responses," May 2011, PGDA Working Paper No. 71, https://www.hsph.harvard.edu/pgda/working/(2020년 3월 18일 최종 열람).

29. Statistics Canada, "Population Projections: Canada, the Provinces and Territories," Statistics Canada(2009), http://www.statcan.gc.ca/daily-quotidien/100526/dq100526b-eng.htm(2020년 3월 18일 최종 열람); Peter McDonald, "Low Fertility Not Politically Sustainable," *Population Today* (August/September 2001).

30. Statistics Canada, https://www150.statcan.gc.ca/n1/pub/91-520-x/2010001/aftertoc-aprestdm1-eng.htm(2020년 3월 18일 최종 열람).

31. Jennifer M. Ortman, Victoria A. Velkoff, and Howard Hogan, "An Aging Nation: The Older Population in the United States," Current Population Reports, 미국 인구조사국(May 2016).

32. Daniel Schneider, "The Great Recession, Fertility, and Uncertainty: Evidence from the United States," *Journal of Marriage and Family* 77(2015), 1144–1156.

33. Fred R. Harris, ed., *The Baby Bust: Who Will Do the Work? Who Will Pay the Taxes?* (Lanham, MD: Rowman & Littlefield, 2005).

34. Ester Boserup, *Population and Technological Change: A Study of Long-Term Trends* (Chicago: University of Chicago Press, 1981); Ester Boserup, *The Conditions of Agricultural Growth* (Chicago: Aldine, 1965).

35. Moore and Rosenberg, *Growing Old*; Victor W. Marshall, *Aging in Canada*, 2nd ed.(Markham, ON: Fitzhenry and Whiteside, 1987); Judith Treas, "Older Americans."

36. 캐나다 연방정부는 정책을 바꿔 공적연금(노령연금)의 수급연령을 65세로 되돌리겠다고 발표했다. 수급연령을 67세로 늦추는 것이 이전의 목표였다.

37. Geoffrey McNicoll, "Economic Growth with Below-Replacement Fertility," *Population and Development Review* 12(1986), 217–237; Kingsley Davis, "Low Fertility in Evolutionary Perspective," *Population and Development Review* 12(1986), 397–417.

38. "EU Referendum: The Result in Maps and Charts," BBC News, 24 June 2016, http://www.bbc.com/news/uk-politics-36616028(2020년 3월 18일 최종 열람).

39. Mark MacKinnon, "People Want to go Backward," *Globe and Mail* (18 June 2016), F1.

40. John F. May, "The Demographic Dividend, Revisited," 미국 인구조회국(March 2014), http://www.prb.org/the-demographic-dividend-revisited(2020년 6월 11일 최종 열람).

41. 인구배당에 대한 훌륭한 논의와 증거는 다음의 문헌을 참고하자. Jessica Kali and Elizabeth Madson, "The Four Dividends: How Age Structure Change Can Benefit Development," 미국 인구조회국, 7 February 2018, https://www.prb.org/the-four-dividends-how-age-structure-change-can-benefit-development/(2020년 6월 11일 최종 열람).

42. James Gribble and Jason Bremner, "The Challenge of Attaining the Demographic Dividend," 미국 인구조회국(September 2012), http://www.prb.org/the-challenge-of-attaining-the-demographic-dividend(2020년 6월 11일 최종 열람).

43. Carl Haub, "Recent Surveys Fill in Gaps in Our Knowledge of Fertility," 미국 인구조회국 (December 2014), http://www.prb.org/recent-surveys-fill-in-gaps-in-our-knowledge-of-fertility(2020년 3월 18일 최종 열람); Carl Haub, "Flat Birth Rates in Bangladesh and Egypt Challenge Demographers' Projections,"*Population Today* 28, no. 7(October 2000), 4.

44. John Bongaarts and John Casterline, "Fertility Transition: Is Sub-Saharan Africa Different?" *Population Development Review* 38, no. 1(2013), 153–168; David Shapiro and Tesfayi Gebreselassie, "Fertility Transition in Sub-Saharan Africa: Falling and Stalling," *African Population Studies* 23, no. 1(2008), 3–23.

45. Bongaarts and Casterline, "Fertility Transition."

46. 출산 간격은 어린이들의 영양 상태에도 중요한 역할을 한다. 출산 사이의 짧은 간격은(보통 2년 미만이면) 발육 지연과 저체중의 위험으로 이어진다. 이와 관련해서는 다음의 문헌을 참고하자. James N. Gribble, Nancy Murray, and Elaine P. Menotti, "Reconsidering Childhood Under-Nutrition: Can Birth Spacing Make a Difference? An Analysis of the 2002–2003 El Salvador National Family Health Survey," *Maternal and Child Nutrition* 5, no. 1(2008).

47. Grace Dann, "Sexual Behavior and Contraceptive Use among Youth in West Africa," 미국 인구조회국(February 2009).

48. HIV/AIDS 전염병에 대한 최신 통계는 다음을 참고하자. http://www.unaids.org/en/dataanalysis/knowyourepidemic/(2020년 6월 11일 최종 열람).

49. Thomas J. Goliber, "Population and Reproductive Health in Sub-Saharan Africa," *Population Bulletin* 42, no. 4(December 1997).

50. "Trends in Maternal Mortality 2000 to 2017: Estimates by WHO, UNICEF, UNFPA, World Bank Group and the United Nations Population Division"(Geneva: World Health Organization, 2019),

License: CC BY-NC-SA 3.0 IGO; http://www.who.int/topics/reproductive_health/en/ 및 http://www.unfpa.org/(2020년 3월 18일 최종 열람); *Reproductive Health Matters* 학술지 또한 유용한 자료이다. 여성의 생식 보건이 선진국에서는 문제가 되지 않는다는 것은 아니다. 선진국에서는 산모와 아이의 건강 문제보다 제약시장, 피임 선택, 불임치료 등에 더 초점을 맞추는 경향이 있다. 캐나다와 미국에서의 낙태 찬반 논쟁도 생식 보건 문제를 다시 한번 수면 위로 올릴 것이다.

51. Farzaneh Roudi-Fahimi, "Women's Reproductive Health in the Middle East and North Africa" (Washington, DC: Population Reference Bureau, 2003).

52. Ranjita Biswas, "Maternal Care in India Reveals Gaps between Urban and Rural, Rich and Poor" (Washington, DC: Population Reference Bureau, 2005).

53. Heathe Luz McNaughton, Marta Maria Blandon, and Ligia Altamirano, "Should Therapeutic Abortion Be Legal in Nicaragua: The Response of Nicaraguan Obstetrician-Gynaecologists," *Reproductive Health Matters* 10, no. 19(2002), 111–119.

54. Liz C. Creel and Rebecca J. Perry, "Improving the Quality of Reproductive Health Care for Young People"(Washington, DC: Population Reference Bureau, 2003).

55. Linda Morison, Caroline Scherf, Gloria Ekpo, Katie Paine, Beryl West, Rosalind Coleman, and Gijs Walraven, "The Long-Term Reproductive Health Consequences of Female Genital Cutting in Rural Gambia: A Community-Based Survey," *Tropical Medicine and International Health* 6, no. 8(2001), 643–653.

56. Lori S. Ashford, "Good Health Still Eludes the Poorest Women and Children"(Washington, DC: Population Reference Bureau, 2005); Lori S. Ashford, *Unmet Need for Family Planning: Recent Trends and Their Implications for Programs* (Washington, DC: Population Reference Bureau, 2003).

57. Lori Ashford, "Good Health."

58. 출산력 추정치와 관련 지표에 대한 포괄적 검토는 다음 문헌을 참고하자. *World Fertility Patterns*, United Nations(2015).

59. Daniel Schneider, "The Great Recession, Fertility, and Uncertainty: Evidence from the United States," *Journal of Marriage and Family* 77(2015), 1144–1156.

60. Vollset et al., "Fertility, Mortality, Migration, and Population Scenarios."

61. Alain Belanger and Genevieve Ouellet, "A Comparative Study of Recent Trends in Canadian and American Fertility, 1980–1999," *Report on the Demographic Situation in Canada 2001* (Ottawa: Statistics Canada, 2002).

62. Carl Haub, "A Post-Recession Update on U.S. Social and Economic Trends"(Washington, DC: Population Reference Bureau, 2011); Mary M. Kent and Mark Mather, "What Drives U.S. Population Growth?" *Population Bulletin* 57, no. 4(December 2002).

63. Kent and Mather, "What Drives U.S. Population Growth?"

64. Kent and Mather, "What Drives U.S. Population Growth?"

65. "Total Fertility Rates by State and Race and Hispanic Origin: United States, 2017," *National Vital Statistics Reports* 68, no. 1(January 2019).

66. Laura E. Hill and Hans P. Johnson, *Understanding the Future of Californians' Fertility: The Role of Immigrants* (San Francisco: Public Policy Institute of California, 2002).

67. Timothy W. Guinnane, Barbara S. Okun, and James Trussell, "What Do We Know about the

Timing of Fertility Transitions in Europe?" *Demography* 31, no. 1(1994), 1–20.

68. John Blacker, Collins Opiyo, Momodou Jasseh, Andy Sloggett, and John Ssekamatte-Ssebuliba, "Fertility in Kenya and Uganda: A Comparative Study of Trends and Determinants," *Population Studies* 59, no. 3(2005), 355–373.

69. 미국 인구조사국, International Data Base, https://www.census.gov/data-tools/demo/idb/(2020년 3월 18일 최종 열람).

70. *World Population Data Sheet.*

71. Ashford, *Unmet Need.*

72. Ashford, *Unmet Need.*

73. 미국 인구조사국, https://www.census.gov/data-tools/demo/idb/region.php?N=%20Results%20&T=13&A=separate&RT=0&Y=2018&R=−1&C=US.

Chapter 6

사망력

사망력 변천
사망력 격차
감염병 및 기생충병의 위협
결론 : 사망력의 미래
■ 포커스 : 미국, 멕시코, 짐바브웨의 사망력 차이
■ 방법·측정·도구 : 사망력 측정

역사적으로 가장 높았던 사망률이 감소하면서 **인구변천**이 시작되었다. 유럽과 북아메리카의 많은 지역에서 **사망력**은 산업혁명이 시작된 직후부터 뚜렷한 감소세를 보였다. 근대화의 진전, 위생 및 영양 상태의 개선을 통해서 인간의 생존과 수명 문제가 개선되었기 때문이다. 결과적으로, 1800년과 1900년 사이에 유럽 인구는 2배 이상 증가했다.[1] 20세기 전반 무렵에 이르러, 선진국 세계는 기대수명 연장, 영아사망률(IMR) 하락, 인구성장 완화를 특징으로 하는 **사망력 변천**의 단계에 이르렀다. 다른 한편에서, 개발도상국 세계는 제2차 세계대전 이후 20세기 후반 동안 사망력이 감소하면서 급속한 인구성장을 경험했다. 개발도상국에서 사망력 감소 속도는 선진국 세계가 경험했던 것보다 훨씬 더 빨랐다. 현대 의약품, 보건 서비스, 예방접종, 영양 상태 및 위생 향상에서 큰 힘을 얻었기 때문이다.

이 장에서는 사망력 차이, 그리고 그와 관련된 **이환력** 개념에 주목한다. 여기에서 이환력은 인구가 어떤 질병을 어느 정도로 앓고 있는지의 문제와 관련된다.[A] 전반부에서는 사망력 변천, 보다 구체적으로 사망률 감소와 **역학변천**에 대해 논의할 것이다. 그런 다음 사망력의 사회·공간적 변이를 살필 것인데, 여기에는 최근의 기대수명 하락 이슈도 포함된다. 이와 관련된 흥미

[A] 이환은 질병에 걸려있는 상태를 말하고, 이환력은 한 인구가 어떤 질병을 어느 정도로 앓고 있는지를 의미하며 인구의 총체적 건강 상태를 함의하는 용어이다. 이를 구체화한 특정 질병의 빈도, 기간, 심각성을 나타내는 지표는 이환율로 통칭된다. 빈도 관련 이환율 지표로, (위험에 노출된 인구 중 특정 시점이나 기간에 발생한 신규 환자 비율로 계산하는) 발생률과 (전체 인구 중 특정 시점이나 기간에 질병을 보유한 전체 환자 비율을 의미하는) 유병률이 많이 쓰인다. **발생률**은 분모가 (면역자를 포함해) 기존 환자를 제외한 위험에 노출된 인구로만 구성되어 있어서 질병에 걸릴 수 있는 확률의 개념이다. 해당 질병에 걸리지 않은 사람들이 그에 노출된 위험도를 측정하는 지표이기 때문이다. 반면, **유병률**의 분모는 기존 환자를 포함해 모든 인구로 구성되어 있다. 그래서 유병률은 전체 인구의 건강 상태를 함의하는 지표라고 할 수 있다(한국인구학회, 2016, 『인구대사전』, 통계청, 412~413).

로운 사례도 다양하게 검토한다. 미국에서 흑인과 백인 간 사망률 및 사망력 원인의 차이, 러시아의 사망력 증가, (마약성 진통제의 일종인) 오피오이드가 사망률에 미친 영향 등이 그러한 사례에 속한다. 또한, **감염병 및 기생충병**의 중요성과 이들의 재발에 대해서도 논의할 것이다. 포커스에서는 미국, 짐바브웨, 멕시코의 사망력을 비교하고, **방법·측정·도구**에서는 일반적인 사망력 측정 방법을 소개한다.

사망력 변천

인류 역사의 대부분 동안 일반인들은 20~30년의 생존만 기대할 수 있었다. 영아사망률이 매우 높았고, 그중 거의 절반이 5세 이전에 사망했다. 이러한 영유아 사망은 대부분 영양 불량이나 영아살해와 관련되어 있었다. 농업의 발전과 동물의 가축화로 정착 생활이 가능해지면서 식량 공급이 비교적 안정화되었지만, 흑사병과 같은 감염병(전염병)이 출현해 인간 거주지에 둥지를 틀었다. 이러한 감염병이 높은 인구밀도와 열악한 위생으로 인해 크게 유행하였고, 사망의 중대한 원인이 되었다.[2] 19세기와 20세기에는 주거, 위생, 영양 상태의 개선과 의료의 발전으로 사망력이 낮아졌다. 이 과정에서 유럽과 북아메리카의 기대수명이 40세까지 늘었다.

한편, 산업혁명은 미국, 캐나다, 영국 등 선진국의 주요 도시에서 열악한 보건 상태와 주거 환경의 문제를 일으켰다. 이는 새로운 **공중 보건** 사업을 마련하는 계기가 되었다. 개입은 엘리트층이 주도했는데, 이들의 활동은 단순한 선의로만 여길 수는 없다. 우선은 엘리트 자신의 건강을 우려하는 이기심이 작용했다. 그리고 엘리트층의 경제적 이익이 노동 빈곤층의 보건 상태에서 영향을 받는 이유도 있었다.[3] 개입 이전부터 오랫동안 존재했던 결핵, 기관지염, 폐렴, 인플루엔자, 홍역 등 전염성 질병이 여전히 주요 사망 원인이었지만, 주거 등 환경의 개선을 통해서 발병률은 감소하였다.[4] 그러나 디프테리아와 같은 일부 질병은 그러한 사회적 개선에도 해결되지 못했고, 대규모 면역 프로그램이 시작되고 나서야 감소하기 시작했다. 실제로 사망력 감소, 특히 노년인구의 사망력 감소에는 1950년대에 시작된 저비용의 공중 보건 프로그램이 중요한 역할을 했다. 이후 선진국의 기대수명 연장에서는 기존의 경제개발이나 공중 보건보다 **의학**과 **생명과학**의 발전이 더 중요하게 작용했다. 이러한 사망력 변천을 통해서 주요 사망연령대도 변한다. 변천 초기의 국가에서는 젊은 연령집단의 사망 위험이 큰 경향이 있다. 특히 아이들이 전염병에 취약하기 때문이다.

지난 50년간 기대수명이나 영아사망력 같은 지표가 개선되었지만, 기대수명의 국가 간 차이는 여전하다. 여성의 기대수명을 통해 알 수 있듯이(그림 6.1), 기대수명의 차이는 선진국 사이에서도 두드러진다. 이러한 기대수명 차이는 보건의료비 지출과 영아사망력의 감소 수준에 영향을 받는다. 일반적으로 보건의료비 지출이 많을수록 기대수명이 더 길어진다.[5] 실제로 기대

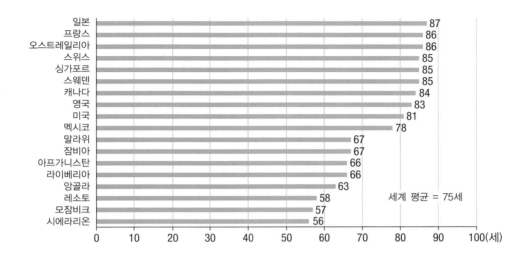

그림 6.1 국가별 여성의 기대수명(2020년)

출처 : 2020 Population Reference Bureau data sheet

수명이 높은 국가에서 1인당 의료비 지출이 더 크게 나타난다(그림 6.2). 2020년을 기준으로 선진국 세계의 평균 기대수명은 79세이고, (기대수명 82세의) 여성이 (기대수명 77세의) 남성보다 더 오래 산다. 기대수명은 (중국을 포함한) 개발도상국에서는 더 짧은 경향이 있다. 전체 평균이 71세이지만, 최빈개도국 세계에서는 65세에 불과하다.[6] 사하라 이남 아프리카 지역의 기대수명은 62세 정도로, (79세의) 북아메리카, (76세의) 라틴아메리카와 카리브해, (73세의) 아시아 등 다른 지역에 비해 기대수명의 연장 속도가 느리다.[7] 사하라 이남 아프리카의 영아사망률은 1000명당 53명으로, 1000명당 4명 수준인 선진국 세계보다 훨씬 높다.

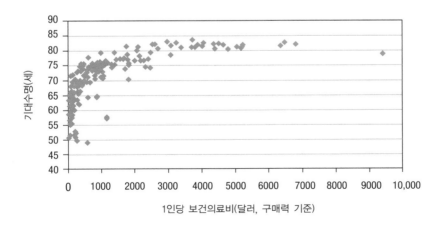

그림 6.2 1인당 보건의료비 지출과 기대수명(2017년)

출처 : 저자, World Data Bank, http://databank.worldbank.org/data/home.aspx

옴란의 역학변천

압델 옴란의 **역학변천**(epidemiological transition)은 사망력의 시간적 추세를 파악할 수 있는 유용한 틀을 제공한다.[8] 역학변천 모델의 추세는 **인구변천 이론**에 명시된 사망력 감소의 패턴에 상응한다. 하지만 옴란의 이론은 근대화가 가져온 사망력 수준의 감소와 기대수명의 연장에만 주목하지는 않는다. 사망의 주요 원인이 감염병에서 만성 질환과 퇴행성 질환으로 전환된 사실도 강조한다. 18세기 중반까지 결핵, 콜레라, 설사, 폐렴, 인플루엔자가 전 세계적으로 주된 사망 원인이었다. 20세기 후반 동안 감염병 및 기생충병을 통제하기 위한 노력에 자원이 집중적으로 투입되었다. 결과적으로, 1990년대 후반 선진국 세계에서는 폐렴과 인플루엔자만이 조기 사망 원인 상위 10위 안에 남게 되었다. 그 대신 암, 당뇨병, 간 질환, 심혈관 질환, 신경계 질환 같은 **비감염성** 만성 질환과 퇴행성 질환이 선진국 세계의 주요 사망 원인이 되었다. 발병률이 줄고, 조기 사망이 감소함에 따라 사람들은 더 긴 기대수명을 누릴 수 있게 되었다.

역학변천 과정에서 각 국가는 서로 다른 단계에 있다. 과정의 이행 속도도 국가마다 다르다. 선진국 세계는 사회 · 경제적 발전과 함께 수십 년에 걸쳐 사망력 하락의 성과를 이루었다. 선진국과 달리, 개발도상국 대부분은 역학변천의 단계를 매우 빠르게 거쳤다. 선진국 세계에서 이전받은 공중 보건 지식, 의료 기술, 의약품 등의 혜택을 누릴 수 있기 때문이다. 이에 개발도상국 세계는 선진국 세계보다 훨씬 더 빠른 속도의 사망력 감소를 경험하고 있다.

사망력 격차

지난 100년 동안 인류는 놀라운 수준의 **기대수명** 연장과 **영아사망력** 하락의 성과를 거두었다. 성과는 특히 개발도상국에서 두드러졌다. 말라리아, 천연두, 황열병과 같은 **감염병**의 치료나 근절 역량을 가지게 되었기 때문이다. 그리고 기본적인 보건 상태의 개선도 즉각적인 효과로 이어졌다. 기대수명과 영아사망력 지표의 개선은 전반적인 현상이지만, 세계적 사망률의 차이는 여전히 남아있다. 연령, 성별, 사회인구학적 지위, 인종, 민족, 지리적 위치에 따른 차이가 분명하다. 사망률은 다른 어떤 지역보다 선진국 세계에서 낮다. 사망력 측정치의 세계적 변이에 근거해, 두 가지 가정을 마련해볼 수 있다. 첫째, 보건지표는 계속해서 개선될 것이다. 의학의 지속적 발전은 기대수명의 연장으로 이어지게 된다. (금연, 운동 등) 긍정적 라이프스타일 선택 및 학습도 생명 보호와 연장에 기여할 것으로 기대된다. 둘째, 보건에 유익하지 못한 지표는 일반적으로 개발도상국 세계에서만 나타날 것이다. 서구 선진국 세계의 사람들은 건강을 보장하는 선진화된 보건 시스템에 접근하는 데에 유리하기 때문이다. 그러나 다음 내용에서 소개하는 사례가 시사하는 바와 같이, 두 가지 가정 모두가 옳다고는 할 수 없다. 특히 보건과 사망력 격차가 문제가 된다. 이러한 차이가 중요한 것은, 보건의료 접근성이 열악하여 대규모 개입이 필요한 인구를 확인할 수 있기 때문만은 아니다. 오히려 문제는 그에 반대되는 사실에 있다. 대규모 보건의료 인프라가 이미 구축되어 있음에도 불구하고, 특정 인구집단이 열악한 사망력을 경험하는 것이 문제란 이야기다. 아주 역설적인 사실이지만, 일반적으로 나타나는 현상이다.

인종과 민족 : 미국의 사례

미국인들은 세계 최고의 의료 서비스에 접근할 수 있다. 국내총생산(GDP)에서 의료비가 차지하는 비중은 다른 선진국에 비해 미국에서 훨씬 높다.[9] 그래서 미국을 영아사망률, 즉 IMR이 가장 낮거나 기대수명이 가장 긴 나라로 추측하는 사람이 있을지도 모른다. 그러나 2020년 기준 미국의 IMR은 5.7이고 기대수명은 78.5세인데, 서구 기준에서는 다소 열악한 편이다.[10] 심지어는 선진국보다 개발도상국 세계에 가까운 미국의 보건지표도 있다. 실제로 미국의 IMR은 쿠바나 헝가리를 포함해 수십 개 국가보다 높고, 선진국 세계에서는 거의 밑바닥 수준이다.

미국의 사망력지표가 좋지 않은 이유는 소수집단 인구의 열악한 건강 상태와 사망력 때문이다.[11] 인종과 민족 간에서도 큰 차이가 있다.[12] 영아사망력은 소수집단에서 높고 백인 사이에서는 낮다. 아시아계, 태평양 도서 출신, 라틴아메리카계, 멕시코계, 쿠바계의 사망력도 낮은 편이다. 특히 흑인과 비히스패닉 백인 간에는 엄청난 격차가 있다. 2017년 비히스패닉 백인과 흑인의 IMR은 각각 4.6과 11.45였다.[13] 조산 및 조산과 관련된 사망의 증가로 인해서 미국에서는 IMR이 상대적으로 높다.

기대수명의 연장과 사망력지표의 균등화 측면에서 많은 진전이 있었다. 흑인과 백인 사이의 격차가 감소하는 것은 분명한 사실이다.[14] 1900년대 이후 기대수명이 (33세에서 2018년 78.5세로) 늘어났지만, 흑인의 기대수명은 (78.5세의) 백인보다 여전히 짧다.[15] 두 집단 간의 기대수명 격차는 지난 50년간 더욱 커졌다.[16] 흑인의 사망률은 최고령층을 제외한 모든 연령대에서 백인보다 높게 나타난다. 그리고 거의 모든 사망 원인에서 흑인이 백인보다 높은데, 특히 에이즈(HIV/AIDS)와 살인에 의한 사망률이 높게 나타났다.[17] 흑인 청년 남성의 사망 위험이 증가한 주요 원인은 살인이지만, 사고사의 가능성은 백인 청년 남성 사이에서 더 높다(표 6.1). 흑인 청년이 에이즈로 사망할 가능성도 백인보다 몇 배나 더 높다.

일리노이주를 사례로 더 작은 지리적 스케일에서 인종 간의 차이를 살펴보자. 흑인의 IMR은 백인보다 2배 이상 높으며, 일부의 남부 주에서 매우 높은 수준이다.[18] 2017년 기준 일리노이주의 전체 IMR은 (6.1로) 국가평균보다 약간 높다. 백인이 4.3, 흑인이 13.2로, 인종별 차이가 크게 나타난다. 미국 흑인의 IMR은 (11의) 아제르바이잔보다 높은 수준이다![19] 더 작은

표 6.1   **미국 25~34세 흑인과 백인 남성의 주요 사망 원인(2017년)**

	흑인 남성			백인 남성		
순위	사망 원인	사망자 수 (명)	사망률 (10만 명당)	사망 원인	사망자 수 (명)	사망률 (10만 명당)
—	전체	8,552	267.5	전체	25,360	194.9
1	폭행(살인)	2,865	89.6	사고(비의도적 상해)	13,281	102.1
2	사고(비의도적 상해)	2,271	71.0	자해(자살)	4,527	34.8
3	심장 질환	673	21.1	심장 질환	1,273	9.8
4	자해(자살)	652	20.4	악성 종양	949	7.3
5	악성 종양	294	9.2	폭행(살인)	849	6.5
6	HIV 바이러스	231	7.2	만성 간 질환 및 간경변증	340	2.6
7	당뇨병	141	4.4	당뇨병	234	1.8
8	만성 하부호흡기 질환	80	2.5	선천성 기형, 변형, 염색체 이상	177	1.4
9	빈혈	70	2.2	뇌혈관 질환	171	1.3
10	뇌혈관 질환	67	2.1	인플루엔자 및 폐렴	117	0.9
—	기타	1,208	37.8	기타	3,442	26.5

출처 : United States, *National Vital Statistics Report* 68, no. 6 (2019)

지리적 스케일에서도 마찬가지 현상이 나타난다. 시카고가 포함된 일리노이주 쿡 카운티의 2005~2007년 흑인 IMR은 14로, 비히스패닉 백인의 5.5보다 훨씬 높은 수준이었다.[20]

백인과 흑인 간 사망력의 엄청난 차이는 두 집단 간 소득 격차를 반영한다.[21] 미국 사회에서 계속되는 흑인의 주변부화도 영향을 미치는데, 이는 교육, 경제적 지위, 직업의 불평등으로 확인된다. 1930년대 이후 전반적인 경제적, 사회적 지위의 향상과 두 집단 간의 격차를 줄이기 위한 입법 노력은 계속되었다.[22] 그러나 상당한 격차는 유지되고 있다. 예를 들어, 2018년 미국 중위 가구 소득은 6만 3179달러였는데, 흑인의 경우는 4만 1361달러에 불과했다.[23] 소수인종의 (18세 미만) 아동도 경제적 박탈에 고통받고 있다. 2017년 흑인 아동의 빈곤율은 백인 아동보다 현저히 높았다. 백인 아동의 10.9%만이 빈곤 상태인 것에 비해, 흑인 아동은 29%가 빈곤 상태에 살고 있었다.[24] 소득과 교육 수준이 비슷한 개인 간의 비교에서도 인종 간 사망력 차이는 여전하다.

이처럼 열악한 사망력의 모습은 미국 의료 시스템 구조와도 관련이 있다. 많은 흑인이 낮은 사회·경제적 지위로 인해 민간**의료보험(건강보험)**을 감당하지 못한다. **메디케어**나 **메디케이드**와 같이 빈곤층이나 노년층 대상의 공공의료보험 프로그램이 존재하기는 한다.[B] 그러나 이러한 프로그램은 매우 제한적이고 자산 조사(means-test) 후 지급되는 형태이다. 메디케어나 메디케이드의 수혜 자격이 없는 사람에게 민간의료보험의 부담은 너무 크다. 2010년까지만 해도

[B] 제3장 각주 M 참고.

4860만 명의 미국인이 건강보험에 가입하지 못했다. 2014년 오바마의 건강보험개혁법, 일명 오바마케어의 도입으로 미국의 의료보험 미가입자 수가 2016년에는 2800만 명으로 감소하였다.[25] 그러나 트럼프 행정부가 의료 부문 예산을 조금씩 삭감하면서 2018년에는 3010만 명까지 증가하였다.[26] 건강보험 가입 수준은 인종에 따라서도 다르게 나타난다. 2018년 (18~64세의) 성인을 기준으로 히스패닉의 26.7%, 흑인의 15.2%, 비히스패닉 백인의 9.0%, 아시아계의 8.1%가 의료보험에 가입하지 않았다.[27] 이주민 집단에서는, 합법 이주민의 23%와 미등록 이주민의 45%가 미가입 상태에 있다.[28] 의료보험 미가입자는 일반적으로 치료를 포기하거나 사회기관의 지원에 의지한다. 심지어는 비용이 훨씬 더 많이 드는 응급실을 이용해야만 하는 경우도 있다.[29]

의료 기관에 접근할 수 있는 기회도 지역에 따라 다른데, 가난한 지역일수록 의료 및 진료 서비스가 더 적게 제공되고 있다.[30] 의사, 진료소, 병원은 재정적 수입이 높은 곳에 위치하는 경향이 있다. 그래서 **내부도시**(inner-city)지역은 일반적으로 서비스가 부족하고, 의사 모집에도 어려움을 겪는다. 이런 지역의 근린은 1970년대 국가의료보건봉사단과 같은 연방정부 의료 프로그램에도 많이 의지한다. 한 마디로, 어디 사는지가 건강에 중대한 영향력을 미친다. 이는 **보건지리학** 문헌에서 '맥락–요소'란 개념으로 논의되고 있다.[31]

사망력 개선의 지체

지난 세기 동안 사망률이 감소했지만, 특정 인구통계나 환경하에서 사망률이 증가하는 것은 (또는, 기대수명이 감소하는 것은) 드물지 않게 나타나는 현상이다. 그런 사례로 러시아를 살펴보자.[32] 1900년대까지만 해도, 러시아의 기대수명은 30세보다 약간 더 길었는데, 이는 1000명당 300명에 이르렀던 영아사망률(IMR)과 50%에 육박했던 **아동사망률**(CMR : Child Mortality Rate)에 기인했다.[33] 비교적 짧은 기간 동안 구소련은 성공적으로 사망력을 줄이고 기대수명을 늘려 1960년대 초반에는 미국이나 다른 선진국 세계와 비슷한 수준에 도달했다.

혁명 이후 보건의료 부문이 많이 개선되었지만, 소련은 1960년대 이후로 서구 국가에 상응하는 기초 건강 개선의 성과를 이루지 못했다. 서구에서는 기대수명과 IMR이 지속적으로 개선되고 있을 때, 1990년대 소련에서는 더욱 악화되었다. 1987년 65세였던 남성의 기대수명이 1994년 57세로 낮아졌다. 2019년 러시아 남성의 기대수명은 68세로, 서구에 비해 짧다. 마찬가지로 여성의 기대수명은 평균 71세까지 3년 이상 감소했다가, 2019년에는 78세로 반등하였다.[34] 기대수명 감소의 원인에 대해서는 다소 엇갈리는 이견이 있다. 그러나 1989년 소련의 붕괴와 사회·경제적 혼란으로 인한 의료 서비스 악화, 처방 의약품의 부족, 과도한 음주, 높은 흡연율 등이 주요 원인이라는 데에는 합의가 이루어졌다.

러시아의 사망력 변화는 일반적인 기대와 다른 양상이다. 이를 통해 사망력 감소와 역학변천이 일방향적이지 않음을 알 수 있다. 비록 보건의료 성과를 악화시킨 정확한 원인이 불분명한 채 논란은 계속되지만, 구소련 시대부터 30년이 넘는 꽤 오랜 시간에 걸쳐 여러 이유가 반영되었을 것이다. 구소련의 IMR은 항상 높았다. 특히 1970년대부터 소련의 IMR이 서구의 IMR 경향과 차이를 보이기 시작했다.[35] 서구에서는 IMR이 계속 감소한 반면, 소련에서는 약 25 정도에서 정체되었다가 1970년대 중반에는 30 이상까지 증가했다. 산모의 흡연과 음주 증가, 열악한 산모의 영양과 건강 상태, 임신 중 부적절한 건강 관리, 비위생적 병원 상태 등 사회적, 경제적, 의학적 이유 때문이었다. IMR 증가는 우즈베키스탄, 카자흐스탄 등 중앙아시아 공화국과 조지아, 아르메니아 등 캅카스 공화국에서도 지역적 차이를 보이며 나타났다. 러시아의 영아사망력은 (2020년 16까지) 감소하였지만 여전히 (4.0인) 유럽 평균보다는 높은 수준이다.

1990년대 러시아 남성의 기대수명이 감소한 것은 전혀 새로운 현상이 아니다. 1970년대 초부터 구소련의 지표가 서구보다 악화되는 장기적인 추세가 있었다. 미하일 고르바초프 대통령의 적극적인 금주운동 덕분에 1980년대 기대수명이 일시적으로 개선되었던 적은 있다. 그러나 1990년대까지 소련과 서구 사이의 기대수명 격차는 계속해서 커졌다. 영아사망력과 마찬가지로, 서구 사회에서 기대수명이 개선될수록 격차는 더욱더 확대되었다. 하지만 이러한 격차는 부적절한 의료 서비스와 의료를 등한시했던 구소련 및 러시아 내부의 뿌리 깊은 제도적 문제점이 반영된 것이었다. 과도한 음주 및 높은 비율의 심혈관 질환도 기대수명 감소의 원인으로 지목되었다.

사망률 증가가 사회적, 정치적, 경제적 격변을 경험한 국가에서만 나타나는 현상은 아니다. 미국에서도 성인 백인의 사망률이 안정되거나 증가했다는 사실이 확인되었다. 이는 다른 선진국의 동향과 반대되는 현상이다. 특히 백인 경제활동인구의 사망률이 높아졌다. 대졸 미만 학력자의 사망률이 현저하게 증가했고 대졸자의 사망력은 감소하였다.[36] 이러한 경제활동인구의 기대수명 감소는(또는, 사망률 증가는) 인종, 민족 집단을 망라해 국가 전체적으로 나타나는 현상이다. 역설적이게도 미국은 1인당 보건의료비 지출이 세계에서 가장 높은 국가이다.[37] 그러나 모든 지표가 나쁜 것은 아니다. 유소년인구와 (65세 이상) 노년인구에서 사망력 감소와 기대수명 연장이 확인되었다. 이러한 상황에서 가장 생산적이어야 하고 가족을 부양해야 하는 경제활동인구의 사망력 증가는 문제가 있어 보인다.

미국에서 사망력 증가는 마약 중독, 알코올 중독, 당뇨병, 심혈관 질환, 자살에 따른 사망이 원인일 수 있다. 이를 두고 일부 저자들은 **절망의 죽음**이라고 말했다.[38] 절망의 죽음은 실업, 소득 정체, 소속감 상실, 결혼 파탄, 불평등의 악화, 낮아진 행복감 등을 포함하는 다차원적 개념으로, 특히 저학력층 미국인들에게 크게 영향을 미친다. 침체된 사회·경제적 상황에 대한 대응적 보상 심리는 더 많은 미국인을 알코올 중독, 약물 남용, 자살로 내몰고 있다. 비만과 운동 부족으로 인한 심혈관 질환도 증가하고 있다. 이와 관련된 지리적인 패턴들도 나타나고 있다.

예를 들어, 오하이오 밸리, 애팔래치아, 뉴잉글랜드 일부 지역에서 사망력과 기대수명의 가장 큰 변화가 관찰되었다. 이들은 장기적인 경기침체와 투자 중단을 경험했고, 최근에는 오피오이드 남용이 심각한 문제로 떠오른 지역이다. 그리고 사회·경제적 기회가 제한된 가난한 농촌지역의 저학력층 성인 사이에서 중년의 사망력이 가장 크게 증가하였다. 보다 작은 지리적 스케일에서는, 메트로폴리탄 지역보다 카운티 지역에서 사망력이 더 많이 증가한 것으로 나타났다. 그런데 양상은 인종, 민족, 성, 연령의 영향까지 고려하면 훨씬 더 복잡하다. 예를 들어, 약물 과다복용에 의한 사망은 대도시 교외지역에서 가장 많이 증가했다. 백인의 자살 증가도 교외지역에서 가장 높았다. 사망력 패턴은 남성과 여성 간에 차이가 있었고, 기대수명은 대도시 거주자 사이에서 증가했다.

미국 정도는 아니지만 다른 선진국에서도 사망률이 약간 증가했다. **보편적 건강보험 시스템**과 강력한 **사회복지 프로그램**을 시행한 국가의 상황이 훨씬 더 좋다. 스코틀랜드의 기대수명은 국가 수준에서 정체되었고, 로컬 스케일에서는 일부 지역의 기대수명이 낮아졌다. 하락 폭은 부유한 지역보다 빈곤한 지역에서 컸으며, 가장 빈곤한 지역과 그렇지 않은 지역 사이의 남성 기대수명은 13년(여성의 경우 10년)이나 차이가 난다.[39] 며칠 또는 몇 주 정도의 미미한 기대수명의 변화라 할지라도, 이러한 변화 자체가 매우 놀라운 사실이다.

감염병 및 기생충병의 위협

인류는 오랫동안 콜레라, 말라리아, 결핵 등 **감염병 및 기생충병**(IPD : Infectious and Parasitic Disease)에 시달려왔다. 하지만 20세기 중반부터 강력한 항생제가 등장하여 보급되기 시작했고, 제2차 세계대전 이후 IPD의 박멸을 위해 막대한 재정이 투입되었다. 이에 과학계와 의료계에서는 IPD를 통제할 수 있고 궁극적으로 이들을 심각한 사망 원인에서 제거할 수 있을 것으로 생각했다. 가장 주목할 만한 사례 중 하나는 **천연두**의 박멸이다. 천연두는 전염성 질병으로, 사망률이 30%를 넘으며 1800년대 유럽의 주요 사망 원인이기도 했었다. 그러나 1970년대 글로벌 면역 프로그램을 통해서 천연두를 성공적으로 퇴치할 수 있었다. 이러한 성과는 전염병이 대규모 **공중 보건** 계획을 통해 통제될 수 있다는 희망을 안겨주었다. 또 다른 중요한 IPD 박멸 프로그램은 말라리아를 대상으로 한 것이었다. **말라리아**도 오랫동안 인류를 괴롭혀왔던 질병이다. 습지의 물을 배수하고 살충제를 살포해 말라리아를 옮기는 매개체 모기를 통제한 결과, 신규 감염자가 크게 줄어들었다. 홍역, 유행성 이하선염, 소아마비 등의 여러 소아 질환도 통제되고 있다. 이 또한 수 세기 동안 인간에게 재앙과 같았던 질병이 현대 의학을 통해 극복될 수 있다는 확신을 주었다.

하지만 말라리아 박멸과 같은 성공은 일시적일 수 있다. 실제로 지난 40년 동안 IPD가 사회적 보건환경을 위협하는 주요 요인으로 다시 등장했다. 1963년 이후 말라리아 프로그램에 대한 노력이 줄어들었고, 결과적으로 말라리아는 이전보다 더 강력한 모습으로 되돌아왔다. 살충제의 장기적인 사용은 살충제 내성 모기의 출현을 낳았다. 살충제 자체도 암과 환경오염의 원인으로 작용했다. 동시에 부적절한 치료, 저품질 치료제, 의약품 남용은 치료제 내성 말라리아의 확산으로 이어졌다. 실제로 말라리아 감염률은 세계적으로 증가하고 있다. 마찬가지로 안전하고 간단한 백신의 사용에도 불구하고, 홍역은 여전히 5세 미만 어린이의 주요 사망 원인 중 하나로 남아있다. 백신 거부가 증가하면서, 세계에서 홍역으로 사망한 사람의 수는 2018년 14만 명까지 증가했다. 급성 호흡기 감염과 말라리아 역시 5세 미만 어린이의 주요 사망 원인으로, 각각은 2017년에만 65만 3000명, 26만 3000명 어린이의 목숨을 앗아갔다.

말라리아의 재출현은 IPD와의 싸움에서 안주해서는 안 된다는 경고와 같다. **감염병**의 원인이 되는 미생물이 더 강한 형태로 진화하거나, 새로운 감염 경로가 생겨날 수 있기 때문이다. 지카 바이러스, 알려진 치료법이 없는 에볼라, 신종 콜레라, 2019년 코로나19 사태를 유발한 신종 코로나 바이러스 등이 그러한 감염병 사례에 해당한다. 이들은 세계적 보건 기관에게 심각한 도전의 문제가 되었다. 한때 과학으로 통제되었다고 믿었던 질병들, 예를 들어 다제내성 결핵, 말라리아, 뇌막염의 재창궐은 과학의 힘에 대한 자만심을 더욱 흔들어놓았다. **에이즈**를 일으키는 **인간면역결핍바이러스**(HIV)도 기대수명의 가장 큰 위협 중 하나다. 실제로 에이즈는 세계의 사망력 패턴과 기대수명을 변화시켰다. 이것이 어쩌면 새로운 IPD의 출현 가능성과 파괴적인 영향을 대변하는 것일지도 모른다. HIV/AIDS가 발생한 이후 약 3200만 명의 사람들이 에이즈 관련 질병으로 인해 사망했다.[40] 다행스럽게도 **항레트로바이러스제**의 도입으로 인해 HIV의 확산이 둔화되었고 신규 감염자 수도 감소했다. (2000년 이후 HIV 신규 감염자 수는 35% 감소했다.) 에이즈 감염자는 증가했지만 에이즈로 인한 사망자는 줄었다는 이야기다. (에이즈 관련 사망률은 2004년 이후 56%, 그리고 2010년 이후 33% 감소하였다.) 하지만 아직

표 6.2 **지역별 HIV/AIDS 통계(2018년)**

지역	유행 시작 시점	2018년 HIV/AIDS 감염자 수(만 명)	2018년 총신규 감염자 수(만 명)
서아프리카와 중앙아프리카	1980년대 말	500	28
북아프리카와 중동	1980년대 말	24	2
아시아와 태평양	1980년대 말	590	31
동아프리카와 남아프리카	1980년대 말	2060	80
라틴아메리카와 카리브해	1970년대 말~1980년대 초	224	12
동유럽과 중앙아시아	1990년대 초	170	15
서유럽, 중앙유럽, 북아메리카	1970년대 말~1980년대 초	220	7
세계 전체		3790	170

출처 : United Nations Program on HIV/AIDS(UNAIDS), https://www.unaids.org

끝난 것은 아니다. 미국 질병관리센터는 HIV/AIDS의 여전한 위험성을 경고하고 있다. 실제로 최근에는 지속적인 노력에도 불구하고 신규 감염자 수가 크게 줄지 않고 있다. 2018년 전 세계적 신규 감염자는 170만 명이나 되었다(표 6.2). 미국에서는 (서유럽 전체와 비슷하게) 매년 약 4만 명의 신규 감염자가 확인되고 있으며, 흑인 감염자 수가 월등하게 많다. 전 세계적으로는, 여성이 남성보다 감염 위험성이 높고, 주사기 마약 투약자, 동성 연애 남성, 성매매 종사자, 트랜스젠더 사이에서 HIV 감염 위험성이 높게 나타난다. 에이즈는 기대수명에도 큰 영향을 미친다. 대표적으로, 사하라 이남 아프리카 지역은 에이즈 유행이 최고점에 달했을 때 기대수명의 큰 하락을 경험했다(그림 6.3).

과학과 교육을 통해 HIV의 확산이 통제되는 동안, **코로나19**를 유발하는 신종 코로나 바이러스와 같은 새로운 형태의 IPD도 출현했다. 코로나 바이러스는 2019년 말에 처음 등장했고, 인류에게 새로운 위협으로 작용했다. 이 감염병은 계속해서 진화하고 있다.[41] [c] 2020년 10월까지 코로나 바이러스로 목숨을 잃은 사람의 수는 전 세계적으로 100만 명이 넘었다.[42] 역학 전문가

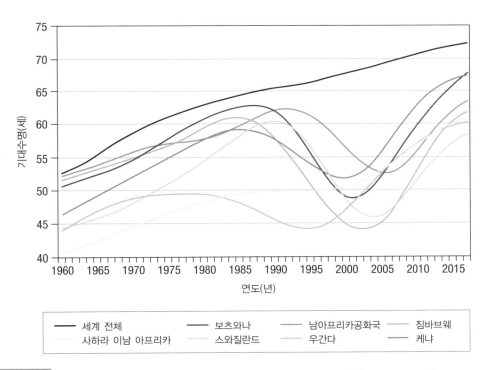

그림 6.3 HIV/AIDS가 사하라 이남 아프리카의 기대수명에 미친 영향(1960~2019년)

출처 : 저자, World Bank

---

[c] 세계보건기구(WHO)는 코로나19의 세계적 확산에 따라 2020년 1월 30일 국제공중보건비상사태를 발효하였고, 곧이어 3월 11일 공식적으로 코로나19 팬데믹을 선언하였다. 3년이 넘는 유행기를 지나 전염이 잦아들면서, WHO는 2023년 5월 5일 국제공중보건비상사태를 해제하였다.

들의 예측에 따르면, 코로나로 인한 사망률이 1.5%를 넘고 3% 이상이 될 수도 있다. (일반적인 독감으로 인한 사망률은 0.1% 정도이다.) 2020년 봄 무렵 세계 경제의 상당 부분은 중단되어 버리고 말았다. 이에 대한 대처로 전 세계의 정부들은 바이러스로 인한 경제적 타격을 최소화하려 노력하였다.

코로나19 위기는 수많은 고위험 감염병 중 가장 최근의 신종 사례일 뿐이다. 이에 앞서 2014~2016년에는 **에볼라**와 **지카 바이러스**에 세계의 이목이 쏠렸던 적이 있다. 에볼라는 서아프리카에서 일반적으로 나타나는 치명적인 출혈성 질병이며, 지카 바이러스의 출현은 브라질에서 시작되었다. 이들 감염병의 사회적, 국가적 확산이 빠르게 진행되면서 수많은 사람이 목숨을 잃었다. (미국 질병관리센터에 따르면, 당시 에볼라 사망자 수는 1만 1000명 이상이었다.)[43] 이 사태의 장기적 측면도 세계적 관심의 이유였다. 지카 바이러스는 1947년 우간다에서 발견되었고 인간 감염은 1952년에 처음으로 확인되었다. 한참이 지난 후 2015년 브라질에서 폭발적으로 등장해서, 세계 보건의 새로운 위협이 되었던 것이다.[44] 방심하고 있던 공중 보건 관계자들의 허를 찌른 것이나 마찬가지였다. 과거 지카 바이러스의 발병은 주로 아프리카, 동남아시아, 태평양 제도 등 적도 인근 지역에만 한정되어 있었다. 비교적 제한된 인구에게만 영향을 미쳤었다는 이야기다. 지카는 주로 에데스 모기를 통해서 전파되지만, 성관계를 통해서 감염되는 사례도 있었다. 브라질에서의 극적인 출현은 국제무역과 해외여행의 영향으로 매개체 모기가 세계적으로 확산하면서 지카 바이러스가 전파될 수 있었음을 시사한다. 지카 감염자들은 대부분 경미한 증상만 보이지만, 임신 중 감염은 신생아에게 (머리가 비정상적으로 작은) 소두증과 뇌 기능 장애를 일으킬 수 있다. 일부 성인 감염자에게는 신경학적 문제가 나타나기도 한다. 지카 바이러스 확산의 매개체는 모기로 밝혀졌지만, 이 감염병의 잠재적인 지리적 범위는 여전히 미궁의 상태에 있다. 2016년 푸에르토리코와 미국령 버진아일랜드에서 지카에 감염된 에데스 모기가 확인되었다. 이에 미국 질병관리센터는 에데스 모기가 자주 발견되는 미국 남부 주에서 지카의 출현을 우려하였다.

이처럼 널리 퍼져있는 에데스 모기 때문에 지카 바이러스의 공간적 확산이 용이해 보인다. 보다 일반적으로, 다양한 원인이 작용해 IPD가 재출현한다. 전염성 질병이 사하라 이남 아프리카와 같은 지역에서 높은 사망률로 이어지는 것은 인구통계학적 원인과 관련된다. 많은 IPD는 예방접종, 안전한 식수, 바람직한 음식 보관, 안전한 성생활, 개인위생을 통해서 예방할 수 있다. 그러함에도 만연한 빈곤, 영양결핍, 부적절한 공중 보건 시스템이 많은 사망자 수의 원인으로 작용했다. 자연환경의 변화도 IPD가 재등장하는 이유이다. 대표적으로, 인간이 유발한 변화로 인해서, (살충제 내성 모기처럼) 질병을 전파하는 유기체나 매개체의 유전자 변형이 일어났다. 항생제의 오남용은 말라리아와 결핵의 약물 내성을 높였고, HIV/AIDS는 결핵과 폐렴의 증가로 이어졌다. 농업은 미생물의 번식환경에 영향을 미쳤고, 사회·경제·정치적 조건도 미생물의 재등장과 확산을 촉진하였다. 인구이동과 무역은 오랫동안 질병 확산의 중요한 통로 역할을 해왔다. 흑사병은 아시아에서 유럽으로 퍼져나갔고, 유럽 탐험가들이 천연두를 북아메리카와 오세아니아에 들여오면서 엄청난 수의 원주민이 사망했다. 원주민이 천연두에 대한 면역력을 보유하고 있지 못했기 때문이다. 정착과 도시화는 인구 집중의 원인이 되었고, 이에 따라 예전에는 좁은 지역이나 짧은 기간 동안만 유행했던 질병들이 지속적으로 발생하는 환경이 조성되었다. 콜레라는 농촌지역에 거의 존재하지 않는 것이나 마찬가지였지만, 사람이 모여드는 도시화와 함께 빠르게 확산하는 전염병이 되었다. 사람이 붐비고 비위생적인 환경일수록 감염의 위험성이 높았다. 이러한 과정은 오늘날 개발도상국 세계에서 반복되고 있다. 빠른 도시화로 인해서 이주민은 혼잡하고 부적절한 환경에 정착할 수밖에 없기 때문이다.

21세기에는 새로운 IPD 통제의 도전적 과제가 등장했다. 가령, 내전이 발생하여 필수 의약품과 식량 공급이 원활하지 못하고 공중 보건 서비스가 붕괴되면 IPD는 빠르게 확산한다. 급속한 인구성장과 도시화를 경험하는 곳의 정부는 기본적인 의료 서비스나 깨끗한 식수와 같은 기반시설을 제대로 제공하지 못한다. 더 우려스러운 점은 질병의 전파 속도와 용이성에 있다. 특히 항공여행을 통한 국가 간의 빠른 이동은 IPD 통제의 어려움으로 작용하고 있다. 비행기가 질병 확산의 가장 효과적인 교통수단이 되면서, 질환과 질병의 세계적 전파는 단지 몇 시간 안에 벌어질 수 있는 현상이 되었다.

다른 한편으로, 개인이나 사회가 예방접종을 거부하는 현상도 늘고 있다. 이러한 거부감은 특히 북아메리카를 비롯한 선진국 세계에서 심하게 나타나는데, 이는 예방접종이 소아 자폐증의 발병률 증가와 관련된다는 근거 없는 두려움에 따른 것이다.[45] 어린이를 예방 가능한 IPD로부터 보호하는 일이 종교적인 이유로 실패할 때도 있다. 일례로, 2004년 나이지리아 북부 카노주 정부에서는 아이들의 소아마비 백신 접종이 종교적 이유로 중단되었던 적이 있다. 백신이 여성불임의 원인이라는 종교 지도자들의 주장이 있었기 때문이었다.[46] 그러나 소아마비 바이러스는 200명 중 1명꼴로 마비를 유발할 수 있고, 잠재적으로 사망에 이르게 할 수도 있다. 세계보건기구는 소아마비 바이러스를 억제하기 위해 노력해왔다. 결과적으로 2019년 무렵 소아마비는 아프가니스탄과 파키스탄 국경 지역에만 한정된 질병이 되었다.[47]

결론 : 사망력의 미래

인구의 사망력 변화는 20세기 가장 중요한 사건 중 하나였다. 이전 세기와 달리, 21세기 선진국 세계에서는 극적인 기대수명 변화를 기대하기 어려울 전망이다. 마찬가지로 개발도상국 세계에서도 정도와 방향은 불분명하지만 약간의 변화만 있을 것으로 보인다.

앞으로 다가올 수십 년간의 미래에는, 인구의 사망력 및 이환력과 관련해 네 가지의 전망이 가능하다. 첫째, 20세기 동안 65세 이상 인구를 중심으로 기대수명이 현저하게 높아졌지만, 의료 기술의 발전으로 더 많은 사람이 노년까지 생존할 수 있게 될 것이다. 그러나 75세, 80세, 85세 이상 고령의 노년층에서 (질병의) 이환 증가가 관찰되고 있다. 인구가 더 오래 생존하며, 장애 없이 건강하게 살아가는 기간도 늘어났다. 이는 장애 및 그와 관련된 보건의료비용이 더 높은 연령층까지 연장되었음을 의미한다. 그러나 **건강한 기대여명**, 즉 x 연령의 사람이 건강하게 살 것으로 예상되는 기간은 (이환력, 건강 상태, 연령별 사망력을 고려할 때) 기대수명과 같은 속도로 증가하지는 않는다. 사망 전에 좋지 않은 건강 상태로 보내야 하는 시간만 길어졌다는 이야기다. 그렇다면 기대수명은 양날의 검은 아닐까? 이환력의 증가나 노인에 대한 서비스 제공 및 지원 확대의 측면에서, 서구 사회의 고령화가 함의하는 바가 무엇일까? 기대수명 연장은 이환력 증가를 희생하면서 얻은 성과는 아닐까? 그래서 인구의 건강을 유지하는 동시에 보건의료비용을 억제하는 것이 오늘날 사회가 직면하게 될 중대한 도전 과제일 것이다.

둘째, 새롭게 등장하는 보건 문제로 인해 도시는 가까운 미래에 불리한 사망력 상황에 놓일 수 있다. 도시의 보건 상태가 비교적 양호하더라도, 도시 빈민과 부유층 사이의 격차는 매우 크다. 이는 특히 개발도상국 세계에서 분명하게 나타난다. 예를 들어, 방글라데시의 도시지역에서 IMR은 1000명당 95명에서 152명 사이로 다양하게 나타난다. 이는 (1000명당 32명인) 중산층 지역과 농촌보다 높은 수준이다.[48] 농촌지역으로부터 지속적인 인구 유입과 인구밀도의 증가 때문에 도시지역의 사망력과 이환력이 더욱 높아졌다. 개발도상국 세계의 대부분 도시에서 인구가 기반시설보다 더 빠른 속도로 성장한다. 이에 따라 많은 이들이 부적합 식수나 부적절한 위생 상태에 처하게 되었고, 도시지역에서는 빈곤 관련 질병도 증가하고 있다. 이런 차이를 확인하려면 개발도상국까지 날아갈 필요도 없다. 앞서 일리노이주의 사례를 통해 알아본 것처럼, IMR의 차이는 선진국 세계에서도 명백하기 때문이다. 캐나다 온타리오주 해밀턴에서는 인근 지역 간 기대수명 차이가 21년이나 되는 곳이 있는데, 빈곤과 저소득으로 인한 차이가 확연하다.[49] 이러한 경제적 차이에 따른 보건 격차는 응급실 이용, 심혈관 질환, 암 등과 관련해서도 나타나고 있다.[50] 이러한 차이의 패턴은 대부분의 도시에서 확인할 수 있다.

셋째, IPD는 여전히 건강에 위협이 되고 있다. 선진국 세계에서도 질병의 유입과 급속한 유행을 방지하기 위한 대책이 필요하다. 이주민 대상 건강 검진처럼, 질병의 유입을 막기 위한 안전망이 마련되어 있기는 하다. 그러나 이러한 시스템은 완벽하지 못하고, 2020년의 코로나19와 같은 감염성 질병은 빠르게 확산될 수 있다. 전염병을 피하려면 시스템과 절차가 마련되어야 한다. 선진국과 달리 개발도상국은 자체적인 문제에 직면해있다. 급속한 도시화와 빈곤으로 인한 열악한 생활환경은 감염병 발생과 전파에 유리한 환경으로 작용하기 때문이다.

넷째, 비만의 문제는 심혈관 질환, 당뇨병, 그리고 다른 합병증의 증가로 이어지고 있다. 실업과 사회화의 감소도 건강 악화의 원인으로 작용한다. 기대수명의 연장도 계속해서 이어질 것

같지만은 않다. 증가하는 비만과 **절망의 죽음** 때문에 기대수명의 연장은 정체되거나 심지어 감소할 수도 있을 것 같다.[51]

한편 IPD를 비롯한 다양한 보건 위협에 대해 새로운 백신 및 항생제 개발이나 연구소 개선 등 의학적 차원의 대응을 호소하는 목소리가 높다.[52] 그러나 이러한 연구개발에는 큰 비용과 많은 시간의 투입이 요구된다. 제약 회사들이 그런 의약품을 개발하지 않으면 개발도상국 세계에서는 이용할 수가 없다. 값비싼 의료 프로그램과 개입이 기본적인 인구 보건을 보장할 수 없다면, 다른 대안을 찾아야 한다. 어떤 방향이든 간에, 선결되어야 하는 문제는 기대수명의 개선이다. 이를 위해 공중 보건 프로그램과 기초 보건의료 서비스에 대한 새로운 헌신이 필요하고, 건강의 광범위한 **사회적 결정 요인**에 주목해야 한다.[53] 이를 통해 IPD, 산모 건강을 비롯해 여러 가지 보건 문제에 대처하는 방어선을 구축할 수 있기 때문이다.

인구의 수요에 부응하는 기초 보건의료 서비스의 제공은 보건 퍼즐의 한 조각에 불과하다. 그 자체만으로 이환력이나 사망력의 불평등을 충분하게 개선하거나 제거하기는 어렵다는 뜻이다. 교육, 위생, 영양, (흡연, 음주, 약물 등) 라이프스타일, 주거조건, 개인의 권력 등과 관련된 보다 광범위한 사회적 결정 요인에 대한 인식 개선이 무엇보다 중요하다. 이들은 건강과 사망에 직접적인 영향을 미치는 요인들이기 때문이다. 질병이나 발병 가능성에 영향을 주는 (행동 위험 요인, 유전적 요인 등) 개인적 차원의 원인을 넘어서, 생활환경과 근로조건도 건강의 중요한 결정 요인이라는 뜻이다. 소득분포, 교육 수준, 사회적 권력 등이 그러한 요인에 해당한다. 미국 질병관리센터는 건강의 사회적 결정 요인을 "식량 공급, 주택, 사회·경제적 관계, 교통, 교육, 보건의료 서비스처럼 삶의 질을 향상시키는 자원"으로 정의한다. 그러면서 이러한 자원들의 분포가 인간 수명과 삶의 질을 결정한다고 강조하고, 식량, 보험, 소득, 주택, 교통 등의 서비스와 자원에 대한 접근성을 건강의 사회적 결정 요인에 포함시켰다.[54] 이러한 결정 요인의 분포는 공정한 보건의료 서비스 접근성을 촉진하거나 소득 재분배에 기여하는 공공정책에 영향을 받는다. 역으로, 사회적 결정 요인이 정책 형성의 원동력으로 작용하기도 한다.

사망력 차이에서 성별은 중요한 요인이지만, 다른 결정 요인들도 많이 있다. 예를 들어, 미국에서 건강 불평등은 사회·경제적 조건과 관련이 깊다. 1981년과 2000년 사이에 고학력층의 기대수명은 증가했지만, 저학력층의 기대수명에는 변화가 없었다.[55] 이와 유사한 차이가 소득과 관련해서도 나타난다. 소득의 증가는 기대수명의 연장과 관련이 있다. 고용은 유급노동자에게 사회적 접촉, 정체성, 삶의 목표 등을 제공함으로써, 노동자의 건강에 중요한 영향을 미친다.[56] 사회적 환경과 접촉 역시 중요하다. 사회적 접촉이 많은 사람일수록 사망력은 낮아진다. 반대로 친구나 가족의 정서적 지원이 약하거나 사회적 참여가 낮으면, 사망력이 증가하는 경향이 있다. 인종 또한 중요한 요인이다. 실제로 미국에서는 흑인과 백인 간 기대수명의 격차가 점점 더 커지고 있다. 보편적인 의료 시스템이 발달한 캐나다에서도, 나이, 성별, 인종, 거주지에 상관없이 저소득층은 고소득층보다 더 많은 질병에 시달리며 더 빨리 사망한다.

이와 같은 건강 결정 요인들이 중요하지만, 그런 분야에 대한 정부의 투자가 항상 이루어지는 것은 아니다. 이와 관련해 분명한 사실 한 가지가 있다. 개발도상국 세계는 깨끗한 식수, 위생, 적절한 주택, 공교육, 그 밖의 프로그램을 제공하기 위한 공공 인프라 투자가 부족한 현실에 직면해있다는 것이다. 기초 보건의료 서비스의 제공은 두말할 필요도 없다. 보건환경과 사망 경험에 대한 광범위한 대응이 필요하긴 하지만, 불충분한 예산과 자원으로 인해 제약받는 상황에 있다는 이야기다. 저소득 국가에서는 인구성장도 그러한 광범위한 대응의 노력을 어렵게 한다. 경제적 지원에 영향을 미치는 정치적 어젠다도 마찬가지다. 인구성장이 목표 달성을 어렵게 만들며, 늘어나는 젊은 인구는 많은 비용이 필요한 교육, 사회, 보건 서비스에 부담으로 작용한다. 적은 비용으로 실행할 수 있는 손쉬운 해결책은 없어 보인다.

포커스　**미국, 멕시코, 짐바브웨의 사망력 차이**

인간은 모두 죽기 마련이지만, 장소마다 사망률의 차이가 나타나며 이유도 제각각이다. 사망력 변천은 사망력 데이터의 국가 간 비교를 통해 설명될 수 있다. 여기에서는 멕시코, 짐바브웨, 미국 여성의 **연령별 사망률**(ASDR : Age-Specific Death Rate)을 대조해볼 것이다(그림 6.4). 연령별 사망률 그래프에서 J형 함수는 모든 국가와 인구에서 나타나는 특징이다. 생후 1년 동안 사망률이 비교적 높다가 유년기와 청소년기를 거치면서 감소하고, 노년기에 다시 증가하는 패턴이 표준적인 모습이다. 남성과 여성 간에도 차이가 있는데, 여성의 경우 출생 시점부터 낮은 사망률을 보인다. 이러한 남녀 간 차이는 일반적으로 청년층에서 가장 크게 나타나는데, 15~24세 남성 사망률은 동일 연령의 여성에 비해 약 3배 정도 높다. 이는 남성 청년층 사이에서 HIV/AIDS, 자살, 사고, 살인의 위험이 높은 것과 관련된다. 지난 30년 동안 기대수명이 전반적으로 증가했음에도 불구하고, 15~24세 남성의 사망력이 증가하였다.[57] 문제는 이들 사망의 대부분은 예방이 가능했다는 점이다.

짐바브웨의 연령별 사망률은 모든 연령대에서 멕시코나 미국보다 높게 나타난다. 그리고 미국의 사정이 멕시코보다 나은 편이다. 원인별 사망률의 차이는 표 6.3에 나타나있다. 세 국가 중 미국에서만 **사망력 변천**이 완료되었다. (폐암, 대장암 등) 암, 심장병, 당뇨병 등 비감염성 질병과 자살이 미국에서 주요 사망 원인으로 나타난다. 반면, 짐바브웨에서 상위 10대 사망 원인은 대부분 감염성 질병과 산모, 신생아, 영양 관련 질환으로 구성되며, HIV/AIDS도 주요 사망 원인에 포함된다. 다른 개발도상국 세계의 일원과 마찬가지로, 설사와 결핵을 포함해 **감염병 및 기생충병**(IPD)이 사망 원인에서 10위 안에 든다. 의료 서비스 제공자의 부족, 열악한 의료 시스템, 전쟁이 짐바브웨의 높은 사망률의 원인으로 작용했다. 분명한 것은, 이런 사망 원인 중 대부분이 예방 가능하다는 것이다. 짐바브웨는 수년간의 경제적 침체와 의료 시스템 붕괴로 다른 개발도상국보다 여러 측면에서 더 나쁜 상황에 있다.

멕시코는 **역학변천**의 과정 중에 있다. 지난 40년 동안 사망률은 감소했고, 10대 주요 사망 원인은 심장병, 뇌혈관 질환, 당뇨병 등 **비감염성 질병**으로 구성된다. 하지만 멕시코의 사회·경제적 불평등은 기초 보건의료 서비스 접근성의 불평등으로 이어졌다. 농민과 원주민 인구가 집중한 가난한 남부 주에서는 예방 가능한 질병의 유병률과 사망률이 높게 나타난다.

사망률은 개인의 사망 위험에 대해 간편한 설명을 제공한다. 그러나 일반적 인구통계학자는 (0세의 평균 생존연수인) **기대수명**이나 (1세 미만 영아의 사망자 수를 출생자 수로 나눈) **영아사망률**(IMR)을 통해 사망력 측정을 보완한다. 두 측정 모두는 인구의 사망 경험과

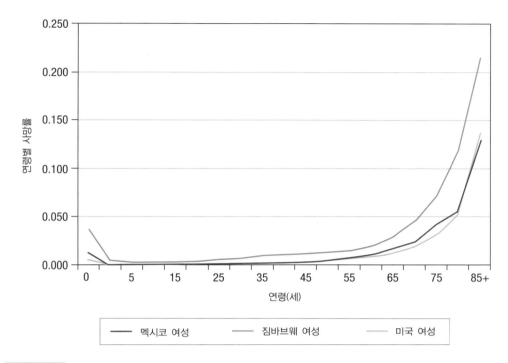

그림 6.4 미국, 멕시코, 짐바브웨의 연령별 사망률(2016년)

출처 : WHO, http://www.who.int/countries/en/#M

사회적 삶의 질에 대한 설명을 제공한다. 2020년 기준 미국의 IMR은 5.7, 기대수명은 79세이다. 반면, 짐바브웨의 IMR은 47, 기대수명은 61세이며, 멕시코는 IMR이 11, 기대수명은 75세이다.

표 6.3 2017년 국가별 10대 사망 원인 : 미국, 멕시코, 짐바브웨

	미국	멕시코	짐바브웨
1	심장병	심장병	HIV/AIDS
2	암	신장병	하기도 감염
3	사고	당뇨병	폐결핵
4	만성 하기도 질환	폭력	심장병
5	뇌졸중	간경변증	신생아 신체 이상
6	알츠하이머	뇌졸중	설사병
7	진성 당뇨병	알츠하이머	뇌졸중
8	인플루엔자 및 폐렴	만성 폐쇄성 폐 질환	단백질에너지 결핍증
9	신장염	하기도 감염	당뇨병
10	고의적 자해(자살)	교통사고	교통사고

출처 : Institute for Health Metrics and Evaluation(IHME). Country profiles. Seattle: IHME, University of Washington, 2018. http://www.healthdata.org/results/country-profiles(2020년 3월 24일 최종 열람)

사망력 측정

2018년 미국에서는 총 283만 9205명이 사망자로 기록되었다. **조사망률**(CDR)로 환산하면 10만 명당 867.8명이며, **연령조정 사망률**(age-adjusted death rate)은 10만 명당 731.9명이다.[58] 이러한 측정치들은 무엇을 의미할까? 어떤 지표가 사망력을 더 잘 재현할 수 있을까? 출산력처럼 사망력과 관련해서도 여러 가지 측정치를 사용할 수 있지만, 이용 가능한 정보의 양과 질에 따라 측정의 상세도와 정확성이 다름에 유념해야 한다. 가장 단순한 측정치로, 필요한 정보가 많지 않고 계산이 쉬운 조사망률(CDR)이 있다. CDR은 다음과 같이 정의된다.

$$CDR = \left(\frac{D}{P}\right) \times 1000$$

여기서 D는 연간 사망자 수이고, P는 해당 연도의 (7월 1일을 기준으로 산출한) 연앙인구이다.

하지만 **조출생률**(CBD)과 마찬가지로 CDR은 사망 위험성에 영향을 미치는 인구의 연령구조와 성별구조를 고려하지 못하는 문제가 있다(5장의 **방법·측정·도구** 글상자 참고). 연령분포와 성별 간 사망력의 차이 때문에, 서로 다른 국가의 CDR을 직접 비교할 수 없다는 이야기다. 인구 규모가 비슷하지만 노년인구 비율이 다른 2개의 인구집단을 비교하는 상황을 생각해 보자. 둘 중에서 노년인구 비율이 높은 인구집단의 조사망률이 더 크지만, 이것이 더 높은 사망의 위험을 뜻한다고 말하기는 어렵다.

그래서 대안으로 인구의 연령 및 성별 구성을 고려한 **연령별 사망률**(ASDR)을 이용할 수 있다. ASDR은 다음과 같이 정의된다.

$$ASDR = \left(\frac{D_{t,t+5}}{P_{t,t+5}}\right) \times 1000$$

ASDR은 (대개 5년 간격으로 구분한) 특정 연령집단의 사망자 수를 같은 연령집단의 연간 평균인구로 (또는, 연앙인구로) 나눈 값이다. 사망자 수가 연령 및 성별에 따라 기록되고, 정확한 연령별, 성별 인구수를 안다고 가정할 때만 ASDR을 구할 수 있다.

영아사망률(IMR)은 출생 후 1년 안에 사망한 영아의 사망률을 보여줄 때 자주 사용된다. 생후 1세 미만의 영아 사망자 수는 출산과 직접 관련된다고 가정하며, IMR은 다음과 같이 정의된다.

$$IMR = \left(\frac{D}{B}\right) \times 1000$$

따라서 IMR은 출생아 1000명당 1세 미만 사망자 수라 할 수 있다. 이 책 다른 곳에서 설명한 바와 같이, 세계적으로 영아사망률의 변이는 크게 나타난다. IMR과 비슷한 방식으로, 생후 5년 내의 사망력을 측정할 수 있는데, 이는 **아동사망률**(CMR)로 불린다. 즉, CMR은 5세 미만 인구에 대한 5세 미만 사망자 수로 정의된다. 영양결핍, 전쟁, 소아 질병 등이 CMR에 영향을 미친다. 지금도 개발도상국 세계에서 발생하는 사망의 약 40% 정도는 5세 미만 아동 사이에서 나타나고 있다.

2개 이상 집단의 측정치를 비교하기 위해 **표준화 사망률**(SMR : Standardized Mortality Rate)이 사용되기도 한다. SMR은 임의로 선택된(즉, 특정 지역이나 기간의) 표준인구와 인구구조가 동일하다는 가정하에 특정 인구집단의 사망률을 구하는 기법이다.

원인별 사망률은 암, 심장마비, 뇌출혈 등과 같이 특정한 원인에 따른 사망률을 의미한다. 지금까지 보여준 측정치와 마찬가지로 원인별 사망률은 인구수에 대해 특정한 원인으로(가령, 폐암으로) 인한 사망자 수를 보여준다. 이 측정치 역시 비교를 위해서는 집단 간 연령 및 성별 차이가 조정되어야 한다. 원인별 사망률의 정확성이 문제가 되는 때도 있다. 특히 사망 원인의 판단과 기록이 정확하지 않았을 경우가 그러하다.

마지막으로, **기대여명**도 사망력 차이를 표현하는 지표이다. 기대여명은 현재 사망력 수준에서 x세의 한 개인이 앞으로 생존할 것으로 기대되는 평균 생존연수를 말한다. 이처럼 기대여명은 모든 연령대에서 표현될 수 있지만(이 책 4장), 보통은 출생 시 평균 생존연수를 나타내는 기대수명이 많이 쓰인다. **기대수명**은 한 개인이 생존할 수 있는 가장 긴 기간을 뜻하는 생존기간(life span)으로 불리기도 한다.

원주

1. Alene Gelbard, Carl Haub, and Mary M. Kent, "World Population beyond Six Billion," *Population Bulletin* 54, no. 1(March 1999).

2. 질병의 지리적 확산은 다음 문헌에서 개괄하여 소개하고 있다. Anders Schærström, "Disease Diffusion," in *The Wiley Blackwell Encyclopedia of Health, Illness, Behavior, and Society*, ed. W. C. Cockerham, R. Dingwall, and S. Quah(Chicester, UK: Wiley, 2014), https://doi.org/10.1002/9781118410868.wbehibs252; Andrew Cliff and Peter Haggett, *Atlas of Disease Distributions: Analytical Approaches to Disease Data*(Oxford: Blackwell, 1988); Peter Gould, *The Slow Plague: A Geography of the AIDS Pandemic*(Oxford: Blackwell, 1993).

3. Michael Bliss, *A Living Profit* (Toronto: McCelland and Stewart, 1974); Terry Copp, *The Anatomy of Poverty* (Toronto: McCelland and Stewart, 1974).

4. Thomas McKeown, *The Role of Medicine: Dream, Mirage, or Nemesis* (Princeton, NJ: Princeton University Press, 1979).

5. Elisabeta Jaba, Christiana Brigitte Balan, and Ioan-Bogdan Robu, "The Relationship between Life Expectancy at Birth and Health Expenditures Estimated by a Cross-Country and Time-Series Analysis," *Procedia Economics and Finance* 15(2013), 108–114.

6. *World Population Data Sheet* (Washington, DC: Population Reference Bureau, 2020).

7. Thomas J. Goliber, "Population and Reproductive Health in Sub-Saharan Africa," *Population Bulletin* 52, no. 4(December 1997).

8. Abdel Omran, "The Epidemiological Transition: A Theory of the Epidemiology of Population Change," *Milbank Memorial Fund Quarterly* 49(1971), 509–538.

9. 2014년 미국 GDP의 17.1%를 보건의료비용이 차지하고 있다. 관련 내용은 다음의 인터넷 자료를 참고하자. http://www.who.int/countries/en/#C(2020년 3월 20일 최종 열람).

10. *World Population Data Sheet*.

11. Linda Pickles, Michael Mungiole, Gretchen K. Jones, and Andrew R. White, *Atlas of United States Mortality* (Hyattsville, MD: US Department of Health and Human Services, 1996); Rogelio Saenz, *The Growing Color Divide in US Infant Mortality* (Washington, DC: Population Reference Bureau, 2008).

12. Marian Macdorman and Tj Mathews, "Recent Trends in Infant Mortality in the United States," NCHS data brief 9, no. 1–8(2018).

13. Kenneth D. Kochanek, Sherry L. Murphy, Jiaquan Xu, and Elizabeth Arias, "Deaths: Final Data for 2017," *National Vital Statistics Reports* 68, no. 9(Hyattsville, MD: National Center for Health Statistics, 2019).

14. "As Life Expectancy Rises in the United States, Gaps Between Whites and Blacks Are Decreasing," 미국 인구조회국, October 2014, http://www.prb.org/wpds-2014-us-life-expectancy (2020년 3월 18일 최종 열람).

15. Kochanek et al., "Deaths: Final Data for 2017."

16. Toshiko Kaneda and Dia Adams, *Race, Ethnicity, and Where You Live Matters: Recent Findings on Health and Mortality of US Elderly* (Washington, DC: Population Reference Bureau, 2008).

17. Kochanek et al., "Deaths: Final Data for 2017," table 8.

18. MacDorman and Mathews, "Recent Trends in Infant Mortality."

19. *World Population Data Sheet*; "Illinois Department of Public Health, Health Statistics," http://www.dph.illinois.gov/data-statistics/vital-statistics/infant-mortality-statistics(2020년 3월 20일 최종 열람).

20. Cook County Department of Public Health, "Maternal Child Health," Community Health Status Report 2010.

21. Raj Chetty, Michael Stepner, Sarah Abraham, Shelby Lin, Benjamin Scuderi, Nicholas Turner, Augustin Bergeron, and David Cutler, "The Association between Income and Life Expectancy in the United States, 2001−2014," *Journal of the American Medical Association*, published online 10 April 2016, http://www.equality-of-opportunity.org/assets/documents/healthineq_summary.pdf(2020년 10월 13일 최종 열람).

22. Mark Mather and Beth Jarosz, "The Demography of Inequality in the United States," *Population Bulletin* 69, no. 2(2014).

23. 미국 인구조사국, "Income and Poverty in the United States: 2018," https://www.census.gov/data/tables/2019/demo/income-poverty/p60-266.html(2020년 3월 20일 최종 열람); Carmen DeNavas-Walt, Bernadette D. Proctor, and Jessica Smith, *Income, Poverty, and Health Insurance Coverage in the United States: 2012* (Washington, DC: US Department of Commerce Economics and Statistics Administration, 2013).

24. Children in Poverty, https://www.Childtrends.org(2020년 3월 20일 최종 열람).

25. Jessica C. Barnett and Edward R. Berchick, "Current Population Reports, P60−260, Health Insurance Coverage in the United States: 2016"(Washington, DC: US Government Printing Office, 2017), https://www.census.gov/content/dam/Census/library/publications/2017/demo/p60-260.pdf(2020년 3월 18일 최종 열람).

26. Centers for Disease Control and Prevention, https://www.cdc.gov/nchs/fastats/health-insurance.htm(2020년 3월 18일 최종 열람).

27. Robin A. Cohen, Emily P. Terlizzi, and Michael E. Martinez, "Health Insurance Coverage: Early Release of Estimates from the National Health Interview Survey, 2018," National Center for Health Statistics, May 2019, https://www.cdc.gov/nchs/nhis/releases.htm(2020년 3월 18일 최종 열람).

28. "Health Coverage of Immigrants," Kaiser Family Foundation, 18 March 2020.

29. 오바마케어 도입 후 10년간의 성과에 대해서는 다음 기사를 참고하자. Abby Goodnough, Reed Abelson, Margot Sanger-Katz, and Sarah Kliff, "Obamacare Turns 10. Here's a Look at What Works and Doesn't," *New York Times* (23 March 2020), https://www.nytimes.com/2020/03/23/health/obamacare-aca-coverage-cost-history.html(2020년 3월 23일 최종 열람).

30. Norman J. Waitzman and Ken R. Smith, "Separate but Lethal: The Effects of Economic Segregation on Mortality in Metropolitan America," *Milbank Quarterly* 76, no. 3(1998), 341−373.

31. Sally Macintyre, Anne Ellaway, and Steve Cummins, "Place Effects on Health: How Can We Conceptualise, Operationalise, and Measure Them?," *Social Science and Medicine* 55(2002), 125−139; Sally Macintyre and Anne Ellaway, "Neighbourhoods and Health: Overview," in *Neighbourhoods and Health*, ed. I. Kawachi and L. Berkman(Oxford: Oxford University Press, 2003), 20−42; 인종 관련 사례는 다음의 문헌을 참고하자. Katherine Baicker, Amitabh Chandra, and Jonathan S. Skinner, "Geographic Variation in Health Care and the Problem of Measuring Racial Disparities,"

Perspectives in Biology and Medicine 48, no. 1(2005), S42–S53.

32. Michael Marmot, *The Status Syndrome: How Social Standing Affects Our Health and Longevity* (New York: Times Books, 2004); William Cockerham, *The Social Causes of Health and Disease* (Cambridge: Polity Press, 2007).

33. Sergei Maksudov, "Some Causes of Rising Mortality in the USSR," in *Perspectives on Population*, ed. Scott W. Menard and Elizabeth W. Moen(New York: Oxford University Press, 1987), 156–174.

34. Life expectancy from *World Population Data Sheet*, PRB; John Haaga, "High Death Rate among Russian Men Predates Soviet Union's Demise," *Population Today* 28, no. 3(April 2000), 1.

35. Christopher Davis and Murray Feshbach, *Rising Infant Mortality in the USSR in the 1970s*, series P-95, no. 74(Washington, DC: 미국 인구조사국, 1980).

36. Anne Case and Angus Deaton, "Rising Morbidity and Mortality in Midlife among White Non-Hispanic Americans in the 21st Century," *Proceedings of the National Academy of Sciences* 112, no. 49 (2015), 15078–15083.

37. Steven H. Woolf and Heidi Schoomaker, "Life Expectancy and Mortality Rates in the United States, 1959–2017," *Journal of the American Medical Association* 322 no. 20(2019), 1996–2016, https://jamanetwork.com/journals/jama/fullarticle/2756187(2020년 3월 18일 최종 열람).

38. Anne Case and Angus Deaton, *Deaths of Despair and the Future of Capitalism* (Princeton, NJ: Princeton University Press, 2020), https://deathsofdespair.princeton.edu/about-book(2020년 3월 18일 최종 열람).

39. Scott MacNab, "Life Expectancy Going Backwards in 'Many Parts' of Scotland, Report Finds," *Scotsman* (11 December 2019).

40. 통계는 2018년 말 기준이다. UNAIDS, http://unaids.org(2020년 3월 31일 최종 열람).

41. 그 당시, 이 책의 수정이 거의 완료되었다!

42. https://www.who.int/emergencies/diseases/novel-coronavirus-2019/situation-reports(2020년 3월 19일 최종 열람).

43. http://www.cdc.gov/vhf/ebola/outbreaks/2014-west-africa/case-counts.html(2020년 3월 19일 최종 열람).

44. http://www.cdc.gov/zika/(2020년 3월 19일 최종 열람). CDC 웹사이트는 또한 발병과 확산에 관한 지도를 보여주고 있다.

45. M. Kreeston et al., "A Population-Based Study of Measles, Mumps, and Rubella Vaccination and Autism," *New England Journal of Medicine* 347, no. 19(2002), 1477–1482.

46. WHO, https://www.who.int/news-room/fact-sheets/detail/poliomyelitis(2020년 3월 19일 최종 열람).

47. WHO, https://www.who.int/news-room/fact-sheets/detail/poliomyelitis(2020년 3월 19일 최종 열람).

48. Martin Brockerhoff, "An Urbanizing World," *Population Reference Bulletin* 55, no. 3(September 2000), 23.

49. Patrick DeLuca and Pavlos Kanaroglou, "Code Red: Explaining Average Age of Death in the City of Hamilton," *AIMS Public Health* 2, no. 4(2015), 730–745, https://doi.org/10.3934/publichealth.2015.4.730.

50. Steve Buist, "Code Red: Ten Years Later," *Hamilton Spectator* (28 February 2019).

51. Steven A. Grover, Mohammed Kaouache, Philip Rempel, Lawrence Joseph, Martin Dawes, David C. W. Lau, and Ilka Lowensteyn, "Years of Life Lost and Healthy Life-Years Lost from Diabetes and Cardiovascular Disease in Overweight and Obese People: A Modelling Study," *Lancet Diabetes & Endocrinology* 3, no. 2(2014), 114−122; Cari M. Kitahara et al., "Association between Class III Obesity(BMI of 40−59 kg/m) and Mortality: A Pooled Analysis of 20 Prospective Studies," *PLOS Medicine* (July 2014), https://doi.org/10.1371/journal.pmed.1001673.

52. S. J. Olsahansky, B. Carnes, R. G. Rogers, and L. Smith, "Infectious Diseases: New and Ancient Threats to World Health," *Population Bulletin* 52, no. 2(1997), 1−52. PMID: 12292663.

53. https://www.who.int/social_determinants/en/(2020년 3월 20일 최종 열람).

54. Laura K. Brennan Ramirez, Elizabeth A. Baker, and Marilyn Metzler, "Promoting Health Equity: A Resource to Help Communities Address Social Determinants of Health," United States Centers for Disease Control and Prevention, 2008.

55. Lisa F. Berkmam, "Social Epidemiology: Social Determinants of Health in the United States: Are We Losing Ground?," *Annual Review of Public Health* 30(2009), 27−41.

56. 캐나다 공중보건청(Public Health Agency) 참고. "What Makes Canadians Healthy or Unhealthy?," http://www.phac-aspc.gc.ca/ph-sp/determinants/determinants-eng.php#income(2020년 3월 20일 최종 열람).

57. Joseph A. McFalls Jr., "Population: A Lively Introduction, 5th Edition," *Population Bulletin* 62, no. 1(March 2007).

58. Jiaquan Xu, Sherry L. Murphy, Kenneth D. Kochanek, and Elizabeth Arias, "Mortality in the United States, 2018," NCHS Data Brief, no. 355(Hyattsville, MD: National Center for Health Statistics, 2020).

국내이동

미국, 오스트레일리아, 뉴질랜드, 캐나다는 세계에서 가장 높은 비율의 인구 모빌리티를 보이는 국가이다. 이들 국가에서는 5명 중 1명 정도가 매년 거주지를 옮긴다. 유럽 국가에서 전형적으로 나타나는 이동 속도의 2배에 달하는 수준이다. 높은 모빌리티(이동성)의 원인은 다양하다. 선대 이민자에게 물려받은 방랑의 전통, 상대적으로 광활한 토지, 주택시장의 성격 등이 그러한 원인에 해당한다. 역사적으로는, (미국과 캐나다의 서부 영토 등) 새로운 개척지의 개방, 금광 발견과 그에 따른 골드러시가 중요한 국내이동의 원동력으로 작용했다. 최근의 인구이동은 고용기회 등 경제적 조건과 관련된다. 미국의 선벨트나 해안지역처럼 **어메니티**가 인구의 흡인 요인으로 작용하는 경우도 있다.[1]

이러한 **이동**과 (8장에서 논의할) **이주**는 지리학자가 가장 많이 주목하는 인구과정이다. 이동과 이주는 대부분 인구이동의 본질적인 특성을 반영한다. 기원지에서 목적지까지의 이동에는 공간이 관여된다. 여기에서는 이동의 주체, 이동의 동기, 이동이 유출 및 유입 지역에 미치는 영향 등에 관한 의문이 제기된다. 그러나 인구의 이동을 정의하고 측정하는 것은 출산력과 사망력을 측정하는 것보다 훨씬 더 복잡한 문제이다. 시간 및 공간과 관련된 이슈들 때문인데, 이에 대해서는 뒤에서 상세히 논의한다. 이 장에서는 정의와 측정에 초점을 맞추어 이동을 살펴본 다음, 이동에 관한 여러 가지 이론을 고찰한다. 포커스에서는 오늘날 미국의 국내이동 현황을 소개하고, **방법·측정·도구**에서는 이동을 측정하는 여러 가지 방법을 검토한다.

이동의 정의

연구자들은 출산력과 사망력처럼 인구이동도 정량화하여 측정하려고 한다. 그러나 이동을 재현하는 일은 훨씬 더 복잡한 문제이다. 사망은 측정 가능한 이벤트이다. 누가 언제 사망했는지 알 수 있기 때문이다. 마찬가지로 누가 언제 태어나는지 알 수 있기 때문에, 출산력도 측정이 가능하다. 그러나 인구의 이동성(모빌리티)은 다소 까다롭다. 어떤 때 개인이 이동했다고 판단할 수 있을까? 인근 도로변 새집으로 이사했을 때를 이동이라 할 수 있을까? 인근 도시로 갔을 때도 이동일까? 아니면, 다른 국가로 이주했을 때에만 이동일까? 마찬가지로, 재입지가 영구적이어야만 이동일까? 아니면, 대학에 진학하는 학생의 경우처럼 일시적인 재입지도 이동에 포함될까? 일시적인 것도 이동이라면, 부재의 기간은 얼마나 되어야 하는 것일까?

이동을 정의하려면, 공간을 어떻게(즉, 어떤 크기와 경계로) 정의할지도 생각해야 한다. 이동이 측정되는 시간 간격도 정해야 하며, 정량화하는 데에 있어서 이동자와 이동을 구별해야 한다. 우선 이동자의 수와 이동의 수를 구별해보자. 이동자 수는 특정 기간 동안 1회 이상 이동한 개인의 수로 파악한다. 반면, 이동의 수는 기록된 이동의 총합을 의미한다. 이러한 구분은 매우 중요하다. 특정 기간 동안 여러 번 이동한 사람이 있을 수 있기 때문이다. 일반적으로 이동의 수가 이동자의 수보다 많다.[2]

이동의 공간과 스케일

이동은 개인, 가족, 가구의 통상적 거주지 변화로 정의된다. 그러나 이러한 정의는 공간 스케일을(즉, 이동 거리를) 고려하지 못한다. 그래서 이동의 유형을 지리적 스케일에 따라 구분하는 것이 유용하다. **거주지 이동**(residential mobility)은 단거리의 (일반적으로 도시나 노동시장 내부에서 발생하는) 거주지 재입지를 말한다. 이러한 이동은 대체로 주택에 대한 선호나 수요의 변화와 관련되며, 직업이나 노동시장의 변화를 동반하지 않을 수 있다. **국내이동**은 일반적으로 국내의 정치적 경계를(가령, 주 경계를) 넘나드는 영구적인 재입지와 관련된다. 이러한 이동은 보통 고용된 노동시장의 변화에 따른 결과이다.[3] 마지막 유형은 (8장에서 논의할) **국제이동**으로, 국경을 넘나드는 이동이며 매우 제한적인 특성을 보인다. 지난 40여 년 동안 이동연구는 이러한 구분을 바탕으로 이루어져 왔다.

관찰된 이동자의 수는 이동이 발생하는 공간단위의 크기, 형태, 특성에 좌우된다. 카운티, 주, 지역 등으로 공간단위가 달라지면, (이동의 이유와) 이동자의 수도 달라진다는 뜻이다. 일반적으로 공간단위가 커질수록, 해당 단위 지역으로 유입 및 유출되는 이동자의 수가 더 작아진다. 이러한 이유로, 장거리 이동의 수는 로컬의 거주지 이동보다 적다. 예를 들어, 2018/2019 미국 지역사회조사에 따르면, 230만 명의 사람이 4개 **센서스 지역** 사이를(즉, 북동부, 중서부,

남부, 서부 사이를) 이동했다.[4] [A] 같은 기간 주 사이를 이동한 사람의 수는 470만 명에 이른다. 로컬이동은 훨씬 더 많았다. 1880만 명이 동일 카운티 내에서 이동했으며, 660만 명이 같은 주의 다른 카운티 간을 이동하였다.[5]

이동의 시간

이동의 정의에서 시점과 기간도 필수적 요소이다. 그렇다면 이동은 어느 정도 시간 간격으로 측정해야 할까? **계절적 이동**과 **한시적(일시적) 이동**은 단기적 재입지에 해당한다. 여기에는 학생, 단기노동자, 계절노동자 등의 이동이 포함된다. 그런데 지나치게 짧은 시간 간격이면, 매우 단기적이고 일시적인 방문까지 포함시킬 위험성이 있다. 이러한 형태의 이동은 나름의 중요성을 가지며 연구할 가치가 충분하지만, 영구적 재입지 연구에서 일시적 재입지는 혼란의 요소가 된다. 역으로 시간 간격의 기준이 너무 크면, 기원지로 되돌아가는 **귀환이동자**나 **계속이동자**를 놓쳐버릴 수 있다.[6] 미국 지역사회조사와 캐나다 센서스에서는 통상적 거주지를 영구적으로 변경한 사람만을 이동자로 규정하고 있다.

　많은 지리학자와 이주연구자는(특히, 미국, 캐나다, 오스트레일리아, 서유럽 연구자는) 센

미국의 센서스 지역과 센서스 구역(출처 : 미국 인구조사국)

[A] 미국에서 센서스 지역(Region)은 센서스 구역(Division)과 함께 주보다 큰 규모의 센서스 공간단위에 해당한다(이 책의 그림 3.1). 미국의 50개 주는 9개의 센서스 구역으로 나뉘고, 이들은 4개의 센서스 지역으로 구분된다. 북동부 지역은 뉴잉글랜드와 대서양 중부 구역으로, 중서부 지역은 북동중부와 북서중부 구역으로, 남부 지역은 대서양 남부, 남동중부, 남서중부 구역으로, 서부는 산악 및 태평양 구역으로 나뉜다. 이를 지도로 표현하면 다음과 같다.

서스 결과를 활용해 이동과 이동자를 정의한다. 이는 개인과 가구를 추적하는 **주민등록제도**를 선호하는 스칸디나비아 국가 인구지리학자와 다른 모습이다. 미국 인구조사국은 1940년부터 ACS를 도입한 2000년까지 센서스 조사 기준일의 통상적 거주지와 5년 전 거주지를 조사했다.[7] 그래서 연구자는 이 두 시점을 함께 고려해 이동자를 정의할 수 있었다. 응답자가 센서스 조사 기준일 거주지와 5년 전 거주지를 다르게 답하고 두 장소가 서로 다른 카운티에 위치하면 해당 응답자를 이동자로 정의했다는 이야기다. 5년간의 이동 질문은 이동을 정의하는 표준이 되었고, 캐나다와 오스트레일리아를 포함한 여러 국가에서도 이와 유사한 방식으로 인구이동을 정의한다.[8]

반면, 주민등록제도는 출생, 사망, 혼인, 출입국 기록 등 **동태** 사건을 기록한다. 이러한 시스템은 센서스처럼 특정 시점의 데이터를 수집하지 않는다. 그 대신 동태 사건이 발생할 때마다 데이터를 꾸준히 갱신한다. 수집된 데이터가 정확하다면, 주민등록제도는 이동 사건의 기원지(출발지)와 목적지(도착지)나 시점에 대한 정확한 정보를 제공할 수 있다.

전통적인 센서스 조사에서 5년 기준의 이동이 표준이었지만, 그것이 정확했던 것은 아니다. 이 정의에 따라 5년간 이동을(가령, 1995년과 2000년 사이의 이동을) 한 번만 측정하기 때문에, 해당 기간에 있었을 다른 이동은 파악되지 않는다. 미국인은 생애 평균 10회 정도 이동할 정도로 세계에서 이동성이 가장 높은 사람들이며, 이들에게는 이동의 시기도 매우 중요하다. 특히 5년 기준 이동 조사에는 (일정한 개인의 기원지로 되돌아오는) **귀환이동자**와 (기원지 이외의 장소로 꾸준히 옮겨 다니는) **계속이동자**가 빠져있다.[9] 그래서 5년 기준 이동 조사는 인구이동의 흐름을 과소평가하는 경향이 있다. 다른 한편으로, 센서스 주기에 해당하는 10년 중 첫 5년 동안의 이동이(예를 들어, 2000년 센서스에서는 1990~1994년의 이동이) 조사되지 않는 문제도 있다. 특히 해당 기간에 중요한 사건이 발생해 이동 선택과 횟수에 영향을 미쳤다면 심각한 문제가 된다. 미국에서는 2010년 이후 센서스가 ACS로 사실상 전환되면서 그러한 문제는 효과적으로 제거될 수 있었다. ACS에서는 응답자의 1년 전 거주지가 조사되기 때문이다.[B]

이동을 측정할 때 추가로 고려할 사항도 있다. 무엇보다 이동이 계산되는 기간의 길이와 시점이 중요하다. 이것을 질문하는 방식이 영향을 미치는 점에도 유의해야 한다. 가령, 1년간의 이동자 수에 5를 곱해서 5년 동안의 이동자 수를 계산할 수 없기 때문이다. 실제로, 5년을 기준으로 기록된 이동자 수는 1년 기준 이동자 수의 5배보다 훨씬 적다.[10] ACS는 질문지 응답일의 거주지와 1년 전 거주지를 비교하여 1년을 기준으로 이동을 측정한다. 이와 관련해서도 이동성 측정과 정의에 대한 또 다른 의문이 제기되기도 한다(이 책의 3장 **포커스** 참고).

[B] 우리나라의 현행 인구주택총조사에서는 1년 전 거주지와 5년 전 거주지를 모두 묻고 있다.

이동의 이유

인구지리학자는 이동의 수, 흐름, 방향뿐만 아니라, 사람들이 이동하는 이유를 이해하는 데에도 관심을 기울인다. 이동은 근본적으로 사회·경제적 현상이며, 이동의 이유는 사람마다, 가구마다 다르게 나타난다. 시간의 흐름과 지리적 지역에 따라 차이를 보이기도 한다. 공간 스케일도 중요한 이슈다. 가령 로컬이동의 이유는 주 간에 발생하는 장거리 재입지의 이유와 다를 수 있다.[11] 이직이나 구직을 위해 이동하는 사람이 있고, 주택 문제 때문에 이동을 결정하는 사람도 있다. 이 밖에 어메니티, 건강, 돌봄과 관련된 이동의 사유도 있다.

표 7.1은 2018~2019년 현재인구조사(CPS)에 근거해 미국의 연령별 이동 이유를 요약한다. 이에 따르면, 주택 문제가 이동의 가장 중요한 이유였다. 실제로 전체 이동의 3분의 1 이상이 주택 때문에 발생한다. 특히, 개인 주택 수요의 변화가 중요하게 작용한다. 이는 가구 형성(11.4%), 기타 가정 관련 사유(10.4%), 신축 또는 우량 주택/아파트 선호(17%)의 모습으로 나타난다. 이직 및 전보와 같은 일자리 관련 변화도 전체 이동의 12.1%를 차지할 정도로 중요한 이유에 해당한다. 이 외에 건강 문제에 따른 이동, 교육을 위한 재입지 등 다른 이유의 상대적 중요도는 매우 낮다. 다른 한편으로, 연령도 이동의 이유와 아주 밀접하게 관련된다. 20~24세

표 7.1 연령별 이동의 이유(%, 2018~2019년)

이동의 이유	합계	20~24세	30~44세	65세 이상
결혼 상태 변화	5.0	4.4	5.6	4.1
가구 형성	11.4	16.3	10.3	5.1
기타 가정 관련 사유	10.4	7.4	8.6	14.7
이직 및 전보	12.1	11.0	15.1	2.5
구직 및 실직	0.9	1.6	0.9	—
근거리 통근	6.2	7.3	6.5	2.0
은퇴	1.0	—	0.4	7.3
기타 직업 관련 사유	1.2	1.0	1.5	0.8
자가 주택	6.3	4.2	7.9	5.6
신축 또는 우량 주택/아파트 선호	17.0	14.1	18.7	14.8
우량 근린 또는 낮은 범죄율 선호	3.0	2.7	3.2	0.8
저렴한 주택 선호	6.7	7.6	5.3	6.5
압류/퇴거	0.7	0.5	0.6	0.6
기타 주택 관련 사유	6.7	5.1	6.2	10.5
대학 입학, 졸업, 학업 중단	2.6	9.4	0.7	0.5
기후변화	0.7	1.0	0.9	1.5
건강 문제	2.3	0.7	1.5	15.5
자연재해	0.6	0.3	0.3	2.5
기타 이유	5.4	5.5	5.6	4.6

출처 : 미국 인구조사국, Current Population Survey(CPS), *Geographical Mobility*, 2018-2019

표 7.2 2005~2006년과 2018~2019년의 주요 이동 이유 비교(%)

이동의 이유	2005~2006년	2018~2019년
결혼 상태 변화	6.0	5.0
가구 형성	8.5	11.4
기타 가정 관련 사유	13.2	10.4
이직 및 전보	8.7	12.1
구직 및 실직	1.6	0.9
근거리 통근	3.6	6.2
은퇴	0.4	1.0
기타 직업 관련 사유	4.0	1.2
자가 주택	8.6	6.3
신축 또는 우량 주택/아파트 선호	17.8	17.0
우량 근린 또는 낮은 범죄율 선호	4.4	3.0
저렴한 주택 선호	6.2	6.7
압류/퇴거	—	0.7
기타 주택 관련 사유	9.2	6.7
대학 입학, 졸업, 학업 중단	2.7	2.6
기후변화	0.4	0.7
건강 문제	1.3	2.3
자연재해	1.7	0.6
기타 이유	1.7	5.4

출처 : 미국 인구조사국, Current Population Survey(CPS), *Geographical Mobility*, 2005 – 2006, 2018 – 2019

의 젊은 성인 중 16.3%가 자신의 가정을 꾸리는 것을 이동의 중요한 이유로 들었다. 65세 이상 노인의 경우, 기타 가정 관련 사유가 14.7%를 넘었다. 비용이나 신축 주택/아파트 선호 등 주거 관련 이슈도 노년인구 이동의 중요한 사유로 나타났다.

인구 고령화로 인한 이동 이유는 시간이 지나며 변화하게 될 것이다. 그러나 이동의 가장 중요한 이유는 최소한 단기적인 측면에서 어느 정도의 일관성을 보인다. 이는 표 7.1의 2018~2019년 데이터와 CPS의 2005~2006년 이동 이유 데이터를 비교한 표 7.2를 통해 확인할 수 있다. 실제로 인구 고령화의 효과가 분명하게 나타나고 있다. 이는 2018~2019년의 이동에서 은퇴나 건강 문제의 중요성이 높아진 사실로 확인된다. 이 밖에 이직 및 전보와 근거리 통근도 과거보다 중요해졌다.

한편, 대부분의 설문 조사에서 개인이(또는 가구가) 이동한 이유가 무엇인지 묻지 않는다. 따라서 연구자는 직접 조사하거나 통계분석에 근거해 이동의 이유를 추론해야 한다. 예를 들어, 이동의 기원지와 목적지에 관한 정보는 연령, 성별, 고용 상태, 결혼 상태 등을 포함하는 센서스나 다른 데이터와 결합될 수 있다. 노동시장 효과나 어메니티와 같이 보다 광범위한 측정치와 결합하는 것도 가능하다. 이처럼 정보를 다변량 분석 방법을 통해서 결합함으로써 인구이동의 이유를 추론할 수 있다.

하지만 **추론분석**(inferential analysis)은 불완전하다. 그래서 이동을 이론과 관련해 맥락화하여 파악하는 작업도 필요하다. 이론은 이동의 동기를 해석하고 이해하는 데에 도움을 줄 수 있기 때문이다. 오늘날 이동 이론의 많은 부분은 에른스트 게오르크 라벤슈타인의 업적에 기초를 두고 있다.[12] 라벤슈타인은 최초로 이동의 결정 요인에 대한 통찰을 제공한 인물이다. 그는 삶의 개선을 추구하는 개인의 욕구를 가정하며, 이동의 공간적, 인구학적, 경제적 결정 요인을 설명했다. 그리고 네 가지 중요한 일반화를 제시했다. 첫째, 이동은 단계적 방식으로 나타난다. (**단계적 이동**은 더 큰 중심지를 향하는 계속된 이동을 뜻한다. 농촌에서 작은 마을로, 작은 마을에서 좀 더 큰 마을로, 마을에서 타운으로 이동하는 패턴이 그러한 단계적 이동의 사례에 해당한다.) 둘째, 개별 이동의 흐름과 이를 상쇄하는 반대 흐름이 동시에 생성된다. 셋째, 이동의 대다수는 **단거리 이동**이다. 넷째, 이동의 주요인은 경제적인 동기이다. 이러한 일반화는 오랜 검증을 견뎌왔고 여전히 자주 인용되고 있으며, 과학적 논의와 이론적 발전의 기초가 되었다.

라벤슈타인의 아이디어를 발전시킨 대표적 인물로 에버렛 리가 있다.[13] 리는 목적지의 흡인 효과, 기원지의 배출 효과, 개입기회, 개인적 특성을 포함하는 이동분석의 틀을 마련하였다(그림 7.1 참고). 예를 들어, 기원지의 높은 실업률은 **배출 요인**, 목적지의 높은 임금은 **흡인 요인**으로 작용한다. 기원지와 목적지 사이에는 여러 가지 **개입 장애물**이 존재하는데, 가장 중요한 것은 **거리**이다. 이러한 개입기회는 이동자를 다른 목적지로 향하게 하거나, 이동비용을 발생시켜 이동 가능성을 줄이기도 한다. 마지막으로 나이, 교육 수준, 결혼 상태, 직업 등 **개인적 요인**들도 이동에 영향을 미친다. 라벤슈타인의 업적과 마찬가지로, 리의 이동 개념화도 경험적 연구에 지대한 영향력을 미치고 있다.

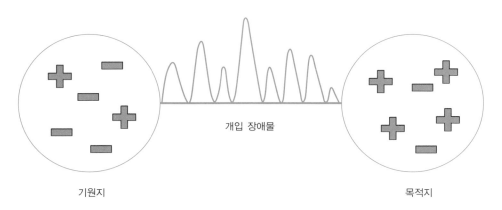

기원지   개입 장애물   목적지

그림 7.1   리의 이동 모델

출처 : Blake Newbold

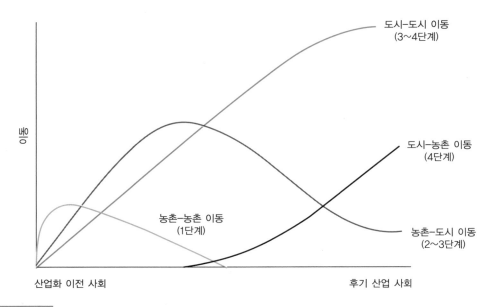

도시-도시 이동
(3~4단계)

량

도시-농촌 이동
(4단계)

농촌-농촌 이동
(1단계)

농촌-도시 이동
(2~3단계)

산업화 이전 사회   후기 산업 사회

그림 7.2 젤린스키의 이동변천 모델

출처 : Blake Newbold

한편, 윌버 젤린스키는 **이동변천**(mobility transition) 가설을 제시하였다.[14] 그는 **인구변천 이론**에서 영감을 얻어, 한 국가의 국내이동 패턴이 국가가 발전함에 따라 시간적으로 변화한다고 주장했다. 이러한 이동변천은 4단계로 구분된다(그림 7.2). 1단계는 산업화 이전 사회로, 이동이 거의 발생하지 않으며 자연증가율은 0에 가까운 상태이다. 2단계의 초기 변천 사회에서는 이촌향도(농촌-도시) 이동이 특징적으로 나타난다. 이후 (후기 변천 사회의) 3단계 동안 이촌향도 이동이 감소하고 도시-도시 이동(urban-to-urban migration)이 증가한다. 이 단계에서는 비경제적 이유의 이동과 도시 간 인구 순환의 증가도 나타난다. 마지막으로, (성숙된 경제 시스템을 갖춘 선진 사회의) 4단계는 도시-도시 이동이 지배적으로 나타난다. 도시-교외 이동과 도시-농촌 이동의 증가도 최종 단계의 특징에 해당한다.

지금까지 살핀 라벤슈타인, 리, 젤린스키의 이동 이론은 이동연구를 형성하는 데에 공헌했다. 이후에는 경제학, 사회학, 지리학 분야에서 더욱 형식적인 이론들이 발전해왔다. 당연히 이들 분야 간의 학문적 초점은 다르다. 경제학자는 이동에서 경제적 영향을 강조하고, 사회학자는 그러한 경제적 합리성의 타당성을 검토하며 개인적 행태에 주목한다. 이와 달리, 지리학자는 공간의 역할에 초점을 맞추는 경향이 있다.

국내이동 이론

앞서 살핀 개념과 모델은 일반적인 이동의 흐름에서 규칙성과 상관성이 관찰될 수 있음을 시사한다. 그렇지만 이동연구자에게는 이동 흐름에 대한 훨씬 더 심도 있는 이론적 이해가 요구된다. 이동에 관한 문헌은 매우 다양하다. 그래서 두 가지 이론화 유형, 즉 **거시조정 이론**(macroadjustment theory)과 **미시행태 이론**(microbehavioral theory)을 구별해 파악하는 것이 좋다. 이러한 구분은 주택, 노동시장, 사회관계의 광범위한 작동과 관련하여 이동이 어떻게 모델화되는지를 기준으로 한다. 거시조정 이론은 임금이나 고용처럼 객관적으로 정의될 수 있는 거시경제 변수와 이동 사이의 관계에 초점을 맞춰 이동의 흐름을 분석하고 설명한다. 반면, 미시행태 이론은 인간의 행동에 관한 다양한 주제에 관심을 둔다. 여기에는 인적자본의 영향, 거주지 이동, 귀환 및 계속 이동 개념 등이 포함된다. 아울러 미시행태 이론은 이동과 목적지 선택에 영향을 미치는 요인도 고려한다. 이 절에서는 두 가지 이론을 더욱 상세히 살펴볼 것이다.

거시경제 이론

지역 간 이동은 오랫동안 임금 격차에 대한 반응으로 여겨졌다. 이러한 설명은 **신고전 경제학**에 기초한 거시조정 모델로 형식화되어 있다.[15] 거시조정 모델에 따르면, 노동은 지역 간 임금 격차에 따라 저임금 지역에서 고임금 지역으로 이동한다.[16] 이러한 인구 유출로 인해 저임금 지역에서 노동력 공급이 감소하면 임금은 상승하게 된다. 반면, 고임금 지역에서 노동력 공급의 증가는 상대적 임금의 하락으로 이어진다. 이러한 임금 하락은 다른 지역과 균등해질 때까지 계속된다. 사람들이 임금이 상대적으로 높은 목적지를 선택할 가능성이 크다는 점은 경험적 연구를 통해서 밝혀졌다.[17]

　그러나 거시조정 모델은 여러 가지 비판을 받는데, 여기에서는 네 가지 측면에 주목한다. 첫째, 노동력이 저임금 지역에서 고임금 지역으로 이동하면서 시스템 전체의 임금 수준이 균등해진다는 가정이 비판받는다. 이는 어떠한 이동의 장벽도 존재하지 않는다는 전제를 바탕으로 한 가정이다. 그러나 완벽한 이동성은 찾아보기 힘들다. 대표적으로, 거리는 여전히 이동의 장벽으로 작용한다. 물리적 비용과 가족의 분리와 같은 심리적 비용의 잠재적 원인이 되기 때문이다. 시장 상황, 가령 노동조합, 노동 자격 인정 및 인증 요건, (실업급여 등) 사회복지 프로그램도 이동을 방해할 수 있다. 이러한 장벽이 이동을 제약하지 못하더라도 최소한의 수준에서 이동을 지연시키는 요인으로 작용할 수 있다. 다른 한편으로, 잠재적 이동자의 불완전한 정보는(즉, 가능한 모든 대안을 알지 못하는 것은) 개인의 자유로운 이동을 혼란에 빠뜨릴 수 있고, (노동조합이나 최저임금 요건과 관련되어 형성되는) 노동 및 임금 시장의 고착성이 이동을 방해할 때도 있다.[18]

둘째, 임금은 의심할 여지 없이 이동의 중요한 동기지만, 모든 지역의 임금 수준이 **균형** (equilibrium)을 향해 움직이는지는 불분명하다. 예를 들어, 미국처럼 이동성이 높은 국가에서도 지역 간 임금 격차는 꾸준히 나타난다. 이는 이동의 결과가 거시조정 모델에서 가정한 지역 간 균등화와 거의 관련이 없음을 시사한다. 다른 시장 효과가, 대표적으로 노동조합이나 최저임금 규제가 임금을 안정화하는 기능을 한다. 오히려 인구이동이 **누적 인과과정**으로 이어져 사회·경제적 양극화를 확대하는 사실을 발견한 연구도 있다.[19] 한 마디로, 이동이 균등화의 과정이라는 가정은 도전에 직면해있다.

셋째, 거시조정 모델은 과도하게 임금에 의존하며 지나치게 단순화되어 있다. 이동 결정에 중대한 영향을 미치는 다른 변수나 개인적 요인의 존재를 과소평가한다는 것이다. 거시조정 모델에서 누락된 가장 중요한 변수 중 하나는 **실업**이다. 1930년대 대공황 시기의 경험에서 실업의 중요성을 확인할 수 있다. 대공황 시기에 도시지역의 임금이 농촌지역보다 상당히 높았지만, 농촌지역에서 양(+)의 순이동이 관찰되었다. 이 상황은 임금 격차 접근으로 설명되지 않는다. 당시의 인구이동은 도시지역에서 발생한 심각한 실업 문제에서 시작되었기 때문이다. 다시 말해, 이동 결정에 영향을 미쳤던 것은 실업이었다. 이러한 이동 시스템에서는, 실업률이 높은 지역일수록 인구 유출의 발생 수준이 높고, 인구 유입은 실업 수준과 음(-)의 관계에 있다.[20]

넷째, (한 지역의 전입자 수에서 전출자 수를 빼서 구하는) 순이동이나 (순이동을 지역의 전체 인구로 나누어 구하는) 순이동률에 대한 의존성도 거시조정 모델의 문제점에 해당한다. 실세계에서 순이동자는 존재하지 않기 때문이다.[21] 순이동률의 정의도 부적절하다. 이동의 가능성이 있는 인구집단을 구체화하지 않고 전체 인구를 분모로 사용하기 때문이다. 이러한 설정 오류로 인해, 즉 전체 인구에 대한 상대적 수치의 계산으로 인해 이동의 경향성이 혼동되게 나타난다. 연령별 이동 패턴의 규칙성은 숨겨지고 설명 변수가 잘못 설정되는 문제도 있다. 한 마디로, 거시조정 이론에 기반한 모델은 총체적 이동의 흐름이나 적절하게 구체화된 인구에 기초한 이동률에 주목해야 한다.

거시경제 이론의 확장

거시경제 이론은 앞에서 논의한 문제점들을 보완하면서 확장해왔다. 이 과정에서 이동에 영향을 미칠 것으로 가정되는 다양한 효과들이 이론에 포함되었다.[22] 예를 들어, 환경이 이동 결정에서 매우 중요한 고려 사항으로 인식되고 있다. 이는 탈공업화된 미국에서 선벨트 지역의 성장으로 확인된다. 무엇보다, **어메니티**는 미국과 캐나다 서부 해안지역의(예를 들어, 캘리포니아, 워싱턴, 오리건, 브리티시컬럼비아 지역의) 매력을 설명하는 데에 중요한 변수로 여겨진다. 따뜻한 기후, 스키나 하이킹을 즐길 수 있는 경치 좋은 휴양지 등이 그러한 어메니티에 해당하며, 이는 애리조나와 콜로라도 같은 내륙지역의 매력과도 관련된다. 이런 지역은 상대적으로 부유한 사람들이 선망하는 거주지가 되었으며, 고용주(즉, 일자리) 유치 능력의 향상도 경험하고 있다. 거리를 축소하는 통신과 교통의 발달도 선벨트 지역의 매력도 향상에 중요한 원인으로 작용한다.

언어, 민족, 인종의 차이도 국내이동의 흐름과 방향에 영향을 미친다. 예를 들어, 캐나다에서는 프랑스어민과 영어민 간의 이동 성향 차이가 확연하게 나타난다. 프랑스어계 캐나다인은 (프랑스어권인) 퀘벡을 떠나지 않으려는 경향이 있고, 영어계 캐나다인보다 퀘벡으로 귀환할 가능성이 높다. 미국에서는 오랫동안 인종이 이동 패턴에 큰 영향을 미쳤다. 특히 흑인과 백인 간 국내이동 패턴의 차이가 확연하다.[23] 민족성도 이동 패턴에 영향을 주는 것으로 확인되었다. 이는 미등록 이주민에게 불리한 법률이 제정된 주에서 라티노 인구 유입과 유출의 양상으로 확인된다(이 책의 8장 참고).[24]

미시행태 접근

미시행태 접근은 거시경제 모델과 세 가지 측면에서 중요한 차이점을 가진다. 첫째, 미시행태 이론은 경제적 합리성을 **만족 행태**로 대체하며 이동과 의사 결정 과정에 대한 대안적 관점을 제시한다. 개인은 가능한 여러 가지 대안 중에서 일부만을 평가하여 이동을 결정한다는 것이다. 둘째, 미시행태 이론의 전통은 이동 시퀀스와 개인의 결정에 주목한다. 이를 위해 거주 이력, 대중에 공개된 센서스 파일, 종단 데이터 세트 등을 자료로 사용한다. 이는 (반드시 그런 것은 아니지만) 일반적으로 이동의 총량 데이터에 초점을 맞추는 거시경제 접근과 대조를 이룬다. 셋째, 미시 이론은 이동 결정과 목적지 선택을 구분하고, (사회·경제적 이동성, 주택 등) 이동자의 지위 변화와 거주지 변화 간 상호관계의 문제에 주목해왔다.

경험적 측면에서, 미시적 접근은 두 가지의 이점을 제공한다. 첫째, 미시적 접근은 (실업자의 전출 등) 상황을 구체화하여 개인의 이동을 측정할 수 있도록 한다. 이를 통해 (고실업 지역에서 전출률과 같은) 총량 데이터를 사용할 때보다 오해의 소지가 줄어든다. 실업의 배출 효과를 밝히는 데에는, 행태 모델이 거시조정 모델보다 더 유용하다는 이야기다. 둘째, 미시적 접근은 요인의 효과를 통제하는 유연성을 가진다. 예를 들어, (교육 수준 등) 하나의 핵심 요인이 이동 행태에 미치는 영향을 평가할 때 (민족적 배경, 나이 등) 다른 요인을 통제할 수 있다. 이런 방식으로 미시 이론은 결과의 편향성을 낮출 수 있다.

인적자본 이론

지역 간 스케일에서, **인적자본** 이론은 이동을 인적자본에 대한 투자로 정의한다.[25] 다시 말해, 개인이 체화한 숙련도와 지식 스톡(knowledge stock) 변화의 요인으로 이동을 이해한다. 여기에서 이동비용은 기대되는 미래 수익, 즉 평생 소득과 균형을 이룬다고 여겨진다. 따라서 비용보다 높은 편익을 기대할 수 있으면, 개인은 이동할 것이다. 이때, 이동은 가장 큰 이익을 기대할 수 있는 위치를 향해서 발생한다. 편익과 비용에는 (이동에 필요한 금액 등) 금전적 요소와 (가족이나 친구에게서 멀어지는 심리적 비용 등) 심리적 요소 모두가 포함된다.

이러한 인적자본 이론은 임금 격차 접근에 비해 네 가지의 중요한 이점을 가진다. 첫째, 인적자본 이론은 이동을 순전히 경제적인 결정으로만 바라보지 않는다. 비록 이동 결정에서 경제와 소득기회는 중요한 부분이지만, 비임금 효과도 이동 결정에 영향을 미친다고 인식한다. 둘째, 연령이 많아짐에 따라 이동률이 감소하는 이유를 명확하게 설명한다. 구체적으로, 이동의 심리적 비용이 고령층에서 증가하는 경향을 파악한다. 이동의 편익을(즉, 기대 소득을) 취할 수 있는 기간이 노년인구보다 청년층에서 길기 때문이다. 셋째, 공간적 차원이 이론에 통합되어 있다. 특히 거리와 관련된 이동의 비용을 고려한다. 넷째, 인적자본 모델은 미시경제 접근을 반영하고, 동시에 총체적 이동의 흐름을 인구집단별로 파악할 수 있도록 한다.

요컨대 인적자본 이론은 거시조정 모델에 비해 여러 가지 이론적 장점을 가지고 있다. 이동 연구에서 인적자본 이론의 적용도 확대되고 있다. 그러나 여기에는 주목해야 할 몇 가지 한계가 존재한다. 첫째, 잠재적 이동자가 완벽한 정보를 가지고 있다고 가정하는데, 이는 비현실적인 가정이다. 정보 수집에는 시간과 노력의 비용이 든다. 그리고 정보는 공간에 따라 가변적이기 때문에 개인이 취할 수 있는 정보의 질과 양이 달라질 수 있다. 둘째, 여러 가지 대안적 목적지에서 이동자의 평생 소득을 추정할 수 있다고 가정하지만, 이것은 어떤 관점에서든 매우 어려운 일이다. 그래서 많은 연구에서 평생 소득이 현재 소득으로 대체된다. 이러한 방식은 결과적으로 인적자본 모델이 가지는 장점을 희석시키고 적용 가능성을 낮추는 문제를 유발한다.

구직 모델

구직 모델(job-search model)은 미시적 접근의 대안 중 하나로, 노동의 공간이동을 이해하는 데에 주목하는 접근이다.[26] 여기에서 이동은 **모험이동**과 **계약이동**으로 구분된다. 모험이동은 목적지에서 적절한 일자리를 찾을 수 있다는 희망에 따른 것이며, 계약이동은 확실한 고용 보장을 동반한 이동이다. 구직자 입장에서 이동의 잠재적 이익은 일반적으로 도시 노동시장에서 가장 크다. 이에 따라 메트로폴리탄 지역으로(즉, 도시계층을 따라 작은 도시지역에서 더 큰 도시지역으로) 지속적인 인구이동이 발생한다. 계약이동이 모험이동보다 일반적인 형태이다. 특히 장거리 이동의 경우 계약이동이 우세하다. 사전에 고용을 보장받아 이동의 위험성을 최소화할 수 있기 때문이다.

거주지 이동과 생애주기 이론

거주지 이동(모빌리티)에서 미시행태 모델의 적용은 특수성이 결핍된 총량 데이터 분석의 문제에서 비롯되었다. 이 문제는 거주지 이동 이론의 주요 이슈 중 하나로, 이동 결정과 목적지 선택 간의 구분과 관련된다. 모빌리티는 생애주기 변화나 다른 필요에 따라 거주의 수요가 조정될 수 있도록 해준다. 피터 로시의 **생애주기 이론**(life-cycle theory)에 따르면, 생애주기 변화는 거주(일반적으로 공간) 수요의 변화로 이어지고, 궁극적으로는 거주 재입지 결정에도 영향을 미친다.[27] 한 마디로, 개별 생애주기 단계에서 겪는 변화가 거주 재입지를 촉진한다는 것이다. 교육, 취업, 결혼을 이유로 부모의 집을 떠나는 것, 가족 규모의 확대, 건강 문제 등이 그러한 생애주기 단계의 사례라 할 수 있다. 이동이 결정되면 검색과정이 시작된다. 이때 수요, 사회적 열망, 소득, 부동산 에이전트나 은행과 같은 제도의 역할이 나타난다. 소규모 공간 스케일에서 이동은 이동자의 주택 이력과 상호작용한다.[28] 동시에, (연령, 성별, 결혼 상태, 가족 지위 등) 가구의 특성, (크기, 구조, 가용성 등) 개별 주택의 특성, (근린구조, 민족/인종 구성, 주택 매물 등) 기원지와 목적지의 특성도 재입지 결정에 영향을 미친다고 간주된다.

하지만 생애주기 이론도 모든 거주지 이동을 설명하지는 못한다. 일각에서는 거주지 이동의 많은 부분이(아마도 25% 이상이) **자발적 이동**이라기보다는 **강제적 이동**이라는 주장이 제기되었다.[29] 아울러 개인이나 가구의 이동 결정은 다양한 제도적 영향력에 의해 제약받는다. 인종주의와 차별의 효과, (임대 또는 자가의) 보유권 선택, 주택 공급 등이 그러한 제도적 영향력의 사례에 해당한다. 마찬가지로, (부동산 에이전트처럼) 잠재적 구매자를 특정 위치로(또는 특정 위치로부터 멀어지게) 조종하여 주택의 옵션(선택지)을 제한하는 행위자들도 있다.[c] 이에 따라 빈곤층의 거주 옵션은 위치, 가용 주택의 양과 질, 가격에 크게 제약을 받는다. 다른 한편에서는, (전통적인 핵가족 개념과 다른) 대안적 가족 형태가 (전체 가구의 50% 이상을 차지할 정도로) 크게 성장하여 사회의 구성이 변화하고 있다. 이러한 형태의 가구에는 한부모 가정, 맞벌이 가구, 대안적 라이프스타일 가구, 빈 둥지 지킴이,[D] 1인 가구 등이 있으며, 개별 집단의 주택 선호와 수요는 다르게 형성된다. 따라서 동질적인 인구집단과 이동 이유를 더 이상 가정할 수 없게 되었다.

행태 이론과 모델은 노년인구 이동의 분석에도 적용되고 있다. 이들의 이동과정을 이끄는 요인들은 일반적으로 앞서 논의된 이론들에서 고려하는 사항과는 다르다. 그 이유는 매우 간단하다. 노년인구 대부분은 이미 노동시장을 떠났기 때문에 다른 연령집단보다 시장의 변화에 훨

---

[c] 이는 **스티어링**(steering)으로 불리는 거주지 게이트키핑 전략 중 하나이다. 미국에서는 흑인 가구의 백인 중산층 거주지 진입을 차단하기 위해 스티어링이 동원된다. 이 밖에 **레드라이닝**(redlining)과 **블록버스팅**(blockbusting)도 많이 활용되는 게이트키핑 전략이다. 레드라이닝은 채무불이행의 위험성이 높거나 부동산 가치 상승을 저해한다는 이유로 빈민이나 소수민족이 밀집한 근린지구에 모기지 대출 등의 금융 서비스를 제공하지 않는 금융 기관의 행태를 의미한다. 블록버스팅은 부동산 에이전트가 매매가를 고의로 낮춰서 중산층 가구 지역을 저소득층이나 소수민족 거주지로 변화시켜 재개발의 가능성을 높이는 게이트키핑 전략이다.

[D] 빈 둥지 지킴이는 장성한 자녀들이 독립해 떠난 후 집에 남겨진 쓸쓸한 부모의 모습을 묘사하는 용어이다.

씬 덜 민감하게 반응한다. 이들의 이동 결정은 건강이나 소득과 같은 개인적 자원에 의해 크게 영향을 받는다.[30] 상대적으로 건강한 노인은 어메니티가 좋은 곳을 찾아 이동하는 경향이 있다. 실제로 이런 노년층의 이동 패턴은 캐나다의 브리티시컬럼비아, 미국 플로리다와 애리조나 같이 어메니티가 잘 갖추어진 지역에 집중하는 모습으로 나타난다. 이는 일반적인 인구의 이동과 양적인 측면에서 매우 다른 양상이다. 한편 75세 이상의 노년층은 의존도가 높기 때문에, 가족 구성원이나 돌봄시설의 도움을 받을 수 있는 곳으로 이동하는 경향이 있다. 이처럼 돌봄이 필요한 이동자의 공간 검색은 일반적인 인구보다 훨씬 더 큰 제약을 받는다.

대안적 모델

경제에 기반한 전통적 이론과 센서스 및 공개 데이터에 대한 지속적인 의존성에 대한 불만이 커지고 있다. 이에 이론, 모델, 자료원 측면에서 이동에 대한 기존 접근에 수정이 가해지고 있다.[31] 예를 들어, 케빈 맥휴는 이동을 사람과 여러 장소에 대한 연결로 이해하면서 "과거의 출신지역을 되돌아보고 불확실한 미래를 생각하며 현재를 살아가는 사람들"에 관한 것이라고 하였다.[32] 과거에 해왔던 것보다 시공간적 측면을 더욱 많이 검토하면서 이동을 연구해야 한다는 목소리가 높아지고 있다. 센서스는 특정 시점에서 인구의 스냅숏만을 재현한다. 그러나 모빌리티와 관련한 문제를 바탕으로 시간, 공간, 사람 간의 연결성도 탐구해야 한다. 실제로 서로 다른 두 시점 간의 거주지만으로 이동의 복잡성을 파악하기는 어렵다. 이러한 문제점은 초국적 이동에 관한 문헌에 분명하게 나타나있다.[33] 계절에 따라 이동하는 애리조나의 스노버드에 관한 맥휴의 연구도 그러한 한계에 도전하였다.[34] ᴱ

이동의 재개념화에서 이동은 단순히 경제적으로 합리적인 개인이 수행하는 활동으로 여겨지지 않는다. 그 대신 "문화적으로 생산되고, 문화적으로 표현되며, 문화적인 효과를 발휘하는" 사건으로 정의된다.[35] 예를 들어, 만성적 모빌리티는 경제적 합리성보다는 장소 유대감의 저하, 정착의 어려움, 모험심에 따른 행동일 수 있다.ᶠ 이동은 과거, 현재, 미래의 상황을 반영한 결과일 수 있다. 예를 들어, 현재의 소득, 고용 상태, 가족 상황과 장래에 기대되는 고용, 소득, 건강의 변화가 동시에 작용할 수 있다. 그러나 이러한 모빌리티 개념은 많은 이동 관련 문헌에서 빠져있다. 이동의 실제 이유는 이동 사건 속에 파묻혀있을 수 있는데, 이는 횡단 및 종단 데이터나 계량경제학 도구에 의존하는 연구자에게는 보이지 않는다. 모빌리티의 재개념화는 이동연구에 관여하는 여러 분야에서 찾아볼 수 있다. 예를 들어, 알레한드로 포르테스와 그의 동료들은 미국 사회에서 이민자 커뮤니티와 이들의 적응에 대한 문화기술지 연구를 수행하

ᴱ 제3장 각주 R 참고.
ᶠ 만성적 모빌리티는 계속해서 이동하는 행태를 뜻하는데, 특히 학교를 자주 옮기는 학생들의 행태와 관련해서 많이 쓰이는 용어이다.

였다.[36] 이러한 **문화기술지(민족지)** 조사 기법은 **초국가적 이동** 문헌에서 많이 활용되고 있다.

이동의 선택성

미국을 비롯한 많은 국가에서 높은 이동률이 관찰되고 있다. 하지만 모든 사람이 이동하는 것은 아니다. 실제로 이동은 고도로 선택적인 과정이다. 생존 기간 동안 많이 이동하는지 적게 이동하는지는 개인마다 다르다는 뜻이다. 이동에는 개인의 사회인구학적 또는 사회·경제적 특성이 큰 영향을 미친다. 특히, 연령, 인종, 소득, 주택 보유권, 교육, 결혼 상태에 따라 이동률의 차이가 난다. 이 중에서 연령이 가장 중요한 이동의 결정 요인이다. 지속적 이동 가능성은 노년 인구보다 청년층 사이에서 높다. 이러한 경향은 위치, 시간, 지리적 스케일과 무관하게 관찰된다(그림 7.3). 그런데 연령별 이동의 경향은 좀 더 복잡한 모습이다. 15세 미만의 매우 어린 연령대 아이들의 사례를 생각해보자. 이들은 부모의 재입지를 따라가는 **동반이동자**로 간주된다. 여기에서도 매우 어린 연령대 아이들이 (그리고 이들의 부모가) 이동할 가능성은 10대 자녀가 있는 가정보다 높게 나타난다. 아이들이 성장함에 따라 학업의 방해나 사회적 관계의 와해를 최소화하려는 부모의 의지가 작용하기 때문이다.

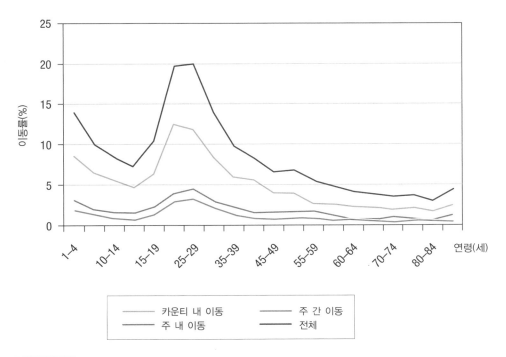

그림 7.3 미국의 연령별 이동률(%, 2018~2019년)

출처 : 미국 인구조사국, CPS, *Geographical Mobility*, 2018-2019

표 7.3　미국의 주요 인구통계 지표별 이동률(%, 2014~2015년)

	이동률	카운티 내 이동률	주 내 이동률	주 간 이동률
교육 수준(25세 이상)				
고졸 미만	9.4	6.9	1.6	0.9
고졸	8.8	6.0	1.7	1.1
대학 진학	10.3	6.6	2.1	1.6
학사 학위 취득	9.6	5.9	2.0	1.7
대학원 학위 취득	9.4	5.1	1.9	2.4
결혼 상태(14세 이상)				
기혼(배우자 존재)	7.5	4.7	1.5	1.3
기혼(배우자 부재)	13.6	8.3	2.5	2.7
이혼/별거/사별	35.5	24.2	6.7	4.6
미혼	15.4	10.3	3.0	2.1
주택 보유 형태				
자가 소유	5.1	3.2	1.0	0.8
임대	24.0	15.3	4.2	3.3
전체	11.1	7.3	2.1	1.6

출처 : 미국 인구조사국, CPS, *Geographical Mobility*, 2014–2015

주석 : 표에서 이동률은 해당 범주 인구 중에서 이동자의 비율을 의미한다. 예를 들어, 고졸 미만 인구 중 이동자의 비율은 9.4%이고, 전체 인구 중 이동자의 비율은 11.1%이다. 마찬가지로 카운티 내 이동율, 주 내 이동율, 주 간 이동율도 해당 범주 인구 중에서 이동자가 차지하는 비율로 표시되어 있다.

그러나 10대 후반에서 20대를 거치면서 이동률은 급격히 증가한다. 매년 20대 인구의 거의 1/3은 부모의 집을 떠나 대학이나 직장을 찾아 자신의 거주지로 이동한다. 이후부터 은퇴의 시기까지 이동률은 일반적으로 감소하게 된다. 가족의 규모가 커지면서 재입지는 (물리적, 감정적) 비용이 많이 드는 어려운 일이 되기 때문이다. 주택이나 부동산 같은 가구의 자산과 가족 구성원의 친분 네트워크도 이동이 어려운 이유에 해당한다. 그리고 은퇴 전후로 어메니티와 가까워지려는 욕구 때문에 이동률은 약간 증가한다. 그러나 생애 가장 마지막 시기 이동의 대부분은 건강 문제와 관련되어 있다. 실제로 돌봄을 위해서 가족 근처로 옮겨가거나 시설에 수용되는 노년인구가 많아진다. 이러한 연령별 이동 성향 변화는 생애주기 변화로 설명할 수 있다. 앞서 언급했듯이, 생애주기는 로시의 업적을 통해서 대중화된 개념이다.[37] 인적자본 이론도 나이에 따른 이동률 차이를 설명하는 데에 도움을 준다.[38] 예를 들어, 이직으로 발생한 비용의 회수 기간이 노년층보다 젊은이 사이에서 길다는 점을 보여주기 때문이다.

연령과 생애주기 이외에도 이동의 선택성에 일관되게 밀접한 영향을 미치는 여러 가지 요인이 있다(표 7.3). 예를 들어, 학력이 높을수록 더 많이 이동하는 경향이 있다. 장거리 이동도 고학력층 사이에서 높다. 고학력자일수록 여러 가지 대안에 대한 정보를 더 잘 수집하고 종합하여 해석할 수 있는 역량이 높기 때문이다. 마찬가지로, 교육 수준이 높을수록 다양한 선택지에 개방되어 장거리 이동의 가능성이 높다. 소득이나 직업적 지위가 높은 사람들 사이에서도 장거리 이동의 수준이 높은 경향이 있다. 카운티 내의 단거리 이동은 주택 소유주보다 임대인 사이에서 높게 나타난다.

한편, 성별, 결혼 상태, 자녀 유무 등의 인구통계학적 요인도 이동의 선택성과 상관관계를 가진다. 성평등이 일반화된 대부분의 선진국에서는 남성과 여성의 이동률이 비슷하다. 그러나 특정 상황에서는, 예를 들어 자원 채굴 산업과 관련해서는 남성의 이동률이 여성보다 더 높게 나타난다. 대부분의 개발도상국에서도, 직장을 찾아 움직이는 남성의 이동률이 가족을 돌보기 위해 집을 지키는 여성보다 높게 나타난다. 이러한 경향성은 국제이동 측면에서도 확인된다. 일반적으로 미혼 인구 사이에서 장거리 이동률이 높다. 동반해야 하는 가족이 없기 때문이다. 반면 기혼 부부의 이동률은 낮다. 재입지가 적어도 한 사람의 경력 단절로 이어질 수 있기 때문이다.[39] 마찬가지로 부양 자녀가 있는 가족도 아이의 학업과 사회적 관계에 가해질 수 있는 혼란 때문에 재입지를 기피하는 경향이 있다.

이동과정

이동과 재입지는 다중 요인에 대한 반응으로 나타난다. 이러한 요인들은 청년의 이동 선택성에서 살펴보았듯이 모든 사람에게 같은 방식으로 영향을 미치지 않는다. 이동 욕구를 생성하는 것이 무엇인지에 대한 명확한 정답은 존재하지 않는다. 개념적인 측면에서 이동과정은 최소한 세 단계를 거친다. 첫째는 이동의 결정, 둘째는 목적지의 결정, 셋째는 실제 이동의 단계이다. 이러한 모든 과정이 동시에 일어날 수 있고, 단 한 가지만 중요할 수도 있다. 가령, 직장이 다른 곳으로 이전한 사람에게는 목적지 결정만이 중요하다. 그러나 문헌에서는 모델링과 이론적 요인의 문제 때문에 세 단계를 구분하고 있다.

앞서 논의한 이동의 유형에(가령, 거주지 이동인지 국내이동인지에) 따라서 이동의 동기가 다를 수 있다. 거주지 이동은 생애과정과 주거 서비스 수요의 변화와 밀접하게 관련된다. 주택 수요와 주택 기대 간의 불일치는 일명 거주지 스트레스의 원인이 되기도 한다. 이러한 현상은 가족의 규모가 커지거나 작아질 때 나타난다. 거주지 스트레스가 관성을(즉, 개인이나 가족을 제자리에 머물게 하는 힘을) 넘어서면 새로운 거주지를 검색하는 작업이 시작된다.[40]

이러한 생애주기 이론이 모든 거주지 이동을 설명하지는 못한다. 이동의 상당 부분은(아마도 25% 이상은) 자발적이지 않은 **강제적 이동**이기 때문이다.[41] 개인이나 가구의 이동 결정은 다양한 제도적 힘에도 제약을 받는다. 인종주의와 차별의 효과, 보유권 선택, (가용 주택의 수, 가격, 유형 등) 주택 공급 상황 등이 그러한 제도적 영향력의 사례에 해당하며, 이들은 모두 주택 선택지(옵션)의 제약 요소로 작용한다. 주택 옵션의 제약은 특히 빈곤층이나 차별당하는 집단 사이에서 두드러진다. 이들은 입지, 가용 주택의 양과 질, 가격과 관련해 적은 선택지를 갖는다. 이런 상황에서 개인이나 가구는 거주지 선택지가 거의 없으며, 이동 가능성도 매우 희박하다. 경제적 여건이 장거리 이동자의 이동 결정에서 중요하기 때문이다. 그러나 기원지의 부족한 일자리와 높은 실업률은 이동을 자극할 수 있다. 다른 한편으로, 주택시장은 로컬이나 국가 기관의 통제에도 크게 좌우된다. 그래서 주택시장의 작동방식이나 거주지 선택의 측면이 지역마다 상당히 다를 수 있다. 노년층 사이에서는 어메니티도 중요하다. 일례로, 추운 기후를 벗어나기 위해 이동을 선택하는 노년인구가 많다.

이동이 결정되면 검색과정이 진행될 것이다. 장거리 이동의 경우, 어메니티가 풍부하고 더 나은 소득과 고용기회를 제공하는 장소를 찾기 마련이다. 정착을 원하는 모든 이동에서 로컬 스케일과 근린 입지도 중요하다. 로컬 스케일에서 검색과정은 수요, 경제적 기회, 사회적 열망, 소득, (부동산 회사, 은행 등) 제도의 영향을 받는다. 이러한 소규모 공간 스케일에서 이동은 이동자의 주택 이력과도 상호작용한다.[42] 그리고 (나이, 성별, 결혼 상태, 가구의 지위 등) 가구특성, (크기, 구조, 가용성 등) 개별 주택의 특성, (근린구조, 민족/인종 구성, 주택 매물 등) 기원지와 목적지의 특성도 목적지 선택에 영향을 미친다. 이러한 과정들을 거쳐, 결국에는 실제로 이사를 할 것인지에 대한 결정이 내려진다. 물론 검색과정에서 적당한 목적지나 선택지를 찾지 못해 이동이 취소될 수도 있다. 그러나 경제, 사회, 주택, 라이프스타일 측면에서 기대되는 편익이 비용보다 크다면, 실제 이동이 이루어지게 된다.

이동자인가 종사자인가?

장거리 이동은 큰 비용이 드는 노력이다. 이러한 사실은 이론적 설명과 경험적 현실을 통해 파악할 수 있다. 한 위치에서 일자리나 사회적 연결망을 통해 형성했던 기존의 가족 및 친구 관계를 포기해야 하고, 새롭게 이동한 지역에서 다시 구축해야 한다. 소셜 미디어에 쉽게 접근할 수 있는 시대에 살고 있지만, 목적지에서 새로운 관계를 만드는 것은 많은 시간을 투자해야 하는 일이다. 또한 이동에 드는 실제 비용도 상당할 수 있다. 포커스에서 살피는 바와 같이 미국에서 이동률은 감소해왔다. 같은 현상이 캐나다에서도 관찰되고 있다. 인구 고령화를 이동률 감소의 원인으로 지목할 수 있지만, 이동률의 감소는 이동이 가장 많은 청년층에서도 나타난다. 이동에 대한 대안으로 장거리 통근이 보다 일반화되었고, 이것이 이동을 대체하게 될지도 모른다. 자원 채굴 분야에서는 몇 주 혹은 몇 달을 주기로 노동자의 이동이 나타나기도 한다. 이들은 집중적인 노동의 시간과 집에서 휴식을 취하는 시간을 번갈아 갖는 사람들이다. 캐나다에서는 이러한 사람들이 주 사이에서 발생하는 **노동자 모빌리티**의(즉, 일하는 주와 거주하는 주가 다른 사람의) 주요 원천으로 부상했다. 이들의 수는 한 해의 주 간 이동자 수보다 훨씬 더 많다.[43] 주 간 노동자와 주 간 이동자는 유사한 특징을 공유하지만, 주 간 노동자의 연령별 분포는 비교적 일정하게 유지된다. 이는 연령이 높아짐에 따라 주 간 이동자 수가 감소하는 패턴과 다른 모습이다. 주 간 노동자는 자원 채굴, 운송, 건설업에서 많이 나타나고, 수습 기간의 노동자나 남성 사이에서 두드러진다. 주 간 노동자는 자신이나 가족의 영구적 이동을 위한 비용에 투자할 필요가 없다. 그러면서 중요한 노동시장의 수요에 부응하는 기능도 한다. 이와 유사한 이동은 미국, 러시아, (플라이인–플라이아웃, 즉 FIFO 일자리로 유명한) 오스트레일리아에서도 널리 관찰되고 있다.[44]

결론

이론 간의 차이는 있지만, 연구자 대부분은 개인이나 가구가 나름의 상황을 개선하기 위해서 이동한다는 점에는 동의한다. 이러한 공통점에 대하여 서로 다른 이론은 (경제, 사회, 환경과 관련해) 상이한 측면을 강조한다. 많은 문헌에서 미시적 접근법과 거시적 접근법의 차이를 과장하는 경향이 있는데, 이는 학문 분야별로 서로 다른 관점의 차이에서 비롯된 것이다. 분야별로 다른 초점이 계속되고 있지만, 최근에는 학제 간 융합연구가 많이 증가했다. 인구 이슈 연구에서 질적 방법의 수용성도 높아졌다. 그러나 이동연구가 증가했음에도 지난 20여 년 동안 눈에 띄는 이론적 발전은 나타나지 않았다. 대신 분석적 접근과 정책 지향적 연구에 대한 관심이 높아졌다. 이는 기존 이론의 방법론적 확대를 함의한다. 따라서 지난 20여 년 동안의 이론적 발전은 점진적으로 진행되었다고 볼 수 있다. 특히 데이터의 가용성 증대가(가령, 새로운 종단 데이터나 공공 데이터에 대한 접근성 증대가) 경험적, 이론적 연구의 발전에 중요하게 작용했다. 예를 들어, 생애주기나 고용과 관련하여 개인이 이전 거주지로 돌아가는 귀환이동에 대한 이론적 발전에서 데이터의 가용성 개선이 중요한 역할을 하였다.[45]

포커스 **미국의 국내이동**

미국은 오랫동안 선진국 세계에서 가장 이동성이 높은 국가 중 하나로 여겨졌다. 단기적이든 영구적이든, 미국인의 정신은 장거리 이동 의지에 오랫동안 사로잡혀 있었다. 초기에는 개척과 탐험을 통한 영토 확장이 있었고, 그다음에는 도시로의 이동이 두드러졌다. 좀 더 최근에는 대도시와 인접한 농촌이나 반농촌 지역으로 향하는 이동이 많아졌다. 미국에서 인구이동의 역사는 대체로 젤린스키의 **이동변천** 이론의 단계에 상응한다. 미국의 역사적, 경제적 발전도 중요하게 작용했다. 예를 들어, 미국 서부 개척은 동부 해안으로부터의 대규모 재입지를 촉진하였다. 1930년대 대공황은 미국 대평원 지역의 인구유출과 캘리포니아의 인구유입에 영향을 주었다. 1916년과 1970년 사이에는 약 600만 명의 흑인이 남부를 떠나 북부, 중서부, 서부에 재정착하는 **흑인 대이동**(Great Migration)이 있었다. 이는 남부 주에서의 격리와 차별에 대한 대응이었다. 1970년대와 1980년대를 거치며 북동부에서는 탈산업화가 진행되었고, 이에 따라 남부와 서부를 향하는 대규모 이

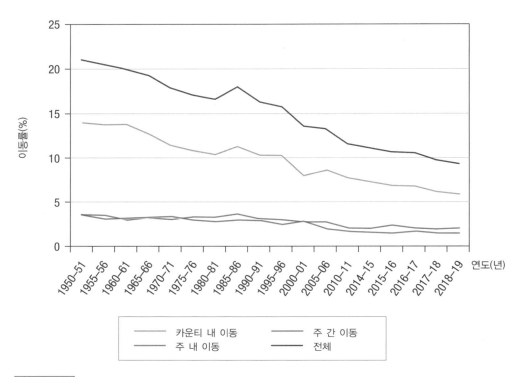

그림 7.4 미국의 이동 형태별 이동률(1950/1951~2018/2019년)

출처 : 저자, 미국 인구조사국 ACS data

동이 발생했다. 자원 발굴과 개발도 지역 간 인구이동의 촉매제로 작용했다. 캘리포니아의 골드러시, 텍사스의 석유산업 발전, 그리고 최근 노스다코타와 사우스다코타의 유전개발 등이 그러한 사례에 해당한다.

1940년 센서스에서 도입된 5년 전 거주지 문항은 인구이동에 관한 지식을 확대하는 계기가 되었다. 제2차 세계대전 이후, 미국의 국내이동은 네 가지 주요 주제로 요약할 수 있다. 첫째, 따뜻한 기후와 쾌적한 어메니티를 찾아 **선벨트** 지역을 향하는 이동이 크게 증가하였다. 이는 북동부와 중서부의 제조업 쇠퇴에 따른 **러스트벨트**의 형성과 남부 지역의 산업발전과도 연결된 현상이다. 둘째, 농촌지역, 특히 중서부, 대평원 북부, 미시시피 삼각주 지역에서 인구감소는 계속해서 진행되고 있다.[46] 셋째, **교외화**(suburbanization), 즉 다양한 규모의 도시에서 도시-농촌 경계부로 인구가 이동하는 현상은 전쟁 직후 가속화되었다. 이는 단거리 이동에 대한 관심의 증대로 이어졌으며, 미국 도시구조에 광범위한 영향을 미쳤다. 넷째, 1970년대부터 **역도시화**

(counterurbanization) 현상이 생기기 시작했다. 이는 비도시권 지역으로의 순이동을 의미하는 신호였다. 동시에 도시계층을 따라 대규모 메트로폴리탄 지역으로 이동했던 기존의 흐름과 극명한 대조를 이루는 것이었다. 역도시화 경향은 1980년대에 다소 누그러졌지만, 1990년대와 2000년대 초반에는 도시-농촌 이동이 재등장했다.

20대의 젊은 성인들이 교육이나 취업과 관련된 이유로 여전히 이동이 가장 많은 연령층으로 남아있다. 그러나 2010년 센서스와 ACS 데이터에 따르면, 미국인들의 이동에 대한 선호는 감소하고 있으며, 패턴과 이동성에도 변화가 생겼다. 실제로 이동과 이동률의 감소는 장기적으로 일관된 추세이다(그림 7.4). 2018~2019년에는 (1948년부터의) 관측 이래 가장 낮은 비율의 사람들이 거주지를 옮긴 것으로 나타났다. 1980년대 중반까지만 해도 약 18%의 미국인이 이동을 경험했지만, 2018~2019년에는 이 수치가 9.4%에 불과했다. 장기간 분석에 따르면, 장거리 주간 이동의 빈도는 지난 40여 년간 감소했다. 주 간 이

표 7.4   16세 이상 미국 인구의 지역 간 이동 흐름(천 명, 2018~2019년)

2018년 거주지	2019년 목적지				
	북동부	중서부	남부	서부	유출(전출) 인구
북동부	**−206**	65	311	111	282
중서부	44	**−27**	226	186	429
남부	120	210	**222**	192	744
서부	117	155	206	**11**	489
유입(전출)인구	75	402	966	500	**1,944**

출처 : 미국 인구조사국 ACS data

주석 : 진하게 표시된 수치는 해당 기간의 순유입/순유출을 나타낸다. 2018~2019년 기간 동안 약 194만 4000명의 미국인이 지역적 스케일에서 이동했다. 이보다 작은 공간 스케일에서는 보다 많은 이동이 발생했다.

동률은 1950년 3.5%에서 2019년에는 1.5%까지 낮아졌다.[47] 여성의 노동 참여 증가가 이동률 감소의 중요한 이유 중 하나였다. 이와 함께, 인구 고령화도 가구의 장거리 이동성을 낮추는 데에 일조하였다. 노인이나 노년층 가구 사이에서는 장거리 이동을 기피하는 경향이 있기 때문이다.

이동과 모빌리티는 미국의 인구분포를 꾸준히 재구성하고 있다. 지난 수십 년간 이동의 경향과 일관되게, 2018~2019년에도 북동부와 중서부의 인구유출과 남부와 서부 주의 인구유입이 계속되었다. 이러한 과정은 탈산업화와 함께 시작되었다.[48] 한편, 지역적 스케일에서 북동부와 중서부 모두는 2018년과 2019년 사이에 이동자의 손실을 경험했다. 북동부에서는 20만 6000명의 순유출이 있었다. 그러나 남부는 여전히 이동자의 주요 목적지 역할을 하고 있다. 2018년과 2019년 사이 남부의 순전입 인구는 22만 2000명에 달했다(표 7.4). 현재는 서부와 남부 간의 이동이 미국에서 국내이동의 지배적인 흐름이라고 할 수 있다.[49]

북동부 지역과 러스트벨트 주에서 전출은 오랜 이동의 흐름이며, 최근 몇 년간 가속되었다. 이러한 경향성은 보다 작은 지리적 스케일에서도 관찰되었는데, 이와 관련해 네 가지 측면에 주목할 필요가 있다. 첫째, 2017년 미국 ACS 데이터에 따르면, 인구유입은 플로리다에서 가장 많았고 전체 이동자 수가 가장 많은 주는 뉴욕이었다. 텍사스와 캘리포니아도 유입이 많은 지역이었지만, 캘리포니아는 유출인구가 가장 많은 지역이었다. 둘째, 지난 20년 동안 해안지역에서의 인구증가는 미국 전체의 인구증가보다 더 빠르게 진행되었다.[50] 해안지역의 인구는 미국 전체에 비해 고령화 수준이 상대적으로 높고, 민족이나 인종 측면에서 더

다양한 경향이 있다. 셋째, 다섯 개 주(캘리포니아, 네바다, 애리조나, 뉴멕시코, 텍사스)에 걸쳐있는 남서부 사막지역의 인구성장률은 미국 전체의 인구성장률의 거의 2배에 이른다. 여기에는 따뜻한 기후에 대한 선호가 반영되었다. 넷째, 남부 지역의 전반적인 성장세 속에서도 텍사스주의 댈러스−포트워스, 휴스턴, 오스틴, 애리조나주의 피닉스, 플로리다주의 올랜도와 같은 메트로폴리탄 지역이 미국에서 가장 빠른 인구성장을 기록하고 있다. 이 중에서도 오스틴과 올랜도는 1, 2위에 해당하는 성장지역이다.[51] 최대급 **메트로폴리탄 지역**에서 인구성장은 상위 **도시계층**을 향하는 이동의 영향을 받았다. 예를 들어, (인구 250만 명 이상) 메가−메트로폴리탄 지역은 그보다 작은 대규모 메트로폴리탄 지역으로부터의 인구유입을 통해 성장하고 있다.[52] 그러나 최대급 메트로폴리탄 지역으로의 이동이 하위 도시계층을 향하는 이동으로 상쇄되는 경향도 나타났다. (도심을 보유한 1만~4만 9999명 인구의 메트로폴리탄 장소인) **마이크로폴리탄 지역**과 비도시 카운티 지역으로의 이동이 나타난다는 이야기다. 이는 1970년대에 처음 등장한 역도시화, 어메니티의 작용, 인구 고령화의 추세를 반영하는 현상이다.

이러한 농촌지역과 마이크로폴리탄 지역의 성장은 일부에서만 선택적으로 발생하는 점에 유의해야 한다. 대평원과 중서부의 외진 농촌지역의 경우, 1930년대 대공황 이후 인구유출이 줄어들지 않고 계속되고 있다. 이러한 농촌지역의 인구 손실은 빈곤, 고용감소, (교육 등) 서비스 부족, 따뜻한 겨울이나 오락시설과 같은 어메니티의 부족에서 비롯된 현상이다.[53] 그러나 예외는 있다. 석유 탐사와 개발로 혜택을 얻는 지역이나 젊은 이동자에게 매력적인 지역이 그러한 예외에 해당한

다.[54] 예를 들어 노스다코타주 파고의 인구는 2000년과 2010년 사이에 16.5% 성장했고, 노스다코타 석유개발의 서쪽 중심이라 할 수 있는 윌리스턴의 인구성장률은 17.6%에 이르렀다. (노스다코타주 전체의 인구성장률은 4.7%이었다.) 이는 인구가 꾸준히 감소하는 노스다코타주의 다른 지역과 대조적인 모습이다.[55] 어쨌든, 급격한 인구성장은 범죄증가, 주택 선택지 제한, 주택 가격 상승 등 여러 가지 비용을 초래했다.

한편, 미국의 베이비붐 세대는 도시계층의 아래로 옮겨가는 이동 패턴을 보인다. 이는 보다 젊은 경제활동인구 세대와 다른 모습이다. 북동부와 중서부의 많은 농촌지역에서는 노년인구가 감소한 반면, 어메니티가 풍부한 서부와 선벨트의 일부 카운티들에서는 노년인구가 크게 증가하고 있다.[56] 이러한 커뮤니티에서는 노년인구의 유입이 경제적 활력소가 될 수 있다. 주택과 서비스에 대한 수요가 증가하고 지방정부의 세입이 많아질 수 있기 때문이다. 그러나 노년인구의 유입은 양날의 검이 될 소지가 있다. 건강돌봄 서비스를 비롯해 인구 고령화를 위한 계획을 세워야 하기 때문이다.

경제도 국가적 스케일의 이동 흐름 규모에 영향을 미친다. 2008년 경기침체의 여파로 인구 재입지의 속도가 느려졌다. 경기침체 직전에 미국인의 이동률은 13.2%에 이르렀는데, 2008년에 11.9%로 낮아졌다가 2009년에는 12.5%로 약간 회복되었다. 그러나 이후부터 미국인의 이동은 꾸준하게 감소했다.[57] 전국적인 일자리의 감소가 그러한 이동률 하락에 어느 정도 영향을 미쳤다. 일자리를 찾아 이동하는 선택지를 쓰기 어려웠다는 이야기다. 역자산을 보유한(즉, 채무가 가치보다 높은 주택을 소유한) 사람들의 경우, 선택지는 훨씬 더 제한적일 수밖에 없었다. 하지만 이들 사이에서는 새로운 고용기회를 찾아 이동하는 경향이 나타났다.[58] 경기침체의 영향은 CPS에서도 확인된 바 있다. 2010~2011년 조사에서 응답자의 1.2%가 압류/퇴거 때문에 이동한 경험이 있다고 말했다.[59] 2020년 코로나19로 인한 경기 불황이 그와 비슷한 결과로 이어질 가능성이 있다.[60]

방법·측정·도구 이동의 측정

이동의 측정은 간단한 작업이 아니다. 연구자는 이동을 집계할 때 시간과 공간 모두를 반드시 고려해야 한다. 이러한 문제에도, 이동 흐름을 정량화할 수 있는 여러 가지 측정법과 도구가 개발되어 있다.

이동 경향
이동 경향(migration propensity), 즉 p_{ij}는 가장 기본적인 이동 측정법 중 하나이다. 이는 특정 시기가 시작될 때 한 지역(i)에 있다가 해당 시기 다음에 다른 지역(j)에 거주하는 인구의 상대적 비율을 뜻하며, 다음과 같이 정의된다.

$$p_{ij} = \frac{m_{ij}}{P_i}$$

여기서 P_i는 $t-1$ 시점에(즉, 센서스 간격의 시작 시기에) 기원지에 거주하는 인구를 말하며, m_{ij}는 i 지역에서 목적지 j로 이동한 이동자 수를 말한다.

총이동량과 총이동률
인구지리학자는 대체로 인구이동의 경향에 관심을 가진다. 여기에서는 사람들이 어디에서 이동해왔고 어디로 이동하는지는 크게 상관없다. 센서스 데이터의 경우, 이동자와 이동이 센서스 간격의 시작 시기(즉, 조사 기준일로부터 5년 전) 거주지에 기반하여 정의되고, 센서스 조사 기준일의 거주지와 비교한다. 이동자와 이동이 정의되고 나면, 기원지에서 유출된 전출자 수(O_i), 목적지로 유입된 전입자 수(I_j), 두 지점 사이의 이동자 수(m_{ij})가 계산될 수 있다. 예를 들어, i 지역의 전출자 수는 다음과 같이 정의될 수 있다.

$$O_i = \sum_{i \neq j} m_{ij}$$

마찬가지로, i 지역의 총전입자 수는 모든 전입 흐름을 합산해서 계산할 수 있다.

이러한 이동자 수는 유용할 수 있지만 가끔 오해를 야기할 수 있다. 텍사스주나 캘리포니아주와 같은 대규모 지역은 인구 규모 때문에 전출과 전입이 모두 많을 수 있다. 반면, 소규모 지역이나 주는 반대의 상황에 있을 수 있다. 인구가 적어 전입과 전출이 모두 적을 수 있다는 말이다. 따라서 이동률은 보통 이동할 상황에 있는 인구에 기반하여 계산된다. 예를 들어, i 지역으로부터의 **전출률**(out-migration rate) OR_i는 다음과 같이 정의된다.

$$OR_i = \left(\frac{O_i}{P_i}\right) \times 1000$$

여기서 O_i는 i 지역의 전출자 수를 말하고, P_i는 i 지역의 인구이다.

마찬가지로, j 지역으로의 **전입률**(in-migration rate) IR_j는 다음과 같이 정의될 수 있다.

$$IR_j = \left(\frac{I_j}{P_j}\right) \times 1000$$

여기서 I_j는 j 지역으로의 전입자 수를 말하고, P_j는 j 지역의 인구이다. 그러나 엄밀하게 따지면, 이 수식은 j 지역으로 이동할 상황에 있는 인구를 정확하게 반영하지 않는다. 이동할 상황의 인구가 목적지의 인구로 대체되고 있는 것이다.[61] 따라서 전입자들이 이미 j 지역에 거주하고 있다면, j 지역으로 전입될 수 없다는 오류가 생긴다. 이에 대한 대안으로 전입률에 대한 보다 정확한 정의는 다음과 같을 것이다.

$$IR_j = \left(\frac{I_j}{\sum_{j \neq k} m_{ij}}\right) \times 1000$$

여기서 분모는 j 지역의 인구를 제외한 모든 인구를 의미한다.

순이동과 순이동률

인구지리학자는 한 지역의 인구에 대한 이동의 전체적인 효과를 알고 싶어 한다. 예를 들어, 특정 시기의 이동으로 인해 인구가 증가했는가? 아니면 감소하였는가? 이동이 인구의 증가나 감소에 얼마나 영향을 미쳤는가? 이는 **순이동**(net migration) N_i를 통해 알 수 있다. i 지역의 순이동은 i 지역으로의 전입자 수와 i 지역으로부터의 전출자 수의 차이로 정의한다.

$$N_i = I_i - O_i$$

이와 마찬가지로, 순이동률도 전입률과 전출률의 차이로 정의한다. 순이동은 전체 인구 효과를 확인하는 데에 유용할 수 있지만, 순이동의 사용은 대부분 문제의 소지가 있다. 왜냐하면 순이동은 실제 이동자를 재현하는 것이 아니라 애초에 만들어진 값이기 때문이다.[62] 따라서 이동을 모델링할 때는 잘 사용되지 않는다.

이동 유효도

이동연구자는 전입과 전출의 상대적인 비율에도 관심을 가지며, 이는 **이동 유효도**(migration effectiveness) E_i를 통해서 파악할 수 있다. 이동 유효도는 (전입과 전출의 차이로 구하는) 순이동과 (전입과 전출의 합으로 산출하는) **총이동**(gross migration) 사이의 비를 이용해 다음과 같이 정의된다.[63]

$$E_i = \left(\frac{I_i - O_i}{I_i + O_i}\right) \times 100$$

E_i는 인구의 변화로 이어지는 인구 회전율을 함의하며, 지역의 인구 규모에는 영향을 받지 않는 값이다. 값이 클수록(즉, 0에서 멀어질수록) 이동의 유효도가 더 높다고 판단할 수 있다. 일방향적 흐름이 더 많기 때문이다. 이와 관련된 측정값으로 **스트림 유효도**(stream effectiveness)로 불리는 개념이 있는데, 이는 특정한 두 지역 사이에서 이동의 유효성을 포착할 수 있도록 해준다. 스트림 유효도 e_{ij}는 다음과 같이 정의된다.[G]

$$e_{ij} = \left(\frac{m_{ij} - m_{ji}}{m_{ij} + m_{ji}}\right) \times 100$$

[G] 이동 유효도 및 스트림 유효도 개념과 적용 방안에 대해서는 다음의 문헌을 참고하자. (이상일·이소영, 2023, "인구이동이 인구재분포에 미치는 영향력의 시공간적 역동성 탐색: 우리나라 국내 인구이동에의 적용," 『한국지도학회지』, 23(1), 1~19.)

원주

1. Steven G. Wilson and Thomas R. Fischetti, "Coastline Population Trends in the United States: 1960 to 2008," 미국 인구조사국, Current Population Reports, https://www.census.gov/prod/2010pubs/p25-1139.pdf(2020년 7월 8일 최종 열람).

2. K. Bruce Newbold, "Counting Migrants and Migrations: Comparing Lifetime and Fixed-Interval Return and Onward Migration," *Economic Geography* 77, no. 1(2001), 23–40.

3. Wilbur Zelinsky, "The Hypothesis of the Mobility Transition," *Geographical Review* 61, no. 2(1971), 1–31.

4. 미국 인구조사국, ACS data.

5. 미국 인구조사국, "Geographical Mobility, 2018 to 2019," https://www.census.gov/data/tables/2019/demo/geographic-mobility/cps-2019.html(2020년 4월 1일 최종 열람).

6. Andrei Rogers, James Raymer, and K. Bruce Newbold, "Reconciling and Translating Migration Data Collected over Time Intervals of Differing Widths," *Annals of Regional Science* 37(2003), 581–601.

7. 1950년에는 예외적으로 1년 전의 거주지에 대해 물었다. 5년 전이었다면 대부분의 미국인들이 전쟁을 위해 동원되었을 시기이기 때문이다.

8. 캐나다 또한 1991년 인구 센서스를 시작하면서 1년간의 이동 질문을 포함하였다.

9. Larry Long, *Migration and Residential Mobility in the United States* (New York: Russell Sage Foundation, 1988); K. Bruce Newbold and Kao-Lee Liaw, "Characterization of Primary, Return, and Onward Interprovincial Migration in Canada: Overall and Age-Specific Patterns," *Canadian Journal of Regional Science* 13, no.1(1990), 17–34.

10. K. Bruce Newbold, "Spatial Scale, Return, and Onward Migration, and the Long-Boertlein Index of Repeat Migration," *Papers in Regional Science* 84, no. 2(2005), 281–290.

11. Elspeth Graham, "What Kind of Theory for What Kind of Population Geography?" *International Journal of Population Geography* 6(2000), 257–272.

12. Ernest George Ravenstein, "The Laws of Migration," *Journal of the Royal Statistical Society* 52(1889), 241–301.

13. Everet S. Lee, "A Theory of Migration," *Demography* 3(1966), 47–57.

14. Zelinsky, "Hypothesis of the Mobility Transition."

15. John Richard Hicks, *The Theory of Wages* (London: Macmillan, 1932).

16. George H. Borts and Jerome L. Stein, *Economic Growth in a Free Market* (New York: Columbia University Press, 1965); Michael J. Greenwood, "Research on Internal Migration in the United States: A Survey," *Journal of Economic Literature* 13(1975), 397–433.

17. Thomas J. Courchene, "Interprovincial Migration and Economic Adjustment," *Canadian Journal of Economics* 3, no. 4(1970), 550–576.

18. Courchene, "Interprovincial Migration and Economic Adjustment"; R. Paul Shaw, *Intermetropolitan Migration in Canada: Changing Determinants over Three Decades* (Toronto: New Canadian Publications, 1985).

19. Brian Cushing, "Migration and Persistent Poverty in Rural America," in *Migration and Restructuring in the United States: A Geographic Perspective*, ed. Kavita Pandit and Suzanne Davies-Whithers(Lanham,

MD: Rowman & Littlefield, 1999).

20. Shaw, *Intermetropolitan Migration in Canada*; William P. Anderson and Yorgos Y. Papageorgiou, "Metropolitan and Non-Metropolitan Population Trends in Canada, 1966–1982," *Canadian Geographer* 36, no. 2(1992), 124–143; Kao-Lee Liaw, "Joint Effects of Personal Factors and Ecological Variables on the Interprovincial Migration Patterns of Young Adults in Canada," *Geographical Analysis* 22(1990), 189–208.

21. Andrei Rogers, "Requiem for the Net Migrant," *Geographical Analysis* 22, no. 4(1990), 283–300.

22. Jacques Ledent and Kao-Lee Liaw, "Interprovincial Migration Outflows in Canada, 1961–1983: Characterization and Explanation," QSEP Research Report 141(Hamilton, ON: McMaster University, 1985).

23. Long, *Migration and Residential Mobility in the United States*; K. Bruce Newbold, "The Role of Race in Primary, Return, and Onward Migration," *Professional Geographer* 49, no. 1(1997), 1–14.

24. Mark Ellis, Richard Wright, and Matthew Townley, "State-Scale Immigration Enforcement and Latino Interstate Migration in the United States," *Annals of the American Association of Geographers* 106, no. 4(2016), 891–908.

25. Larry A. Sjaastad, "The Costs and Returns of Human Migration," *Journal of Political Economy* 70 (1962), 80–93.

26. Ian Molho, "Theories of Migration: A Review," *Scottish Journal of Political Economy* 33, no. 4(1986), 396–419.

27. Peter Rossi, *Why Families Move*, 2nd ed.(Beverly Hills, CA: Sage, 1980).

28. William A. V. Clark and Jun L. Onaka, "Life Cycle and Housing Adjustment as Explanations of Residential Mobility," *Urban Studies* 20(1983), 47–57; William A. V. Clark and Jun L. Onaka, "An Empirical Test of a Joint Model of Residential Mobility and Housing Choice," *Environment and Planning A* 17(1985), 915–930; Patricia Gober, "Urban Housing Demography," *Progress in Human Geography* 16, no. 2(1992), 171–189; Kevin E. McHugh, Patricia Gober, and Neil Reid, "Determinants of Short-and Long-Term Mobility Expectations for Home Owners and Renters," *Demography* 27, no. 1(1990), 81–95.

29. Larry A. Brown and Eric G. Moore, "The Intra-Urban Migration Process: A Perspective," *Geografiska Annaler* 52, no. 1(1970), 1–13; Eric Moore, *Residential Mobility in the City* (Washington, DC: Commission on College Geography, 1972).

30. Charles F. Longino, "From Sunbelt to Sunspot," *American Demographics* 16(1994), 22–31; Charles F. Longino and William J. Serow, "Regional Differences in the Characteristics of Elderly Return Migrants," *Journal of Gerontology: Social Sciences* 47, no. 1(1992), S38–S43; Robert F. Wiseman, "Why Older People Move: Theoretical Issues," *Research on Aging* 2, no. 2(1980), 141–154.

31. Elspeth Graham, "Breaking Out: The Opportunities and Challenges of Multi-Method Research in Population Geography," *Professional Geographer* 51(1999), 76–89; Kenneth H. Halfacree and Paul J. Boyle, "The Challenge Facing Migration Research: The Case for a Biographical Approach," *Progress in Human Geography* 17(1993), 333–348; James H. McKendrick, "Multi-Method Research: An Introduction to Its Application in Population Geography," *Professional Geographer* 51(1999), 40–50.

32. Kevin E. McHugh, "Inside, Outside, Upside Down, Backward, Forward, Round and Round: Migration in the Modern World," paper presented at the Roundtable Symposium on Migration and

Restructuring in the US: Towards the Next Millennium, Athens, GA, 1997, 15.

33. Douglas S. Massey, Luin Goldring, and Jorge Durand, "Continuities in Transnational Migration: An Analysis of Nineteen Mexican Communities," *American Journal of Sociology* 99, no. 6(1994), 1492–1533.

34. Kevin E. McHugh and Robert C. Mings, "The Circles of Migration: Attachment to Place and Aging," *Annals of the Association of American Geographers* 86, no. 3(1996), 530–550; Kevin E. McHugh, Timothy D. Hogan, and Stephen K. Happel, "Multiple Residence and Cyclical Migration: A Life Course Perspective," *Professional Geographer* 47, no. 3(1995), 251–267.

35. Anthony Fielding, "Migration and Culture," in *Migration Processes and Patterns*, vol. 1, *Research Progress and Prospects*, ed. Tony Champion and Anthony Fielding(London: Belhaven Press, 1992), 201–212.

36. Alejandro Portes and Ruben G. Rumbaut, *Immigrant America: A Portrait* (Berkeley: University of California Press, 1990); Alejandro Portes and Min Zhou, "The New Second Generation: Segmented Assimilation and Its Variants," *Annals of the Academy of Political and Social Science* 530(1993), 74–96.

37. Peter H. Rossi, *Why Families Move: A Study of the Social Psychology of Urban Residential Mobility* (Glencoe, IL: Free Press, 1955).

38. Sjaastad, "Costs and Returns of Human Migration."

39. Paul Boyle, Thomas J. Cooke, Keith Halfacree, and Darren Smith, "The Effect of Long-Distance Family Migration and Motherhood on Partnered Women's Labour Market Activity Rates in GB and the US," *Environment and Planning A* 35(2003), 2097–2114.

40. Jim Huff and William A. V. Clark, "Cumulative Stress and Cumulative Inertia: A Behavioral Model of the Decision to Move," *Environment and Planning A* 10(1978), 1101–1119; John Miron, "Demography, Living Arrangements, and Residential Geography," in *The Changing Social Geography of Canadian Cities*, ed. Larry S. Bourne and David F. Ley(Montreal: Queens University Press, 1993).

41. Larry A. Brown and Eric G. Moore, "The Intra-Urban Migration Process: A Perspective," *Geografiska Annaler* 52, no. 1(1970), 1–13.

42. William A. V. Clark and Jun L. Onaka, "Life Cycle and Housing Adjustment as Explanations of Residential Mobility," *Urban Studies* 20(1983), 47–57; Patricia Gober, "Urban Housing Demography," *Progress in Human Geography* 16, no. 2(1992), 171–189; Dowell Myers, S. Simon Choi, and Seong Woo Lee, "Constraints of Housing Age and Migration on Residential Mobility," *Professional Geographer* 49, no. 1(1997), 14–28.

43. Christine Laporte and Yuqian Lu, "Inter-provincial Employees in Canada," *Economic Insights*, no. 29(2013), Statistics Canada, Catalogue no. 11-626-X; K. Bruce Newbold, "Short-Term Relocation versus Long-Term Migration: Implications for Economic Growth and Human Capital Change," *Population Space & Place* 25, no. 4(2019), e2211, https://doi.org/1002/psp.2211.

44. Christopher Nicholas and Riccardo Welters, "Exploring Determinants of the Extent of Long-Distance Commuting in Australia: Accounting for Space," *Australian Geographer* 47, no. 1(2015), 103–120; Hema de Silva, Leanne Johnson, and Karen Wade, "Long Distance Commuters in Australia: A Socio-economic and Demographic Profile," *Australasian Transport Research Forum 2011 Proceedings*, 2011, http://www.patrec.org/atrf.aspx(2020년 7월 8일 최종 열람).

45. Long, *Migration and Residential Mobility in the United States*; K. Bruce Newbold and Martin Bell,

"Return and Onwards Migration in Canada and Australia: Evidence from Fixed Interval Data," *International Migration Review* 35, no. 4(2001), 1157–1184.

46. Mark Mather, "Population Losses Mount in US Rural Areas," press release, 미국 인구조회국, March 2008, https://www.prb.org/populationlosses/(2020년 4월 1일 최종 열람).

47. 초기 분석은 다음 참고. Allison Fields, "A Nation Still on the Move but Less Transient Than Before," 미국 인구조사국, 15 November 2011.

48. Robert Lalasz, "Americans Flocking to Outer Suburbs in Record Numbers," press release, 미국 인구조회국, May 2006, https://www.prb.org/americansflockingtooutersuburbsinrecordnumbers(2020년 4월 1일 최종 열람).

49. Kristin Kerns and L. Slagan Locklea, "Three New Census Bureau Products Show Domestic Migration at Regional, State, and County Levels," 미국 인구조사국, 29 April 2019, https://www.census.gov/library/stories/2019/04/moves-from-south-west-dominate-recent-migration-flows.html(2020년 4월 3일 최종 열람).

50. Darryl T. Cohen, "60 Million Live in the Path of Hurricanes," 미국 인구조사국, 6 August 2018, https://www.census.gov/library/stories/2018/08/coastal-county-population-rises.html(2020년 4월 3일 최종 열람).

51. Kristie Wilder, "Dallas and Houston Are Now Fourth and Fifth Most Populous in the Nation," 미국 인구조사국, 18 April 2019, https://www.census.gov/library/stories/2019/04/two-texas-metropolitan-areas-gain-one-million-people.html.

52. David A. Plane, C. J. Henrie, and M. J. Perry. "Migration up and down the Urban Hierarchy and across the Life Course," *Proceedings of the National Academy of Sciences* 102, no. 43(2005), 15313–15318, https://doi.org/10.1073/pnas.0507312102.

53. David A. McGranahan and Calvin L. Beale, "Understanding Rural Population Loss," *Rural America* 17, no. 4(2002), 2–11.

54. Mark Mather and Beth Jarosz, "U.S. Energy Boom Fuels Population Growth in Many Rural Counties," 미국 인구조회국, March 2014, http://www.prb.org/Publications/Articles/2014/us-oil-rich-counties.aspx(2020년 4월 1일 최종 열람).

55. 2010년 센서스 기반. 이 책을 준비하고 있었을 때 미국 인구조사국은 2020년 센서스를 시행하고 있었기 때문에 이후에는 보다 최신의 정보가 있을 것이다.

56. Alicia Vanorman and Mark Mather, "Baby Boomers and Millennials Boost Population in Parts of Rural America," 미국 인구조회국, 12 January 2017, https://www.prb.org/baby-boomers-and-millennials/(2020년 6월 12일 최종 열람).

57. Fields, "A Nation."

58. Christopher Goetz, "Falling House Prices and Labour Mobility," *Research Matters*, 미국 인구조사국, 17 April 2013, https://www.census.gov/newsroom/blogs/research-matters/2013/04/falling-house-prices-and-labor-mobility.html(2020년 4월 1일 최종 열람).

59. CPS에는 퇴거/압류 범주가 포함되어 있지 않았는데, 대신 이 부분은 '기입' 옵션이었다.

60. 2020년 봄, 집필 당시 코로나19는 이미 부동산 시장에 부정적인 영향을 미치고 있었고, 건설 부문 (주거지 건설 포함)은 둔화하기 시작했으며, 일자리는 줄었고, 실업률은 몇 주 만에 급속히 증가하였다. 주택 거래의 감소와 열악한 경제 상황은 이동의 감소로 이어졌다.

61. Long, *Migration and Residential Mobility in the United States*.

62. Andrei Rogers, "Requiem for the Net Migrant," 283–300.

63. 이 용어는 인구통계학적 유효성(demographic effectiveness) 또는 인구통계학적 효율성(demographic efficiency)으로 불리기도 한다. Dorothy Swaine Thomas, *Social and Economic Aspects of Swedish Population Movements: 1750–1933* (New York: Macmillan, 1941); Henry S. Shryock, *Population Mobility within the United States* (Chicago: University of Chicago, 1964).

국제이동 : 이주민과 초국가적 이동

인구 변화의 통로로서 **이동**(migration)의 역할이 점점 더 중요해지고 있다. 이촌향도를 비롯한 국내이동, 합법적 국제이동과 미등록 국제이동, 난민의 흐름이 이동의 3대 주제로 불린다.[1] 이러한 인구이동 중에서 정치적, 경제적, 인구통계학적 관심이 집중되는 분야는 아마도 국제이동일 것이다(그림 8.1). 오늘날 엄청난 수의 사람들이 국경을 넘어서 이동하기 때문이다.[2] 2017년 한 해 동안에만 2억 5800만 명의 국제이동자가 발생했다. 이는 세계 인구의 3.4%에 해당하는 규모이다.[3] 국제이동 흐름의 대부분은 개발도상국 사이에서 발생한다.

이주는 기본적으로 경제적 과정이다. 열악한 고용, 인구 과잉, 저임금 등 기원지의 여러 가지 배출 요인이 주요 동기로 작용하기 때문이다. 아시아, 북아프리카, 라틴아메리카가 주요 인구유출 지역이며, 중요한 목적지는 개발도상국과 선진국 모두에 있다. 이를 배경으로 8장에서는 국제이동의 동력과 이론을 살펴보고, 미국을 중심으로 이민정책과 미등록 이주민 이슈를 검토한다. **포커스**에서는 포퓰리즘의 부상과 EU에서 노동이동성을 촉진하는 셍겐협약을 주요 이슈로 다룬다. 그리고 **방법 · 측정 · 도구**에서는 국제이동의 흐름을 측정하는 방법을 살펴본다.

그림 8.1 산 이시드로의 미국–멕시코 국경 표지

출처 : 미국 관세국경보호청, https://www.cbp.gov/newsroom/photo-gallery

국제이동의 주요 흐름

역사적으로 이주는 국가 성립의 핵심 요소였다. 특히, 미국, 캐나다, 오스트레일리아, 뉴질랜드의 역사에서 이주가 중요했고, 이러한 국가에서 이주는 하나의 신화로 남겨져있다. 예를 들어, 뉴욕의 엘리스아일랜드나 캐나다 핼리팩스의 21번 부두와 같은 장소, 그리고 오스트레일리아에서 범죄자의 정착은 신화적인 이주의 스토리로 남아있다.[A] 이러한 이야기는 국가의 발전과 정신 형성에 중요한 소재로 말하여지곤 한다. 이주를 통해 노동력을 확보하려는 노력도 있었다. 미국은 브라세로 프로그램을 통해서 멕시코 노동자를 모집했고, 독일은 저임금 노동력을 산업에 공급하기 위해 방문노동자 프로그램을 활용했다. 이러한 한시적 이동의 제도화가 장기적으로는 영구이동을 촉진하기도 했다. 이주노동자에 대한 기업계의 의존성이 계속되고 있기 때문이다.

이주민의 국제적 흐름은 세 가지, 즉 선진국 간, 선진국과 개발도상국 간, 개발도상국 간 이동으로 구분된다. 이 중에서 선진국 간의 흐름은 전문직 종사자들을 중심으로 이루어진다. 이들의 숙련은 목적지 국가에서 공급이 부족한 경향이 있다. 그래서 전문가들의 국가 간 이동은

[A] 뉴욕의 엘리스아일랜드는 1890년대부터 1920년대 중반까지 이민자들이 입국 심사를 받았던 곳이다. 캐나다에서는 노바스코샤주 주도 핼리팩스의 21번 부두가 1920년대부터 1970년대까지 이민자의 관문 역할을 했다. 두 곳에는 각각 이민박물관과 21번 부두 캐나다 이민박물관이 들어서 이주의 역사 경관을 형성하고 있다. 영국과 아일랜드 죄수의 오스트레일리아 이주는 1700년대 후반부터 1800년대 중반까지 이루어졌고, 오스트레일리아 국민의 20% 정도가 죄수 이주민의 후손일 것으로 추정된다.

그다지 어렵지 않다. 그러나 선진국 간 흐름이 국제이동에서 차지하는 비중은 높지 않다. 한편, 이민정책이 국제이동에 제약을 가하는 요인으로 작용한다. 특히, 개발도상국에서 선진국으로 향하는 국제이동이 철저하게 통제된다. 연간 입국자 수를 제한하거나, 고학력·고숙련 노동자에게만 특혜가 부여되는 경향이 있다. 선진국에는 인도적 차원의 고려와 가족상봉을 지원하는 입국허가정책도 시행된다. 국제적 이주민은 미국, 캐나다, 오스트레일리아, 러시아, 서유럽과 스칸디나비아 국가에 집중하는 경향이 있다.[4] 고임금과 풍부한 고용의 기회가 이들 국가에서 이주의 **흡인 요인**으로 작용한다. 반면, 이주민 유출 국가는 훨씬 더 많고 다양하다. 일례로, 미국은 2018년 109만 6000만 명의 이주민을 받아들였는데, 중국(6만 1848명), 인도(6만 1691명), 멕시코(17만 2726명), 엘살바도르(2만 1268명), 쿠바(6만 6120명), 도미니카공화국(6만 613명), 베트남(4만 412명), 필리핀(5만 609명) 등이 이들의 주요 출신국이었다.[5] 개발도상국 간에는 국제이동의 제약이 비교적 덜하지만, 철저한 통제가 가해지는 경우도 종종 있다. 개발도상국 간 이주민 흐름은 대체로 비숙련 노동의 이동을 중심으로 나타난다.

한편, 기원지(출발지)와 목적지를 연결하는 활동을 통해서 경제·사회·정치적 관계가 형성·유지되는 국제이동은 **초국적 이동**(transnational migration)으로 일컬어진다. 이러한 이동은 주로 선진국 사이에서 발생하며 국제이동의 복잡성을 드러낸다. 자신이 일하는 국가와 배우자나 자녀가 거주하는 국가가 다른 비즈니스맨이 초국적 이주자 사례에 속한다. 이처럼 경제적 요건과 개인적 필요의 장소가 서로 다른 초국적 이주자는 국제적 스케일에서 흔하게 찾아볼 수 있다. 이 현상은 **생애주기**(life-cycle) 단계에도 영향을 받는다. 한창 일할 때는 경제적 기회를 제공하는 곳에 살고, 교육 기간이나 은퇴 이후에는 다른 곳에 살기도 한다. 초국적 이주자는 숙련 노동자인 경우가 많다. 일례로, 한 부모나 양 부모가 자녀와 다른 국가에 거주하는 가족은 **항공가족**(astronaut family)으로 일컬어진다. 항공가족은 독특한 형태의 **초국가주의**라고 할 수 있다.[B] 이러한 초국가주의의 실제 규모는 일시성 때문에 파악하기 매우 어렵다.

[B] 지리학자 데이비드 레이는 2004년의 한 논문에서 항공가족, 보다 광범위하게는 초국가주의의 흥미로운 측면을 논의했다[D. Ley, 2004, "Transnational spaces and everyday lives," *Transactions of the Institute of British Geographers*, 29(2), 151~164]. 경제적 측면에만 몰두한 글로벌 도시 문헌에서 항공가족은 공간을 지배하며 막강한 권력을 행사하는 초국적 엘리트계급의 모습으로 비치지만, 레이는 사회문화적 탐구를 통해서 그러한 초국가적 주체와 가족의 취약성을 부각했다. 그가 목격한 바에 따르면, "홍콩, 타이베이, 서울에 비즈니스 근거를 둔 '항공가족'의 가장은 … 캐나다, 오스트레일리아, 뉴질랜드, 미국에 배우자와 자녀를 두고 … 3~6달에 한 번씩 2주 정도 방문한다. … [그러한] 가족의 분리는 부부관계의 균열을 낳는다. 아내는 익숙하지 못한 사회에서 한부모 가정이 직면하는 … 트라우마를 경험한다. [그러나] 이러한 여성이 새로운 삶에 적응하게 되면, 남편이 짧게 방문하는 동안 아시아의 가부장적 모델에 재접속하는 것에 큰 어려움을 겪는다. … 10대 자녀들에 대한 통제력을 잃는 경우도 있다. 양 부모가 아시아로 돌아간 소위 낙하산 자녀들은 … 주의산만에 시달리고 [부덕한 타인의] 먹잇감이 되기에 십상이다. 항공가족은 지리적 분리의 비용을 경제적으로는 극복하지만, 지리적 분리는 [항공가족에] 사회적 부담으로 작용한다"(Ley, 2004, 158). 계급적 성격에는 다소 차이가 있지만, 우리나라의 기러기 가족을 항공가족과 낙하산 자녀에 상응하는 사례라 할 수 있을 것이다.

이주 이론

더글러스 매시와 그의 동료들이 논의하는 바와 같이, 이주는 매우 복잡한 인구통계학적, 경제적 과정이다.[6] 이러한 국제이동을 설명하는 이론적 발전은 몇 가지 방식으로 이루어지고 있다. 어떤 이론은 국제이동을 시작하는 동기와 자극하는 요인에 초점을 맞추지만, 이주를 지속시키는 요인에 더 많이 주목하는 이론도 있다. 이주 이론은 다양하게 존재하지만, 국제적 인구이동의 모든 면을 완벽하게 포착하는 이론은 존재하지 않는다. 의도적으로나 의도하지 않은 방식으로 이주 흐름에 영향을 주는 **국가정책**의 작용이 완벽한 이론이 불가능한 이유 중 하나다. 따라서 이주는 이주를 촉진하거나 방해하는 광범위한 국가정책의 맥락에서 고려되어야 한다. 이런 측면에 유념하면서, 이 절에서는 여섯 가지 이주 이론을 간략하게 살핀다.

첫째, **신고전 경제학** 이론은 국내이동에 대한 설명에서와 마찬가지로 고용기회와 같은 거시 수준 요인에 초점을 맞춘다.[7] 이 이론은 노동 수요와 공급의 불균형 때문에 국제이동이 발생한다고 설명한다. 이에 따르면, 성장이 저조한 국가보다 노동력이 부족한 성장 경제의 국가에서 임금이 높다. 이러한 임금 격차의 맥락에서 개인은 높은 임금을 좇아 이동하게 된다. 그래서 고임금 국가의 노동력 풀은 확대되지만, 노동의 공급이 증가함에 따라 임금은 하락한다. 반대로 이주자 유출 국가에서는 노동력 풀이 축소되면서 임금이 상승한다. 따라서 신고전 경제학 이론은 노동력 풀이 변함에 따라 두 국가 간의 임금은 균등화된다고 주장한다. 그러나 국내이동과 관련해 논의했던 바와 같이, 국제이동은 자유롭지 못하고 이민법과 이민정책의 제약을 받는다. 유출 국가의 경우, 이출에 따른 노동시장 변화의 절대적 규모가 적어서 이주가 남은 사람들의 임금에 거의 영향을 주지 못하는 경향이 있다.

둘째, **이중노동시장 이론**(dual labor market theory)은 이주민 유입 국가의 노동 부족에 초점을 맞추며 목적지 도시나 국가의 경제에서 노동 수요가 국제이동을 결정한다고 설명한다. 특히 이중화된 높은 지위와 낮은 지위의 일자리에 주목하며, 이주민들이 저임금의 낮은 지위 일자리에 집중되는 측면을 강조한다.[8] 이중노동시장 이론에 따르면, 고용시장은 **1차 부문**과 **2차 부문**으로 구별된다. 1차 부문은 고학력자를 고용하여 고임금을 지급하는 반면, 2차 부문에서는 저임금, 불안정한 고용조건, 자기개발 제약의 특성이 나타난다. 2차 부문의 일자리는 보통 청년이나 인종·민족적 소수자로 채워진다. 출산율이 낮아지며 부족해진 노동력은 개발도상국에서 유입된 이주자가 채우고 있다. 일자리에서 모든 사람의 평등을 보장하는 법률도 이주민 유입의 중요한 요인으로 작용한다.

셋째, **세계체제 이론**(world systems theory)에서는 글로벌화를 이출의 주요 원인으로 지목한다. 이 이론에 따르면, 글로벌화로 인해서 세계는 **선진국**과 **개발도상국**으로 나뉘게 되었다.[c] 이

---

[c] 여기에서는 용어 사용의 일관성이나 독자의 쉬운 이해를 위해서 선진국과 개발도상국의 구분을 사용하고 있는 듯하다.

런 불균등한 세계에서 개발도상국은 선진국 세계에 의존해 투자를 획득하고 경제성장을 이룬다. 그러나 선진국이 개발도상국 세계에서 토지, 자원, 노동에 투자를 늘려가면 개발도상국에서는 생산의 변화가 나타나게 된다. 이런 상황에서 개발도상국의 미숙련 노동자가 일자리를 잃거나 토지에서 쫓겨나면 국제이동을 선택할 수밖에 없다는 것이다. 다른 한편으로, 세계체제 이론은 흐름의 국가적 특수성도 부각한다. 특히, **식민지 시대** 관계처럼 특별한 유대를 가진 개발도상국과 선진국 간에 발생하는 국제이동의 방향성에 주목한다.

넷째, **사회 네트워크 이론**은 국제이동의 지속성에 주목하는 이론 중 하나다. 무엇보다, 이주자 개인이 기원지와 목적지 국가에서 가족, 친구, 광범위한 이주 커뮤니티(공동체)와 맺는 연결망에 주목한다. 이러한 네트워크는 이주가 계속해서 일어나도록 하는 역할을 한다. 목적지의 고용기회 정보를 고향에 전하고 새로운 이민자에게 거처를 연결해주며 광범위한 커뮤니티를 형성하는 기능을 하기 때문이다. 이러한 이주민 연계와 조직은 이주의 물질적, 심리적 비용을 낮추며 국제이동의 성공 가능성을 높이기도 한다. 미등록 이주민의 위치 선택도 네트워크 기반의 이론으로 설명될 수 있다. 이주민 네트워크가 있는 곳에서 이주의 비용이 낮은 경향이 있기 때문이다.

다섯째, 군나르 뮈르달은 **누적적 인과 이론**을 제시했다. 이를 통해 이주는 개인의 이주 결정이 내려지는 사회적 맥락을 형성하며 국제이동이 더욱 많이 나타날 수 있게 한다고 주장한다.[9] 목적지 국가에서 이주민이 특정 직종에 진입하면, 유사한 직업에 대한 다른 이주자들의 수요를 강화한다. 이주자들은 소득뿐만 아니라 고용기회나 거주지에 대한 지식을 고향에 전달하면서, 기원지에서 목적지로 이주민의 흐름이 계속될 수 있도록 한다. 송금은 고향에 남겨진 가족에게 소득의 흐름으로 작용하고 가족의 소득원을 다양화하며 국제이동을 촉진하는 기능도 한다.

여섯째, **제도 이론**(institutional theory)에 따르면 비공식적 미등록 이주와 이주를 촉진하는 조직이 국제이동의 지속적인 원인으로 작용한다. 다양한 제도와 집단이 주거나 일자리 알선 서비스를 제공하면서 국제이동을 자극한다는 것이다. 이러한 조직들은 국경의 무단 진입을 지원하

그러나 개념적 엄밀성을 위해서 세계체제 이론에서 세계는 중심부(핵심부), 반주변부, 주변부로 나뉜다는 점을 분명히 해야 한다. 세계체제 이론에서는 개별화된 선형적 발전을 가정하는 선진국/개발도상국 개념을 선호하지 않는다. 중심부는 자본과 기술을 지배하며 글로벌 경제를 좌지우지하는 지역을 말하고, 주변부는 자본과 기술이 부족해 다른 지역에 정치경제적 지배를 받는 지역을 말한다. 반주변부는 중심부의 지배를 받지만 주변부를 지배할 수 있는 역량을 가진 중간자적 지역을 말한다. 세계체제 이론은 글로벌 경제의 두 가지 중요한 측면을 강조한다. 첫째, 중심부, 반주변부, 주변부 간의 연결성에 주목하면서 글로벌 경제에서 나타나는 국가와 지역 간의 상호의존성에 주목한다. 이러한 점이 개별화된 선형적 발전에 주목하는 **근대화 이론**과 구별되는 차이이다. 월트 로스토의 단계적 발전론이 그러한 근대화 이론의 대표적 사례인데, 그는 모든 사회가 '전통 사회 → 도약의 전제조건 마련 → 도약 단계 → 성숙 단계 → 고도의 대량 소비 사회'의 궤적으로 발전한다고 주장했다. 둘째, 세계체제 이론은 글로벌 경제의 역동성도 강조한다. 글로벌 경제에서 지배와 피지배의 관계가 고정된 것이 아니라, 특정한 역사지리적 맥락에서 영향을 받아 변한다는 것이다. 이런 측면에서 세계체제 이론은 중심부와 주변부 간의 식민·제국주의적 지배-피지배 관계의 고착성에 집착한 **종속 이론**과 대비를 이룬다(박경환·권상철·이재열 역, 2021, 『경제지리학개론』, 사회평론아카데미, 283~287 참고).

면서 미등록 이주를 촉진하기도 한다. 퓨 히스패닉 센터에 따르면, 미국의 맥락에서 **미등록 이주민(체류자)**은 "시민권 없이 미국에 거주하지만, 영구 거주의 허가를 받은 적이 없고 장기 거주와 노동의 일시적 지위도 얻지 못한 사람"으로 정의된다.[10]

이주의 효과

미국은 이민자의 국가로 알려져있다. 경제적 기회, 정치적·종교적 자유, 가족상봉의 이유로 많은 이주민을 허용해왔기 때문이다. 미국인들은 이주를 좋게 생각할까? 아니면 나쁘게 생각할까? 퓨 연구센터는 지난 20년 동안 이주민에 대한 미국인의 태도를 추적해왔다. 이를 위해 이주민을 부담으로 생각하는지, 아니면 국가를 힘 있게 만드는 요인으로 여기는지를 물었다.[11] 이 조사에서 미국인들은 이주의 효과에 대하여 혼재된 입장을 가진다고 밝혀졌다. 다수인 57%가 이주를 미국의 힘으로 여겼지만, 41%는 이주가 미국의 전통적 관습과 가치에 위협이 된다고 생각했다. 이는 1994년의 조사와 정반대의 모습이다. 당시에는 31%의 사람들만이 이주가 국가를 강하게 만든다고 말했고 나머지 대다수는 부담으로 여겼다.[12]

지금은 긍정적인 태도가 우세하지만, 의견은 세대와 정치적 입장에 따라 다른 양상으로 나타난다. 민주당 지지자와 공화당 지지자는 이민자의 기여에 대하여 근본적으로 다른 입장을 가지고 있다. 앞서 언급한 퓨 연구센터의 조사에 따르면, 2019년 78%의 민주당 지지자는 이주가 미국을 강력하게 만든다고 말했다. 그러나 이런 생각을 가진 공화당 지지자는 31%에 불과했다. 이주자에 대한 민주당 지지자와 공화당 지지자의 격차는 점점 더 커지고 있다. 일례로, 공화당의 트럼프 행정부는 이민자 수를 제한하는 정책을 추진하면서 미국이 계속해서 이민자를 받아들여야 하는지에 대하여 의문을 제기했었다.

이처럼 이주민이 많이 유입되는 국가에서는 이민의 편익과 비용에 대한 논쟁이 오랫동안 이어져왔다. 이에 대한 답은 경제적, 사회적, 세대적, 정치적, 인구통계학적 관점에 따라 갈리는 경향이 있다.[13] 캘리포니아, 뉴욕, 일리노이, 플로리다, 뉴저지와 같이 이주민을 많이 유치하는 곳에서 이주에 대한 대중적 인식이 높다. 그러나 이런 지역들에서만 이주의 규모와 효과에 대한 관심이 있는 것은 아니다. 센서스나 미국 지역사회조사 결과에 따르면, 외국 태생 인구는 전통적인 이주 목적지가 아닌 곳에서도 늘어나고 있기 때문이다.[14] 일례로, 아이오와는 이주민이 많은 지역으로 분류되지 않지만 지금은 외국 태생 인구가 많아지고 있다. 이렇게 해서 새롭게 유입된 사람들이 저임금, 저숙련 일자리를 채우고 있다. 이에 지역 커뮤니티는 이들의 이주와 동화의 이슈를 다루어야 하는 상황에 직면하게 되었는데, 예전의 소규모 타운에서는 볼 수 없었던 현상이다.

경제적 효과

이주가 웰빙, 경제성장,[15] 임금[16]의 측면에서 적지만 긍정적인 영향을 미친다는 증거는 많다. 국내에서 이주민은 노동의 공급을 늘리고 재화의 생산과 수요를 높인다. 이주민은 일반적으로 숙련 노동력 부족을 빠르게 해결할 수 있는 단기적 정책 도구로 인식되기도 한다. 그러나 이주의 경제적 효과는 고숙련 노동자와 저숙련 노동자 두 집단 모두와 관련해 생각해볼 수 있다. 교육 수준이 높은 고숙련 노동자는 목적지에 지식과 숙련을 가져온다. 이들은 주로 실리콘밸리와 같은 첨단 기술 클러스터에서 일자리를 찾는다. 이러한 고숙련 이주민들은 혁신성[17]과 기업가 정신[18]의 수준이 높으며, 목적지 국가에서 경제성장에 이바지한다. 일례로, 미국에서 히스패닉 이주민들은 자영업 성장의 주요 동력으로 알려져 있다.[19]

반면, 저숙련 노동자들의 교육 수준은 낮은 편이다. 그러나 이들도 유입 국가에서 중요한 역할을 한다. 저숙련 이주민들은 다른 사람들이 하찮게 여기며 꺼리는 저임금 육체노동 일자리에서 노동력 부족의 문제를 해결해준다. 특히, 농업, 건설, 세탁 등 고된 육체노동의 일자리에서 큰 역할을 한다.[20] 브루킹스연구소에 따르면, 미국에서 이주민은 호텔노동자의 1/3, 음식 서비스 부문 노동자의 1/5을 차지하고 있다. 농업 분야에서는 이주노동자의 비율이 훨씬 더 높다고 알려져 있다.[21]

숙련의 수준과 무관하게 "이주자들이 우리의 일자리를 **빼앗아간다**."라는 불평도 팽배하다. 그러나 증거에 따르면 이주가 내국인 일자리에 주는 영향은 거의 없다. 이주민이 국내 노동자의 일자리를 **빼앗아가는** 것이 아니라, 고용기회가 확대되며 이주민이 경제에 흡수되는 것이다. 앞서도 언급했지만, 저숙련 이주민은 내국인이 원하지 않는 직업에 고용된다. 첨단 기술 분야 같은 경우에도, 고용 가능 인원보다 일자리 수가 더 많다. 내국인 학생들이 STEM, 즉 과학(Science), 기술(Technology), 공학(Engineering), 수학(Math) 분야에 적은 관심을 보이는 이유도 있다. 이런 상황에서 고용주들은 일자리를 채우기 위해 이주에 눈을 돌릴 수밖에 없다.

한편, 이주는 임금의 측면에서도 적지만 긍정적인 효과를 발휘한다. 이주민들은 저숙련, 저임금 일자리에 취업하며 목적지 국가 출신 사람들보다는 적은 임금을 받지만, 이것은 출신국에서는 실현 불가능한 금전적 보상이다. 비공식 경제나 이주민이 많이 진입하는 지역의 노동자들은 다소 불리할 수 있지만, 공식적 고용 부문에서는 최저임금법, 노동조합, 낮은 실업률 등의 효과로 **임금 경직성**(wage stickiness)이 작용한다.[D]

[D] 임금 경직성은 경제 상황이 변해도 임금 가격에 즉각적으로 반영되지 않는 현상을 말한다. 특히, 경기 하강 국면에서도 임금이 하락하지 않는 점을 강조하며, 노동시장과 경기 변동에 빠르게 반응하는 상품시장과의 차이를 부각하는 용어다. 개인적 수준에서 경제 위기 상황이라도 고용 상태에만 있다면, 노동자의 임금은 큰 변화 없이 유지되는 경향이 있다. 오히려 약간 증가하는 경우도 많다. 이 개념의 뿌리는 존 메이너드 케인스가 말했던 임금의 명목 경직성에서 찾을 수 있다. 케인스는 경제 위기 상황에서도 임금의 경직성이 나타나기 때문에 노동에 대한 수요가 줄어들어 비자발적 실업이 발생한다고 설명했다. 이것은 임금 가격 하락으로 고용자 수를 유지할 수 있어서 비자발적 실업이 시장의 메커니

국가보다 작은 지리적 스케일에서는 다른 모습이 나타난다. 뉴저지와 캘리포니아처럼 이주민이 많이 유입하는 지역은 재정 부담을 겪는다. 두 지역에서 이주민들은 납부하는 세금보다 더 많은 서비스의 혜택을 얻기 때문이다.[22] 많은 이주민이 두 지역으로 몰리는 것은 사실이지만, 이주자 가구에는 취학연령의 자녀가 많다는 점도 무시할 수 없다. 자녀의 수 때문에 더 많은 서비스의 혜택을 받는다는 뜻이다. 자산이 적고 소득이 낮은 이주민 가구가 세금을 덜 내는 이유도 있다. 그렇지만 이주민의 후손들이 부모 세대보다 더 많은 세금을 낼 가능성도 있다는 점에 유의해야 한다. 한편, 재정 부담은 로컬 스케일에서 더욱 크게 나타나는 경향이 있다. 예를 들어 애리조나주 피닉스의 경우, 대다수가 미등록 이주민인 히스패닉 인구는 지역 경제 유지에 보탬이 되지만 학교, 병원, 도서관 등 제도 운영에 압력으로 작용한다.[23] 주정부나 연방정부가 로컬비용을 대신해주지 않는다면, 부담은 로컬 납세자에게 전가된다. 이런 상황에서 사람들이 이민 통제를 요구하는 것이다.

이주의 장기적 재정 편익 및 비용 분석에 따르면서, 편익과 비용은 이주민의 일생에 걸쳐 균형을 이루게 된다. 교육 및 보건 비용에 의한 유소년인구와 노년인구의 재정 부담은 이주자만이 초래하는 문제가 아니다. 국내 출생자도 마찬가지로 재정 부담을 유발한다. 그러나 경제활동 기간 동안에 이주민들도 재정 확충에 기여한다. 재정적 효과는 출신국과 교육 수준에 따라서도 달리 나타난다. 유럽과 북아메리카 출신 이주민들의 재정 기여는 높은 편이지만, 중앙아메리카와 남아메리카 출신 이주자 대다수는 재정 부담으로 작용한다. 다른 집단보다 취학연령 자녀를 많이 키우고 있기 때문이다. 그러나 국내 출생 저학력·저소득자도 교육과 서비스 제공에 부담으로 작용한다는 사실을 직시해야 한다. 한 마디로, 재정 부담은 이주민만의 이슈가 아니다.

지금까지 유입 국가에서 나타나는 경제 효과를 논의했다. 그렇다면, 유출 국가에서는 어떤 일이 발생할까? 글로벌화의 결과로서, 이주민들은 경제기회의 부족 때문에 출신국에서 배출되어 기회의 장소로 흡인된다. 최고로 명석한 인재를 두고 국가 간 경쟁이 나타날 때, 출신국은 인재를 잃고 손해를 본다. 반면, 젊고 유능한 고학력·고숙련 **인적자본**을 유치한 목적지 국가는 이익을 보게 된다.

이주자들은 고국의 가족에게 돈을 보내고, 이는 소비나 새로운 주택 마련에 쓰인다. 개발도

즘으로 방지된다는 신고전주의 관점과 구별되는 설명이다. 그러나 명목임금의 변화에는 경직성이 있더라도 물가 수준을 반영한 실질임금의 변화 패턴과 다를 수 있다는 점에 유의해야 한다. 데이비드 하비와 같은 급진주의 지리학자들은 1970년대부터 미국을 비롯한 선진국 대부분에서 실질임금이 물가 상승에 미치지 못하고 계속해서 하락했다고 지적한다(https://www.youtube.com/watch?v=qOP2V_np2c0 참고). 우리나라에서는 1997년 경제 위기 이후 노동 생산성 증가에 미치지 못하는 실질임금의 상승이 경제적 삶의 중대한 문제로 지목되고 있다(김유선, 2019, "한국의 노동생산성과 실질임금 추이," 한국노동사회연구소 참고). 노동자가 생산성 향상에 많이 기여했지만 노동자에게 돌아가는 이윤의 상대적 몫이 적어졌기 때문이다.

상국에서 그러한 **송금**의 경제적 중요성은 상당하다. 2019년, 국제이동자는 약 7066억 달러의 자금을 고국으로 송금했다. 인도(822억 달러), 중국(703억 달러), 필리핀(351억 달러), 멕시코(387억 달러), 나이지리아(254억 달러)가 그러한 현금 흐름의 주요 수혜국에 속한다.[24] 이러한 돈은 송금 대리인이 중간에 낄 때보다 가족이나 친구에게 직접 전달될 때 가치가 훨씬 크다. 작은 나라일수록 송금 수입의 효과도 크게 나타나는데, 송금이 총국민소득의 20%까지 차지하는 나라도 있다. 이집트의 경우는, 해외 이주자가 보내오는 송금이 수에즈 운하 운영에서 벌어들이는 수입보다 더 많다.[25] 가장 많은 송금은 미국에서 보내진다. 2018년에만 미국으로부터 발생한 송금액이 685억 달러에 이른다.[26] 이 밖에 다른 선진국과 석유 수출국도 송금을 많이 보내는 곳에 속한다.

인구통계 효과

인구통계학적 측면에서 이주는 종종 인구 **고령화**의 해결책으로 홍보되곤 한다. 앞서 언급했던 바와 같이, 선진국 대부분은 **대체 수준** 이하의 출산율 시기에 진입했다. 도시화, 산업화, 경제의 불확실성, 복지 국가의 후퇴 등으로 인해서 자녀의 수가 줄어들었다. 결과적으로, 노년인구는 증가하고 15세 미만의 유소년인구는 감소하고 있다. 인구의 연령분포가 근본적으로 변화하면서, 유소년 집단에 많은 인구가 집중하는 전통적인 피라미드 구조가 사라지고 있다. 그 대신, 연령집단 간 인구분포가 비슷해지는 직사각형 모양의 연령구조로 변해가고 있다(이 책의 4장 참고). 이에 대응해, 이주가 인구 고령화의 인구통계적 영향을 상쇄하는 데에 이용되는 것이다. 특히 젊은 사람들이 가장 바람직한 유입 이주민으로 선호되고 있다.

이주는 인구통계의 모습에 영향을 준다. 전체 인구 규모가 변하고, 이주민 사이에서 출생률이 높은 경향이 있기 때문이다. 미국의 경우, 저출산율과 기대수명 연장으로 인해서 65세 이상의 노년인구가 늘어나는 고령화 문제에 직면해있다. 결과적으로 노동력이 감소했다. 출산율이 급격하게 증가할 전망은 현실적으로 기대하기 어렵기 때문에, 미국의 노동력을 성장시키는 가장 유력하고 빠른 방안은 이주민을 늘리는 것이다. 2017년 퓨 연구센터 보고서에 따르면, 앞으로 몇 년 동안 이주민이 노동력 성장에서 중추적 역할을 하게 될 것이다.[27] 이미 지난 20여 년 동안 이주민은 25~64세 인구성장에서, 즉 노동력 성장에서 50% 이상을 차지해왔다. 미국이 (국경 폐쇄, 입국 제한 등의 조치를 통해서) 이민을 받아들이지 않는다면, 노동력 인구가 줄어들고 경제성장이 낮아질 수밖에 없다. 미국 이외의 많은 국가도 고령화의 효과를 상쇄하고 지속적 인구성장의 발판을 마련하기 위해 이주민에 주목하고 있다.

이주민이 전체 인구를 늘리는 것은 사실이지만, 인구 고령화를 늦추는 데 미치는 영향은 제한적이다. 물론, 출산율은 국내 태생 인구보다 이주민 사이에서 높다. 2017년 미국에서 이주민의 출산율은 2.18, 국내 태생 인구의 출산율은 1.76이었다.[28] 그러나 이주민의 출산력은 전체 출생률에 적은 영향력만 미친다. 미국에서는 이주민과 국내 태생 인구 사이에 출산율 차이가 줄고 있다.[29] 이주민들의 출산력이 하향조정되었기 때문이다. 이주가 인구 고령화의 시작을 약화하거나 늦추는 효과밖에 만들어내지 못한다는 뜻이다. 가족상봉도 기대에 미치지 못하는 인구통계 효과를 유발한다. 젊은 이주자가 부모의 이주를 후원하는 가족상봉도 많기 때문이다. 지금 선진국 세계에서 진행되고 있는 인구 변화의 동력을 고려하면, 인구의 고령화는 앞으로 몇십 년 동안 계속될 것으로 보인다.

이주의 가장 가시적인 효과는 유입 국가의 문화적, 인종적, 민족적 구성의 변화이다. 이는 인구에서 이주민이 차지하는 비중이 늘어남에 따라 나타나는 현상이며, 선진국 대부분은 이러한 변화에 대처하는 데에 많이 힘쓰고 있다. 미국에서는 아시아, 중앙아메리카, 남아메리카 출신 이주민이 증가하면서 비히스패닉 백인의 비율이 감소할 것으로 예상된다. 2016년 비히스패닉 백인은 미국 인구의 61%를 차지했으나, 2060년까지 44%로 줄어들 것으로 기대된다. 이처럼 히스패닉계와 아시아계 인구가 늘어나게 되면서 미국 사회는 백인 다수 국가에서 소수민족 다수 국가로 전환될 것으로 보인다.[30] 이주에 대한 반대는 이주민과 국내 태생 사람들 간의 문화적, 인종적 차이에 초점이 맞춰지는 경향이 있으며, 미국 사회에서 중대한 분열을 낳는다. 미국인 대부분은 소수민족 다수 국가로의 전환을 좋지도 나쁘지도 않게 생각하지만, 공화당 지지자들은 이런 변화를 좋지 않게 보는 경향이 있다.[31]

이와 관련해, 단일 문화 국가인지 **다문화** 국가인지도 중요한 논쟁거리다. 유럽과 캐나다에서는 스펙트럼 양단의 이야기가 나오고 있다. 유럽 국가 대부분은 EU의 회원국이지만 단일민족을 중심으로 국경이 설정되어 있다. 그래서 외국인이 증가하면 국가 정체성이 희석될 수 있다는 우려가 있다. 반면 캐나다는 다문화 사회이다. 이것은 지난 50여 년 동안 캐나다 연방정부가 적극적으로 추진한 어젠다이다. 미국에서는 다소 불명확하지만, 다문화가 결코 사소한 사안은 아니다. **용광로**(melting pot)란 통일된 비전은 있으나 이주의 현실과 대조된다. 미국 이주를 통해서 생각과 문화가 바뀔 수는 있지만, 이것이 이주민의 문화적 정체성을 완벽하게 억누르지는 못한다. 그래서 미국은 실질적인 다문화 사회가 되었다. 독일이나 스칸디나비아 이주민처럼 오랫동안 미국에 거주한 집단도 문화적 유산을 여전히 간직하고 있다. 이들 집단의 정체성이 새겨져 있는 문화 경관과 경제 경관도 존재한다.[32] 물론, 이와 동시에 미국의 정치 시스템에서는 다양성의 개념에 대한 도전도 계속되고 있다.

이민정책

저출산과 고령화의 인구통계학적 현실에서 노동력 위기의 문제도 대두되고 있다. 5장에서 논의한 출산정책의 문제와 한계를 고려하면, 이주민의 증가가 고용 수요에 부응하는 유일한 선택지일는지도 모른다. 그러나 이것도 정치적, 사회적, 문화적 문제로 가득 차있다. 일례로, 미국과 유럽에서는 **토착주의**(nativism)의 바람이 거세지고 있다.^E 이주민 대상의 폭력도 증가했고, 극우 정당은 외국인에 대한 공포의 분위기를 조장한다(포커스 참고). 이에 따라, 유럽에서는 이주를 제한하기 시작했다. 그러나 이러한 노력은 오히려 뒷구멍 이주만 늘리는 결과를 낳았다. 미등록 이주, 가족상봉정책, 계절제 노동자 허가제 등이 그러한 뒷구멍 이주의 수단으로 자주 동원된다. 특히 유럽 사회는 난민 유입 증가의 맥락에서 이주민 통제에 어려움을 겪고 있다. 유럽 사회가 뜻하지 않게 이주민 목적지로 전환되고 있다는 이야기다. 이주민을 어떻게 유입 국가의 사회적, 경제적, 정치적 구조에 통합시킬지도 문제가 되었다. 이러한 국가에서는 국경에 누가 속하는지를 정의하는 것부터가 문제다. 유럽은 북아메리카처럼 이주를 기초로 세워지지 않았다. 그래서 노동력 수출국에서 노동력 수입국으로의 전환도 유럽에서는 큰 이슈다. 한편, 미국과 캐나다에서는 이주가 1960대까지 앵글로-색슨 이미지로 그려져 있었다. 1960년대 동안 이민정책이 자유화되면서 이주의 범위가 넓어졌지만, 새로운 인종·민족적 긴장관계가 조성되었다. 결과적으로 이주 논쟁은 경제적, 사회적, 정치적, 문화적 측면을 모두 아우르는 보다 광범위한 국가 정체성에 대한 논의로 발전했다.

누구를 얼마나 허용할지는 정부가 통제하지만, 이주는 그 밖에 다양한 요인에 영향을 받는다.[33] 예를 들어, 독일의 **방문노동자 프로그램**이나 미국의 **브라세로 프로그램**은 노동자들이 수요에 따라 오갈 수 있는 단기 조치였지만, 이러한 프로그램의 존재 자체 때문에 국경을 넘나드는 노동자들의 이동이 가능해졌고 지역 간 연결성도 생겨났다. 그러면서 일자리와 유입 지역에 대한 정보가 확산하며 장래 이주민의 통로가 만들어지기도 했다. 이처럼 유입 지역에서 기존 이주민 공동체는 새로운 이주민들의 닻 역할을 하며 이주의 스트레스를 줄이는 완충의 기능을 한다. 국가가 이주를 제한하려 노력할 때에도, 그러한 네트워크는 **미등록 이주**와 **가족상봉**을 자극하며 이주의 흐름을 지속시키는 역할을 한다. 마찬가지로 국경을 봉쇄하려는 정책은 한시적 노동자가 영주권을 취득하도록 만든다. 고용주들은 노동력 부족에 대처하기 위해 기존의 이주 노동자 풀을 유지하게 한다. 노동자들은 정착한 국가를 떠나면 다시 돌아오지 못할 것을 우려하여 계속해서 머무른다. 프랑스와 독일은 한때 이주를 제한했던 적이 있었지만, 오히려 외국 출생자 수만 늘었다. 가족상봉과 미등록 이주를 비롯한 뒷구멍 이주 경로를 이용하는 사람이 늘었기 때문이다. 마찬가지로 미국도 미등록 이주를 억제하는 데에 실패했다. 1986년 **이민 개혁·통제법**(IRCA)이 미등록 이주 억제 정책의 무익함을 보여주는 대표적 사례이다. 이 법에 따

---

^E 토착주의는 비토착민, 즉 이주민을 위협적 존재로 여기는 미국 특유의 외국인 혐오 이데올로기이다. 미국에서 토착주의의 역사는 19세기 중반까지 거슬러 올라간다. 초창기 신교도(프로테스탄트) 정착민들이 독일이나 아일랜드의 가톨릭 이주민을 위협의 대상으로 타자화하면서 생겨났다. 따라서 토착주의는 먼저 정착한 사람들이 이후에 이주해온 사람들을 문화·정치·사회적으로 배제하여 억압하는 행태라 할 수 있다. 최근에는 트럼프 대통령의 외국인 혐오적 발언과 반이주민정책에 토착주의적 성격이 내재한다고 비판받았다(U. Friedman, 2017, "What Is a Nativist?," *The Atlantic* 참고).

라 고용주는 의무적으로 노동자의 고용 자격을 입증해야 했지만, 캘리포니아의 농업 부문은 예외 조항을 이용해 미등록 노동자들을 계속해서 사용할 수 있었다.

글로벌화도 이주의 흐름을 강화했는데, 이것이 이주를 촉진하는 첫 번째 **외생적 요인**이다. 무엇보다, 글로벌화는 국가 경제를 무역과 자본의 흐름에 개방시키고 산업화된 국가에서 저렴한 노동력의 수요를 높이는 역할을 했다. 이 때문에 이주를 중단하거나 통제하는 일이 대단히 어려워졌다. 고용주는 글로벌화의 맥락에서 경제적 변동에 대하여 무감각해졌다. 실업률이 비교적 높은 조건에서도 저렴한 노동력에 대한 고용주의 수요는 일관되게 유지되었다는 이야기다. 이런 고용주들은 자신들의 이익에 맞게 국가 정책을 잘 이용해가며 별 무리 없이 노동력을 구할 수 있었다. 다른 한편으로, 노동력 수출국에서 인구성장과 경제 재구조화는 사회·경제적 불평등을 낳았고 이에 따라 이출 노동력 풀이 형성되었다. 두 번째로 중요한 외생적 요인은 교통과 통신 기술의 발달인데, 이는 이주민의 접근성을 높였다. 이러한 기술은 국제이동 네트워크를 확대하며 이주의 흐름을 지속시키는 역할도 해왔다.

이처럼 국제이동을 촉진하는 요인들이 존재하지만, 정부는 다양한 조치를 취하며 국제이동을 제약하려 한다. 대표적으로, 이주민의 정치적 권리를 제한하고 사회복지 접근성을 차단하는 정책을 도입한다. 프랑스, 독일, 미국을 비롯해 대부분의 국가는 교육, 의료 등 복지 서비스에 대한 접근성을 제거하거나 줄이는 정책을 마련했다. 고용 선택지(옵션) 축소, 이주민의 사회통합 제약, 영구적 정착의 차단을 위한 프로그램도 도입했다. 예를 들어, 독일의 공공 기관은 미등록 이주민에 대한 정보를 외교부에 보고해야 하고, 외교부는 독일 법에 따라 이들의 추방에 착수하는 후속 조치를 취해야 한다.[34] 네덜란드에서는 1998년부터 미등록 이주민에게 복지, 사회주택, 교육, (대부분의) 의료 서비스가 제공되지 않는다.[35] 프랑스는 최근에 비호신청자(asylum-seeker)의 의료 서비스 권한을 박탈했다.[36]

이런 경향은 미국의 정책에서도 나타나고 있다. 연방정부와 주정부 모두는 지난 30여 년 동안 이주를 제한하는 조치를 마련해왔다. 캘리포니아에서는 1994년 주민발의 법안 187호가 통과하며 이주민의 사회 서비스와 의료 서비스 혜택이 제한되었다. 2004년에 통과한 애리조나 주민발의 법안 200호는 미등록 이주민의 투표권과 공적부조 혜택을 금지하려는 것이었다.[F] 연방 수준에서는 고용주가 고용인의 취업 자격을 확인할 수 있도록 전자고용인증시스템이 마련되었다. 최근에는 멕시코와의 국경에 장벽을 설치하는 방안이 제안되기도 했으며, 도널드 트럼프 대통령은 무슬림 국가로부터의 이주를 원천봉쇄하고 수용 난민의 수를 줄이는 정책을 추진하기도 했었다.

[F] 미국의 24개 주에서는 주민발의가 직접민주주의의 수단으로 활용되고 있다. 주민발의의 수준은 주마다 다르다. 신규 법안만 제정할 수 있는 곳이 있는 반면, 기존 법안의 개정까지 가능한 주도 있다. 캘리포니아와 애리조나는 주민발의로 법안의 제정과 개정이 모두 가능한 주에 속한다.

전자고용인증시스템이나 주 법안이 서비스 접근성에 영향을 줄 수는 있으나, 미등록 이주민의 유입을 원천적으로 차단하기는 어렵다.[37] 이주민의 권한을 줄인다고 해서 미등록 이주민이 줄어드는 것도 아니다. 사회 서비스의 제공이 이주의 원인이라는 증거도 거의 없다.[38] 그보다 고용, 소득, 자기개발의 잠재력이 국제이동의 결정 요인으로 알려져있다. 노동에 대한 수요가 존재하는 한, 국내 출생자가 원하지 않는 일자리에 취업하려는 저숙련, 미등록 노동자를 포함한 이주민의 유입은 계속될 것이다. 미국에서 미등록 이주노동자는 전체 노동력의 4.6%에 이를 것으로 추정된다. 농업노동자의 경우, 미등록 체류자의 비율이 낮게는 50%에서 높게는 80%에 이를 것으로 예상된다.[39] 심지어 노동 권한의 제거도 억제력을 갖지 못한다. 지하 경제의 작동, 자영업의 선택지, 미등록 이주의 가능성이 있기 때문이다. 이런 문제로 인해서 미국을 비롯한 많은 나라에서는 이주민의 유입을 원천적으로 봉쇄하지 못했다. 기원지와 목적지 간에 배출-흡인 요인이 작용하는 것도 중요한 이유다. 한 마디로, 정부가 이민정책을 활용할 수 있는 여지가 매우 적다.

미국 이민정책의 역사

건국 후 거의 100여 년 동안 미국 이민에는 제약이 거의 없었다. 1875년 대법원이 연방정부에게 이주에 대한 권한을 부여하면서 규제가 시작되었다.[40] 그러나 이어지는 여러 해 동안에도 미국으로 유입하는 이주민의 수는 꾸준하게 증가했고, 제1차 세계대전 직전에 당시의 최고 수준에 도달했다(그림 8.2). 1930년대 대공황기와 제2차 세계대전 동안 유입되는 이주민의 수는 줄었지만, 전쟁 후에 다시 늘기 시작해서 1990년대 초반에는 연간 100만 명을 넘었다. 연간 100만 명 이상의 이주민 유입은 2000년 이후에도 계속되고 있다.

경제적 조건과 이민정책의 변화에 따라 이주민의 수는 시기별로 차이가 났다. 1875년과 1920년 사이에 미국 입국의 규제가 강화된 것이 그러한 이유 중 하나다. 규제를 통해서 범죄 전과자, 질병 보유자, 부도덕한 사람, 무정부주의자를 제외했다. 출신과 국적에 근거해 특정한 집단에 대한 통제가 이루어지기도 했었다. 대표적으로, 1882년 **중국인 배척법**을 마련해 아시아계 이주를 제한했다. 1907년에는 일본인, 1917년에는 모든 아시아인의 이민을 금지했다. 1920년대에는 국가별 쿼터를 도입해 북유럽과 서유럽 사람들을 선호하는 이민정책을 시행했다. 기존의 인종적, 민족적 구성을 유지하기 위해서 마련된 조치였다. 1921년 제정된 **긴급이민법**은 이주에 수량적 제한을 부과한 최초의 조치였다.[G] 이 법에 따라, 한 국가에서 유입되는 연

[G] 긴급이민법은 **긴급쿼터법**으로도 알려져있다. 미국 의회와 정부는 제1차 세계대전 이후 빠르게 확산하는 급진주의에 대한 두려움에 이민자의 수를 줄이고자 이 법안을 마련했다. 당시 유행하던 우생학에 근거한 과학적 조치로 정당화되기도 했으나, 인종·민족주의적 편향성을 가진 이민정책으로 비판받았다. 유럽인, 특히 서유럽과 북유럽 출신에 대한 강력한 선호와 선별이 정책의 밑바탕에 깔려있었기 때문이다.

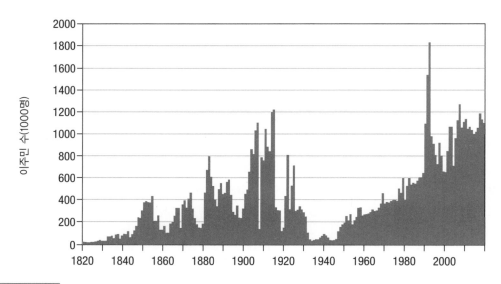

출처 : 저자, DHS, *2018 Yearbook of Immigration Statistics*, Office of Immigration Statistics

그림 8.2 **미국 영주권 취득자 수의 변화(1820~2018년)**

간 이주민의 수가 기존의 해당 국가 출신 이주민 수의 3% 수준으로 제한되었다. 제한의 기준으로 1910년 센서스 기록이 사용되었는데, 당시에는 북유럽과 서유럽 국가 출신이 이주민 사회를 지배하고 있었다. 결과적으로, 앵글로–색슨 어젠다를 강화하며 남·동부 유럽 지역을 배제했다. 흥미롭게도 쿼터는 서반구로부터의 이주에는 적용되지 않았다. 캐나다 사람들은 미국 사람과 동급으로 취급되었고, 중앙아메리카와 남아메리카로부터의 이주도 큰 문제로 여겨지지 않았다. 이후에는 쿼터제도를 통한 제약이 더욱 강해졌다. 쿼터의 기준 연도를 과거로 옮겨서 입국 가능한 이주민의 수를 줄이기도 했다. 이러한 이주의 제한이 부과되면서 미등록 이주민이 증가했다. 이에 미국 의회는 1924년 **국경경비대**를 창설해 미등록 입국자를 체포하는 임무를 부여했다.

노골적인 인종주의적 규제는 1952년까지 계속되었다. 이해에는 **이민·국적법**을 제정하면서 필요한 숙련을 보유한 사람들에게 특혜를 부여하는 시스템이 마련되었다. 동시에 미국 역사상 처음으로 서반구에서 유출된 이주민의 수를 제한하는 조치와 미국 시민권자나 영주권자 가족에게 우선순위를 부여하는 특혜 시스템도 도입되었다. 1965년에는 이민·국적법을 개정해 쿼터 시스템이 철폐되었고 지구의 반구에 기초한 제한 조치가 취해졌다. 이러한 변화들은 미국 사회에 중요한 영향을 미쳤다. 가족 특혜 범주는 의도치 않게 전통적인 유럽 출신보다 라틴아메리카와 아시아 출신자에 대한 혜택으로 작용했다. 1965년 이전까지 미국 이민자의 대다수는 유럽 출신이었다. 하지만 2018년까지 유럽 출신 이주민의 비율은 7.8%까지 하락했다. 같은 해 이민자의 14.6%에 해당하는 17만 2726명을 보낸 멕시코가 미국 이주에서 최대 유출 국가였고,[41] 아시아계 이주민은 전체의 34.9%를 차지했다.

이민·국적법은 1970~1990년대를 거치며 여러 차례 개정되었는데, 이 시기 동안에는 미등록 이주에 관한 사항을 중심으로 개정이 이루어졌다. 가족상봉이 여전히 중요한 부분을 차지했지만, 이민·국적법의 개정을 통해서 허가되는 이민자의 수가 늘었고 경제적 이유에 근거해 허용되는 비자의 수도 증가했다(표 8.1; 표 8.2). 보다 대폭적인 이민정책 개혁이 추진되었지만, 그다지 성공적이지 못했다. 미국의 입법부는 미등록 이주를 억제하면서 서로 충돌하는 경제적, 사회적, 인도적 목표 간의 균형을 맞추고자 노력해왔다. 그러나 충돌하는 이해관계 때문에 정책 어젠다가 파편화되고 의도하지 않은 결과가 나타나며 정책의 교착 상태가 조성되었다. 이민정책의 목표와 결과 간의 격차, 즉 **이민 격차**(immigration gap)가 발생했던 것이다.

미국 정부는 꾸준히 이민정책 개혁을 위해 노력해왔지만, 이는 강력한 저항에 부딪히기도

표 8.1 미국 합법 이주민의 구성(2018년)

	수(명)	비율(%)
전체 이민자	**1,096,611**	
미국 시민권자의 직계가족	478,961	34.6
배우자	268,149	24.5
자녀	66,794	6.1
부모	144,018	13.1
가족초청 특혜	216,563	19.8
I. 미국 시민권자의 21세 이상 미혼 자녀	27,351	2.5
II. 영주권자의 배우자, 미성년 자녀, 21세 이상 미혼 자녀	109,841	10.0
III. 시민권자의 기혼 자녀	19,531	1.8
IV. 시민권자의 형제자매	59,940	5.5
취업 특혜	138,171	12.6
I. 우선순위 노동자	39,514	3.6
II. 고등 학위를 보유한 전문직 종사자	40,095	3.7
III. 숙련 노동자, 전문직 종사자, 미숙련 노동자	39,228	3.6
IV. 특정 직종 이민자	9,711	0.9
V. 고용 창출 투자자	9,623	0.9
다양성	45,350	4.1
난민	155,734	14.2
비호자	30,175	2.8
가승인자	14	0.0
외국 태생 영주권자 자녀	69	0.0
미국 정부와 가족이 고용한 이라크인과 아프가니스탄인	10,297	9.4
추방면제자	4,421	4.0
인신매매 피해자	1,208	0.1
범죄 피해자 및 피해자의 배우자와 자녀	15,012	1.4
기타	636	0.0

출처 : DHS, *2018 Yearbook of Immigration Statistics* (table 6)

표 8.2   미국 이민자의 10대 출신 국가(2018년)

국가	수(명)	비율(%)
전체	1,096,611	100.0
멕시코	161,858	14.8
쿠바	76,486	7.0
중국	65,214	5.9
인도	59,821	5.5
도미니카공화국	57,413	5.2
필리핀	47,258	4.3
베트남	33,834	3.1
엘살바도르	28,326	2.6
아이티	21,360	1.9
자메이카	20,347	1.9

출처 : DHS, *2018 Yearbook of Immigration Statistics* (table 3)

했다. 우선순위와 요구가 서로 충돌하고, 미국의 정치 시스템이 극단적으로 분열되어 있기 때문이다.[42] 예를 들어, 조지 W. 부시 대통령은 2004년 미등록 체류자를 방문노동자로 전환해 고용 허가가 만료되면 고국으로 되돌려보내는 개혁안을 마련했다. 이에 민주당은 2005년 초반 대응 법안을 마련해 미등록 체류자를 합법적 이주민으로 전환하려 했다. 특히, **농업 부문 고용 기회 · 혜택 · 안보법**을 제안하여 기준을 충족하는 농업 부문 노동자가 일시적인 법적 지위를 취득할 기회를 부여하고자 했다. 오바마 행정부에서는 미등록 체류자의 합법화에 길을 터줄 수 있는 개혁을 추진했다. 그러나 동시에 미국 경제에서 필요한 수준으로 한시적 이주노동자도 제한하고자 했다. 이러한 조치들은 노동조합의 지원을 받기도 했었다.

하지만 이러한 개혁의 시도는 대체로 성공적이지 못했다. 그러함에도 두 가지 예외는 있었다. 하나는 **드리머법**으로 알려진 2012년 **미성년 입국자 추방유예**(DACA : Deferred Action for Childhood Arrivals)이며, 다른 하나는 2014년 도입된 **미국 시민권자 · 영주권자 부모 추방유예**(DAPA : Deferred Action for Parents of Americans and Lawful Permanent Residents)이다. 두 가지 모두는 행정명령으로 발효되었고 유사한 어젠다를 가지고 있다. DACA는 15~30세의 미등록 체류자를 추방으로부터 보호하며, 그들에게 교육과 취업의 기회를 부여했다. DAPA는 미국 시민권자 아이들의 무등록 체류자 부모가 추방의 위협에서 벗어나 취업까지 할 수 있도록 허용해주었다.

그러나 DACA 시행의 역사는 매우 혼란스러웠다. 2008년부터 부모를 동반하지 않고 미국에 유입된 청소년의 수가 급격하게 늘었기 때문이다. 이들은 주로 멕시코, 과테말라, 엘살바도르, 온두라스 출신이었다. 이러한 미등록 체류자 청소년의 급격한 증가는 DACA의 중단을 요구하는 정치적 논쟁으로 이어졌다. 마침내 트럼프 행정부는 2017년 DACA를 중단시켰고, 이에 따라 80만 명의 청년들이 추방 위기에 몰렸다. 그러나 DACA를 청소년 이주 급증의 원인으로 보기는 어렵다. 실제로 이러한 이주 대부분은 출신국에서 폭력과 경제적 기회의 부족 때문에 벌어진 일이다.[43] 그리고 드리머들은 미국의 경제와 사회 발전에 지대한 공헌을 하고 있다. 이는 특히 시민권을 취득한 드리머 사이에서 분명하게 나타난다. 한 연구에 따르면, 많은 드리머들이 이미 미국에서 노동에 참여하며 숙련도와 생산성 향상에 기여하고 있다.[44]

한편, 2001년 9/11 테러 이후에 이주를 국가안보의 위협으로 여기는 분위기가 조성되었다. 이런 맥락에서 이주와 국경의 이슈는 2003년 새로 출범한 **국토안보부**에 통합되었다. 그러나 미등록 이주민에 대한 일관되고 지속 가능한 해결책은 구상하기 매우 어렵다. 이주 논쟁을 국가 안보 이슈에 통합시킨 것이 이민정책의 유일한 변화였다. 그러면서 (캐나다와 맞닿은 북부를 포함해) 국경 관리에 많은 자원을 투입하여 미등록 이주를 통제했고, 이런 이주자에게 제공되는 공공 서비스 혜택을 줄이는 여러 가지 정책도 등장했다. 이것이 미국에서 이주 논쟁을 지배하는 주제가 되고 말았다.

주정부의 미등록 이주 통제

미국의 국경경비대는 매년 국경 안으로 진입하는 미등록 이주민 수천 명을 체포한다. 그러나 훨씬 더 많은 사람이 국경경비대를 피해 잠입에 성공한다. 2007년, 1220만 명의 미등록 체류 노동자가 미국에 사는 것으로 추산되었다. 대담하게 정부 기관을 지나쳐 국경을 통과하는 사람들도 있다(그림 8.3). 9/11 이후의 세계에서 국토안보부는 대테러 방침의 하나로 입국 제한을 중요한 정책으로 삼아왔다. 이에 따라 국경 순찰을 강화하고 미등록 체류자와 이들의 일자리를 불시에 검문하기도 한다.[45] 국토안보부 산하의 이민세관집행국은 검문 성공 사례를 인터넷에 공개한다.[46] 테러와 미등록 이주민 증가에 대한 우려는 국경 통제 상실에 대한 공포로 이어졌다. 이런 상황에서 규제 강화에 대한 요구도 있었다. 2015년 유럽의 난민 위기(이 책의 9장 참고), 포퓰리즘 정치의 부상 때문에 유럽 내·외부에서 이동의 제약과 국경의 통제가 강화되었다. 동시에 진입하는 이주를 제한하자는 목소리도 높아졌다. 국가나 EU와 같은 지역이 성공적으로 이주의 문을 차단할 수 있을까? 이에 대한 답은 상황에 따라, 특히 누구를 허용할지에 따라 다를 것이다. 합법적 등록 이주민의 수를 제한하려는 이주 통제 정책이 오히려 미등록 이주민의 증가로 이어지는 경우가 많다.

연방의회와 주의회가 이주를 통제하려는 노력에는 이주민들의 복지 혜택 접근성을 제한하는 움직임도 포함된다. 국경의 보호와 통제를 강화하는 연방정부의 조치에 앞서 1996년에는 이주에 대한 우려를 포함한 복지 개혁안이 마련되었다. 당시 클린턴 행정부는 개인 책임 및 노동기회 조정법을 마련해 미국의 복지제도를 근본적으로 개혁하였다. 이를 통해 복지 프로그램 재정을 삭감했고, 복지 지출에 대한 상당한 통제 권한을 주정부에 이양했으며, 프로그램의 노

그림 8.3 주의 : 샌디에이고의 도로 표지판

이 표지판은 차량이 분주하게 이동하는 5번 인터스테이트 고속도로에 있으며, 운전자들에게 여성과 아이를 포함해 고속도로를 횡단하는 사람들의 가능성을 경고한다. 이 지역으로 유입되는 미등록 이주민에 대한 대응으로 설치된 것이다.

출처 : 저자 촬영

동 요건과 기간 제한을 강화했다. 이러한 복지 개혁은 국내 출생 인구에게 큰 변화였지만, 이주민을 직접 겨냥하기도 했다. 실제로 합법적 이주민 대부분이 보충적 소득보장(SSI)과 푸드 스탬프 수혜 대상에서 제외되었다.[H] 이전까지 두 프로그램의 혜택이 국내 출생자보다 이주민에게 훨씬 더 많이 돌아갔다. 그러나 1996년의 복지 개혁을 통해서 50만 명 이상의 이주민들이 SSI 자격을 잃었고, 100만 명 정도의 이주민이 푸드 스탬프를 받지 못하게 되었다. 1996년 8월 22일 이후에 합법적으로 입국한 이주자들은 최초 5년간의 거주 기간 동안 자산 조사를 통해 빈곤층 대상자를 선별하는 연방 프로그램의 혜택에서 배제되었다. 다른 한편으로, 주정부는 이주민의 한시적 빈곤 가정 지원(TANF : Temporary Assistance for Needy Families), 메디케이드, 사회보

[H] SSI는 미국 재무성의 일반회계 재원을 가지고 사회보장국(SSA : Social Security Administration)이 운영하는 연방 복지 프로그램이다. SSI를 통해서 자산과 소득이 부족한 장애인이나 65세 이상의 노인에게 매월 보충적 소득급여가 제공된다. 푸드 스탬프는 2008년부터 현재까지 보충적 영양 보조 프로그램(SNAP : Supplemental Nutrition Assistance Program)으로 불리는 제도의 옛 이름이다. SNAP을 통해서 식품을 구매할 수 있도록 저소득층에게 쿠폰이 제공되며, 최근에는 현금카드 형태로 사용할 수 있도록 시행방식이 바뀌었다. 연방정부의 농무부에서 SNAP을 운영하며, 각 주정부를 통해서 SNAP 서비스가 수혜자에게 전달된다.

장법 제20조 서비스 자격을 박탈할 수 있는 권한을 부여받았다.[1] 이러한 프로그램은 대체로 어린이나 노인 돌봄과 관련된 서비스이다.

캘리포니아에서는 새로운 미등록 이주민의 유입을 억제하고 기존 미등록 체류자의 유출을 유도하는 노력이 진행되어 왔다. 대표적으로, 1994년의 **캘리포니아 주민발의 법안 187호**는 미등록 이주민에게 공적 자금이 투입되는 것을 막았다. 이 법안은 미등록 이주민이 유발하는 실제적, 잠재적 비용의 우려에 대한 반응이었는데, 당시에 미등록 이주민들은 범죄, 복지 남용, 고용비용을 일으키는 집단으로 인식되었다. 주민발의 법안 187호로 인해서 캘리포니아에서는 이주에 대한 견해가 극단적으로 양분되었고, 이 이슈에 국가와 세계의 이목이 집중되기도 했었다. 이 법안은 미등록 체류자에게서 학교 및 대학 교육의 기회와 일상적 의료 서비스 권리를 박탈하기 위해 마련되었다. 187호 법안에 따라, 경찰은 체포한 사람들의 합법적 이주 권한 보유 여부를 확인할 수 있게 되었다. 그리고 교사와 의료인에게는 미등록 체류자를 이민귀화국(INS)에 신고할 의무가 부과되었다. 이러한 변화가 합법적 이주민에게는 적용되지 않았지만, 합법인지 미등록인지의 여부를 떠나 모든 유색인이 용의자로 취급받는 분위기가 조성되었다. 이에 멕시코와 엘살바도르 정부는 인권 침해의 가능성을 제기하며 주민발의 법안 187호에 대한 유감 의사를 표명했다. 이들 국가에는 노동자의 귀환이동이 낳을 수 있는 부정적인 경제적 영향에 대한 현실적 우려도 있었다.

주민발의 법안 187호는 캘리포니아에서 광범위한 지지를 받았고 1994년 11월의 주민투표에서 59%의 찬성을 얻었다. 이는 캘리포니아 유권자 사이에서 미등록 이주에 대한 불만의 정도를 가늠할 수 있는 사건이었다. 그러나 지지의 분포에는 민족적, 공간적 차이는 있었다. 실제로 이주 논쟁은 복잡한 사안이었으며 대중의 반응에는 친이민과 반이민 정서가 뒤섞여있었다. 민족적 측면에서, 비히스패닉 백인의 63%는 주민발의에 찬성했다. 특히, 반이민 정서가 높은 중상층의 백인 공화당 유권자로부터 많은 지지를 얻었다. 흑인과 아시아계 사람들 사이에서도 비교적 높은 지지도가 나타났다. 흑인의 56%, 아시아계의 57%가 주민발의를 찬성했다. 반면 히스패닉 인구에서 얻은 찬성은 31%밖에 되지 않았다. 그러나 주민투표에 대한 분석에서 로컬 스케일의 차이도 발견되었다. 높은 사회·경제적 지위를 가지고 있는 히스패닉 근린지구에서

[1] TANF는 자녀를 부양하는 빈곤층 가정에게 현금을 지급하는 프로그램이다. 1935년부터 시행된 제도로 원래는 부양아동가족부조(AFDC : Aid to Families with Dependent Children)로 불렸으나 1996년 개혁을 통해서 현재의 TANF로 프로그램 명칭이 바뀌었다. TANF 서비스의 운영 자금은 연방정부와 주정부가 공동으로 부담한다. TANF의 규모는 꾸준히 축소되고 있다. 1996년 개혁 이후로 연방정부는 물가에 대한 고려 없이 165억 달러의 정액 교부금을 주정부로 내려보내고 있고, 주정부도 AFDC 시대의 절반 정도의 예산만 TANF에 투입하고 있다. 한편, 메디케이드는 극빈층에게 연방정부와 주정부가 공동으로 의료비를 지원하는 프로그램이며, 사회보장법 제20조는 주정부가 연방정부의 보조금을 지원받아 지역의 실정에 맞는 프로그램을 개발해 개인의 자립을 촉진하는 사회 서비스를 제공하는 것이다. 후자는 사회 서비스 포괄 보조금으로 불리고 있으며, 많은 주에서는 이 보조금을 육아, 위탁육아, 장애인 지원 프로그램 운영에 주로 투입한다.

는 비히스패닉 백인과 마찬가지로 187호에 대한 지지가 높았다. 심지어 내부도시 히스패닉 커뮤니티에서도 높은 찬성률의 결과가 나타나기도 했다.

그러나 연방법원은 주민발의 법안 187호를 위헌으로 결정했다. 이주는 주정부가 아니라 연방 법의 관할이며, 연방 법에 따라 모든 아이는 무상공교육을 받을 권리가 있다고 했다. 캘리포니아대학교 지리학과의 윌리엄 클라크 교수는 주민발의 법안 187호의 투표 결과는 단순히 인종주의나 토착주의적 반응으로 볼 수 없다고 주장했다. 그에 따르면, 이주에 대한 지역 주민들의 전반적인 반응을 드러내는 사건이었다. 한편, 국가연구위원회의 한 연구에서 이민자가 가장인 가구가 연방 세수에 적지만 긍정적으로 기여한다고 파악되었다.[47] 그러나 캘리포니아는 로컬 맥락에서 이주의 실질적 결과와 인식된 결과를 모두 다루어야만 했다. 이곳에서 이주는 상당한 재정 부담으로 작용했기 때문이다. 그래서 주민발의 법안 187호는 1980년대 말 높았던 이주의 수준, 이에 따른 주정부와 로컬정부의 재정 압박, 1990~1991년의 경기침체에 대한 반응으로 볼 수 있다. 클라크 교수는 이주민을 우려하는 캘리포니아의 투표 행태가 이민 수용 국가로서 미국의 국가적 역할이나 저렴한 노동력을 추구하는 기업계의 이익과 상충하는 측면도 부각했다.

미등록 체류자와 이들이 초래하는 재정적 부담에 대한 우려는 캘리포니아에만 있는 것은 아니다. 다른 주에서도 이주를 통제하려는 움직임이 나타나고 있다. 이것은 이민정책을 정비하는 데에서 표면화된 연방정부의 무능함에 대한 반응이었다. 일례로, 연방정부는 전자고용인증시스템을 도입해 모든 사업체에 새로 고용한 노동자가 미국에서 합법적으로 일할 권리를 가지는지 확인하도록 의무화했다. 이 프로그램은 미등록 체류자를 계속해서 고용하는 업체들 사이에서 고용주에 대한 제재로 여겨지고 있다. 이러한 상황에서 주정부와 주의회는 입법활동을 통해서 미등록 이주민을 억제하고자 노력하는 것이다. 2010년 한 해 동안만 350여 건의 이주민과 관련된 주 법안이 등장했다. 이 중에서 27개 법은 이주민의 고용과 관련되었다. 남부와 남서부 주정부 사이에서는 체포와 추방에 더해 노동시장과 복지와 같은 공공 프로그램에서 이주민을 배제하려는 움직임이 생기고 있다. 대표적으로, 2004년 **애리조나 주민발의 법안 200호**가 주민투표를 통과했다. 이 법안은 미등록 체류자의 투표권을 박탈하고 이들에게 연방정부의 권한과 관계되지 않은 공적부조나 주·지방정부의 공공 서비스 혜택을 금지한다. 뒤이어 2010년에는 **애리조나 상원 법안 1070호**(SB1070)이 주의회를 통과했다. 이 법은 애리조나주 내에서 미등록 체류자의 존재를 범죄화한다. 물론 이후에 대법원은 SB1070의 조항 대부분에 대하여 위헌 결정을 내렸다.[ᴶ] 다른 한편으로, 억압적인 이민정책을 채택하는 소규모 지자체도 있다. 워싱턴DC

[ᴶ] 자신의 합법적 체류를 증명하는 서류를 소지하지 않는 이주자를 범죄자로 취급하는 조항, 미등록 체류자의 취업을 금지하는 조항, 경찰이 영장 없이 미등록 체류자를 체포할 수 있다는 조항에 대하여 위헌 결정이 내려졌다. 그러나 미등록 이주민으로 의심되는 사람에 대한 경찰의 신분 조회 권한은 합헌으로 인정받았다.

교외의 프린스 윌리엄 카운티는 주민발의 법안 187호나 200호와 비슷한 조례를 제정해 이주자의 생활에 제약을 가하고자 했다. 이 조례는 합법적 거주를 증명하지 못하는 사람에게 공공 서비스 혜택을 금지하고 체포된 사람에 대한 경찰의 이주 지위 확인을 의무화했다.

이러한 억압적인 정책은 미등록 체류자의 **국내이동** 흐름에도 영향을 준다. SB1070과 같은 법안을 채택하며 미등록 이주에 적대성을 보이는 주에서 시민권을 획득하지 못한 라티노의 전출 비율이 높다. 심지어 미국 태생이거나 귀화한 라티노조차도 적대적인 주에서 살기를 꺼린다.[48] 입법을 통한 통제가 강한 주일수록 미등록 이주민 인구감소의 속도가 빠르다. 이러한 경향성은 합법 애리조나 노동자법의 효과로 확인할 수 있다. 이는 고용주들이 연방의 전자고용인증시스템을 통해서 노동자의 지위를 확인해야 하는 의무를 규정한다. 결과적으로 2008년과 2009년 사이에 애리조나에서 미등록 이주민의 수는 17% 감소했고,[49] 감소 추세는 이후에도 계속되고 있다.[50] 반면에 루이지애나, 매릴랜드, 매사추세츠, 노스다코타, 사우스다코타와 같은 주에서는 미등록 이주민의 수가 늘고 있다.[51] 그러나 이러한 정책들이 미국 전체 미등록 이주민의 수에 주는 영향은 미미하다.

연방정부의 미등록 이주 통제

미등록 체류자는 미국에서 오랜 정책 이슈였다. 지난 행정부들은 다양한 관점에서 미등록 체류자 이슈를 다루어왔다. 연방정부는 특히 무허가로 미국에 진입하려는 사람들의 수를 줄이기 위해 다양한 정책과 프로그램을 시행해오고 있다. 예를 들어, 연방정부는 멕시코 관료들과 협력하여 국경을 넘으려는 사람들을 국경에 도착하기 전에 색출해 돌려보내는 일을 하고 있다. 미국 정부는 다른 정부와도 협력하여 그러한 여행의 위험성을 알리고 있다. 그리고 국경을 넘는 것을 더욱 어렵게 만들기 위해 물리적 장애물을 더욱더 단단하고 두텁게 쌓아올리며 새로운 감시 방법도 도입했다. 그러나 더욱 엄격해진 국경 경비 프로그램에 대한 비판도 제기된다. 결과적으로 샌디에이고나 엘패소와 같은 주요 지역에서 월경 시도는 줄었지만, 감시나 체포를 통한 억제의 효과는 미등록 이주민의 흐름 방향이 변화하는 양상으로도 나타났다. 특히 국경경비대가 주목하지 않았던 지역으로 많이 옮겨갔다.[52] 이 문제는 1998년 시작된 미국과 멕시코 양국 간 협력 프로그램인 국경안전계획(BSI : Border Safety Initiative)을 통해서 간접적으로 확인할 수 있다. BSI는 교통량이 많은 전통적인 월경지역에서 체포의 위험성을 피해 사막이나 산악지대처럼 위험한 지역으로 미등록 입국자의 월경지가 옮겨가는 현상에 대처하기 위해 마련되었다. 이런 곳에서는 한 해에 200명 이상의 사망자가 발생한다.[53] 이런 상황에서 BSI는 미등록 월경의 위험성을 알리는 대중 교육을 제공하여 부상자와 희생자 수를 줄이기 위해서 마련되었다. 특히 아무런 준비 없이 외딴 지역에서 월경하려는 사람들이 BSI의 대상자이다.

한편, 도널드 트럼프는 2016년 대통령 선거 기간 동안 미국–멕시코 국경에 장벽을 설치해 미등록 이동자를 통제하겠다는 공약을 내세웠다. 이러한 차단벽이 월경을 지연시킬 수는 있지만, 미등록 이주를 원천봉쇄하지는 못한다. 이런 사람들은 어쨌든 간에 새로운 경로를 찾을 것이기 때문이다. 국경 통제가 강화됨에 따라 이주하려는 사람들이 **코요테**라 불리기도 하는 **밀입국업자**를 찾는 경우가 많아졌다. 밀입국업자들은 세 번의 미국 진입 시도의 대가로 1만 달러에 달하는 수수료를 받는다.[54] 밀입국업자를 이용하는 모습에서 고국을 떠나 미국으로 가려는 사람들의 절실함을 알 수 있다. 비슷한 상황은 지중해를 건너 유럽으로 들어가려는 사람들의 모습에서도 나타난다. 이러한 모험을 감행하는 사람의 대부분은 위험한 상황에 직면하며, 목적지로 향하는 도중에 폭력, 강도, 살인의 위협에 시달리기도 한다. 이러한 모습은 국경안보를 유지하고 미등록 입국을 차단하는 어려움도 드러낸다. 다른 한편으로, 합법적으로 입국했다가 비자만료 후에도 출국하지 않고 머무르는 사람도 많다. 미국의 미등록 체류자 중에서 그러한 **초과체류자**의 비중이 증가하고 있으며, 미국에서 초과체류자 수는 2010~2017년 기간 동안의 합법적 입국자보다 많았다. 합법적으로 입국했던 초과체류자 중에는 멕시코 국적의 사람들이 가장 많다.[55] 새로운 장벽이 아니더라도 미국-멕시코 국경에는 펜스, 자연 지형물, 감시 기술, 국경경비대원 등 장애물이 수없이 많이 존재한다(그림 8.4).

그림 8.4　미국-멕시코 국경

샌디에이고에서 미국과 멕시코를 구분하는 펜스이다. 월경을 시도하려는 미등록 이주민들은 멕시코 쪽에 있다. 이들은 해가 떨어지기를 기다리다가 밤이 되면 국경을 건너는 시도를 반복한다.

출처 : 저자 촬영

그림 8.5 미국-멕시코 국경의 경비
출처 : 미국 관세국경보호청, https://www.cbp.gov/newsroom/photo-gallery

미국에서 미등록 체류자의 수는 2007년 1220만 명의 정점에 도달한 다음 2017년에는 1050만 명까지 감소했다.[56] 그리고 미국의 미등록 체류자에서 멕시코인이 차지하는 비율은 50% 아래로 떨어졌다. 체포자 수의 증가를 비롯해 국경안보가 강화되면서(그림 8.5), 월경의 위험을 무릅쓰는 사람들의 수가 줄었기 때문이다(표 8.3). 이 밖에 2007년 말부터 시작된 글로벌 대침체도 미등록 이주노동자 감소에 중요한 역할을 했다. 전통적으로 멕시코가 미국 미등록 체류자의 가장 큰 공급처였지만, 최근 들어 멕시코에서도 경제가 개선되었고 인구증가의 속도가 느려지며 고령화 문제가 나타나기 시작했다. 이것이 일자리를 찾아 멕시코를 떠나는 사람들의 수가 줄어든 이유다.

결론

국제이동은 합법적 이주와 미등록 이주로 구성되며, 두 가지 모두는 국가 간 인구분포에 결정요인으로 작용한다. 이주를 제한하든, 아니면 이주의 특정한 구성 요소를 촉진하든 이민정책에서 원하는 결과를 얻기 어렵다. 이주의 흐름을 감소시키려는 노력은 글로벌화와 경제 재구조화 때문에 대체로 성공적이지 못했다. 이민을 늘리고자 하는 것도 나름의 문제가 있다. 민족적, 인종적, 사회적 안정성을 위협할 수 있기 때문이다. 저임금 노동자가 많아지면서 국내 출생자

표 8.3 연도별 국경경비대 체포 건수

경비 구역	2008년	2013년	2018년
남서부 전체	705,049	414,397	396,579
빅벤드(텍사스)	5,389	3,684	8,014
델리오(텍사스)	20,763	23,510	15,833
엘센트로(캘리포니아)	40,964	16,306	29,230
엘패소(텍사스)	30,311	11,154	31,561
러레이도(텍사스)	43,663	50,749	32,641
리오그란데 밸리(텍사스)	75,484	145,453	162,262
샌디에이고(캘리포니아)	162,390	27,496	38,591
투손(애리조나)	317,724	120,939	52,172
유마(애리조나)	8,361	6,106	26,244
타 지역 전체	18,816	6,392	7,563
블레인(워싱턴)	950	360	359
버펄로(뉴욕)	3,338	796	384
디트로이트(미시건)	960	650	1,930
그랜드포크스(노스다코타)	542	469	461
해버(몬태나)	426	88	47
홀턴(메인)	81	37	52
마이애미(플로리다)	6,021	1,738	2,169
뉴올리언스(루이지애나)	4,303	500	798
라메이(푸에르토리코)	572	924	280
스포캔(워싱턴)	341	299	347
스완턴(버몬트)	1,282	531	736
전체	1,043,799	662,483	404,142

출처 : DHS, *2018 Yearbook of Immigration Statistics* (table 35)

와 일자리 경쟁이 치열해지고 임금이 하락할 수도 있다. 문호를 전면 개방하는 것은 정부에게
벗어나기 힘든 구렁텅이가 될 수 있다. 이주 통제가 걷잡을 수 없이 어려워질 것이기 때문이다.
이주 허용과 이주 억제 모두에는 위험성이 내포되어 있다. 따라서 이민정책의 미래 모습은 감
을 잡기 어려울 정도로 불분명하다.

포커스 **포퓰리즘과 이주**

최근 들어 여러 나라의 정치에서 **포퓰리즘**이 두각을 나타내고 있다. 포퓰리즘은 엘리트 집단에서 무시당한 일반인들의 관심사에 초점을 맞추며 기득권 정치를 거부하는 정치적 입장을 말한다. 포퓰리즘의 부상은 2008년 경제 위기와 그에 따른 문화적 반발을 포함해 여러 가지 요인에 뿌리를 두고 있다. **2015년 유럽 난민 위기**도 포퓰리즘 정치에 불을 지폈다. 독일의 독일을 위한 대안(AfD), 체코의 불만시민당(ANO), 프랑스의 국민전선(National Front), 오스트리아의 자유당, 이탈리아의 북부동맹 등이 유럽의 포퓰리즘 정치를 주도하고 있다. 이들은 공통으로 국경안보가 위협받고 이주민이 국가의 주권과 정체성을 해친다는 두려움을 자극

한다. 영국에서는 이주민을 향한 분노와 영국 정체성 상실에 대한 두려움이 **브렉시트**를 낳았다. 오랜 사회민주주의의 전통을 보유한 스칸디나비아 국가에서도 포퓰리즘 정당의 성장세가 뚜렷하다. 포퓰리즘 정치에 대한 지지는 개인 권력 복원, 국가주의 수용, 배타적 백인 정체성 표현에 기초한다.

이러한 포퓰리즘을 옹호하는 사람들은 **외국인 혐오** 언어의 메시지를 동원해 이주에 반대한다. 예를 들어, '이주는 나쁘다'처럼 복잡한 이슈를 지극히 단순화하여, 이주민이 일자리를 빼앗아가고 사회복지 서비스를 남용하며 범죄를 저지른다는 메시지를 전파한다. 2016년 미국 대통령 선거에서 도널드 트럼프의 캠페인을 돌이켜보자. 당시 그는 "[멕시코가] 문제 많은 사람을 보냅니다. 여러 가지 문제가 그들을 따라옵니다. 마약을 가져오고, 범죄도 가져옵니다. 그들은 강간범이기도 합니다."라고 발언했다. 포퓰리즘 정당이 지지를 얻게 되면, 지지 수준이 낮더라도 이민정책에는 엄청난 영향을 미친다. 국경은 봉쇄되고 쿼터가 도입되며 특정 국가 이주민을 노골적으로 배척한다. 트럼프는 포퓰리즘 정서에 호소하며 미국-멕시코 국경에 장벽을 쌓겠다고 공언했다. 일부 무슬림 국가로부터 입국을 막겠다고도 했다. 이러한 행동은 포퓰리즘 이데올로기를 더욱 강하게 만드는 경향이 있다.

이주를 제한하려는 포퓰리즘 정부의 시도가 제대로 먹힐까? 결과는 기껏해야 혼재된 양상으로 나타난다. 입국을 봉쇄하는 이민정책이 성공하면, 효과는 자격을 가진 사람들에게만 집중된다. 이러한 합법적 입국의 통제는 미국에서조차도 대체로 성공한다. 그러나 미등록 이주민을 통제하는 정책의 성공은 훨씬 덜하다. 미국, 유럽을 비롯해 세계 어느 곳이든 마찬가지다. 광대한 잠입의 네트워크에서 확인할 수 있는 것처럼 이주를 원하는 사람들의 절실함 때문이다. 트럼프의 국경조차도 미등록 이주노동자의 유입을 막지 못했고 유입의 속도만 늦췄다. 강경한 입장이나 반이민 수사법만 가지고 이주의 문제를 완벽하게 해결할 수 없다. 단지 선거 기간에 표를 얻는 데에만 도움을 줄 뿐이다.

포커스　## 솅겐협약과 EU의 모빌리티

유럽 국가 간의 모빌리티는 거의 제약을 받지 않는다. 1990년 체결된 **솅겐협약**에 따라 프랑스-독일 국경처럼 유럽 내 경계 대부분은 제거된 것이나 마찬가지다. 1990년 협약은 참여 회원국이 적었던 1985년의 솅겐조약을 확대한 것이다(그림 8.6). 이 협약은 유럽의 상당 부분이 내부 경계 없이 단일 국가처럼 작동한다는 점을 시사한다. 실제로 여권 없이 대부분의 EU 내부 국경을 넘나드는 것이 가능하고, EU로 진입하는 외부 경계만 통제된다. 솅겐협약에는 단기 체류나 장기 거주를 위해 EU로 진입하는 사람들과 비호자에게 공통으로 적용되는 규정도 있다. 솅겐지역에 진입한 방문객들은 국가 간 이동의 자유를 누릴 수 있다는 이야기다. 유럽인들은 여행뿐만 아니라 일자리와 거주를 위해서도 EU 안에서 어디든 자유롭게 이동할 수 있다. 이것의 목적은 더 나은 일자리와 임금을 찾는 이동을 통해서 노동시장 조정을 촉진하는 데에 있다.

그러나 최근에는 이 협약에 압박이 가해지고 있다. 2015년 난민이 대규모로 유입되면서 자유로운 이동이 감소했다. 2015년 11월 파리에서는 테러까지 발생했다. 독일은 2015년 시리아인과 이라크인을 포함해 110만 명의 비호신청자를 받아들였지만, 난민 유입의 증가를 막기 위해 국경 통제를 강화했다. 우익정당의 압력이 작용했기 때문이다. 덴마크에서는 난민의 귀중품을 압류하여 이들의 복지비용에 보태고 있다. 파리 테러 이후에 일부 국가는 국경 검문을 한시적으로 재개했다. 심지어 무여권 통행을 폐지하는 나라도 있었다.[57] 이러한 조치는 난민의 정착 의지를 단념시키고 자국민의 안전을 보장하기 위해 마련되었다. 그러나 국경 폐쇄는 난민과 테러의 현실에서 솅겐협약을 희생양으로 삼으며 협약의 핵심을 뒤엎는 효과가 있다.

2015년의 국경 통제는 한시적인 조치였으나, 일부 국가는 2020년 초반부터 시작된 코로나19 감염병 유행 기간 동안에도 한시적 국경 통제를 다시 시작했다. 이러한 조치로 유럽통합의 가치가 약해졌다. 솅겐협약이 완전하게 철폐되면, 국경 통제 때문에 유럽 내에서는 이동 시간과 비용이 증가할 수밖에 없다. 지역 내에서 노동의 이동과 무역도 줄어들 것이다. 이러한 협약 철폐의 비용을 우려하며 개인의 이동을 규제하더라

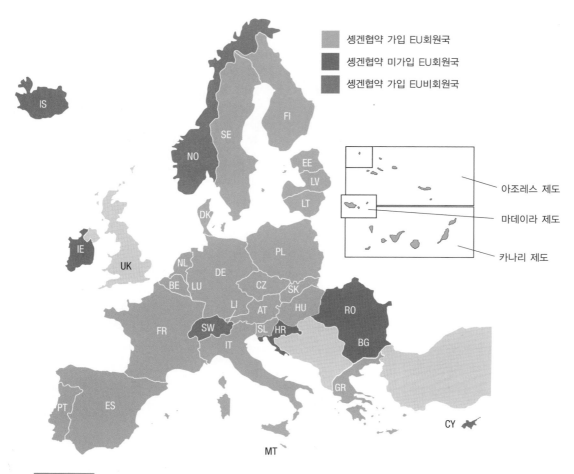

범례:
- 셍겐협약 가입 EU회원국
- 셍겐협약 미가입 EU회원국
- 셍겐협약 가입 EU비회원국

아조레스 제도
마데이라 제도
카나리 제도

그림 8.6 셍겐지역

출처 : European Commission, https://ec.europa.eu

도 무역 개방만은 유지해야 한다고 주장하는 회원국도 있다.[58]

2016년 6월 영국은 국민투표를 통해 EU 탈퇴를 결정했다(그림 8.6). 그러면서 EU는 국경 통제나 이주보다 더 큰 문제에 직면하게 되었다. 영국의 탈퇴 찬성 투표에는 유입된 이주민의 증가에 대한 분노가 부분적인 영향을 미쳤다. 이러한 반응은 2004년 이후 EU가

동유럽 국가까지 확대되며 계속되어 왔던 현상이다. 유입된 이주민이 임금 하락과 일자리의 감소를 유발했다는 이유에서였다. 브렉시트 결정 이후, 다른 유럽 국가의 극우 정치 지도자들도 비슷한 투표를 요구하고 나서기 시작했다. 여기에서도 이주와 정치적 통제에 대한 두려움이 핵심 이슈였다. 이에 따라 EU가 결국에는 해체될 것이라는 우려가 전염병처럼 퍼져나가고 있다.

방법·측정·도구 이입자와 이출자의 집계

7장에서 소개한 국내이동 측정 방법은 국제이동을 계량화하는 데에도 이용될 수 있다. 일반적으로 국제이동은 한 국가를 떠나 이동하는 **이출자**, 해당 국가로 이동해오는 **이입자**, 이입자와 이출자 수의 차이를 뜻하는 **순이주자**의 수로 확인한다. 즉, 국가 간을 오가며 이동하는 사람들의 수가 중요하다. 이입률과 이출률도 중요한 척도이다. **이입률**은 유입국 인구에 대한 이입자의 수로, **이출률**은 유출국 인구에 대한 이출자 수로 정의된다. 선진국 정부들은 국가안보와 정책 차원에서 합법적 이주의 통계를 대체로 잘 기록하고 유지한다. 출신국, 입국 연도, (연령, 교육, 가족관계 등) 이주자의 인구통계학적 정보, (난민, 가족상봉, 유학, 취업 등) 이주의 유형이 그러한 정부통계에 포함된다.

그러나 문제는 있다. 대부분 국가, 특히 선진국 정부는 영구적 거주를 위해 유입되는 이주민들의 수를 꾸준하게 추적하고 있지만 미등록 체류자와 이출자의 수를 거의 알지 못한다. 최근 들어서야 이출자의 수를 헤아리는 노력이 이루어지고 있다. 하지만 이러한 사람들을 집계하는 작업은 매우 어려운 조건에서 수행된다.

이출자 집계

특정 국가에서 이출자 수를 추정하는 것은 매우 복잡한 작업이다. 어떤 사람들이 실제로 출국했을까? 이출자로 정의하려면, 무슨 이유로 얼마나 오랫동안 출국해있어야 할까? 이출자의 수는 보통 **잔차법**(residual method)을 활용해 추산된다. 잔차법은 센서스 인구를 특정한 기간 동안의 출생자, 사망자, 이입자와 함께 고려한 다음 나머지에 근거해 이출자를 산출하는 것이다. 시점 t에서 h년이 지난 기간 동안의 이출자 수는 다음과 같은 공식으로 정의된다.[K]

$$E(t, t + h) = B(t, t + h) + I(t, t + h) - D(t, t + h) - P(t, t + h)$$

이 공식에서 E, B, I, D, P는 각각 이출자(Emigrants), 출생자(Births), 이입자(Immigrants), 사망자(Deaths), 전체 인구(Population)의 변화량을 나타낸다. 이에 따라, t와 t + h 시점 사이의 이출자 수는 같은 기간에 발생한 출생자 수와 이입자 수를 더한 후 사망자 수와 전체 인구 변화 수를 빼서 구한다.

이출자 수는 더욱 복잡한 방식으로 추정할 수도 있다. 예를 들어, 캐나다 통계청은 분기별로 국가 인구를 추산하는데, 여기에 이출자 수도 포함된다. 추정은 미국 국토안보부(DHS) 산하 이주통계국과 캐나다 사회복지 프로그램의 데이터를 포함해 다양한 자료를 근거로 이루어진다. 미국 자료는 캐나다 이출자의 최대 목적지인 미국으로의 이출자를 추정하는 데에 사용된다. 캐나다 사회복지 프로그램 데이터는 프로그램 철회에 근거해 다른 국가로의 이출자를 추산하기 위해 쓰인다. 이 밖에도 다른 조정이 아주 많이 필요하다. 데이터 집계와 사용 간의 시간 지연이 발생하고, 모든 사람이 사회복지 데이터에 포함되지는 않기 때문이다.

미등록 체류자 집계

미국에서 미등록 체류자 수는 1000만 명 이상일 것으로 추산되고, 이들은 사회 서비스 제공과 노동 공급에 지대한 영향을 미친다. 따라서 연방정부는 이들의 수를 정확하게 추정할 수 있기를 바란다. 그러나 미등록 체류자 수를 정확하게 추정하는 것은 매우 어려운 일이다. 미등록 체류자에게 추방은 두려운 일이어서 대상자를 식별하고 조사의 답변을 구하는 일은 큰 저항에 부딪히기 때문이다.

퓨 연구센터는 앞서 소개한 잔차법을 변용해 미등록 체류자의 수를 추정한다.[59] 우선, 국토안보부의 허가를 받은 입국자, 난민, 비호자 데이터를 근거로 합법적으로 거주하는 외국 태생 인구를 추정한다. 그다음 센서스나 현재인구조사의 전체 외국 태생 인구수에서 합법 체류자 추정값을 빼는 방식으로 미등록 체류자 인구를 추정한다. 마지막으로, 미등록 체류자 인구

[K] t와 t + h 간의 전체 인구 변화량은 출생자(B), 사망자(D), 이입자(I), 이출자(E)의 관계 속에서 P(t, t + h) = {B(t, t + h) − D(t, t + h)} + {I(t, t + h) − E(t, t + h)}로 나타낼 수 있다. 여기에서 P를 우변으로, E를 좌변으로 이항하여 정리하면 본문의 식을 구할 수 있다.

추정값의 누락을 보정한다. 이와 유사한 방식의 추정에 따르면, 1996년에 영주권을 취득한 성인 이민자의 30% 이상은 그 이전에 무허가로 미국에 입국했고 이 중 일부는 미등록 상태에서 노동에 참여했다.[60]

원주

1. 불법 이주민(illegal immigrant)이란 용어가 대중언론과 문헌에서 광범위하게 쓰이지만, 이 책에서는 불법 이주민보다 미등록 이주민(undocumented immigrant)이란 용어를 선호한다.

2. 미국 인구조사국은 외국 태생 인구에 대한 정보를 온라인으로 공유한다(http://www.census.gov/topics/population/foreign-born.html, 2020년 4월 15일 최종 열람).

3. 국제이주기구(IOM : International Organization for Migration) 글로벌 이주통계(https://www.iom.int/global-migration-trends, 2020년 4월 14일 최종 열람).

4. 소련과 소련의 위성 국가(satellite state)가 붕괴한 이후에는 정치·경제적 통제에 따라 다른 공화국으로 이주했던 러시아인이 많이 귀환했다. 이들의 귀환이 경제 재구조화의 시기와 맞물려있었기 때문에, 러시아 정부는 이들에게 주택과 고용의 기회를 제공하는 데 큰 어려움을 겪었다. 이것이 시민의 기대에 미치지 못한다면, 소요 발생의 가능성이 있다.

5. 미국 국토안보부(DHS), *2018 Yearbook of Immigration Statistics*, https://www.dhs.gov/immigration-statistics/yearbook/2018#(2020년 4월 14일 최종 열람).

6. Douglas Massey, Joaquin Arango, Graeme Hugo, Ali Kouaouci, Adela Pellegrino, and J. Edward Taylor, "Theories of International Migration: A Review and Appraisal," *Population and Development Review* 19, no. 3(1993), 431–466; Douglas Massey, Joaquin Arango, Graeme Hugo, Ali Kouaouci, Adela Pellegrino, and J. Edward Taylor, "An Evaluation of International Migration Theory: The North American Case," *Population and Development Review* 20, no. 4(1994), 699–752.

7. Michael P. Todaro, "A Model of Labor Migration and Urban Unemployment in Less-Developed Countries," *American Economic Review* 59(1969), 138–148; Arthur W. Lewis, "Economic Development with Unlimited Supplies of Labor," *Manchester School of Economic and Social Studies* 22(1954), 139–191.

8. Michael J. Piore, *Birds of Passage: Migrant Labor in Industrial Societies* (Cambridge: Cambridge University Press, 1979).

9. Gunnar Myrdal, *Rich Lands and Poor* (New York: Harper and Row, 1957).

10. Jeffery S. Passel, D'Vera Cohn, Jens Manuel Krogstad, and Ana Gonzalez-Barrera, "Appendix C: Methodology," Pew Hispanic Center, 3 September 2014, https://www.pewresearch.org/hispanic/2014/09/03/appendix-c-methodology-3/(2020년 7월 7일 최종 열람).

11. Pew Research Center, "In a Politically Polarized Era, Sharp Divides in Both Partisan Coalitions," December 2019, https://www.people-press.org/2019/12/17/in-a-politically-polarized-era-sharp-divides-in-both-partisan-coalitions/(2020년 4월 14일 최종 열람).

12. Bradley Jones, "Americans' Views of Immigrants Marked by Widening Partisan, Generational Divides," http://www.pewresearch.org/fact-tank/2016/04/15/americans-views-of-immigrants-marked-by-widening-partisan-generational-divides/(2020년 4월 14일 최종 열람).

13. Pew Research Center, "In a Politically Polarized Era." 이 보고서는 지지 정당, 연령, 인종에 따른 차

이를 강조한다. 캐나다에서도 1980년대 후반 이주의 편익과 비용에 대한 마찬가지의 조사가 이루어졌다. Demographic Review, *Charting Canada's Future* (Ottawa: Health and Welfare, 1989).

14. http://www.census.gov(2020년 4월 15일 최종 열람).

15. Giovanni Peri, "The Effect of Immigrants on U.S. Employment and Productivity," FRBSF Economic Letter 2010-26, August 2010.

16. Peri, "The Effect of Immigrants on U.S. Employment and Productivity."

17. Gnanaraj Chellaraj, Keith E. Maskus, and Aaditya Mattoo, "The Contribution of Skilled Immigration and International Graduate Students to U.S. Innovation," World Bank, 2005, https://doi.org/10.1596/1813-9450-3588.

18. Peter Vandor and Nikolaus Franke, "Why Are Immigrants More Entrepeneurial?" *Havard Business Review*, https://hbr.org/2016/10/why-are-immigrants-more-entrepreneurial(2020년 4월 20일 최종 열람).

19. C. W. Carpenter and S. Loveridge, "Immigrants, Self-Employment, and Growth," *Journal of Regional Analysis and Policy* 47, no. 2(2017), 100 – 109.

20. Vanda Felbab-Brown, "The Wall: The Real Costs of a Barrier between the United States and Mexico," Brookings Institution, 2017, https://www.brookings.edu/essay/the-wall-the-real-costs-of-a-barrier-between-the-united-states-and-mexico/(2020년 4월 14일 최종 열람).

21. Brennan Hoban, "Do Immigrants 'Steal' Jobs from American Workers?" Brookings Institute, 24 August 2017, https://www.brookings.edu/blog/brookings-now/2017/08/24/do-immigrants-steal-jobs-from-american-workers/.

22. James P. Smith and Barry Edmonston, *The New Americans* (Washington, DC: The National Academy Press, 1997).

23. Michael Janofsky, "Illegal Immigration Strains Services in Arizona," *New York Times* (11 April 2001), A10.

24. World Bank, "Migration and Remittances Data," https://www.worldbank.org/en/topic/migrationremittancesdiasporaissues/brief/migration-remittances-data(2020년 4월 14일 최종 열람).

25. World Bank, *Migration and Remittances Factbook 2016, Third Edition*, https://issuu.com/world.bank.publications/docs/9781464803192(2020년 4월 14일 최종 열람).

26. *Migration and Remittances Factbook 2016, Third Edition.*

27. Jeffrey S. Passel and D'Vera Cohn, "Immigration Projected to Drive Growth in U.S. Working-Age Population through at Least 2035," Pew Research Center, 8 March 2017, https://www.pewresearch.org/fact-tank/2017/03/08/immigration-projected-to-drive-growth-in-u-s-working-age-population-through-at-least-2035/(2020년 4월 14일 최종 열람).

28. Steven A. Camarota and Karen Zeigler, "Immigrant and Native Fertility 2008 to 2017," Center for Immigration Studies, March 2019, https://cis.org/Report/Immigrant-and-Native-Fertility-2008-2017(2020년 4월 14일 최종 열람).

29. Camarota and Zeigler, "Immigrant and Native Fertility."

30. Sandra Johnson, "A Changing Nation: Population Projections under Alternative Immigration Scenarios," 미국 인구조사국, *Current Population Reports*, P25-1146, Washington, DC, 2020.

31. Pew Research Center, "In a Politically Polarized Era."

32. Stanley Lieberson and Mary C. Waters, "The Location of Ethnic and Racial Groups in the United States," *Sociological Forum* 2, no. 4(1987), 780-810.

33. James F. Hollifield, Philip L. Martin, and Pia M. Orrenius, eds., *Controlling Immigration: A Global Perspective*, 3rd ed.(Palo Alto, CA: Stanford University Press, 2014).

34. Norbert Cyrus and Dita Vogel, "Managing Access to the German Labour Market: How Polish (Im)-migrants Relate to German Opportunities and Restrictions," in *Illegal Immigration in Europe: Beyond Control?*, ed. F. Duvell(Basingstoke, UK: Palgrave Macmillan, 2005), 75-105.

35. Joanne Van der Leun, *Looking for Loopholes: Processes of Incorporation of Illegal Immigrants in the Netherlands* (Amsterdam: Amsterdam University Press, 2003).

36. Norimitsu Onishi, "France Announces Tough New Measures on Immigration," *New York Times* (7 November 2019), https://www.nytimes.com/2019/11/06/world/europe/france-macron-immigration.html?smid=nytcore-ios-share(2020년 4월 14일 최종 열람).

37. Catalina Amuedo-Dorantes, Thitima Puttitanun, and Ana P. Martinez-Donate, "How Do Tougher Immigration Measures Affect Unauthorized Immigrants?" *Demography* 50(2013), 1067-1091.

38. Adam Isacson, Maureen Meyer, and Adeline Hite, "WOLA Report: The Zero Tolerance Policy," 16 July 2018, https://www.wola.org/analysis/wola-report-zero-tolerance-policy/(2020년 5월 19일 최종 열람).

39. Miriam Jordan, "Farmworkers, Mostly Undocumented, Become 'Essential' During Pandemic," *New York Times* (2 April 2020), https://www.nytimes.com/2020/04/02/us/coronavirus-undocumented-immigrant-farmworkers-agriculture.html(2020년 4월 14일 최종 열람).

40. Kitty Calavita, "US Immigration and Policy Responses: The Limits of Legislation," in *Controlling Immigration: A Global Perspective*, ed. Wayne A. Cornelius, Philip L. Martin, and James F. Hollifield(Stanford, CA: Stanford University Press, 1994), 55-82; Roger Daniels and Otis L. Graham, *Debating American Immigration, 1882–Present* (Lanham, MD: Rowman & Littlefield, 2001); John Isbister, *The Immigration Debate* (West Hartford, CT: Kumarian Press, 1996); Philip Martin and Elizabeth Midgley, "Immigration to the United States," *Population Bulletin* 50, no. 2(June 1999); Philip Martin and Elizabeth Midgley, "Immigration: Shaping and Reshaping America," *Population Bulletin* 58, no. 2(June 2003).

41. "Annual Flow Report, 2012," Department of Homeland Security, Office of Immigration Statistics, http://www.dhs.gov/immigration-statistics-publications. 전통적으로 캐나다가 미국 이주의 주요 유출 국가 중 하나였지만, 2012년 캐나다의 비율은 1.2%까지 감소했다. 미국 이주민의 대부분은 중앙아메리카, 남아메리카, 카리브해로부터 유입된다.

42. Philip Martin, "Labor and Unauthorized US Migration," 미국 인구조회국, May 2005.

43. Catalina Amuedo-Dorantes and Thitima Puttitanun, "DACA and the Surge in Unaccompanied Minors at the US-Mexico Border," *International Migration* 54, no. 4(2016), 102-117.

44. Donald Kerwin and Robert Warren, "DREAM Act-Eligible Poised to Build on the Investments Made in Them," *Journal on Migration and Human Security* 6, no. 1(2018), 61-73.

45. Damien Cave, "States Take New Tack on Illegal Immigration," *New York Times* (9 June 2008), A7.

46. http://www.ice.gov(2020년 4월 15일 최종 열람).

47. James P. Smith and Barry Edmonston, *The New Americans* (Washington, DC: National Academy Press, 1997).

48. Mark Ellis, Richard Wright, Matthew Townley, and Kristy Copeland, "The Migration Response to the Legal Arizona Workers Act," *Political Geography* 42(2014), 46−56; Ellis, Wright, and Townley, "State-Scale Immigration Enforcement and Latino Interstate Migration in the United States," *Annals of the American Association of Geographers* 106, no. 4(2016), 891−908.

49. Magnus Lofstrom, Sarah Bohn, and Steven Raphael, *Lessons from the 2007 Legal Arizona Workers Act* (San Francisco: Public Policy Institute of California, 2011).

50. J. M. Krogstad, J. S. Passel, and D. Cohn, "5 Facts about Illegal Immigration in the U.S.," Pew Research Center, 12 June 2019, https://www.pewresearch.org/fact-tank/2019/06/12/5-facts-about-illegal-immigration-in-the-u-s/(2020년 10월 13일 최종 열람).

51. Krogstad, Passel, and Cohn, "5 Facts about Illegal Immigration in the U.S."

52. Frank D. Bean, "Illegal Mexican Immigration and the United States/Mexico Border: The Effects of Operation Hold-the-Line on El Paso/Juarez," US Commission on Immigration Reform, July 1994.

53. United States Border Patrol, https://www.cbp.gov/sites/default/files/assets/documents/2019-Mar/bp-southwest-border-sector-deaths-fy1998−fy2018.pdf(2020년 4월 14일 최종 열람).

54. Nicholas Kulish, "What It Costs to Be Smuggled across the U.S. Border," *New York Times* (30 June 2018), https://www.nytimes.com/interactive/2018/06/30/world/smuggling-illegal-immigration-costs.html?smid=nytcore-ios-share(2020년 4월 14일 최종 열람).

55. Robert Warren, "US Undocumented Population Continued to Fall from 2016 to 2017 and Visa Overstays Significantly Exceeded Illegal Crossings for the Seventh Consecutive Year," *Journal on Migration and Human Security* 1−4(2019), https://journals.sagepub.com/doi/pdf/10.1177/2331502419830339.

56. Krogstad, Passel, and Cohn, "5 Facts about Illegal Immigration in the U.S."

57. Charlie Cooper, "Refugee Crisis: Schengen Agreement Allowing Passport-Free Travel in EU Should Be Scrapped, Says Yvette Cooper," *Independent* (20 January 2016), A6.

58. https://www.stratfor.com/image/netherlands-and-future-schengen-agreement(2020년 4월 15일 최종 열람).

59. Jeffery S. Passel, D'Vera Cohn, Jens Manuel Krogstad, and Ana Gonzalez-Barrera, "Appendix C: Methodology," Pew Hispanic Center, 3 September 2014, https://www.pewresearch.org/hispanic/2014/09/03/appendix-c-methodology-3/(2020년 7월 7일 최종 열람).

60. Guillermina Jasso, Douglas S. Masey, Mark R. Rosenzweig, and James P. Smith, "From Illegal to Legal: Estimating Previous Illegal Experience among New Legal Immigrants to the United States," *International Migration Review* 42, no. 4(2008), 803−843.

난민과 실향민

2015년 난민 문제가 글로벌 이슈로 떠올랐다. 수십만 명에 이르는 개인과 가족이 아프리카와 중동 지역을 떠나 유럽으로 향하는 사태가 발생했기 때문이다. 이동에 성공한 사람은 많았지만, 이들은 유럽 도착과 동시에 냉담한 반응에 직면했다. 국경은 폐쇄되었고 이동에는 제약이 가해졌으며, 배려는 제한적으로만 제공되었다. 유럽으로 향하는 도중 지중해에서 익사한 사람도 많았다. 상당수는 레바논, 요르단, 튀르키예의 난민 캠프에서 옴짝달싹 못 했고, 출신국에 갇혀있는 사람들도 있었다. 이들은 민족적, 정치적, 종교적 이유로 벌어진 폭력과 전쟁으로 안전에 위협을 받았다. 경제가 붕괴된 상황에서 생존하기도 어려웠다. 그래서 새로운 삶을 찾아 고국을 등질 수밖에 없었다.

이 장에서는 **난민**과 **실향민**의 함의와 선택지에 초점을 맞춰 논의한다. 우선, 난민인구에 대처하는 세 가지 선택지들을 살펴본다. 여기에는 국적을 보유한 국가로 송환, 첫 비호 국가 정착, 제3국 재정착이 포함된다. 그다음으로 국내실향민 이슈를 고찰한다. 집을 잃고 떠도는 사람 중에서 국내실향민의 증가가 가장 두드러진다. 이 장의 결론에서는 난민이나 실향민과 관련해 새롭게 부상하는 이슈들을 논의한다. **포커스**에서는 미국의 난민정책과 2015년 유럽 난민 위기를 조명하고, **방법 · 측정 · 도구**에서는 난민과 국내실향민을 집계하는 방식을 살펴본다.

난민의 정의

증가하고 있는 난민과 실향민은 국제이동 흐름의 한 요소이다. 난민의 정의는 '유엔 난민의 지위에 관한 협약'과 '난민의 지위에 관한 의정서'에 기초한다. 각각은 1951년과 1967년에 체결되었으며, 줄여서 **난민협약**과 **난민의정서**로 불린다.[1] **난민**(refugee)과 **비호자**(asylee)[2]는 인종, 종교, 국적, 사회집단 소속, 정치적 견해를 이유로 박해받을 수 있다는 공포 때문에 타국에 거주하며 자국으로 돌아가지 못하는 사람들로 정의된다.[3] 이처럼 출신국을 떠나야 하는 원인을 제공한 국가는 2018년 65개국에 달했다. 이 중에서 시리아, 아프가니스탄, 남수단이 3대 난민 발생 국가로 나타났다. **유엔난민기구**는 국제적 수준에서 난민의 조정자와 보호자 역할을 하고 있다. 이 기구에 따르면, 2018년 연앙을 기준으로 약 2590만 명의 난민이 발생한 것으로 추산된다(표 9.1).[4] 4134만 명의 국내실향민과 350만 명의 비호신청자를 비롯하여 같은 해 **강제적 이동자**의 수는 무려 7480만 명에 이른다.

유엔에서 제시하는 법적 정의는 누가 난민이며 누가 난민이 아닌지를 결정하는 데에 영향을

표 9.1 난민과 국내실향민 발생 국가 순위(2018년 연앙)

	국내실향민			난민	
순위	국가	수(명)	순위	국가	수(명)
1	콜롬비아	7,748,924	1	시리아	6,490,950
2	시리아	6,202,702	2	아프가니스탄	2,655,055
3	콩고민주공화국	4,542,660	3	남수단	2,214,595
4	소말리아	2,648,000	4	미얀마	1,173,772
5	예멘	2,126,026	5	소말리아	954,701
6	이라크	2,002,986	6	수단	719,222
7	수단	1,997,022	7	콩고민주공화국	686,118
8	아프가니스탄	1,973,384	8	중앙아프리카공화국	580,594
9	나이지리아	1,918,508	9	에리트레아	495,797
10	남수단	1,849,835	10	부룬디	403,153
11	우크라이나	1,800,000	11	이라크	372,304
12	에티오피아	1,204,577	12	베트남	334,317
13	아제르바이잔	612,785	13	나이지리아	267,009
14	중앙아프리카공화국	608,028	14	르완다	248,698
15	미얀마	368,862	15	콜롬비아	192,438
16	조지아	279,990	16	말리	160,213
17	카메룬	223,193	17	파키스탄	134,633
18	세르비아/코소보	217,398	18	이란	124,783
19	리비아	179,400	19	스리랑카	114,602
20	파키스탄	176,556	20	팔레스타인	101,125

출처 : UNHCR, http://popstats.unhcr.org/en/overview#_ga=2.228859292.1071214929.1588087460−209337024.1588087460 (2020년 4월 28일 최종 열람)

준다. 이는 개인에게도 중대한 함의를 가진다. 개인의 지위와 개인이 누릴 수 있는 보호 및 지원의 정도가 유엔이 정하는 난민의 정의에 따라 결정되기 때문이다. 난민의 지위를 통해서 얻게 되는 핵심적 권리는 개인의 의지에 반해서 출신국으로 되돌려보낼 수 없다는 점이다. 법적으로는 **강제송환금지**(non-refoulement)로 알려진 규정이다. 난민협약과 난민의정서를 비준한 국가는 적법한 절차 없이 개인을 추방하지 못한다. 이런 국가는 난민으로 정의된 사람에게 합법적 이주자에 상응하는 수준으로 교육과 의료 서비스를 비롯해 기본적 시민권을 보장해야 한다. 난민이 대규모로 유입되는 경우, 유엔난민기구와 같은 국제 기관이 개입하여 난민 지원의 공백을 메우기도 한다.

난민과 관련된 경제적, 정치적 책임과 의무를 회피하기 위해서 난민신청을 거부하는 국가도 있다. 대부분 국가에서는 **경제 난민**(economic refugee)에게 난민의 지위를 부여하지 않는다. 난민 유입의 급증에 대한 우려 때문이다. 가령, 미국이 경제 난민을 인정한다면 중앙아메리카나 남아메리카에서 유입되는 모든 사람을 합법적 이주자로 인정해야 하는 문제가 발생한다. 단순히 경제 난민의 지위를 선언하면 합법적 입국의 권리를 얻을 수 있기 때문이다. 마찬가지로 **환경 난민**(environmental refugee)도 국제 사회에서 난민으로 인정받지 못한다.

난민신청의 합법성을 증명하는 것은 매우 어렵다. 이데올로기적, 사회적, 경제적 측면과 혼재되어 있기 때문이다. 신청집단에 따라 다른 결정이 내려지기도 한다. 예를 들어, 1980년대 초반 마리엘항을 떠나온 쿠바인 대다수가 국제적 난민 지위 정의에 적합하지 않았지만 미국은 이들을 난민 자격으로 받아들였다.[A] 당시 미국 정부는 편법을 동원해 정치적 난민의 정의를 임의로 적용했다는 비판을 받았다. 비슷한 시기에 정치적 비호를 요구하는 아이티 사람들도 많았지만, 미국 정부는 이들을 자발적, 경제적 이주자로 정의하면서 수용하지 않았다. 아이티 정부가 정치적 박해를 가하고 있다는 증거가 많았음에도 그러한 결정이 내려졌다. 공포에 대한 정의도 개인적 박해의 공포를 뚜렷하게 반영하지 못한다. 폭격에 휩싸이는 공포를 지칭하는 듯한데, 이는 개인의 상황과 거의 관계없다. 현실에서는 개인적 공포가 중요함에도 이를 과소평가한다는 뜻이다. 난민의 정의는 일반적으로 박해받는 개인의 차원을 초월해 위험을 탈출하는 사람들의 집단으로 확장되어 있다.

동유럽과 미국을 포함한 서방 간의 냉전이 끝나면서 막강한 권력이 뒷받침하는 대규모 분쟁은 줄어들었다. 그 대신 이데올로기, 종교·민족적 차이에서 비롯된 내부 분쟁이 더 많아졌다. 예를 들어, 아프가니스탄 전쟁과 시리아 전쟁은 정치적 견해와 종교적 차이의 문제가 혼재된

[A] 1980년 4월부터 10월 사이에 10만 명 이상의 쿠바인이 선박을 이용해 플로리다 해협을 건너 미국으로 들어왔다. 이것은 마리엘 보트리프트로 알려진 사건이며, 이때 미국으로 진입한 쿠바인은 **마리엘리토**로 불린다. 1959년 공산화 이후 쿠바는 국경을 폐쇄했고, 이에 대한 쿠바인들의 불만이 높아졌다. 불만을 잠재우기 위해 피델 카스트로는 하바나 서부의 마리엘항을 개방해 원하는 사람은 쿠바를 떠나게 했다. 마리엘리토의 상당수가 마이애미 지역에 거주하고, 이들의 대부분은 1966년에 제정된 쿠바인 정착법을 통해 영주권을 획득했다.

원인으로 발생했다. 실제로 아프가니스탄의 탈레반과 ISIL(Islamic State of Iraq and the Levant)로 불리기도 하는 ISIS(Islamic State of Iraq and Syria)는 일반인에게 자신들만의 종교적 비전을 강요했다. 2011년 시작된 시리아 내전은 튀니지와 이집트의 오랜 독재를 무너뜨린 아랍의 봄으로 촉발되었다. 이 사건은 가뭄 피해와도 관련 있었다. 가뭄을 피해 도시지역으로 이동하는 시리아인이 증가했고, 이들 사이에서는 빈곤과 사회적 불만이 높아졌다.[5] 이런 상황에서 시리아 정부가 봉기를 진압하려고 하면서 내전이 발생했고, 종교집단 사이에서도 진영이 갈렸다. 2018년을 기준으로 시리아 내전 때문에 670만 명의 난민과 620만 명 이상의 국내실향민이 발생했다.[6] 한편, 아프리카에서는 식민지 시대 이후 정치적 혼란이 몇십 년 동안 계속되고 있다. 이런 상황에서 분쟁과 난민 문제는 끝없이 나타나고 있다. 수단, 남수단, 소말리아, 부룬디, 에리트레아, 콩고민주공화국의 상황이 특히 심각하다.

난민의 선택지

출신국을 탈출하는 난민과 이주자의 여정은 매우 험난하다. 사막이나 바다를 건너고 난민 캠프나 수용소에서 삶을 거쳐야 할 수도 있다. 난민이 출신국을 이탈하면 국제 사회는 ① 자발적 송환, ② 첫 비호 국가 정착, ③ 제3국 재정착을 포함한 세 가지 방식으로 그들을 지원한다.[7] 첫째, 고국으로의 자발적 송환이 가장 이상적인 해결책이다. 그러나 세 가지 대안 중에서 가장 어려운 일이다. 난민유출의 원인이 되었던 문제가 해결되어야만 귀환이 가능하기 때문이다. 2018년 한 해 동안 단지 60만 명의 난민이 본국으로 돌아갔다. 이러한 귀환자의 수는 새로 발생하는 난민 수보다 한참 적다. 2018년에만 280만 명의 신규 난민이 발생했다.[8] 귀환한 난민이 생계를 재정립할 때까지는 물질적, 금전적 지원이 계속해서 필요할 수 있다. 그래서 자발적 송환은 매우 어렵다. 예를 들어 탈레반 정권이 무너진 다음에 귀환한 아프가니스탄인은 적십자와 같은 비정부기구(NGO)의 지원에 의존해야만 했다. 다른 국가에서 보내는 기부와 지원도 중요했고, 국제방위군도 계속해서 아프가니스탄에 머물러야만 했다. 그렇지만 탈레반의 잔당, 열악한 안보 상태, 암울한 경제 전망 등의 문제 때문에 아프가니스탄 난민은 계속해서 발생했다.

두 번째 선택지는 첫 비호 국가에 재정착하는 것이다. 전체 난민의 80% 정도가 이웃 국가로 탈출해 산다. 그래서 첫 비호 국가에서의 장기적 정착이 가장 현실적이지만 이것 또한 완벽하지 못한 대안이다. 난민의 환대 여부는 복잡한 사항에서 영향을 받기 때문이다. 유입 국가의 경제적 조건과 정치적 안정성이 큰 영향을 미치고, 난민과 수용 사회 간의 공존 가능성도 중요하다. 첫 비호 국가 대다수가 개발도상국이어서, 대부분은 난민들의 요구에 부응하는 데 어려움을 겪는다. 심지어 물, 위생, 식량, 임시 거처를 비롯한 기초 수요를 제공하는 것조차 힘든 국가도 있다. 많은 경우, 인프라는 열악하고, 난민인구 대처에 필요한 금전적 자원도 부족한 실정이다. 유입 국가 입장에서는 자국 태생의 사람에게 서비스 제공의 우선순위를 둘 수밖에 없다. 그렇지 않으면, 난민과 내국인 간의 마찰이 커지게 된다. 따라서 대부분의 국가는 적십자나 유엔난민기구와 같은 기관에 크게 의존하여 난민의 기초 수요를 지원한다. 이런 방식의 지원은 단기적인 대처의 성격이 강하다.

그러나 난민 지원은 단기적인 구호의 노력으로만 한정할 수 없다. 수용 국가에 완전하게 통합되지 못하고 장기적인 외부 지원이 필요한 난민들도 많다. 대표적으로, 팔레스타인 난민들이 그러한 문제에 시달리고 있다.[9] 팔레스타인 사람들은 1948년 이스라엘 건국과 1967년 이스라엘과 주변국 간에 벌어진 6일전쟁의 결과로 난민이 되었다.[B] 이들은 이스라엘 내에서는 웨스트뱅크(서안지구)와 가자지구에 거주하고, 이스라엘과 인접한 요르단, 레바논, 시리아에도 흩어져 산다. 유엔난민구호기구(UNRWA)는 팔레스타인 사람들에게 교육, 의료, 구호·사회 서비스를 제공한다. 그러나 인근 아랍 국가들은 팔레스타인 난민을 수용하여 자국에 통합시키는 것에 큰 열정을 보이지 않는다. 난민이라는 명칭을 제거하면 팔레스타인 국가의 재건 가능성이 사라질 수 있기 때문이다. 인구의 과반수가 팔레스타인 사람들로 구성된 요르단만이 예외적으로 수용과 통합에 적극적이다. 어쨌든 팔레스타인 사람들은 지금까지 난민으로 남아있다.

난민 대책의 세 번째 선택지는 출신국이나 첫 비호 국가가 아닌 제3의 국가에 재정착시키는 것이다. 유엔난민기구에 따르면, 제3국에 재정착한 난민은 2018년을 기준으로 10만 명에 불과하다.[10] 미국, 영국, 캐나다, 오스트레일리아, 프랑스, 스웨덴, 독일이 많은 수의 난민 재정착을 수용한 국가에 속한다(표 9.2). 그러나 이렇게 재정착하는 난민은 전체 난민에 비하면 극소수에 불과하다. 난민을 수용하려는 의향은 국가마다 다르다. 이는 표 9.2에서 난민 1인당 인구로 확인할 수 있다. 재정착한 곳에서 난민들의 삶이 쉽지만은 않다. 난민은 수용 국가에 적응해야만 하지만, 이 과정에서 우울증에 시달리기도 한다. 도착과 동시에 외상후스트레스장애(PTSD)로 고생하는 사람들도 있다.

난민이 재정착에 성공하는 경우는 경제적 기회나 가족상봉을 목적으로 이주한 사람들에 비

[B] 팔레스타인 지역은 1922년부터 1948년까지 영국의 식민지였다. 식민지 시대 동안 유대인 이주민의 유입이 증가하면서 아랍인과 유대인 사이의 갈등이 커졌다. 제2차 세계대전 이후 팔레스타인 지역의 독립을 추진하는 과정에서 영국의 요청에 따라 유엔이 개입했다. 이에 유엔은 1947년에 결의안 181호를 채택해 팔레스타인 지역을 유대인 국가와 아랍인 국가로 분할하는 계획을 세웠다. 기독교, 유대교, 이슬람교의 성지인 예루살렘은 별개의 국제 도시로 지정될 계획이었다. 결의안 181호를 근거로 이스라엘은 1948년 5월 건국을 선언했고, 이 사건 이후 이스라엘과 주변 국가 간의 전쟁이 끊이지 않았다. 1948년 5월 14일 이스라엘의 건국 선언 다음 날, 이집트, 요르단, 이라크, 시리아, 레바논이 팔레스타인 지역을 침공해 1차 중동전쟁이 시작되었다. 이 전쟁은 1949년 7월까지 계속되었다. 그리고 1956년 이집트가 수에즈 운하를 국유화했을 때, 이스라엘이 영국과 프랑스를 대신해 시나이반도를 침공하면서 2차 중동전쟁이 벌어졌다. 3차 중동전쟁으로 불리는 6일전쟁에는 이집트, 시리아, 요르단, 레바논이 참전했고 이라크와 사우디아라비아도 지원했다. 6일전쟁의 결과로 이스라엘은 시리아의 골란고원, 요르단의 서안지구, 이집트의 가자지구와 시나이반도를 점령했다. 유엔이 국제 도시로 지정하고자 했던 예루살렘 전체도 이스라엘이 통제하게 되었다. 이후에 시나이반도는 1982년 이집트에 반환되었으나, 나머지 지역은 지금까지 이스라엘이 통제하고 있다.

표 9.2   10대 난민 재정착 국가(2018년)

국가	재정착 난민(명)	난민 1인당 인구(명)
미국	29,026	11,300
캐나다	14,264	2,607
영국	6,286	10,563
스웨덴	4,967	2,053
프랑스	4,926	13,215
독일	4,277	19,359
오스트레일리아	4,222	5,708
네덜란드	2,865	6,003
노르웨이	2,719	1,949
뉴질랜드	1,302	3,763
기타 국가	6,483	
전체	81,337	

출처 : UNHCR, Resettlement Data Finder, https://rsq.unhcr.org/en/#gmF9(2020년 4월 28일 최종 열람)

해 적다. 난민이 성공적으로 적응하는 사례는 등록 이주민에서보다 드물다. 열악한 숙련도를 가지고 수용 국가로 이동하기 때문이다. 그러나 장기적으로 볼 때 난민들은 쿠바 출신의 마리엘리토나 동남아시아 난민처럼 합법적인 영주권자가 되고 결국에는 시민권도 획득한다. 그래서 말 그대로 더 이상 난민이 아니기 때문에, 이들에 대해서 흥미로운 의문이 생긴다. 예를 들어, 난민으로 유입된 사람들은 수용 국가에서 합법적 이민자 수준의 적응력을 가질까? 이들은 어느 정도까지 동화될 수 있을까? 수용 국가에서 적응, 동화하는 데에는 얼마만큼의 시간이 걸릴까?

증거에 따르면, 수용 국가 입국 후 난민들의 경험은 다양하게 나타난다. 무엇보다 처음부터 보유했던 **인적자본**의 수준이 중요한데, 특히 재정착 국가의 경제적 조건에 적합한지에 따라 인적자본의 효과는 다르게 나타난다. 도착의 시기도 난민의 삶에 큰 영향을 준다. 출신국을 먼저 떠난 사람들일수록 사회·경제적 지위가 높기 때문이다. 난민의 인적자본, 즉 숙련과 교육 수준은 일반적 이주민 인구에서보다 다양하다. 일반 이주자들의 경우, 숙련과 교육 수준이 높은 사람들을 중심으로 이주를 결정한다. 인적자본의 수준이 유입 국가의 주요 선별 기준에 해당하는 이유도 있다. 어쨌든, 난민의 적응에는 인적자본과 숙련의 수준이 큰 영향을 준다. 숙련도가 높은 난민일수록 빠른 사회·경제적 지위의 향상을 경험하는 경향이 있다. 이와 관련해, 미국에서 베트남 난민과 다른 동남아시아 난민 간 적응의 차이가 확인되었다.[11] 미국 거주 기간은 거의 비슷하지만 베트남 난민이 다른 동남아시아 난민보다 경제적으로 잘 통합되었다.[12] 특히, 베트남 사람들의 창업 수준은 다른 동남아시아 난민 집단과 큰 차이를 보인다. 이들과 큰 대조를 이루는 집단은 라오스 난민이다. 실제로 라오스인들의 비즈니스 활동은 가장 낮은 수준에

머물러있다. 다른 한편으로, 라오스 사람들의 공적부조 프로그램과 최저임금 노동 의존도는 매우 높다.[13]

　그러나 난민들의 사전 능력과 경험은 수용 국가에서의 적응과정에 부분적 영향만을 미치는 경향이 있다.[14] 광범위한 맥락적 이슈에 따라 기회나 성공/실패 여부가 결정되기 때문이다. 난민들은 수용 국가에서 사회적 네트워크나 유대가 부족하므로 일자리를 구하고 거처를 마련하는 데에 어려움을 겪는다. 그래서 전환의 기간에는 이들에 대한 지원이 필요한데, 이를 위해 수용 국가는 재정을 부담한다. 이러한 정부의 정책이 난민의 삶에 큰 영향을 미친다. 일반적으로 난민들은 다른 합법적 이주자들이 이용할 수 없는 공적부조에 접근할 수 있다. 물론 공적부조는 다른 요인들과 함께 차별적 적응에 원인으로 작용한다. 정부나 다른 원조에 대한 의존성은 이롭기도 하지만, 수용 국가에서 난민의 적응을 지연시키는 기능도 한다.[15] 출신 국가, 민족, 공공과 민간의 수용 수준 등도 난민의 성공적 적응에 영향을 준다. 헝가리인들은 미국과 캐나다 모두에서 성공적으로 적응했는데, 이들의 성공은 숙련도의 영향에만 있지 않았다. 이들이 백인이라는 사실과 냉전의 전성기에 공산 국가에서 건너왔다는 점도 성공의 이유로 작용했다. 마리엘 쿠바인들도 비교적 잘 적응했는데, 이들에게는 정치·경제적으로 강력한 쿠바인 커뮤니티의 도움이 중요했다. 그렇지만 같은 쿠바인 사이에서도 백인과 흑인 간의 차이는 있었다.[16] 최근에 도착한 난민들도 인종, 거주 위치, 고용기회 등과 관련해 미국에서 정형화된 기대에 부응할 것을 강요받고 있다. 한 마디로, 난민에서 이주민, 그리고 궁극적으로 귀화 시민으로 전환되는 과정은 복잡하고 불평등하다.

국내실향민

분쟁이 증가하고 정치 경관이 변동하면서 국내실향민의 수가 증가했다. 난민과 달리, **국내실향민**은 국적 국가를 떠날 수 없고 일반적으로 국제 기관의 보호와 지원을 받지 못한다. 대다수는 전쟁구역에 갇혀있고, 국경을 넘어 안전한 지역으로 이동할 능력도 부족하다. 2018년을 기준으로 국내실향민의 수는 4130만 명으로 추산된다.[17] 내전, 민족적 소요, 재난의 결과인 경우가 많다. 이런 모습은 시리아, 수단, 콜롬비아, 콩고민주공화국, 이라크, 차드, 보스니아, 아프가니스탄, 레바논, 조지아 등에서 나타났다. 대표적으로, 오랫동안 지속되는 내전 때문에 시리아에서만 620만 명의 국내실향민이 발생했다.[18]

　국내실향민은 보통 불안전한 미래에 직면해있다. 지속되는 내전에 휘말려있고, 이들이 안전하게 머물 수 있는 장소를 찾기도 어렵다. 국가정부는 이들을 국가의 반역자나 반역의 동조자 정도로만 여긴다. 국제적 난민법에 보호받지 못하고 국제적 원조에도 거의 접근하지 못한다. 인도주의 법률의 사각지대에 있기 때문이다. 서방 세계의 이익과 언론의 헤드라인 장식 여부도 중요하다. 선진국의 국가안보에 위협을 주는지, 흥미를 자극하는 분쟁인지의 여부도 중요하다는 뜻이다. 오랜 분쟁이 이어지지만 거의 주목을 받지 못하는 사례도 많다. 예를 들어, 수단, 남수단, 나이지리아에서 장기적인 내전이 벌어지고 있지만, 서구의 정부는 이들을 무시하고 있다.

국내실향민 보호에 실패하는 이유는 사건에 대한 인식 부족 때문만은 아니다. 신성불가침의 국가 주권에 대한 관점도 중요하게 작용한다. 실제로 주권의 문제 때문에 국가 내부의 실향민 문제에 개입하는 것이 매우 어렵다. 유엔과 국제법이 국가 주권의 이슈를 무시하고 인도적 지원을 제공할 수 있을까? 대부분은 그렇지 못하다. 그러나 1990년대 보스니아와 코소보의 위기 때만은 예외적으로 국제 사회가 개입했다.[C] 이러한 국제 사회의 개입은 수단의 다르푸르 위기처럼 크게 주목받지 못했던 분쟁에서는 나타나지 않았다.[D] 실제로 기부와 원조는 가시성이 높은 난민 위기로 몰리는 경향이 있다. 일부 NGO와 원조단체가 도움을 주고 있기는 하지만, 도움이 닿는 사람들은 전체 실향민의 극소수에 불과하다. 유엔난민기구도 국내실향민에 대한 지원을 늘려가고 있지만, 일부에게만 다가갈 수 있다. 관계된 국가나 집단의 동의하에 유엔 사무총장의 요청이 있을 때만 유엔난민기구의 개입이 가능하기 때문이다.

정치적 상황의 변화, 주권 국가의 정부군과 반군 간의 대립, 영토의 통제 문제가 지원을 더욱더 어렵게 만든다. 유엔은 국내실향민 증가에 대응해 이들을 보호하는 기본 원칙을 세웠다.[19] 여기에는 개인의 기본권 보장, 국가의 책임성, 국가를 떠날 권리의 보장이 포함되어 있다. 실향민이 발생하는 국가의 정부는 대부분 무시하지만, 이 원칙은 일정 정도의 지지를 받고 있다. 이로써 유엔난민기구나 미국 난민이민위원회(USCRI) 같은 기관의 개입을 위한 기반이 마련되었다.

난민과 실향민의 미래

빈곤, 기후변화, 종교와 정치적 이데올로기의 차이로 인해서 무장 분쟁이 발생하며, 이는 난민

[C] 보스니아전쟁(1992~1995년)과 코소보전쟁(1998~1999년) 모두는 유고슬라비아가 해체되는 과정에서 발생한 군사적 분쟁이다. 두 전쟁에서 발생한 잔혹한 대량 학살 문제에 대처하기 위해 나토가 개입했다. 나토는 북아메리카와 서유럽 국가 중심의 집단안보 체제이다. 제2차 세계대전 이후 확대되는 공산화에 대응하기 위해서 1949년에 창설되었다. 냉전 이후에는 동유럽 국가의 나토 회원국 가입이 늘고 있다. 1999년 체코, 헝가리, 폴란드부터 가입하기 시작해, 2004년에는 불가리아, 에스토니아, 라트비아, 리투아니아, 루마니아, 슬로바키아, 슬로베니아까지 회원국이 확대되었다. 이후에는 알바니아와 크로아티아(2009년), 몬테네그로(2017년), 북마케도니아(2020년)도 나토 회원국이 되었다. 이러한 맥락에서 우크라이나도 나토에 가입하고자 했는데, 이것이 2022년 2월에 시작된 러시아-우크라이나 전쟁의 도화선이 되었다.

[D] 다르푸르는 수단의 서쪽 지역이며, 이슬람과 기독교가 혼재하는 아프리카 점이지대의 일부에 해당한다. 다르푸르의 위기는 2003년 시작되어 그 여파가 지금까지 남아있는 대량 학살 내전이다. 전개의 양상은 복잡했지만, 북부 이슬람 유목민과 남부 기독교 정착민 간의 갈등이 핵심이었다. 이 사건으로 30만 명 이상의 사망자와 300만 명 정도의 난민이 발생했을 것으로 추정된다.

과 국내실향민의 발생으로 이어진다. 이들이 어떻게 수용되는지에는 의문의 여지가 남아있다. 미국과 캐나다를 비롯한 재정착 국가들은 인도주의적 차원에서 난민을 수용했다. 그러나 난민에 테러리스트가 포함될 수 있다는 공포 때문에, 수용 국가들은 난민정책과 비호정책을 점검하고 선별과정을 강화하여 난민 수용을 제한하는 방향으로 움직이고 있다. 국경을 폐쇄하는 경우도 있었다. 비호신청자가 동정과 연민의 대상으로 여겨지지 않고 시스템을 남용하는 사람으로 인식되는 경향도 있다. 유럽은 1990년대 난민 위기 시기에 난민과 비호신청자의 수용 정책과 절차를 간소화했었다. 그러나 최근에는 난민 지위 부여를 꺼리는 분위기가 나타나고 있다. EU는 비호신청자에게 제공하는 혜택을 줄였고 유엔 난민협약의 난민 정의와 제3국 정책도 협소하게 적용하는 경향이 있다. 결과적으로 난민에 대한 유럽의 문호가 부분적으로 폐쇄되었다. EU 수준에서는 1951년 유엔 난민협약의 정신을 준수하면서 비호신청자에 대응하려 했지만, 개별 국가는 가능한 한 적은 난민만 수용하면서 문제를 회피하려고 노력했다. 난민을 판단하는 유엔 난민위원회의 지침을 협소하게 적용하여, 난민신청을 적게 받아들였고 수용의 판단도 국가마다 달라서 여러 가지 문제가 발생했다. 비호에 관한 법률은 표면적 수준에서만 일관화되어 있던 것이다. 이에 따라 난민 수용에 대한 대중적 지지 수준이 낮아졌다. 한 마디로, 유럽은 100만 명 이상의 난민이 유입되었던 2015년 난민 위기에 제대로 준비되어 있지 않았다(포커스 참고).

한편, 미국은 뉴욕을 비롯해 여러 지역에서 발생한 2001년 9/11 테러 이후 난민과 이주자를 선별하는 새로운 조치를 도입했고 비호 법률을 엄격하게 적용했다. 그리고 국경안보를 높이기 위해, '캐나다-미국 안전한 제3국 협정'을 체결해 두 국가 간의 이주와 난민 요건을 일관화했다. 이 협정에 따라, 캐나다와 미국의 비호신청자는 두 국가 중 먼저 체류한 국가에서 난민신청을 해야 한다. 가령, 미국에서 캐나다로 이동한 사람은 캐나다에서 비호신청을 할 자격이 없다는 뜻이다. 이는 미국이 자국으로 진입하는 캐나다의 비호신청자를 캐나다로 송환하는 것도 가능하게 만들었다.[20] 이는 난민이 아니라 안보에 관한 것이며, 미등록 입국자만 늘리고 합법적 난민의 유입을 줄일 것이라는 비판을 받는다. 이 주장의 신빙성은 이미 통계로 확인되었다. 2004년 12월 제3국 협정이 체결되기 전에는 연간 1만 2000~1만 3000명 정도의 난민이 미국을 통해 캐나다에 입국했다.[21] 이런 방식으로 캐나다로 유입된 비호신청자의 수는 2005년 첫 세 달 동안 이전 해의 같은 기간에 비해 40% 감소했다.[22] 공식 검문소를 통해 진입하면 미국으로 송환되기 때문이었다. 그래서 많은 난민청구인이 제3국 협정을 회피하기 위해 비공식적인 경로로 접근했다. 이런 방식으로 겨울에 월경했던 사람 중에는 동상에 걸려 다리를 잃은 경우도 있었다.[23] 이러한 위험성 때문에 캐나다 정부에게 협정의 철회를 요구하는 목소리가 높아지고 있다.[24]

안전한 제3국 협정은 유럽에서 모방되고 있다. 그런데 무엇이 '안전한' 국가인지에 대한 동의는 이루어지지 않았다. 난민의 이동을 억제하는 추가적 장벽은 혼란만 가중할 뿐이었다. 유럽, 캐나다와 미국이 비호에 관대하지 않은데, 어떻게 가난한 개발도상국들이 대규모 난민을 수용할 수 있다는 말인가? 소규모 국가의 대부분은 경제적, 정치적, 사회적 결과를 우려해 난민 인정을 거부하는 실정이다. 2015~2016년의 난민 위기 동안 새로운 난민을 대상으로 국경을 폐쇄했고 물리적 힘을 동원해 유입 난민을 쫓아낸 사례도 있었다. 이에 대해서는 이 장의 뒷부분에서 더욱 상세하게 논의하겠다. 한 마디로, 선진국은 난민의 재정착을 막기 위해서 근시안적이고 위험한 전례만을 남겼다. 개발도상국이 이런 행태를 모방해 따라가는 것도 문제다. 정부보다 원조 기관과 NGO가 난민과 국내실향민 보호에 적극적으로 나서고 있다. 부에 상응하는 선진국 세계의 역할이 요구된다. 국가는 자국의 이익 보호와 난민의 합법적 요구 간의 균형을 추구해야 하는데, 이 또한 매우 어려운 문제다.

대규모 난민과 비호신청자의 유입과 관련된 공포는 국경의 철저한 통제로 이어졌다. 국가안보나 난민과 함께 유입될 경제적, 정치적, 사회적 불안정에 대한 우려도 있었다. 그러나 이러한 우려의 대부분은 근거가 없다. 난민청구인에 대한 최초의 연민이 피로로 바뀌기도 한다. 유입 난민의 수가 많아지면서, 난민들이 시스템을 악용하고 국가안보에 위협으로 작용할 것이라는 인식이 높아지기 때문이다. 진정한 난민을 자발적, 경제적 이주자와 구별하기는 매우 어렵다. 이것이 정치적, 사회적, 경제적 우려와 뒤섞이면 상황은 더욱더 혼란스러워진다. 이에 따라 난민은 유입 국가의 안보 위협으로 재정의되었다. 많은 국가에서 비호신청자에 대한 제한을 높였고 난민정책을 강화했는데, 이는 **저지**와 구금까지 포함된 대처 방안이었다. 유럽은 2015년 대규모 난민 유입, 같은 해 11월 파리 테러, 2016년 3월 브뤼셀 테러의 맥락에서 그러한 조치를 마련했다.

물론, 비호를 제한하려는 노력은 부분적인 성공만을 거두었다. 8장에서 논의한 합법적 이주를 제한하는 시도와 마찬가지로, 난민과 비호신청자 이동에 문호를 폐쇄하는 조치는 단지 단기적 해결책에 불과하다. 이들은 어쨌든 간에 목적지 국가에 도달하는 수단을 찾아낼 것이기 때문이다. 이들에게는 항해가 어려운 배에 몸을 실어 지중해를 건너는 절실함이 있다. 압사, 감전사의 위험을 무릅쓰고 채널터널을 건너는 트럭이나 기차 밑에 숨어 잉글랜드로 잠입하는 사람들도 있다. 2015년 난민 위기가 정점에 달했을 때, 약 2000명의 사람이 지중해를 건너다 사망한 것으로 추정된다. 2016년과 2019년 사이 지중해에서는 3394명의 사망자가 추가로 발생했다.**25**

목적지 도착과 안전의 수단으로 **밀입국업자**를 찾는 난민이 증가하고 있다. 유럽의 맥락에서 밀입국은 가장 긴급한 정책 이슈 중 하나가 되었다. 수백만 명의 난민들이 불법 월경을 통해서 유럽에 잠입하려 시도하고 있다. 이러한 난민 대부분은 여정의 대가를 밀입국업자에게 지불한다. 국경을 넘어서는 난민과 이주민의 밀입국은 수익성 좋은 비즈니스이다. 유럽까지 이동하는 데에 3200~6500달러의 비용이 든다. 이를 감안하면, 밀입국은 연간 60억 달러가 오가는 비즈니스이다. 밀입국 비즈니스는 무기 무역, 마약 거래, 성매매, 아동 학대와도 연결되어 있다. 이러한 인간 밀수는 개발도상국의 빈곤과 절박함을 이용하는 약탈적 행태이다. 선진국 세계의 정부 대부분은 인간 밀수와 관련된 문제를 해결하려 노력하고 있다. 개별 국가와 EU는 입법, 강력한 처벌, 인신매매범에 대한 종신형 등을 통해 밀입국의 흐름을 제한하려 노력하고 있다. 그러나 정책은 주먹구구식으로 실행되어 성공적이지도 못했다. 유럽에 안전하게 도착했다 하더라도 밀입국자의 시련은 끝나지 않는다. 몇 년 동안 열악한 노동환경에서 일하며 밀입국업자에게 돈을 갚아야 한다. 개인과 가족에게 폭력이 가해지는 경우도 흔하다. 꼬임에 넘어가 성매매에 가담하게 되는 경우도 많다.

국경을 폐쇄하고 난민과 비호신청자를 차단하는 조치의 부정적 결과는 밀입국에만 한정되지 않는다. 난민의 이동을 막아서면 경로와 목적지가 바뀔 수도 있다. 튀르키예와 그리스 사이에 펜스가 설치되어 육로이동은 멈추었지만, 에게해를 횡단하는 사람들의 수가 2배 늘었다. 여기에서도 많은 사람이 목숨을 잃었다.[26] 유럽 내부 경계를 봉쇄한 다른 곳에서도 난민의 경로만 바뀌었다. 난민의 흐름을 제한하게 되면 난민 캠프에 머무르는 기간만 길어지고 국내실향민의 수만 늘어난다. 자금과 국제법의 보호가 부족하여 문제만 키우는 결과를 낳는다.

이러한 강제적 실향민은 수용 국가에서 불안정성 증가의 원인으로 작용한다. 난민의 존재 때문에 국가 내에서 정치적, 민족적 균형이 깨질 수 있다. 난민인구에 대한 책임에 부응하는 능력도 한계에 다다를 수 있다. 이러한 공포가 현실화된 경우는 셀 수 없이 많다. 인구 불균형이 원인이 되어 급진주의가 등장해 국가의 분리를 요구하는 사람이 생길 수 있다. 역으로 극단적 민족주의가 등장해 소수집단을 억압하려고도 할 수 있다. 예를 들어, 이스라엘에서는 팔레스타인 사람과 유대인의 인구통계적 측면 때문에 평화의 과정이 복잡해졌다. 팔레스타인의 인구는 370만 명에 이르며 전 세계에서 가장 큰 규모의 난민집단이다. 이들의 출산력은 높은 수준이다. 반면, 이스라엘에서 유대인의 인구성장은 느리고 출산력도 낮다.[27] 그래서 흩어져 사는 팔레스타인 인구가 귀환할 수 있는 권리는 평화의 과정을 복잡하게 만든다. 그래서 이스라엘은 자국민과 팔레스타인 사람들 간 균형이 깨질 것을 염려해 팔레스타인인의 귀환을 반대하고 있다. 아울러 팔레스타인 난민이 돌아오게 되면, 가자지구와 서안지구의 기존 인프라는 과중한 부담으로 작용하게 될 것이다.

다른 사례들도 주목할 만하다. 난민의 유입으로 인해 집단 사이에 유지되던 기존 균형이 깨질 수 있다. 그래서 인종적으로나 민족적으로 이질적인 사회에서 난민은 큰 압력으로 작용할 수 있다. 예를 들어 레바논에서는 무슬림과 기독교인 간에 절묘한 균형이 작용하고 있는데, 이것이 팔레스타인 난민의 귀화를 방해하는 요인으로 작용한다. 팔레스타인 사람들의 유입으로 균형이 흔들릴 수 있기 때문이다. 무장 세력이 난민 캠프를 근거지로 활용하여 난민 캠프 내·

외부에서 불안정을 일으킬 수도 있다. 과거 자이르(현재 콩고민주공화국)의 르완다 난민 캠프가 그런 역할을 했다. 1990년대에 후투족 반란군은 자이르의 난민 캠프를 본거지로 활용해 투치족이 지배하는 르완다를 공격했다. 위기 초반에는 르완다에서 **집단 학살**의 만행을 저지른 군인들이 난민 캠프를 장악해 식량과 보급품을 통제하는 상황도 있었다. 이에 유엔난민기구는 인종 학살에 책임 있는 사람들을 보호하고 그들에게 식량을 공급했다는 이유로 비난받기도 했었다. 그렇지만 난민 캠프에서 난민의 안전이 보장된 것은 아니었다. 유엔난민기구가 무력한 상황에서 나중에는 후투족 난민들이 자이르 내부로 잠입한 투치족 반란군의 공격 대상이 되어버렸다. 투치족 반군은 결국 자이르 정부를 몰락시켰고 결과적으로 오늘날의 콩고민주공화국이 탄생했다. 그러나 그 이후로도 분쟁은 끊이지 않았다.

1999년의 코소보전쟁도 비슷한 사례이다. 당시 코소보 내부의 알바니아인 100만 명이 인근의 알바니아, 마케도니아, 몬테네그로로 탈출해 난민이 되었다. 이 국가들은 이미 그 이전부터 정치적으로 불안정했다. 여기에다가 엄청난 규모의 난민이 유입되어 정치적 안정성에 위협으로 작용했고 수용 국가가 내전에 휘말리게 될 가능성까지 생겨났다. 알바니아는 이전부터 정치적 안정성이 취약했고 유럽에서 가장 빈곤한 국가였다. 1997년 정부가 붕괴된 후부터 내전으로 혼란스러운 상태에 있었다. 게다가 코소보 난민이 몰려들던 곳은 알바니아에서도 동떨어져 있으며 경제적으로도 미개발된 지역이었다. 그래서 알바니아는 난민 유입에 대처할 재정적, 경제적 능력이 부족했다. 한편, 난민 유입 이전부터 마케도니아에서 알바니아인은 전체 인구의 25%를 차지했다. 23만 9000명에 이르는 코소보 난민 때문에 알바니아인 인구가 증가한다면, 마케도니아에서는 급진적 민족주의가 등장해 알바니아인의 분리운동을 자극할 수 있다는 우려가 생겼다. 기존의 민족 간 균형이 깨지고 전쟁지역이 마케도니아까지 확대될 가능성에 대한 우려도 높았다. 전혀 과장된 우려가 아니었다. 마케도니아의 기존 알바니아인 인구는 50만 6000명이었기 때문에, 마케도니아에서 알바니아인 인구가 50%나 증가하게 되는 효과가 있었다. 당시 마케도니아는 1992년에 독립한 신생 국가였기 때문에, 알바니아인과 (슬라브계) 마케도니아인의 내부 갈등이 국가의 존립에 위협이 될 것은 뻔해 보였다. 결과적으로, 난민 대부분은 코소보로 되돌아갔고 분쟁이 확대되지는 않았다.

결론

정치적, 민족적, 종교적 분쟁이 지구상에서 계속해서 벌어지고 있다. 그래서 난민과 국내실향민은 언제든 발생할 수 있는 국제적 인구이동의 형태가 되었다. 분쟁 때문에 개인과 가족이 재입지를 통해 안전을 추구할 수밖에 없는 것은 안타까운 현실이다. 이와 관련해, 세 가지의 중대한 도전적 상황이 있다. 첫째, 정부와 NGO가 난민에게 지원을 제공하면서 이들의 안전을 보장하는 능력이 중요한데, 이러한 조직들은 이미 여러 가지 문제에 직면해있다. 대표적으로 국내실향민은 유엔난민기구의 서비스 제공 범위 밖에 있기 때문에, 이들에 대한 식량과 안전 지원은 전적으로 NGO에 의존할 수밖에 없다. 둘째, 많은 난민은 개인적 웰빙에 대한 공포 때문에 고국을 탈출하지만, 이러한 이동에는 경제적 논리도 있다. 그러나 정부들은 난민이동의 경제적 성격을 인정하지 않고 이러한 현상 유지의 문제에도 도전하지 않는다. 셋째, 정부, 정책입안자, 학자 모두가 환경 이주민의 문제를 강조하지만, 환경 난민에는 많은 관심을 보이지 않는다. 기후변화와 환경 변화로 인해서 어쩔 수 없이 이동하는 사람들의 수가 증가할 가능성이 매우 큰 상황인데도 말이다.

포커스   **난민을 환영하는 미국?**

난민이 제3국으로 이동하는 것은 매우 어렵고 이상적인 선택지라고 볼 수도 없다. 그러나 미국은 영구적 재정착을 위해 난민을 수용한 오랜 역사를 보유하고 있다.[28] 제2차 세계대전 이후에 유럽 난민의 재정착을 도왔고, 1956년 헝가리 난민, 1970년대 베트남의 보트피플, 1999년 코소보 난민을 받아들였다. 보다 최근에는 미얀마, 부탄, 콩고민주공화국, 우크라이나, 에리트레아에서 난민이 유입되기도 했다.[29] 1980년 미국이 수용한 난민의 수가 20만 명을 넘었지만, 그 이후

로 지난 30여 년간 대체로 줄어드는 추세에 있다(그림 9.1). 특히 9/11 테러 직후 감소가 두드러진다. 2001년에는 6만 9000명의 난민을 받아들였는데, 이듬해에는 2만 7000명 수준으로 줄어들었다. 난민신청자의 수가 감소했고 신청자에 대한 선별 기준이 강화되었으며 승인율도 낮아졌기 때문이다. 이후 2004년과 2017년 사이 난민의 수는 연간 6만 2000명 수준으로 회복되었다가 2018년에는 또다시 2만 2405명으로 급감했다(표 9.3).

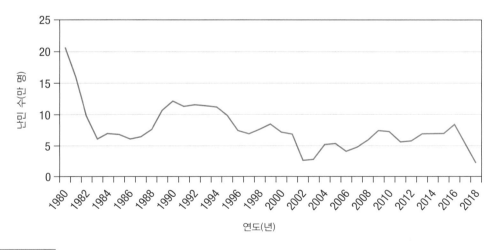

그림 9.1   미국 수용 난민 수 변화(1980~2018년)

9/11 직후 강화된 안보와 제한의 효과가 나타난다. 마찬가지로 트럼프 행정부(2017~2021년)에서 수용한 난민의 수도 크게 줄었다.

출처 : 저자, DHS, *2018 Yearbook of Immigration Statistics*

표 9.3 미국 난민의 출신국 순위(2018년)

순위	출신국	수(명)	비율(%)
	전체	22,405	100.0
1	콩고민주공화국	7,878	35.2
2	미얀마	3,555	15.9
3	우크라이나	2,635	11.8
4	부탄	2,228	9.9
5	에리트레아	1,269	5.7
6	아프가니스탄	805	3.6
7	엘살바도르	725	3.2
8	파키스탄	441	2.0
9	러시아	437	2.0
10	에티오피아	376	1.7
	기타	2,056	9.2

출처 : DHS, *2018 Yearbook of Immigration Statistics* (table 14)

미국의 **난민정책**은 국제적 사건이나 미국의 우선순위 변화에 따라 조금씩 단편적으로 진화했다. 제2차 세계대전 이후 대부분의 기간 동안 임시방편적 난민 수용 정책이 채택되곤 했다. 미국은 냉전이 최고점에 달했을 때 헝가리 난민을 받아들였다. 이 집단의 수용은 공산주의를 통제하기 위한 외교정책의 도구였다. 거의 같은 이유에서, 미국은 1959년 쿠바혁명 이후 약 13만 2000명의 쿠바 난민의 입국을 허락했다. 그리고 미국의 난민 관련 법안은 1960년대에 이르러서야 마련되었다.[30] 1965년 이민·국적법 개정이 그 시작이었다. 이를 통해 전체 이민자의 6%까지 난민을 받아들일 수 있도록 했다. 이 법에 따라, 난민은 네 가지 요건을 충족해야 했다. 구체적으로, 미국 정부는 ① 공산 국가나 중동지역을 탈출한 사람, ② 인종, 종교, 견해를 이유로 박해의 공포 때문에 해당 지역을 떠난 사람, ③ 항공을 이용해 탈출한 사람, ④ 귀환이 불가능하고 귀환의 의지가 없는 사람을 기준으로 난민을 판정했다. 미국은 기본적으로 유엔이 정한 난민의 정의를 따랐지만, 지리적, 이데올로기적 단서를 포함해 난민을 정의했다. 1968년에는 유엔의 난민협약까지 인정했지만, 여기에서 추가된 이주자와 난민에 대한 새로운 의무는 반영되지 않았다.

미국은 1980년이 되어서야 난민협약을 전부 인정하며 난민법을 제정했다. 이에 따라, 난민 수용은 정규화되었고 재정착 지원이 제도화되었다. 박해에 직면한 개인뿐만 아니라, 미국 내에 이미 정착한 난민의 가족까지도 포함하는 제도화였다. 그러나 난민법은 난민 선정과 수용의 밑바탕에 깔린 정치적 고려를 제거하지 못했고, 실제로 미국의 난민 시스템은 여전히 고도로 정치화되어 있다. 예를 들어, 대통령과 의회의 합의에 따라 매년 수용될 난민의 수가 결정된다. 이러한 제도적 맥락에서, 트럼프 행정부는 수용 난민의 수를 계속해서 줄였다. 2019년 3만 명, 2020년에는 1만 8000명의 한계를 정했다.[31]

난민정책은 출신국에 기초한 수용에서 특별한 인도주의적 이해관계의 집단으로 옮겨가고 있다. 그러나 이런 정의도 악용되어, 미국과 친밀한 외교적 관계를 유지하는 국가에서 난민의 유입을 차단하는 데에 쓰이기도 했다. 예를 들어, 아이티인과 관련해 확실한 박해의 증거가 있었지만, 미국에서 이들은 난민으로 인정받지 못했다. 1990년대 소련과 그 위성 국가 대상의 난민정책을 비판하는 사람들도 있다. 이들에 따르면, 당시 수용된 사람들은 진정한 난민이었다기보다는 가족상봉 대상자가 훨씬 많았다. 다른 한편으로, 도움이 절실한 아프리카의 난민들이 무시되고, 아시아 난민의 비율은 꾸준히 줄어들고 있다. 물론 2018년에는 아프리카 난민이 전체 수용 난민의 46%에까지 이르기는 했었다(표 9.3).

특별한 인도주의적 이해관계에 해당하는 사람들이 누구인지도 대통령과 의회가 정한다. 현재는 이라크, 과테말라, 온두라스, 엘살바도르 출신의 난민이 그에 속한다. 미국이 난민을 받아들여야 하는지는 정치적 입장에 따라 첨예한 대립이 나타나는 이슈이다.[32] 이런 맥락에서, 트럼프 행정부는 새로운 법을 도입해 주와 커뮤니티가 난민 수용을 거부할 수 있도록 했다.

미국은 제2차 세계대전 이후 특정한 재정착 난민을 수용해왔지만, 20세기 후반까지 비호신청자 문제에는 관여하지 않았다. 1980년 난민법이 미국의 비호정책에 법적 지위를 부여했다. 비호 조항에서는 비호신청의 연간 허용 수를 정하지는 않았다. 미국에 도착하는 어떤 사람도 비호를 요구할 수 있다는 뜻이다. 그리고 **비호신청자**는 심사가 종료될 때까지 미국에 머무를 수 있으며 여러 가지 혜택도 받을 수 있다. 비호는 적극적 신청을 통해서 신청자가 원하는 때에 요구할 수 있다. 체포된 경우에는, 이민 재판관에게 소극적 신청도 할 수 있다.

비호신청은 그다지 많지 않다. 2018년 미국 입국과 동시에 요구한 적극적 신청 수는 2만 5000건에 불과했다. 신청자의 주요 출신국에는 베네수엘라, 중국, 이집트, 과테말라, 엘살바도르가 포함되었다(표 9.4). 이에 더해, 1만 3000건의 소극적 비호신청도 있었다. 소극적 신청은 보통 미국 추방 직전에 이루어진다. 지난 몇 년간 적극적 신청과 소극적 신청 모두가 증가했다. 요구의 타당성은 심문을 거쳐 비호 심판관이 결정한다.[33] 난민의 재정착과 마찬가지로 정치적 고려가 비호 허가에 영향을 준다. 1990년 난민법 개정을 통해서 미국 국무부의 개입이 줄었지만, 개인의 권리 보호보다 국경안보가 더 강조되는 것이 현실이다.[34] 그래서 허가율의 지역 간 차이는 여전하다. 예를 들어, 2016년에는 18%의 난민신청이 거부되었는데, 지역 간 허가율의 차이가 가장 컸다. 특히 중앙아메리카 사람들의 난민신청 요구가 허가율이 가장 낮았다.[35]

미국의 난민법은 다양한 유사난민의 상황도 인정한다. 다양한 상황에서 입국이나 영주권을 허용할 수 있는 재량권이 대통령과 정부에게 부여된다는 뜻이다. 이를 모호하게 적용해 미국 정부는 아이티인과 쿠바인을 차별했다. 아이티인 대다수는 바다를 통해 도착해 정치적 비호를 요구했는데, 미국 정부는 이들을 경제적 이주민으로 규정했다.[36] 아이티 정부가 박해를 가한다는 증거는 많았지만, 미국 정부는 아이티 정권의 약화를 방지하기 위해서 이들의 대부분을 수용하지 않았다. 아이티 난민이 통제 불가능할 정도로 유입될 가능성도 우려했다. 미국은 공해상에서 엄격한 **저지정책**(interdiction policy)을 추진했고 이를 통해 구금된 사람들은 아이티로 돌려보냈다. 정치 난민과 경제 난민을 구별하는 일이 어려운 데다, 이데올로기적 고려까지 추가되어 난민의 정의가 흐릿해지면서 상황은 더욱 복잡해졌다.

1980년 난민법 통과 직후 도착한 마리엘 쿠바인들은 완전히 다른 대우를 받았다. 엄밀하게 말하면, 오직 극소수만이 비호의 관습적 요건을 충족했다.[37] 미국 정부는 **마리엘리토**가 새로운 시스템의 과정을 거치지 않도록 했다. 그 대신 난민법을 우회해 쿠바인들이 가승인 상태로 입국할 수 있도록 해주었다. 결국, 1986년에는 이들의 신분을 합법화하여 이민자로 전환했다.[38] 그리고 정치적인 이유나 재난 때문에 국적 국가로의 귀환이 위험한 집단에게는 피난처를 제공하려는 노력을 해왔다. 이 과정에서 연장된 자발적 출국(EVD : Extended Voluntary Departure)이나 임시보호신분(TPS : Temporary Protected Status)이 도구적으로 사용되기도 했다. TPS 자격의 사람에게는 영주권의 지위가 없지만 고용될 자격은 있었다.[39] 보통 이러한 조치는 인도주의적 이유에 근거해 결정이 내려진다. 1990년 후반 온두라스와 엘살바도르에서 지진 피해가

표 9.4 미국에서 승인된 적극적 비호신청자의 출신국 순위(2018년)

순위	출신국	수(명)
1	베네수엘라	5,966
2	중국	3,844
3	이집트	1,427
4	과테말라	1,337
5	엘살바도르	1,177
6	온두라스	841
7	러시아	787
8	멕시코	732
9	시리아	558
10	튀르키예	501
	기타	8,269
	전체	25,439

출처 : DHS, *2018 Yearbook of Immigration Statistics* (table 17)

심각했을 때, 두 나라 출신 사람들에게 TPS 자격이 부여되기도 했었다. 그러나 2017년 미국 정부는 2019년부터 TPS 프로그램을 중단할 계획을 결정했다. 이에 따라 TPS 자격으로 체류하는 사람들은 자발적으로 출국하거나 추방 조치에 직면하게 되었다.

미국에서 난민과 비호의 과정은 최근 들어 강화되기 시작했다. 미국이 비호의 주요 목적지가 되는 것을 방지하기 위한 노력이다. 1980년 난민법에서는 한 해 동안 신청하거나 승인되는 비호 자격의 수를 정하지 않았다. 이주에서 비호 대상자의 수를 정확하게 알 수는 없었다. 다른 한편으로, 미국 정부는 비호신청자의 도착을 차단하기 위해서 저지와 구금 같은 조치를 오랫동안 취해왔다. 1996년에 제정된 불법이민개혁 및 이민책임법은 비호 시스템의 악용에 대한 직접적 대응이었다.[40] 이에 따라 신분 조작이나 미등록 상태로 미국에 입국하는 사람은 즉각적 구금이나 추방의 대상이

되었다. 이 법도 많이 비판받는다. 비평가들은 저지와 구금 정책은 보호받아야 할 사람들을 오히려 학대한다고 지적한다.

2015년 시리아 위기는 미국 난민 시스템의 중대한 시험으로 작용했다. 2015년 유럽의 난민 위기 직후인 2016년에 미국은 시리아 난민 1만 명을 수용하기로 결정했다. 이에 따라 미국으로 유입된 난민의 수가 즉각적으로 늘어났다.[41] 당시 연방정부는 주의 깊게 수용 난민을 선별하겠다고 했다. 그러나 테러와의 관련성 우려 때문에, 여러 주지사가 자신의 행정구역에 정착하는 것을 반대했다. 미국과 유럽에서 발생해 이목이 쏠렸던 여러 테러 사건의 결과로, 의회는 미국으로의 난민이동을 줄이려는 여러 가지 조치를 논의했다. 여기에는 입국 허용 난민 수 제한, 난민 재정착에 대한 주정부와 로컬정부의 거부권, 선별과정에서 추가적 안전 조치 등이 포함되어 있었다.[42]

포커스 **유럽 난민 위기**

2015년 한 해 동안 EU로 유입된 난민과 이주민의 수는 120만 명에 달했다. 박해, 전쟁, 폭력을 피해서 시리아, 이라크, 아프가니스탄을 탈출한 사람들이 많았기 때문이다.[43] 한 해 전인 2014년에 유럽으로 유입된 난민의 수는 28만 명이었으며, 2015년의 통계는 제2차 세계대전 이후 최대치의 이동이었다. 2015년 이후에는 유럽으로 유입되는 난민이동에 대한 제한이 강화되면서 난민 입국자의 수가 다시 줄어들었다.[44]

많은 이들이 저출산과 고령화의 효과를 상쇄하기 위해 유럽에 이주민이 필요하다고 말했었다. 그러나 2015년 전대미문 수준의 난민 유입은 유럽을 위기로 몰아갔다. 국가는 갑작스러운 유입에 대처하려 노력했지만, 이 사람들을 어떻게 재정착시켜야 하는지에 대해서는 분열의 상황이 발생했다. **2015년 유럽 난민 위기**의 시작부터 정치인 사이에서는 난민들을 어디에 어떻게 정착시켜야 하는지에 대해 치열한 논쟁이 벌어졌다. 그래서 EU는 난민 유입에 제대로 대처하기 어려웠다. 명확한 정책의 방향도 없었다. 무엇이 위기에 대한 최선의 대응인지를 놓고서도 EU 내 갈등이 있었다. 기존의 비호정책과 난민정책은 엄청난 난민이 유입된 당시의 현실에 맞지 않았다. 결과적으로 EU 회원국들

이 개별적으로 대응하며 난민을 회피하고자 했다. 이에 쿼터를 할당해 개별 국가의 수용자 수를 정하는 것에서부터 시작하여 다양한 선택지들이 논의되었다. 독일과 스웨덴은 비교적 많은 이주민을 받아들이기로 했다. 그러나 다른 나라들은 어떠한 쿼터 논의도 회피하며 난민 재정착을 거부했다. 심지어 **솅겐협약**의 정신을 거스르며(8장 참고), 국경을 봉쇄한 국가도 있었다. 예를 들어, 헝가리-크로아티아, 그리스-마케도니아, 오스트리아-슬로베니아 국경에서 자유로운 개인의 이동이 막혔다. 난민이 자국에 머물지 않고 다른 국가로 가도록 유도하기 위해 한시적 국경 검문이 이루어지는 곳도 있었다. 어쨌든 EU는 여러 이슈에 대한 합의에 도달할 수 있었다. 이탈리아와 그리스에 도착한 16만 명의 난민을 다른 EU 국가에 재배치하고 EU의 외부 경계에 난민 프로세스 센터를 설립하기로 했다. 난민을 지원하는 유엔 프로그램에 더 많은 자금을 투입하는 데에도 동의가 이루어졌다. 튀르키예로 유입된 시리아 난민이 유럽으로 향하지 않도록 튀르키예에 지원금을 제공했다. 그러나 이러한 조치의 현실화는 매우 느리게 진행되었다.

수용하고 정착시킬 난민의 수를 둘러싼 유럽 내

의 견해차는 EU가 직면해있던 여러 가지 문제 때문에 발생했다. 무엇보다, 당시에는 브렉시트 투표와 그리스의 불안정한 경제 상황에 대한 우려가 있었다. 비유럽인이나 비기독교인을 유럽에서 몰아내고자 했던 외국인 혐오적, 민족주의적 관점도 그런 상황에 영향을 미쳤다(8장 참고).[45] 유럽에서 반이민 정당의 역사는 1980년대까지 거슬러 올라가지만, 난민 위기는 극우 정당에 대한 관심을 다시 불러일으켰다. 난민이 로컬 문화에 흡수될 수 있을지에 대한 두려움이 있었다. 난민 위기의 위험성과 비용에 대한 논쟁이 유럽 전역을 뒤덮었다. 반이민 정서가 **브렉시트** 논쟁에 불을 지폈고, 영국의 유권자들은 결국 EU 탈퇴를 결정했다. 영국 사람들은 EU를 떠나서 국경에 대한 통제권을 회복하여 유입되는 이민자를 줄일 수 있기를 원했다.[46] 브렉시트 논쟁에서 잔류 측에 있었던 데이비드 캐머런 당시 총리마저도 이주자들이 "벌떼"처럼 "영국으로 쳐들어온다"고 발언했었다.[47] 반이민 정서가 훨씬 더 강한 나라에서는 이주민과 비이주민 간의 충돌이 생기기도 했다.

경제적 비용 문제도 난민의 도착에 대한 유럽의 반응에서 중요한 부분을 차지했다. 유엔의 난민협약에 따라 기본적 의료, 거처, 법률 지원 서비스는 수용 국가의 책임이기 때문이다. 헝가리, 이탈리아, 그리스 등 난민들이 최종 목적지를 향해 경유하는 국가는 난민이 도착할 때 드는 비용을 부담스러워했다. 그렇지만 다른 국가에서 재정적 지원이 거의 제공되지 않았다. 대부분의 경우, 난민들은 불결한 구류 캠프에 수용되는 상황에 내몰렸다. 마찬가지로, 난민들이 최종적으로 정착하는 수용 국가도 도착자 수가 너무 많아서 기초 서비스를 제대로 제공하지 못했다. 난민을 분담하자는 수용 국가의 요구는 자주 무시되었다.

가장 큰 걱정거리는 유럽의 난민과 이주민 유입이 미래에도 계속될 수 있다는 것이다. 실제로 앞으로 몇 년 또는 몇십 년 동안은 계속될 것으로 보인다. 중동, 아프리카, 아시아의 일부 지역에서 발생하는 전쟁과 정치적 불안정성 때문에 살던 곳을 등지고 떠나는 사람들이 많다. 시리아, 이라크, 아프가니스탄과 같은 나라에서 갈등과 전쟁은 계속해서 난민을 양산하고 있다. 중동뿐만 아니라 아프리카에서도 난민이 유출될 것으로 보인다. 2050년까지 아프리카 인구가 2배 증가한다고 추정되지만, 인구 규모에 부응하는 경제성장은 기대하기 어렵다. 어쨌든, 유럽에 가족과 친구가 있으면 이주는 훨씬 더 쉬워지게 마련이다.

포커스 **환경 이주민**

사람들은 이동을 통해서 자신의 필요에 부응하는 곳을 찾아 그곳에 적응하려 한다. 그리고 이동이 그런 사람과 가족에게 안정된 미래를 제공하기도 한다. 다른 한편으로, 환경 문제와 환경 변화에 대처하는 이동이 발생할 수도 있다. **환경 이주민**을 **환경 난민**으로 정의하는 것은 광범위한 지지를 받지 못한다. 그렇지만 기후변화로 인해서 비자발적 이주민의 수가 많아질 것이라는 전망이 있다. 이에 따라 기후변화와 관련된 실향민을 지원하는 국가, 정부, 글로벌 커뮤니티(공동체)의 능력을 둘러싸고 여러 가지 중대한 문제가 제기되었다. 신경제학재단(NEF)과 같은 기관은 국제법을 만들어 "환경의 손실이나 훼손으로 사는 곳을 떠나야 하는 사람들에게 난민의 지위를 부여해야" 한다고 주장한다. 그러나 현실에서 그러한 방향으로 빠르게 움직이는 정부를 기대하기는 어려워 보인다.

이 책의 3판에서는 환경 난민이란 용어를 사용했었다. **기후 난민**을 언급하는 사람들도 있었다. 그런데 여기에서 난민이란 용어에는 세 가지 문제점이 있다.[48] 첫째, 유엔 난민협약을 개정해 환경 난민을 포함하는 일에는 의지가 없어 보인다. 실제로 그러한 변화를 꺼리는 듯한 분위기도 있다. 환경 난민 인정의 부정적인 결과에 대한 우려도 있다. 인정해야 하는 난민이동의 범위가 커지지만, 국제적 스케일에서 실향민의 권리와 이들이 다루어지는 방식에는 변화가 없을 것이기 때문이다. 둘째, 환경이 이동의 도화선일 수는 있지만 원인은 아니다.[49] 셋째, 많은 소규모 섬 국가는 환경 난민의 유발자라는 인상을 피하고 싶어 한다. 이런 곳에서 사람들의 유출은 주권의 문제인 측면도 있기 때문이다.[50] 그래서 환경 난민보다 환경 이주민이란 용어가 더욱 적절해 보인다. 같은 문제의식에서 **기후 이주민**

(climigrants)이란 개념을 제시한 학자도 있다.[51] 환경 이주민은 기후변화의 결과로 환경이 악화되는 자신의 집과 생계에서 물리적으로 이탈할 수밖에 없는 사람을 뜻한다. 건조지역에서 강우 패턴의 변화와 가뭄의 장기화, 해수면 상승으로 인한 해안 저지대와 도서의 침수, 기상 악화 빈도의 증가 때문에 수십만 명의 환경 이주민이 발생할 수 있다.[52] 상황과 맥락에 따라, 환경 이주민은 국내이동자나 국제이동자가 될 수 있다. 이들에게는 일시적 이동과 영구적 이동 모두가 가능하다.

기후변화는 지구 전체에 영향을 미치지만, 다른 지역에 비해 더 많이 부담을 떠안는 지역이 있다. 아프리카의 경우, 강우의 감소로 대륙의 상당 부분에서 사막화의 위험이 높아질 것이란 전망이 있다. 사헬지대, 특히 수단과 기니의 사막지역이 큰 피해를 볼 것으로 예상된다. 이러한 사막의 확대는 어쩔 수 없이 인구의 이탈을 자극하게 될 것이다. 유엔식량농업기구(UNFAO)의 추정에 따르면, 1억 3500만 명의 사람들이 사막화의 피해로 이동하게 될 것이다.[53] 이러한 이동의 결과는 인접 국가의 인프라와 사회관계에서 압력으로 작용할 듯하다. 기후변화에 관한 정부 간 패널의 5차 평가보고서에서 이동하는 사람들의 수를 예측하지는 않았다.[54] 그 대신 그런 사람들의 수가 늘어날 것이라고만 전망했다.[55] 사람들의 이동과 이탈은 극단적 기상 현상과 장기적 기후변화와 관련된다. 이동의 대부분은 환경 고위험의 지역을 벗어나는 방식으로 나타나게 될 것이다. 가뭄 영향 지역, 해수면 상승으로 인한 홍수 위험 지역, 이주를 계획할 수 있으나 자원이 부족한 지역 등이 그러한 고위험 지대에 속한다. 환경 이주민의 이동은 국가 내에서 단거리로 나타날 가능성이 커 보인다. 그래서 이동의 장소가 기후변화 효과에 회복력을 가지는 안전한 장소가 아닐 수도 있다. 그래서 이러한 이동은 로컬 자원에 추가적 스트레스로 작용할 수 있다.[56] 이동의 가능성은 취약성과도 관련된다. 기후변화에 취약한 사람들일수록 이동 능력이 낮은 경향이 있다.

기후변화와 관련해서 이동은 가장 효과적인 적응 전략일 수 있다.[57] 환경 변화로 인한 이탈의 규모와 기간은 다양할 것이다. 사건의 규모에 따라 한시적 이동과 단기적 이탈에서부터 장기적 이주에까지 이를 것이다.[58] 이동 반응의 차이는 환경적 사건의 원인과 유형과도 관련된다.[59] 사이클론과 같은 기상 관련 사건으로 이탈한 사람들은 가능한 한 빨리 집으로 돌아오려 할 것이다. 단기적이라 하더라도 극단적 기상 현상의 빈도는 기후변화로 인해서 늘어나게 될 것이다. 그러면 이동의 기간과 무관하게 이탈한 사람들은 식량, 물, 거처에 대한 원조가 필요해진다. 예를 들어, 2016년 캐나다 앨버타 포트 맥머리, 2018년 캘리포니아, 2019년 오스트레일리아의 산불재해는 인구의 단기적 이탈을 유발했는데, 이런 재해도 기후변화와 관련된다. 고온과 가뭄이 산림을 메마르게 했기 때문이다. 이 모든 사례에서 산불지역을 이탈한 사람들에게 식량, 거처 등 여러 가지 지원이 필요했다.

다른 한편으로, **해수면 상승**은 장기적이거나 영구적인 인구의 이탈로 이어질 것이다. 이는 몇 년 또는 몇십 년에 걸쳐 나타날 것이기 때문이다. 태평양의 소규모 섬나라나 서태평양 국가들이 가장 큰 피해를 볼 것으로 예상된다.[60] 한 연구에 따르면, 어떠한 적응 조치도 취해지지 않을 때 2100년까지 해수면은 0.5m 상승하고 이에 따라 7200만 명의 이재민이 발생하게 될 것이다.[61] 적응은 선진국에서 가능해 보이지만, 이를 감당할 수 없는 국가에서는 적응의 가능성이 훨씬 더 낮다. 특히, 마셜 제도, 키리바시, 투발루, 통가를 비롯해 해발고도가 낮은 태평양과 인도양의 소규모 국가는 해수면 상승으로 완전히 물에 잠길 것으로 예상된다. 플로리다의 마이애미를 포함한 미국과 유럽의 해안 저지대도 해수면 상승의 위협을 받을 것이다. 허리케인과 사이클론의 강도가 세지고 빈도가 잦아지면 피해가 더 클 수밖에 없다. 한 연구에 따르면, 2030년까지 1200만 명의 이주민은 해수면 상승으로 이동해야 한다.[62] 모든 사례에서 이탈된 사람들의 장기적 거처에 대한 문제가 발생한다.

기후변화의 영향은 인구마다 다르게 느껴질 것이다. 개발도상국 사람일수록 기후변화의 영향에 더욱 취약하다.[63] 기온이 상승할수록 식량과 물 불안이 높아지고 경제적 기회는 감소하게 될 것이다. 이미 취약한 상태에 있는 인구는 더욱더 불안한 상태로 내몰릴 수 있다.[64]

방법·측정·도구 | 난민과 실향민 집계

미국처럼 일부의 수용 국가에서는 한 해에 유입된 난민의 수를 알고 있지만, 실향민의 수를 집계하는 일은 마치 부정확한 과학과 같다. 그래서 정교화하는 작업이 필요하다. 유엔난민기구(UNHCR)와 미국 난민이민위원회(USCRI)가 제공하는 통계에서 그러한 문제가 나타난다. 유엔난민기구는 난민, 비호신청자, 귀환난민, 국내실향민, 무국적자를 포함하는 보호대상자를 집계한다.[65] 여기에는 400만 명에 달하는 팔레스타인 난민이 빠져있다. 이들에 대한 지원과 관리의 책임이 유엔난민구호기구(UNRWA)에 있기 때문이다. 한편, USCRI는 난민과 비호신청자뿐만 아니라 보다 일반적 형태의 보호가 필요한 사람들도 합쳐서 집계한다.[66]

난민과 실향민의 규모를 예측하는 일은 여러 가지 이유 때문에 매우 어렵다. 우선, 난민에 대한 정의가 국가마다 다르다. 1951년의 유엔 난민협약을 채택한 국가들 사이에서도 마찬가지다. 선진국 대다수에서 비호신청의 절차는 점점 더 복잡해지고, 이동의 가능성을 높이기 위해 비호신청을 여러 국가에서 하는 사람들도 많다. 어떤 경우든, 신청 사례의 정확한 집계는 어렵다. 분쟁이나 전쟁의 상황처럼 난민의 흐름을 발생시키는 조건과 사건도 통계 집계의 방해 요인으로 작용한다. 데이터의 질과 조사의 간격도 다르다. 지정된 캠프에 머물지 않고 보다 큰 규모의 집단으로 흘러들어가는 난민들도 많다. 국내실향민을 헤아리는 것은 훨씬 더 복잡한 문제다. 유엔난민기구나 원조 기관들이 국가 내부의 인구에 대한 접근성을 거의 또는 전혀 가지지 못하는 경우가 많다. 난민인구의 이동성과 일시성도 집계가 어려운 이유에 해당한다.

그래서 원조 기관들은 인구통계 데이터와 실향민 추계에 의존해 식량과 거처를 비롯한 보급품의 양과 유형을 결정한다. 예를 들어, 예방접종이나 산모 관리 서비스의 수요는 인구의 연령과 성 분포에 대한 예측을 통한 상세한 정보를 바탕으로 결정된다.

원주

1. 1951년 난민협약은 제2차 세계대전과 관련되어 발생한 1951년 이전의 유럽 난민 문제를 해결하기 위해 체결되었다. 난민을 정의하는 그러한 지리적, 시간적 조건을 제거하고 1967년 난민의정서가 마련되었다.

2. 비호자는 출신 국가를 떠날 수밖에 없어서 새로 거주하게 된 국가에서 난민의 지위를 얻고자 하는 사람을 뜻한다.

3. http://www.unhcr.org(2020년 4월 16일 최종 열람).

4. UNHCR, *Global Trends: Forced Displacement in 2018*, https://www.unhcr.org/global-trends-2018-media(2020년 4월 16일 최종 열람).

5. Colin P. Kelleya, Shahrzad Mohtadib, Mark A. Canec, Richard Seagerc, and Yochanan Kushnir, "Climate Change in the Fertile Crescent and Implications of the Recent Syrian Drought," *Proceedings of the National Academy of Sciences of the United States of America* 112, no. 11(2015), 3241–3246.

6. http://www.unhcr.org(2020년 4월 16일 최종 열람).

7. Kathlen Newland, "Refugees: The New International Politics of Displacement," in *Perspectives on Population*, ed. Scott W. Menard and Elizabeth W. Moen(New York: Oxford University Press, 1987), 314.

8. UNHCR, *Global Trends*.

9. Farzaneh Roudi, "Final Peace in the Middle East Hinges on Refugee Population," *Population Today*

29, no. 3(April 2001), 1. 팔레스타인 난민에 관한 상세한 정보는 유엔팔레스타인난민구호기구 (UN Relief and Works Agency for Palestine Refugees) 홈페이지에서 확인할 수 있다(http://www. unrwa.org/, 2020년 4월 21일 최종 열람).

10. *UNHCR Statistical Yearbook 2018*, https://www.dhs.gov/immigration-statistics/yearbook/2018(2020 년 4월 21일 최종 열람).

11. K. Bruce Newbold, "Refugees into Immigrants: Assessing the Adjustment of Southeast Asian Refugees in the US, 1975–1990," *Canadian Studies in Population* 29, no. 1(2002), 151–171.

12. David W. Haines, *Refugees as Immigrants* (Totowa, NJ: Rowman & Littlefield, 1986).

13. Alejendro Portes and Reuben Rumbaut, *Immigrant America: A Portrait* (Berkeley: University of California Press, 1996).

14. K. Bruce Newbold and Matthew Foulkes, "Geography and Segmented Assimilation: Examples from the New York Chinese," *Population, Space, and Place* 10(2004), 3–18.

15. Sara Corbett, "The Long Road from Sudan to America," *New York Times Magazine* (1 April 2001), 1–6; Reginald P. Baker and David S. North, *The 1975 Refugees: Their First Five Years in America* (Washington, DC: New TransCentury Foundation, 1984); Haines, *Refugees*; Alejendro Portes, "Economic Sociology and the Sociology of Immigration: A Conceptual Overview," in *The Economic Sociology of Immigration*, ed. Alejendro Portes(New York: Russell Sage, 1995), 1–41.

16. Kelly Woltman and K. Bruce Newbold, "Of Flights and Flotillas: Assimilation and Race in the Cuban Diaspora," *Professional Geographer* 61, no. 1(2009), 70–86; Emily Skop, "Race and Place in the Adaptation of Mariel Exiles," *International Migration Review* 35, no. 1(2001), 449–471.

17. UNHCR, *UNHCR Statistical Yearbook 2018*.

18. UNHCR, *Global Trends*.

19. Ray Wilkinson, "IDPs: The Hot Issue for a New Millennium: Who's Looking After These People?" *Refugees* 117(1999), 3–8.

20. 미국을 통과한 후에 캐나다에서 보호를 받고자 하는 비호신청자의 수는 연간 1만 1000~1만 2000명에 이른다. 캐나다에서 미국으로 진입하는 비호신청자의 수는 연간 200여 명 수준으로 훨씬 적다.

21. Arthur C. Helton and Eliana Jacobs, "Harmonizing Immigration and Refugee Policy Between the US and Canada," *Population Today* 30, no. 2(2002).

22. CBC News, "Refugee Claims Down 40% in Deal's Wake," 27 July 2005, http://www.cbc.ca/news/canada/refugee-claims-down-40-in-deal-s-wake-1.550456(2020년 4월 21일 최종 열람).

23. https://www.cbc.ca/news/canada/manitoba/emerson-refugee-meeting-manitoba-1.3973507(2020년 4월 21일 최종 열람).

24. https://www.amnesty.ca/activism-guide/blog-call-canada-end-safe-third-country-agreement(2020년 4월 21일 최종 열람).

25. https://missingmigrants.iom.int/region/mediterranean?(2020년 4월 27일 최종 열람).

26. "Refugees: Europe's Boat People," *The Economist* (25 April 2015), https://www.economist.com/leaders/2015/04/25/europes-boat-people(2020년 4월 25일 최종 열람).

27. Roudi, "Final Peace in the Middle East."

28. 영구적 재정착이란 용어는 조심해서 받아들여야 한다. 미국의 난민정책은 대체로 외교정책의 일

부였기 때문이다. 사실 미국은 더 많은 난민을 받아들일 수도 있었다.

29. 미국이 모든 난민의 입국을 허용했던 것은 아니다. 1930~1940년대 유럽의 유대인을 거부한 역사가 있다.

30. Hania Zlotnik, "Policies and Migration Trends in the North American System," in *International Migration, Refugee Flows, and Human Rights in North America*, ed. Alan B. Simmons(New York: Center for Migration Studies, 1996), 81–103.

31. Jens Manuel Krogstad, "Key Facts about Refugees to the U.S.," Pew Research Center, 7 October 2019, https://www.pewresearch.org/fact-tank/2019/10/07/key-facts-about-refugees-to-the-u-s/ (2020년 4월 21일 최종 열람).

32. Krogstad, "Key Facts about Refugees."

33. 매년 비호신청 건의 수가 허가 건수보다 많다. 난민신청은 진실성에 기초해 허용의 여부가 결정된다. 평균 허가율은 그다지 중요한 잣대가 아니다. 허용의 비율은 국가마다 천차만별이기 때문이다. 1980~1990년대에는 소련 출신에 대한 허용률이 높았고, 중앙아메리카 사람들의 신청은 기각되는 경우가 많았다.

34. T. Alexander Aleinikoff, "United States Refugee Law and Policy: Past, Present, and Future," in *International Migration, Refugee Flows, and Human Rights in North America*, ed. Alan B. Simmons(New York: Center for Migration Studies, 1996), 245–257.

35. US Department of Justice, Executive Office for Immigration Review, *Asylum Statistics by Nationality, FY 2016*, https://www.justice.gov/eoir/file/asylum-statistics/download(2020년 4월 21일 최종 열람).

36. Lucas Guttentag, "Haitian Refugees and US Policy," in *International Migration, Refugee Flows, and Human Rights in North America*, ed. Alan B. Simmons(New York: Center for Migration Studies, 1996), 272–289.

37. Newland, "Refugees," 314–321.

38. Aleinikoff, "United States Refugee Law."

39. Aleinikoff, "United States Refugee Law," 245.

40. Ray Wilkinson, "Give Me . . . Your Huddled," *Refugees* 119, no. 2(Summer 2000), 5–21.

41. Nahal Toosi, "Few Syrian Refugees Reach U.S. Despite Obama's Open Arms," *Politico*, 14 March 2016, https://www.politico.com/story/2016/03/few-syrian-refugees-united-states-220720(2020년 4월 21일 최종 열람).

42. Toosi, "Few Syrian Refugees."

43. Jonathan Clayton and Hereward Holland, "Over One Million Sea Arrivals Reach Europe in 2015," UNHCR, 30 December 2015, http://www.unhcr.org/news/latest/2015/12/5683d0b56/million-sea-arrivals-reach-europe-2015.html(2020년 4월 21일 최종 열람).

44. UNHCR, http://www.unhcr.org/europe-emergency.html(2020년 4월 21일 최종 열람).

45. Eric Reguly, "Against the Current," *Globe and Mail* (5 September 2015), F1.

46. Asa Bennett, "Did Britain Really Vote Brexit to Cut Immigration?" *Telegraph* (29 June 2016), http://www.telegraph.co.uk/news/2016/06/29/did-britain-really-vote-brexit-to-cut-immigration/(2020년 4월 21일 최종 열람).

47. Nadia Khomami, "David Cameron Says Migrants Trying to 'Break in' to UK Illegally," *Guardian* (15 August 2015), https://www.theguardian.com/uk-news/2015/aug/15/david-cameron-says-migrants-

trying-to-break-in-to-uk-illegally(2020년 4월 21일 최종 열람).

48. Etienne Piguet, "From 'Primitive Migration' to 'Climate Refugees': The Curious Fate of the Natural Environment in Migration Studies," *Annals of the Association of American Geographers* 103, no. 1(2013), 148–162.

49. Susan Martin, "Climate Change, Migration, and Governance," *Global Governance* 16, no. 3(2009), 397–414; Christel Cournil, "The Protection of Environmental Refugees in International Law," in *Climate Change and Migration*, ed. Etienne Piguet, Antoine Pecoud, and Paul de Guchteneire(Cambridge and New York: Cambridge University Press, 2011), 359–387.

50. Karen Elizabeth McNamara and Chris Gibson, "'We Do Not Want to Leave Our Land': Pacific Ambassadors at the United Nations Resist the Category of 'Climate Refugees,'" *Geoforum* 40, no. 3 (2009), 475–483; Carol Farbotko, "Wishful Sinking: Disappearing Islands, Climate Refugees and Cosmopolitan Experimentation," *Asia Pacific Viewpoint* 51, no. 1(2010), 47–60; Carol Farbotko and Heather Lazrus, "The First Climate Refugees? Contesting Global Narratives of Climate Change in Tuvalu," *Global Environmental Change* 22, no. 2(2012), 382–390.

51. Lawrence A. Palinkas, *Global Climate Change, Population Displacement, and Public Health: The Next Wave of Migration* (n.p.: Springer Nature Switzerland AG, 2020).

52. Intergovernmental Panel on Climate Change(IPCC), *Climate Change 2014*, IPCC Fifth Assessment Report(2014), http://www.ipcc.ch/index.htm(2020년 4월 27일 최종 열람).

53. Elisabeth Rosenthal, "Water Is a New Battleground in Spain," *New York Times* (3 June 2008), S1.

54. IPCC, "2014: Climate Change 2014: Impacts, Adaptation, and Vulnerability. Part A: Global and Sectoral Aspects," Contribution of Working Group II to the Fifth Assessment Report of the Intergovernmental Panel on Climate Change, ed. C. B. Field, V. R. Barros, D. J. Dokken, K. J. Mach, M. D. Mastrandrea, T. E. Bilir, M. Chatterjee, K. L. Ebi, Y. O. Estrada, R. C. Genova, B. Girma, E. S. Kissel, A. N. Levy, S. MacCracken, P. R. Mastrandrea, and L. L. White. Cambridge and New York: Cambridge University Press, 1132.

55. 5차 평가보고서에서 2080년까지 수억 명의 사람들이 기후변화 때문에 이동할 것으로 전망했다.

56. Karen C. Seto, "Exploring the Dynamics of Migration to Mega-Delta Cities in Asia and Africa," *Global Environmental Change* 21(2011), S94–S107.

57. IPCC, "2014: Climate Change 2014."

58. Ettiene Piguet, Antoine Pecoud, and Paul De Guchteneire, eds., *Migration and Climate Change* (Cambridge: Cambridge University Press, 2011).

59. Alan Findlay, "Migration Destinations in an Era of Global Environmental Change," *Global Environmental Change* 21S(2011), S50–S58.

60. Palinkas, *Global Climate Change*.

61. Robert J. Nicholls, Natasha Marinova, Jason A. Lowe, Sally Brown, Pier Vellinga, Diogo de Gusmao, Jochen Hinkel, and Richard S. J. Tol, "Sea-Level Rise and Its Possible Impacts Given a 'Beyond 4°C World' in the Twenty-First Century," *Philosophical Transactions of the Royal Society A* 369, no. 1934 (2011), 161–181.

62. Katherine J. Curtis and Annemarie Schneider, "Understanding the Demographic Implications of Climate Change: Estimates of Localized Population Predictions under Future Scenarios of Sea-Level Rise," *Population and Environment* 33 no. 1(2011), 28–54.

63. Palinkas, *Global Climate Change*.

64. Nidhi Nagabhatla, Panthea Pouramin, Rupal Brahmbhatt, Cameron Fioret, Talia Glickman, K. Bruce Newbold, and Vladimer Smakhtin, "Water and Migration: A Global Overview," UNUINWEH Report Series, Issue 10(2020), United Nations University Institute for Water, Environment and Health, Hamilton, Canada.

65. 이 용어들의 정의는 *2014 UNHCR Statistical Yearbook*을 참고하자.

66. http://www.refugees.org(2020년 4월 21일 최종 열람).

도시

인구성장으로 인해서 도시지역의 수와 규모가 증가하고 있다. 2020년을 기준으로 56%의 세계 인구가 도시지역에서 살아간다. 도시화 수준의 측면에서 개발도상국 세계는 선진국 세계에 뒤처진다. 실제로 개발도상국에서 도시화된 인구는 51%인 데 반해, 선진국에서는 79%에 이른다. 최빈개도국만 따지면 도시인구 비율은 34%로 낮아진다. 그러나 앞으로 몇십 년 동안 개발도상국 세계에서 도시인구는 빠르게 증가할 것으로 기대된다. 2050년까지 개발도상국 인구의 68%가 도시에 살게 될 것이다.[1] 한편, 세계 도시인구의 76%가 인구 100만 명 이하의 도시에 산다. 8% 정도는 인구 500만 명에서 1000만 명 사이의 도시에 거주한다. 인구 1000만 명 이상의 메가시티에 사는 도시인구의 비율은 13% 정도이다. 2018년 세계에는 33개의 **메가시티(거대도시)**가 있는데, 이 수가 2030년에는 43개까지 증가할 것이다.

도시지역에 거주하는 인구의 비율과 더불어, 도시화 속도도 생각해보자.[A] 이는 도시화가 얼마나 빠르게 진행되고 있는지에 대한 지표이다. 2015년과 2020년 사이 선진국 세계의 도시화 속도는 0.5%에 불과했다. 선진국에는 이미 도시화된 인구가 많고 농촌지역의 인구가 비교적 적기 때문이다. 같은 기간 개발도상국의 도시화 속도는 2.3%였다. 특히 아프리카와 아시아 국

[A] 여기에서는 도시화율과 도시화 속도 간의 개념적 차이에 주의할 필요가 있다. 도시화율은 전체 인구에서 도시인구가 차지하는 비를 백분율로 나타낸 수치이다. 그래서 도시화율은 특정 국가나 지역의 도시화 수준을 판단하는 데 유용하다. 한편, 도시화 속도는 일정 기간 동안 특정한 국가나 지역에서 나타난 도시인구의 증가율로 나타낸다. 이를 바탕으로 도시화가 얼마나 빠르게 진행되는지 판단할 수 있다. 본문에 나타나는 것처럼 도시화 속도는 일반적으로 선진국보다 개발도상국에서 높다. 반면, 도시화율은 선진국이 개발도상국보다 빠르다.

가 사이에서 도시화 속도가 높았다.**2**

이 장에서는 도시화 개념을 살펴보고 도시 중심의 성장과 변화를 설명한다. 아울러, 어떻게 도시의 성장계획을 마련하는지에 대해서도 고찰한다. 이에 **포커스**는 도시성장이 어떻게 계획될 수 있는지를 살펴보고, **방법·측정·도구**에서는 도시지역을 정의하는 여러 가지 방식을 검토한다.

도시와 도시화의 정의

단순하게 말하면, **도시**(urban)는 비농업적인 장소로 정의된다.**B** **도시화**(urbanization)는 농촌인구에서 도시인구로 변화하는 과정을 의미한다. 다시 말해, 도시화는 농촌과 농업 중심의 사회에서 비농업적 활동에 기반한 사회로 전환되는 인간 사회의 근본적인 재조직화를 뜻한다. 이러한 도시의 정의는 다소 단순하고 퍼지(fuzzy)한 측면이 있지만, 비농업적 생산을 중심으로 조직화된 인구의 공간적 집중을 함의한다.**C** 그러나 현실에서 도시는 인구 규모가 특정한 최소 요구치나 밀도를 초과하는 장소를 의미하는 용어로 사용된다(방법·측정·도구 글상자 참고). 다른 한편으로, 도시화를 사회적, 정치적 조직의 형태로 이해할 수도 있다. 도시지역은 기술 변화와

B 어반과 시티는 도시를 지칭하는 데 가장 빈번하게 쓰이는 영단어이다. 이 중에서 **어반**은 대체로 물리적 개체나 단위로서 도시를 이해하는 데 쓰이는 용어이다. 도시지리학자 마이클 파치오니의 설명에 따르면, 물리적 단위로서 어반은 ① 인구 규모, ② 경제 기반, ③ 행정단위, ④ 기능에 근거해 공간적 범위로 정의되는 경향이 있다(M. Pacione, 2009, *Urban Geography: A Global Perspective*, Routledge, Ch.2). 인구 규모와 관련해 인구수나 인구밀도의 기준이 사용되는데, 이러한 기준은 국가와 지역마다 다르다. 경제 기반 요건에서는 비농업적 활동의 종사자 규모나 비율이 이용되고, 행정단위는 국가에서 법과 제도로 정하는 기준에 의한 것이다. 마지막으로, 경계로 정하기 어려운 기능적 관계를 기준으로 어반의 범위가 정의되기도 하는데, 여기에서는 통근량과 통근권 데이터가 주로 이용된다. 미국의 메트로폴리탄 통계지역은 기능적 도시지역의 사례라 할 수 있다. 이처럼 물리적 단위와 범위에 초점을 맞춰서 명백함을 추구하는 어반의 개념에 비해, 시티는 훨씬 더 복잡한 개념이다. 기본적으로 **시티**는 "경제적 생산과 소비의 중심, 사회적 네트워크와 문화적 활동의 무대, 정부와 행정이 들어선 곳"을 아우르는 개념이다(Pacione, 2009, 32). 따라서 시티는 정량적 단위, 규모, 범위를 넘어서 정성적인 측면까지 고려하는 개념이라 할 수 있다. 특히, 경제, 사회, 정치, 문화의 측면에서 도시적 삶의 양식을 강조한다. 이러한 관점에서, 시티로서 도시는 시카고학파 도시사회학자 루이스 워스가 제시한 **어바니즘**(urbanism) 개념과 일맥상통한다. 워스는 20세기 초반 시카고의 모습을 통해서 어바니즘을 하나의 삶의 양식으로 이해하며, 전통적 커뮤니티의 와해, 익명의 타인과의 근접한 생활, 개인적 삶의 파편화, 도덕적 질서의 변화, 사회·경제·문화적 삶의 다양화 등을 경험하는 장소로서 시티의 모습을 강조했다.

C 인문지리학자 앤 마커슨은 1990년대 후반과 2000년대 초반 사이에 애매모호하고 비일관적인 개념들의 난립을 비판하면서, 이들을 **퍼지** 개념으로 통칭했다. 그녀에 따르면, 퍼지 개념은 "둘 이상의 대안적 의미를 가지고 있어서 독자가 쉽게 식별하여 [연구, 이해, 설명 등에] 적용할 수 없는 개체, 현상, 과정을 제시하는 개념"이다(Markusen, 2003, "Fuzzy concepts, scanty evidence, policy distance: The case for rigour and policy relevance in critical regional studies," *Regional Studies*, 37, 702). 한 마디로, 퍼지 개념은 명확성이 부족해 조작적으로 활용하기 어려운 개념이란 뜻이다. 정의의 다양성, 이질성, 비일관성을 감안하면, 도시도 퍼지 개념이라 할 수 있다. 마커슨은 퍼지 개념을 부정적으로 인식하지만, 개념의 퍼지한 성격은 본질적으로 나쁘게만 볼 수는 없다. 다양한 관점을 가진 많은 사람들의 관심을 집중시켜 담론과 실천의 공동체를 형성하는 기능을 할 수 있기 때문이다. 이러한 공동체는 새로운 발견과 혁신을 자극하는 기능도 한다. 따라서 개념적 퍼지성(fuzziness)을 부인, 회피, 거부의 이유로 여길 것이 아니라, 관심, 도전, 탐구의 자극으로 삼는 것이 더욱 현명한 일일 것이다. 도시지역의 개념적 모호성 때문에 이에 대한 관심을 접는다면, 무슨 득이 있겠는가?

혁신의 센터이며 권력과 경제활동이 공간적으로 집중한 곳이기 때문에, 이런 측면들도 도시가 무엇으로 구성되는지에 대한 정의에 포함되어야 한다.

　한 마디로, 도시는 대규모 인구를 보유하며 경제 · 사회 · 문화 · 정치적 역할을 담당하는 장소이다. 그렇지만 도시가 무엇인지, 보다 구체적으로 도시의 지리적 범위가 어떻게 되는지를 정의할 때 많은 문제가 발생할 수 있다. 도시의 경계를 정의하는 단일한 표준과 기준이 존재하지 않기 때문이다. 실제로 같은 장소에 대하여 여러 가지 경계가 있을 수 있다. 우선, 도시는 하나의 지리적 스케일을 가진 행정 경계로 정의될 수 있다. 하지만 보다 광범위한 지역적 스케일에서 도시를 둘러싸고 있는 **연속도시지역**(contiguous urban area)이 형성되기도 한다. 연속도시지역 현상은 **도시집적**(urban agglomeration)으로 불리기도 한다.[D] **메트로폴리탄 지역**은 인근지역과의 사회 · 경제적 연결로 정의되는데, 이는 통근 연결망으로 구체화해 측정할 수 있다.

　이러한 경계의 선택은 한 장소의 인구에 대해 중요한 함의를 가진다. 예를 들어, $630km^2$의 면적을 차지하는 캐나다 온타리오주 토론토의 2016년 인구는 270만 명이었다.[3] 그러나 이 정의는 토론토를 둘러싸고 있는 여러 커뮤니티와 이들 간의 연계를 고려하지 못한다. 이런 커뮤니티를 포함해 형성된 토론토 '센서스 메트로폴리탄 지역(CMA)'의 인구는 2016년 590만 명에 이르렀다. 핵심부의 토론토를 중심으로 형성된 토론토 CMA의 면적은 $5900km^2$에 이른다. 도시지역의 범위를 골든호스슈 지역까지 확장하면 인구는 약 780만 명이 된다. 골든호스슈는 경제적 상호의존성과 교통망으로 정의되는 도시지역으로, 면적은 1만 km^2가 넘는다.[E]

도시화의 역사

도시는 지난 수천 년 동안 존재해왔지만, 과거 도시의 형태, 기능, 성격은 오늘날의 도시와 크게 다르다. 이 절에서는 도시의 역사적 진화과정을 소개한다.

도시의 기원

도시화의 역사는 농업과 관련된 초기 정착의 시대까지 거슬러 올라간다. 초기의 도시화는 **원생**

[D] **연담도시**(conurbation)도 연속도시지역 형성을 지칭하는 용어로 쓰이기도 한다. 연담도시는 로테르담–헤이그–암스테르담–위트레흐트를 잇는 네덜란드의 란트스타트나 독일 루르 지역의 연결된 도시집단을 재현하기 위해 등장했던 개념이다. 특정한 지역에 나타났던 맥락 특수적인 도시화 현상과 과정을 재현하는 용어였다는 뜻이다. 그러나 오늘날에는 보다 일반적인 수준에서 여러 도시가 교통로를 따라 일정한 수준의 밀도를 유지하며 연결되어 있는 도시화의 공간적 형태로 광범위하게 정의된다(한국도시지리학회, 2020, 『도시지리학개론』, 법문사, 114~116). 이와 관련된 용어로 이 장의 뒷부분에서는 메가폴리탄 시티 개념에 주목한다.

[E] 골든호스슈 지역은 캐나다 온타리오주 남부의 광역화된 도시–지역을 일컫는 지리적 용어이다. 골든호스슈로 불리는 이유는, 도시–지역의 형태가 온타리오호의 북중부부터 남서부까지 감싼 말발굽 형태이기 때문이다. 이 지역은 행정구역상으로 온타리오호 북중부 피터버러와 노섬벌랜드 카운티에서부터 남서부 나이아가라 지역에까지 이른다.

도시(protourban)를 낳았는데, 오늘날 도시가 정의되는 방식과는 달랐다. 초기 도시화는 기원전 3500~3000년경 비옥한 초승달 지대와 유프라테스–티그리스강 유역에서 시작되었다. 식량 생산과 공급 덕분에 사람들이 이곳에 정착하고 인구밀도가 높아지며 도시가 출현했던 것이다. 기원전 2500년경에는 인더스강 유역, 기원전 1800년경에는 중국에서도 도시가 나타나기 시작했다. 오늘날 기준에서 이러한 초기 도시의 수는 매우 적었고 비율도 낮았다. 일례로, 고대 로마의 인구는 50만 명 정도였을 것으로 추정되지만, 아테네를 비롯한 다른 도시들의 규모는 훨씬 더 작았다. 두 경우 모두, 사람들 대부분은 농촌지역에서 자급자족형 농부로 살았다.

고대 사회에서 도시의 성장은 다양한 사건과 과정이 결합해 나타났던 현상이다. 이러한 초기 도시지역의 기원에 대한 설명은 세 가지로 요약할 수 있다. 첫째, **잉여 이론**(surplus theory)에서는 농업 잉여가 나타난 후에 도시가 출현했다고 주장한다. 우선, 인더스강 유역이나 비옥한 초승달 지대처럼 물의 관개와 농업 생산이 가능한 지역에서 농업 잉여가 발생했고, 이에 따라 토지에 의존하지 않아도 되는 잉여 노동력이 생겨났다.[F] 이러한 잉여 노동력은 농업 대신 수공업, 종교, 통치 등 다른 업무에 전문화할 수 있었다. 잉여 이론에서는 비농업 노동자들이 함께 모여 최초의 도시를 형성했다고 설명한다. 둘째, **공공재로서 도시**에 기초한 설명에서는 종교 또는 안보와 같은 정부 서비스의 결과로 사람들이 모이게 되면서 도시가 성장했다고 설명한다. 실제로 고대의 많은 도시는 신의(또는 신들의) 역할을 표현하는 방식으로 조직화되었다. 그러면서 지배하는 종교의 이미지가 사람들의 일상에 투사되도록 하였다. 마찬가지로, 안보와 군사적 목적을 가지고 요새와 은신처로서 진화해 발전한 도시도 있다. 이런 곳에서 안보는 정부가 인구에게 제공하는 공공재의 기능을 했다. 셋째, **거래와 무역의 중심으로서의 도시**의 기원을 설명하는 관점에서 도시가 교역의 중심으로 출현한 점을 강조한다. 잉여 이론과 달리, 이 관점에서는 도시가 먼저 성립하고 이것의 결과로 농촌개발이 나중에 진행되었다고 본다. 도시가 성장하게 되면서 도시인구에게 식량을 공급할 배후지가 필요해졌기 때문이다. 도시의 기원이 무엇이든지 간에, 사망이 출생보다 많을 수 있었던 시대적 맥락에서 초기 도시는 이주민의 유입에 의존해 인구를 유지할 수 있었다. 도시 외부의 대규모 인구는 도시 거주자에게 식량과 재화를 제공하는 역할을 했다. 그러나 초기 도시 대다수는 전쟁, 질병, 제국의 멸망 등의 이유로 몰

[F] 이와 같은 농업 잉여 이론에서 수자원과 관련된 부분을 따로 구분하여 도시의 기원을 설명하는 **수력 이론**(hydraulic theory)도 있다. 이 이론에 따르면, 농업 생산과 잉여 발생에서 수자원 관리의 역할이 가장 중요했으며, 치수의 효율성과 효과성을 위해서는 (제방, 저수지, 배분 시스템의 구축 및 관리와 관련된) 기술의 발전, 풍부한 노동, 그리고 기술과 노동을 관리하고 운영할 수 있는 계급 기반의 사회구조가 필요했다. 이러한 수자원 관리의 사회적 요구에 따라, 기술자, 노동자, 관리자가 한데 모여 초기 도시를 형성하고 관료제와 계층에 기반한 도시 사회를 조직해 나갔다는 것이 수력 이론의 핵심이다. 이와 관련해 다음의 논문을 참고하자. 신정엽·김감영, 2020, "지리학 관점에서 도시기원 이론의 비판적 고찰", 『한국지리학회지』, 9(2), 341~357. 이 논문에서는, 뒤에서 소개하는 공공재로서 도시는 사회·문화적 관점, 거래와 무역의 중심으로서 도시는 경제적 관점으로 설명한다. 도시의 기원을 비롯한 도시의 역사적 진화과정에 대해서는 다음의 문헌도 이해에 도움이 된다. 한국도시지리학회, 2020, 『도시지리학개론』, 법문사, Ch.2.

락하고 말았다. 이에 따라 도시인구는 농촌으로 되돌아가기도 했다.

상업자본주의와 도시

중세 초기에 도시와 타운은 거의 존재하지 않는 것이나 마찬가지였다. 당시의 유럽은 주로 봉건왕국으로 구성되어 있었다. 일부의 소규모 타운은 대학, 방어, 행정의 중심지 기능만 했다. 인구 대부분은 농촌지역에 살면서 자급자족 농업 생산에 참여했기 때문에, 도시의 성장은 매우 느렸다. 식량과 다른 기초 상품의 교역이 이루어지면서 타운은 **상업자본주의**(merchant capitalism)의 중심지로 기능했다. 하지만 타운과 도시화된 인구의 규모는 여전히 매우 작았다. 15세기와 17세기 사이에 상업자본주의가 성장하면서 도시의 기본적 기능은 상업의 중심지 역할로 변화했다. 과학혁명과 식민지 탐험이 시작되며 도시의 발전은 더욱 촉진되었다. 식민지의 물품을 착취하여 유럽의 중심지에서 부가 축적되었기 때문이다. 이런 상황에서 무역을 통제하던 도시가 가장 빠르게 성장했다. 아프리카와 아메리카를 포함한 신대륙의 탐험과 식민화는 상업, 무역, 정치적 권력의 장소로서 유럽 도시의 역할을 더욱 강화했다. 다른 한편으로, 유럽의 식민주의는 유럽의 도시 패턴을 전 세계로 이전하며 세계의 주변부 지역에서 도시화를 이끌었다. 델리나 멕시코시티처럼 일부 도시에서는 기존의 정착지와 관계 속에서 도시화가 진행되었다. 다른 한편에서, 행정이나 군사의 기능처럼 식민지 권력에 봉사하는 새로운 도시가 만들어지기도 했었다. 뭄바이, 홍콩, 나이로비 등이 그러한 도시에 해당한다.

산업혁명 이후

상업자본주의의 성장에도 불구하고 도시의 규모는 여전히 작았다. 예를 들어, 런던에 거주하는 잉글랜드 인구는 1600년과 1800년 사이에 2%에서 10%로 단지 8%만 증가했다. 그래도 런던은 당시 유럽에서 가장 큰 도시였지만, 도시인구는 100만 명에도 미치지 못했다.[4] **산업혁명** 이후에 대영제국이 성장하고 나서야 런던의 인구가 빠르게 성장할 수 있었다. 어쨌든, 1800년까지 도시지역에 거주하는 사람은 세계 인구의 5% 미만에 불과했다. 산업혁명이 정주 패턴을 지배하면서 빠르게 변화하기 시작했다. 변화는 유럽에서 시작되었고, 그다음에 전 세계로 퍼져갔다. 경제가 서서히 변화함에 따라, 도시의 생산이 늘어났고 정치·경제적 입지가 강화되면서 도시가 배후지를 지배하기 시작했다.

1700년대 후반 영국에서 시작된 산업혁명은 인간의 정주 패턴에 엄청난 영향을 미쳤다. 특히, 생산 방법의 변화, 기계화로 인한 농업 노동력의 수요감소, 산업적 방법의 도입, 무역의 확대가 중대한 변화를 이끌었다. 우선, 산업혁명의 결과로 농업 생산이 기계화되면서 토지에서 일하는 노동자에 대한 수요가 줄었다. 그 대신, 제조업에서 고용의 기회가 많아졌는데, 이들은 주로 도시지역에 있었고 결과적으로 최초의 **근대 도시**(modern city)가 잉글랜드에서 출현했다.

산업은 교통, 노동, 인프라가 밀집한 도시에 의존할 수밖에 없었고, 이에 새로운 기회와 임금을 좇아 도시로 몰려드는 사람들이 많아졌다. 그러나 생산의 변화와 산업화에도 불구하고, 도시는 비교적 느린 속도로 성장했다. 대부분의 인구는 계속해서 농촌지역에 살았고, 새로운 도시의 사망력은 여전히 높았다. 그래서 도시는 인구의 자연증가만을 가지고 성장을 유지할 수 없었다.

산업화가 영국으로부터 확산되면서 도시의 개념도 따라갔다. 그러나 근대적 도시화가 시작된 것은 19세기에 이르러서였다. 산업화가 진행되고 나서야 도시지역에서 노동의 수요가 증가했고, 사망률이 감소하면서 인구가 빠르게 증가했다. 심지어 미국에서도 1820년까지 도시화의 과정은 서서히 진행되었다. 당시에 단지 7%의 미국 인구만이 도시지역에 거주했다. 도시화가 가속화된 것은 그 이후의 일이었다. 1930년대 대공황 시기와 제2차 세계대전 동안에 도시화 속도는 또다시 느려졌고, 1950년대 이후에나 회복했다. 세계적으로 도시는 상업과 무역의 중심으로서 경제적 기반을 강화하면서 성장했다. 제조업과 생산이 성장하면서 노동 수요가 많아졌기 때문이다. 도시의 경제력이 성장하면서, 대규모 인구와 지역의 통제가 가능하도록 도시의 정치적 권력도 커졌다.

도시의 경제적, 정치적 역할은 오늘날에도 계속되고 있지만, 방식은 다르다. 과거의 도시는 새로운 제조업을 통해서 일자리를 공급했고, 이러한 역할은 농촌지역에서 수요가 없어진 노동자들로 채워졌다. 더 많은 노동자가 모여들면서, 글래스고, 맨체스터, 버밍엄, 셰필드를 비롯한 영국 도시의 산업 기반은 더욱 성장했다. 산업과 노동자가 도시에 집중하면서 규모의 경제가 창출되었다. 비용이 줄어들었고 제조업의 수익은 증가했으며, 대규모 노동력 풀이 형성되면서 고용주들이 인력을 구하는 일도 쉬워졌다.

오늘날의 글로벌화된 후기산업 세계에서 도시는 여전히 인구를 유인하는 정주의 중심으로 기능하지만, 이들의 역할과 기능은 계속해서 변하고 진화한다. 개발도상국 세계의 도시에서는 산업화와 상업활동이 혼재되어 있다. 그러나 선진국 도시 대부분은 전통적인 산업 기반을 상실하고 **서비스 경제**로 전환되었다. 은행과 금융, 의료, 지식 경제 분야에서 많은 고용의 기회를 제공하는 곳으로 변했다는 이야기다. 이런 도시는 예술과 문화의 중심으로서 이른바 **창조계층**의 근거지 역할도 한다.[5] 오늘날 창조계층은 도시성장과 발전의 기반이 되었다. 선진국과 개발도상국 모두에서, 도시는 다른 곳에서 이용이 불가능한 소비와 사회적 기회를 제공한다. 이렇게 해서 형성된 **규모의 경제**와 **집적 경제**는 도시가 경제발전을 지탱하고 이주민을 유치하는 데 도움을 준다.[6] 도시의 집적 경제는 일반화되었거나 전문화된 경제활동의 지리적 집중으로 인해서 생겨난다. 산업 간 지식의 교류, 공공재와 인프라의 공유, 노동자와 고용주 간의 일자리 매칭, 다양한 고용의 기회, 관련된 공급자와 구매자의 성장 등을 통해서 집적의 이익이 촉진된다. 한 마디로, 도시는 변화가의 '눈부신 불빛'의 힘으로 사람들을 유치하고 보유하는 일을 계속하고 있다.

도시의 인구성장 메커니즘

도시의 주요 성장 메커니즘은 세 가지로 요약된다. (출생자 수가 사망자 수보다 많은) 자연증가, (유입인구가 유출인구보다 많은) 순유입, 국제이동이 그에 해당한다. 우선 자연증가와 관련해, 역사의 대부분 동안 도시지역의 사망력은 농촌보다 높았다. 높은 인구밀도와 열악한 위생 때문에 콜레라 같은 전염병이 도시에서 빠르게 전파되었기 때문이다. 그러나 농촌지역의 과잉 노동이 유입되는 도시는 인구를 유지할 수 있었다. 그리고 상수도, 위생, 의료 서비스가 제공되기 시작하면서, 도시의 사망률이 농촌지역보다 낮아졌다. 결과적으로, 자연증가와 인구 유입에 힘입어 도시에서, 특히 출생률이 여전히 높은 개발도상국 도시에서 인구가 성장하게 되었다. 이는 인구변천 이론에 상응하는 변화의 모습이라 할 수 있다.

오늘날과 마찬가지로, 과거에도 이주민은 일자리를 찾아서 도시로 향했다. 이는 에른스트 게오르크 라벤슈타인이 이미 1889년에 주목했던 사실이다(이 책의 7~8장 참고).[7] 이주민이 **도시계층**의 상위로 이동하면서 도시성장이 촉진된다. 라벤슈타인은 1885년 영국의 상황에 대하여 다음과 같은 설명을 제시했다.

> 대부분의 이동은 단거리에서 발생한다. … 이것은 이주의 이동에서 자연스러운 결과이다. … 빠르게 성장하는 타운 주위의 시골 사람들은 바로 그 타운으로 몰려든다. 이렇게 해서 남겨진 농촌인구의 공백은 훨씬 더 외진 곳에서 유입된 이주자가 채운다. 이것은 영국의 가장 외진 곳에서 가장 빠르게 성장하는 도시의 흡인력이 작용할 때까지 계속된다.[8]

다시 말해, 이동은 도시계층의 단계를 거쳐서 보다 큰 규모의 중심지로 발생하며 결국에는 가장 큰 도시들의 성장이 촉진된다.

이러한 라벤슈타인의 이동 이론은 윌버 젤린스키의 **이동변천**(mobility transition) 가설로 계승되었다.[9] 그러나 젤린스키는 최근의 이동성 변화까지 고려하고 반영하였다. 도시의 성장과 변화의 관점에서, 젤린스키는 국내이동 패턴은 국가 경제가 발전하며 진화한다고 주장했다. 예를 들어, 이촌향도(농촌–도시) 이동은 산업화와 관련된다. 이후에 경제와 도시 체계가 발전하면, 이동의 패턴은 변화하고 도시–도시 이동이 지배하게 된다. 이동은 대체로 계층을 따라 보다 큰 도심을 향한다. 그러나 최종 단계에서는 대부분 선진국에서 이동이 도시계층의 아래 방향으로, 즉 큰 도시에서 작은 규모의 도시지역이나 농촌지역으로 향하는 현상도 나타난다.

자연증가, 국내이동, 국제이동이 겉으로는 구별된 사건처럼 보이지만 중첩되어 있고, 이를 통해 도시의 성장이 촉진된다. 특히 이주는 도시지역에서 인구성장의 직접적 요인으로 작용하고 있다. 실제로 뉴욕, 시카고, 로스앤젤레스를 비롯한 미국의 최상급 대도시들은 이주에 전적으로 의존해 인구성장을 유지한다. 인구의 상당 부분이 도시를 떠나 교외나 근교지역으로 유출되었기 때문이다. 이와 달리 이주민들은 도시지역으로 이끌린다. 뉴욕, 로스앤젤레스, 런던 같은 주요 이주민 유입 도시에서는 민족 공동체(커뮤니티)와 **엔클레이브**의 존재가 이주민에 대한 도시의 매력을 강화한다. 이러한 공동체는 새로운 이주민들의 경제적, 사회적, 문화적 통합을 지원하는 기능을 한다. 반면, 국내이동은 상황에 따라서 도시지역의 성장뿐만 아니라 쇠퇴의 핵심 요소로 작용할 수 있다.

도시로의 순이동은 연령대별로 다르게 나타난다. 런던의 유입 및 유출 인구 분석에서 양(+)의 순이동은 20대 사이에서 두드러졌다. 고용, 일자리, 엔터테인먼트를 찾아 움직이는 20대 이동자가 많기 때문이다. 반대로, 대부분의 연령집단은 가족의 수요조건 변화에 따라 도시를 떠나는 것으로 나타났다. 이러한 이동의 패턴은 대도시에서 거의 비슷하지만, 다른 이동의 패턴을 보이는 도시도 있다. 리버풀, 셰필드, 뉴캐슬, 노팅엄에서는 대학생 연령의 이동자 사이에서 양(+)의 순이동을 보이지만, 20대 인구 전체에서는 음(-)의 순이동이 나타난다. 졸업 이후에 많은 이들이 런던지역으로 이동하기 때문이다. 이런 도시에서는 런던과 마찬가지로 30~40대 인구가 도시 인근의 교외나 근교로 옮겨간다. 가족의 주택 수요 변화에 따라 선택지가 달라졌기 때문이다.[10]

런던이나 리버풀과 같은 도시에서 나타나는 인구의 유입과 유출을 통해서 도시의 역동적 성격과 계속된 진화를 확인할 수 있다. 도시지역에 거주하는 글로벌 인구의 비율은 계속해서 증가해왔고 앞으로도 그럴 것이다. 그러나 도시의 성장은 일관적으로 주어진 현상이 아니다. 뒤에서 논의하는 것처럼, 도시 대부분은 지난 몇십 년 동안 인구가 도심을 떠나는 **탈중심화**를 경험하고 있다. 1970년대에는 메트로폴리탄 지역이 아니라 비메트로폴리탄 지역의 인구가 증가했다. 이러한 인구이동은 **역도시화**로 알려져있다. 역도시화는 대도시 중심부의 인구성장률이 하락하고 농촌지역이나 비메트로폴리탄 지역에서 인구성장률이 증가하는 현상을 말한다. 이는 수십 년 동안 이어져온 이촌향도나 교외화와는 다른 인구이동의 패턴이다. 고용, 어메니티, 은퇴의 변화가 그러한 인구이동에 영향을 주었다. 역도시화는 1970년대에 처음으로 등장했고 1990년대 말에 또다시 나타났다. 선진국에서 처음 관찰되었을 때, 이것을 포스트모던 차원의 새로운 이동변천으로 여기는 사람들도 있었다. 보다 최근에는 여러 도시에서 인구가 '축소되는' 현상도 나타나고 있다. **축소도시** 개념에 대해서는 다른 절에서 상세히 살필 것이다.

오늘날의 도시화

아마도 2008년은 세계의 도시화 역사에서 가장 중요한 해였을 것이다. 세계 인구의 절반 이상이 도시지역에 산다고 예측되었기 때문이다. 불과 50여 년 전만 해도 도시인구의 비율은 30% 미만이었다. 매우 짧은 기간에 발생한 인상적인 변화라 할 수 있다. 그러나 도시화의 수준은 지역마다 다르게 나타난다. 이를 배경으로, 이 절에서는 선진국과 개발도상국 세계에서 나타나고 있는 도시화의 현황을 특징, 패턴, 결과를 중심으로 폭넓게 살펴본다.

선진국 세계

선진국 세계의 도시화는 거의 포화된 상태에 도달했다. 앞에서 언급한 것처럼 선진국의 도시화 속도는 0.5% 수준으로 매우 낮아졌다. 대부분의 선진국은 젤린스키의 **이동변천** 단계를 이미 거쳤다. 변방 개척 이동과 이촌향도의 단계는 아주 오래전의 일이었다는 이야기다. 선진국 세계는 고도로 도시화되었지만, 도시지역은 계속해서 성장하며 변화한다. 여기에는 네 가지의 특징적인 경향이 있다. 첫째, 도시 간 이동이 가장 중추적인 힘이다. 이촌향도보다 도시지역 간의 인구이동이 두드러진다는 뜻이다. 그리고 이러한 이동이 인구 변화의 가장 중요한 원천으로 작용한다. 이는 젤린스키의 이동가설과 일치한다. 둘째, 도시지역에 사는 사람들의 비율도 꾸준히 증가하고 있다. 2050년까지 북아메리카, 라틴아메리카, 카리브해 지역에서 도시화율은 90%에 이를 전망이다. 같은 해 유럽 인구의 85%가 도시지역에 거주하게 될 것이다. 셋째, 선진국 대부분에서는 일정 정도의 **탈중심화** 현상도 나타나고 있다. 사람들과 일자리가 도심을 떠나 교외와 근교지역, 또는 도시-농촌 경계부로 향한다는 뜻이다. 사회적, 정치적, 경제적 요인에 따른 탈중심화 때문에, 도시의 밀도는 낮아지고 분산의 경향이 더욱 뚜렷해지고 있다. 인종 간 갈등, 교육과 레크리에이션, 고속도로와 접근성 개선, 주거비용 등이 그러한 변화에 영향을 미치는 구체적 요인에 해당한다. 넷째, 저렴한 자동차 연료비용도 장거리 통근과 탈중심화를 가능하게 한 요인이었지만, 앞으로는 연료비 상승이 거주지 입지 선정에 큰 영향을 미칠 수 있다. 인구밀도를 높이고 직장-주거의 거리를 좁히는 방향으로 거주의 패턴이 변할 수 있다는 뜻이다.

개발도상국 세계

개발도상국 세계에서 도시지역 인구의 비율은 선진국 세계보다 훨씬 더 낮다. 그러나 개발도상국에서 도시화 속도는 매우 빠르다. 도시화 속도는 아프리카와 아시아에서 가장 높게 나타난다. 이러한 개발도상국 세계의 도시화 추세와 전망은 네 가지로 요약된다. 첫째, 개발도상국에서 도시지역은 계속해서 빠르게 성장할 것이다. 인구가 많고 빠르게 성장하기 때문에, 개발도상국에서는 계속된 도시성장의 전망이 우세하다. 이는 (유입인구가 증가하는) **사회적 증가**와 (출생자 수가 사망자 수를 초과하는) **자연증가** 두 가지 모두의 형태로 나타날 것이다.

둘째, 개발도상국의 인구는 100만 명 이상의 대도시에 집중해 성장할 것이다. 인구 1000만 명 이상의 **메가시티(거대도시)**도 늘어나게 된다. 이러한 메가시티로 일자리와 기회를 찾아 움직이는 이동이 대규모로 발생하면서 메가시티는 경제적으로도 중요해질 것이다. 상당수의 메가시티는 아시아에 있으며, 벵갈루루, 방콕, 자카르타 등이 그런 도시에 속한다.

셋째, 개발도상국 세계는 다양한 도시지역의 근거지가 될 것이다. 그래서 개발도상국에서 도시화와 도시 변화를 광범위하게 일반화하기는 어렵다. 2020년을 기준으로 라틴아메리카와 카리브해 지역처럼 개발도상국 세계 내에서도 상대적으로 더 발전한 곳에서는 79%의 인구가 이미 도시에 거주한다. 반면, 아프리카에서는 도시화율이 43%에 불과하다. 부룬디, 말라위, 니제르, 르완다 등의 저개발 국가에서 도시화율은 20% 미만이다. 세계적인 대도시가 많은 아시아에서도 도시화율은 51%밖에 되지 않는다. 인도 인구의 35%, 중국 인구의 61%만이 도시지역에 살고 있다. 그러나 중국의 도시화 속도는 매우 **빠르다**. 1985년까지만 해도 중국의 도시지역 인구는 전체의 30% 정도였다. 중국에는 국내이동을 제한하는 **호적제[후커우(Hukou)]**가 있지만(이 책의 11장 참고), 시장 경제로의 전환이 빠르게 일어났기 때문이다. 또한, 중국은 도시의 필요성 때문에 200개 이상의 신도시를 건설했다. 무엇보다, 인구의 신속한 도시화를 촉진하고 해안지역의 경제성장을 내륙지역으로 재분배하려는 이유가 중요했다. 그러나 맨땅에 새로 건설된 중국 도시 중 상당수는 비어있다. 기대되는 수요를 초과해 새로운 주거 공간을 너무 많이 건축했기 때문이다.[11] 한 언론 보도에 따르면, 2019년 기준 중국에는 50여 개의 유령 도시가 존재하고 있었다.[12] 한편, 방글라데시, 인도, 파키스탄과 같은 국가는 험난한 도시화의 도전적 상황에 직면해있다. 현재 인도 인구의 65%는 농촌지역에 살고 있지만, 2050년까지 도시인구의 비율이 52% 이상으로 높아질 전망이다.[13] 최빈개도국의 많은 도시에서는 투자가 부족하다. 네트워크가 결핍된 거대한 종주 도시가 지배하는 국가도 있다. **종주 도시**(primate city)는 **도시계층** 내의 다른 도시에 비해 과도할 정도로 규모가 큰 도시를 말한다.[G]

넷째, 개발도상국 세계의 많은 곳에서 도시화는 무계획 정착지와 **무허가 정착지**의 문제를 낳았다.[H] 농촌지역 인구가 대량으로 유입되지만 인프라가 열악한 상황에서 도시화가 빠르게 진

[G] 다음 두 가지 조건을 동시에 만족할 때 종주 도시라 불린다. 첫째, 특정한 국가에서 인구가 가장 많은 도시, 즉 수위 도시이어야 한다. 둘째, 이 수위 도시의 인구가 2위 도시의 2배 이상이어야 한다. 그러나 인구 이외에도 국가 내에서 경제적, 정치적, 문화적 영향력을 근거로 도시의 종주성이 언급되기도 한다.

[H] 무허가 정착지는 불법 주택지대, 불법 점유지 등으로 불리기도 한다. 이는 **슬럼**의 한 가지 형태로, 소유권이나 허가 없이 국가나 정부 기관 소유의 공유지를 점유하고 주택을 건축하여 조성된 주거지를 말한다. 합법적 소유자의 토지를 임대하여 규제 기관의 허가 없이 건축물을 지은 경우는 준합법적 구획으로 불린다. 무허가 정착지와 준합법적 구획은 개발도상국 세계에서 전형적으로 나타나는 슬럼의 형태이며, 유엔해비타트는 이들을 희망의 슬럼으로 범주화했다. 저개발의 열악한 사회·경제적 상황이지만 도시가 발전하는 과정에서 개인과 집단이 자신의 처지를 극복해 나아가는 단

행되었기 때문이다. 이러한 도시는 지역 간 격차의 증가, 도시 인프라의 결핍, 열악한 보건, 자원의 오염 등의 문제에도 직면해있다. 신속한 도시화 때문에 정부는 기초 의료 서비스나 상수도와 같은 인프라를 적절하게 준비해 제공하지 못한다. 환경오염, 영양결핍, 열악한 주택은 건강 악화의 결과로 이어지기도 한다.[14] 이러한 상황은 농촌지역에 비해 도시지역이 보건과 의료의 이점을 가지고 있는 상태인데도 나타난다. 실제로 개발도상국에서도 의료를 비롯한 여러 가지 자원이 도시지역에 집중해있다.[15]

메가시티

세계 인구의 56%가 도시지역에 살고 있지만, 대부분의 사람들은 소규모 타운이나 마을에 거주한다. 단지 24%만이 인구 100만 명 이상의 도시에서 살아간다. 인구 1000만 명 이상의 **메가시티**에 사는 사람들의 비율은 6.9%로 더욱 낮다. 메가시티(거대도시)의 수는 1985년 8개에서 2018년 33개로 증가했다.[16] 2030년까지 전 세계 메가시티의 수가 43개로 증가할 것이란 전망도 있다. 빠르게 성장하는 최대 규모의 도시들은 대부분이 개발도상국에 있다(표 10.1). 그러나 1950년에는 가장 큰 세 도시가 선진국에 있었다. 인구 1200만 명의 뉴욕이 세계에서 가장 큰

표 10.1 1950년과 2018년의 세계 10대 도시집적

1950년		2018년	
도시집적	인구(100만 명)	도시집적	인구(100만 명)
뉴욕(미국)	12.3	도쿄(일본)	37.5
도쿄(일본)	11.3	델리(인도)	28.5
런던(영국)	8.4	상하이(중국)	25.6
상하이(중국)	6.1	상파울루(브라질)	21.6
파리(프랑스)	5.4	멕시코시티(멕시코)	21.5
모스크바(소련)	5.4	카이로(이집트)	20.1
부에노스아이레스(아르헨티나)	5.1	뭄바이(인도)	20.1
시카고(미국)	4.9	베이징(중국)	19.6
콜카타(인도)	4.5	다카(방글라데시)	19.6
베이징(중국)	4.3	오사카(일본)	19.3

출처 : United Nations, *World Urbanization Prospects: The 2018 Revision*

계에 형성되었기 때문이다. 이러한 슬럼 거주자에게는 사회 · 경제적 지위의 개선 여지가 있다는 것이다. 반면, 선진국 세계에서 전형적으로 나타나는 내부도시 슬럼과 슬럼단지는 절망의 슬럼으로 일컬어진다. 내부도시 슬럼은 중산층이 교외로 빠져나간 도심 인근 지역에 극빈층의 사회적 약자가 몰려서 형성되며, 이런 곳은 젠트리피케이션의 위협에 시달리는 경향이 있다. 슬럼단지는 빈민을 대상으로 건설한 대규모 공공주택 지구를 말한다. 이러한 절망의 슬럼이 형성되는 과정은 사회 · 경제적 배제, 격리, 차별과 밀접하게 연관되어 있으며, 여기에 거주하는 사람은 빈곤, 마약, 폭력, 범죄 등의 문제에 시달리며 삶의 개선 여지나 희망을 찾기 어렵다(UN-Habitat, 2003, *The Challenge of Slums: Global Report on Human Settlements*, United Nations).

도시였고, 도쿄와 런던의 인구가 그다음으로 많았다. 파리, 모스크바, 시카고도 10대 도시 안에 있었다. 이 중에서 2018년에 10대 도시에 포함된 곳은 인구 3740만 명의 도쿄밖에 없었다. 나머지 10대 메가시티는 전부 개발도상국에 위치한다. 인구 2850만 명의 델리는 2030년까지 도쿄보다 더 큰 도시로 성장할 전망이다. 델리를 비롯한 개발도상국의 메가시티는 다른 도시지역이 경험했던 도시화의 원인과 과정을 통해서 성장했다. 고용과 일자리 전망을 찾아 농촌지역이나 소규모 지역을 떠난 사람들이 몰리며 성장했다는 이야기다. 동시에, 높은 수준의 자연증가율도 메가시티의 인구가 성장하는 원동력으로 작용한다.

한편, 부정적 외부 효과가 발생해 편익보다 비용이 높게 되는 도시의 규모를 정확하게 파악하기는 불가능하다. 그러나 뉴욕, 런던, 도쿄처럼 선진국 세계에서 여전히 제대로 기능하는 도시의 능력을 생각해볼 수는 있다. 어쨌든, 대부분의 신규 메가시티는 개발도상국 세계에서 출현할 것이다. 그러나 이런 도시들이, 그리고 이들이 위치한 국가가 충분한 인프라와 고용의 기회를 제공해 도시의 인구성장을 뒷받침할 수 있을지는 미지수다.

메가폴리탄 시티

메가폴리탄 시티는 서로 다른 복수의 도시가 성장하고 합쳐져 하나의 대규모 도시나 도시의 네트워크처럼 기능한다.[I] 도시지역이 구분되지 않고 끊임없이 나타나는 곳이라 할 수 있다. 미국의 보스턴–뉴욕–필라델피아–볼티모어–워싱턴DC 도시지역을 메가폴리탄 시티의 전형이라고 할 수 있다. 이곳은 주요 도시 이름을 합쳐서 **보스니와시**(BosNYWash) 지역으로 불리기도 한다. 이 밖에, 미국 중서부의 시카고–게리–밀워키, 캘리포니아 남부의 로스앤젤레스–샌디에이고, 캘리포니아 북부의 샌프란시스코–새너제이–새크라멘토 지역도 메가폴리탄 시티가 형성된 사례이다.[17] 메가폴리탄 시티는 국제적인 스케일에서도 나타나는데, 캐나다의 밴쿠버와 빅토리아, 미국의 포틀랜드, 시애틀, 터코마를 잇는 캐스캐디아 지역이 대표적이다. **메가폴리탄**은 미국 인구조사국의 어떠한 도시 정의에도 잘 들어맞지 않는 용어이다(이 책의 9장 참고). 하지만 메가폴리탄은 교통 네트워크, 통근 흐름, 공유된 역사를 바탕으로 통합되고 연결된 광

[I] 이 책에서 메가폴리탄 시티로 소개되는 도시의 형태는 **메갈로폴리스**로 불리기도 한다. 메갈로폴리스란 용어는 도시지리학자 장 고트망이 1960년대에 제시한 용어이다. 고트망은 보스턴에서 워싱턴DC에 이르는 지역, 즉 보스니와시 지역이 광역화된 하나의 도시처럼 작동하는 현상을 지칭하기 위해 메갈로폴리스란 개념을 제안했다. 메갈로폴리스는 도시들이 띠 모양으로 연결된 모습에 착안해 우리나라에서는 거대도시(巨帶都市)로 불리기도 한다. 이 용어를 사용할 때에는 인구 규모의 기준만이 중요한 메가시티를 뜻하는 거대도시(巨大都市)와 혼동하지 말아야 한다. 한편, 도시지리학자 리처드 플로리다는 광역화된 도시–지역을 새롭게 개념화하기 위해 **메가지역**에 주목했다. 플로리다는 연속된 도시–지역을 식별할 목적으로 위성영상을 활용해서 도시 간 연결성을 파악했고, 이런 지역의 인구 규모와 경제적 생산력까지도 고려했다. 그리고 메가지역(메가리전)을 "2개 이상의 메트로 지역을 포함하고 전체 인구가 500만 명 이상이며 연간 3000억 달러 이상의 생산력을 보유한 연속된 불빛의 지역"으로 정의했다. 이에 따르면, 전 세계에는 29개의 메가지역이 존재하고, 분포는 아시아(11곳), 북아메리카(10곳), 유럽(6곳) 순으로 많다(https://www.bloomberg.com/news/articles/2019-02-28/mapping-the-mega-regions-powering-the-world-s-economy).

대한 지역을 형성한다.

이 도시들이 서로 인접했다는 지리적 현실 이외에도 또 다른 중요한 부분이 있다. 메가폴리탄 개념은 오늘날의 도시를 **도시 체계**의 일부로 파악하는 게 낫다는 점을 인식한다. 개별 도시의 차원을 넘어서 광범위한 궤도에서 움직이는 도시 네트워크의 구성원으로 이해한다는 것이다.[18] 이에 도시는 메트로폴리탄 경계를 뛰어넘어 확장된 공간에서 세계적인 기능까지 포함하는 경제적 역할을 한다는 주장의 설득력이 높아지고 있다. 가령, 그 어느 누구도 뉴욕이 세계 경제에 영향을 주지 못한다고 말하지는 못할 것이다. 뉴욕의 금융 부문은 막대한 영향력을 행사하고 있다. 이는 2008년 신용 위기와 금융시장 붕괴 때 확인했던 사실이다. 시애틀, 로스앤젤레스, 런던, 파리를 비롯한 수많은 다른 도시들도 은행, 정부, 산업을 통해서 세계적인 일에 영향을 미치고 있다.⌐

도시화의 결과와 전망

도시는 사회·경제·정치적으로 계속해서 진화하여, 오늘날에는 국가 경제의 원동력이 되었다. 예를 들어, 뉴욕은 은행업과 금융의 국가적 중심이다. 뉴욕이 국가라면 전 세계 20대 경제에 속한다.[19] 영국에서는 런던 메트로폴리탄 지역이 국가 경제의 1/3을 책임진다.[20] 캐나다에서 도시지역은 국가 경제활동의 72%를 담당하고, 6개의 주요 메트로폴리탄 지역이 국가 경제 생산력의 절반 정도를 책임진다.[21] 또한, 도시는 인적자본의 발전소처럼 기능한다. 사람들은 자신이 가진 인적자본에 적합한 도시를 찾아 이동한다. 이러한 이동은 인적자본의 업그레이드 목적으로도 이루어진다.[22] 도시화는 빈곤의 감소와도 연관되어 있다. 국가가 발전함에 따라 농촌지역에서 도시지역으로 이동하는 사람들이 많아지고, 이것은 소득의 증가로 이어지기 때문이다.[23] 도시는 마치 유기체처럼 여러 가지 이슈에 직면하는데, 이 절에서는 격리와 축소의 문제에 주목한다.

격리

소득, 직업, 인종에 의한 주거지 **격리**(segregation)는 도시의 오랜 특징 중 하나이다. 이러한 격리는 세계 곳곳의 다양한 문화에서 관찰되는 현상이기도 하다. 유럽에서는 종교나 이민자에 기

⌐ 이처럼 세계적 스케일에서 경제적 영향력을 행사하는 도시는 **세계 도시** 또는 **글로벌 도시**로 개념화되었다. 세계 도시는 1980년대에 존 프리드먼이 제시한 용어로, 탈산업화를 경험했지만 초국적기업 본사의 입지를 통해서 세계 경제를 관리·통제하는 거점의 역할을 맡는 도시를 지칭한다. 사스키아 사센이 제안한 글로벌 도시는 세계 도시와 유의어로 통용되지만, 둘 간의 중대한 뉘앙스 차이는 있다. 글로벌 도시 개념은 초국적기업보다 금융, 법률, 컨설팅, 광고와 홍보 등 생산자 서비스의 역할에 더욱 많이 주목하기 때문이다[이재열·박경환, 2021, "글로벌도시와 국가: 탈국가화의 글로벌도시 담론 비평," 『한국도시지리학회지』, 24(1), 1~15].

초한 격리가 흔하다.[24] 그리고 미국에서 흑인과 백인 간의 격리처럼, 인종과 민족 차이로 인해 격리가 발생하는 곳도 많다. 미국 도시 내에서 격리는 이동, 교외화, 젠트리피케이션과 밀접하게 관련되어 있다.[25] 제2차 세계대전 이후 **교외화**는 도시 변화의 최선두에 있었다. 고소득층 백인들이 새로운 교외지역을 지배했고, 이곳의 주민들은 일자리가 있는 도심부까지 통근했다. 백인 인구가 교외화하는 동안, 남부의 농촌지역에서 흑인들이 유입되어 시내 중심부에 정착했다. 이렇게 해서 미국은 전 세계에서 격리가 가장 심한 국가가 되었다. 격리는 차별적 모기지 대출과 같은 관행으로 강화되었다.[K] 주택 가격, 인종 폭력, 차별 등도 격리의 중요한 요소다. 격리는 격리된 인구의 기회에도 영향을 준다. 이는 소득, 고용기회, 건강의 차이로 확인되었다.[26]

미국 도시가 진화하면서 과거의 도시 핵심부가 **젠트리피케이션**을 통해서 새로운 활력을 얻었다. 그러나 젠트리피케이션의 결과로 저소득층이 감당할 수 있는 적정 가격 주택이 도심부에서 사라졌다.[L] 과거에 교외화되었던 지역도 점차 다양화되면서, 몇십 년 동안 지속된 격리의 패턴이 변했다. 미국에서 격리의 평균 수준이 낮아졌다는 증거가 있지만,[27] 백인과 흑인 간의 격리는 여전히 높게 나타난다. 특히 흑인들이 많은 도시일수록 격리의 수준이 높다.[28] 마찬가지로, 백인과 히스패닉, 백인과 아시아인 간의 격리도 여전하다.[29] 비교적 작은 규모의 타운과 농촌지역에서도 백인과 히스패닉 사이에서는 높은 수준의 격리가 나타난다.[30]

축소도시

많은 도시에서, 특히 아시아와 아프리카 도시에서 인구성장은 계속되고 있다. 그러나 인구감소를 경험하고 있는 도시도 세계 곳곳에서 적지 않게 찾아볼 수 있다. 낮은 출산력과 높은 기대수

[K] 차별적 모기지 대출은 **레드라이닝**으로 불리는 거주지 게이트키핑 전략과 관련된다. 이 밖에 스티어링과 블록버스팅도 자주 동원되는 게이트키핑 관행이며, 이들은 모두 거주지 격리에 영향을 미친다. 게이트키핑에 대한 상세한 설명은 이 책의 7장에서 관련 내용을 참고하자.

[L] 젠트리피케이션은 내부도시의 저소득층 노동자의 거주지역이 중산층이나 중상층 전문직 종사자의 거주지역으로 변화하는 과정을 뜻한다. 젠트리피케이션의 원인은 복잡하고 다양하지만, 두 가지 방식으로 설명된다. 첫째, 젠트리피케이션은 재개발을 통한 경제적 수익의 기대 가능성 때문에 나타난다. 서구 도시의 경우, 내부도시의 경제적 가치는 백인 중산층의 교외화 이후에 상대적으로 낮은 수준에 머물러있었다. 그래서 이런 곳에서는 재개발을 통해서 높은 수익을 올릴 가능성이 존재하고, 이에 따라 젠트리피케이션이 발생할 수 있다. 도시지리학자 닐 스미스는 이러한 젠트리피케이션의 과정이 저평가된 실제지대와 개발 후에 기대할 수 있는 잠재지대 간의 **지대 격차** 때문에 나타난다고 설명했다. 이는 젠트리피케이션의 경제적 측면에 초점을 맞춘 공급 측 이론화로 이해되기도 한다. 둘째, 젠트리피케이션의 원인은 중산층 인구의 라이프스타일 변화에서도 찾을 수 있다. 대부분의 선진국에서 과거 중산층의 거주지 선택은 넓은 공간, 자녀 교육, 안전에 대한 수요를 바탕으로 교외에서 이루어졌지만, 결혼, 출산, 육아의 연령이 높아지면서 전문직 중산층의 거주지 수요 패턴도 변화했다. 이러한 신흥 중산층의 대표적인 집단으로 청년층 도시 전문직 종사자인 여피와 무자녀의 맞벌이 부부인 딩크가 있다. 이들에게는 자녀의 교육과 안전보다 직장-주거 근접성과 문화적 어메니티 접근성이 거주지 선택에 중요하게 작용한다. 그래서 이들은 전문직 일자리와 어메니티가 풍부한 도심부 거주를 선호하고 이것이 내부도시의 젠트리피케이션을 자극할 수 있다. 이와 같은 사회·문화적 관점에서 신흥 중산층의 수요 측에 초점을 둔 설명은 경제적 과정에만 집착했던 지대 격차 이론의 대안으로 제시되었다. 이런 설명을 주도했던 학자는 인본주의 지리학자 데이비드 레이이다.

명을 가진 국가의 도시에서 인구감소가 두드러진다. 자연재해나 경제적 조건의 악화로 **축소도시**가 나타나기도 한다. 한때 자동차산업의 성장으로 번영했던 미국 미시간주 디트로이트가 축소 도시의 전형이다. 이 도시는 인구감소, 투자 철회, 제조업 오프쇼어링의 희생양이다. 디트로이트의 인구는 1950년 180만 명에서 2010년 71만 3777명으로 감소했다.[31] 2000년과 2010년 사이에만 이 도시의 인구는 25% 줄었다.[32] 자유낙하와 같은 인구감소는 2010년대에도 멈추지 않았다. 2010년 센서스 이후로도 인구는 계속 감소했고, 미국 인구조사국은 2020년 초반 디트로이트의 인구를 67만 2000명으로 추정했다. 제조업, 특히 자동차산업의 쇠퇴를 반영하는 인구 손실이다. 인구감소에는 인종화의 모습도 나타났다. 1960년대 교외지역으로 백인의 탈주가 있었고, 나중에는 흑인도 교외지역으로 이동했다. 반면, 도시 내부로 이동해오는 사람들은 거의 없었다. 2008년 이후의 대침체도 도시인구 손실에 큰 영향을 주었다. 부동산 시장이 폭락하며 압류된 주택이 많아졌기 때문이다.

인구 손실은 디트로이트만의 문제가 아니다. 미국 러스트벨트의 다른 도시들도 2000년과 2010년 사이에 많은 인구를 잃었다. 시카고, 데이턴, 피츠버그, 버펄로 등이 그런 도시에 속한다. 이런 도시에서는 경제가 축소하며 많은 노동자가 일자리를 찾아 도시를 떠났다. 인구 손실은 러스트벨트에서만 나타나는 현상이 아니다. 앨라배마주의 버밍엄 같은 다른 미국 도시들도 같은 기간에 인구감소를 경험했다. 미국 밖에서는 아테네, 나폴리, 부산, 도쿄에서도 낮은 출산력 때문에 인구의 축소 현상이 나타났다. 폴란드, 루마니아, 우크라이나의 도시에서도 인구감소가 나타났는데, 낮은 출산력과 인구유출이 가장 중요한 원인으로 지목된다.

인구감소는 도시에 중대한 도전적 문제들을 안겨준다. 인구가 적어지면, 도시는 세수 기반을 잃고 시민을 위한 서비스와 프로그램을 줄여야 한다. 서비스의 상실은 범죄의 증가로 이어져, 인구가 더 많이 유출되는 악순환의 상황이 조성된다. 이러한 인구유출은 매우 선택적인 경향이 있다. 교육을 더 많이 받은 사람들이, 즉 높은 수준의 인적자본을 보유한 사람들이 가장 먼저 떠난다. 그래서 인구감소에 적응하고, 인프라, 서비스, 주택의 스마트 쇠퇴나 적정 규모화에 초점을 맞출 수 있을지가 오늘날 도시의 관건이 되었다.[33]

결론

앞으로 몇십 년 동안 세계 인구가 엄청나게 증가할 것이다. 이것이 대도시지역에 주는 함의는 엄청나다. 빈곤, 환경오염, 범죄, 계급 갈등, 교통 등의 문제는 이제까지 경험하지 못한 규모로 다가올 것이다. 이러한 상황은 급속한 인구성장, 투자 부족, 무능한 정부에 압박받는 도시에서 더욱 심해질 것이다.[34] 정부가 농촌지역이나 소도시에서 유입되는 인구의 수요에 부응하지 못하면, 상수도, 도로, 전기 등 인프라 시스템은 쇠락을 견딜 수 없다. 실제로 개발도상국 세계의 도시는 엄청난 규모의 인구성장을 경험하고 있고, 이것은 개발도상국이 다가올 도시성장에 적응할 수 있을지에 대한 논쟁을 일으켰다. 자원이 부족하고 경제성장이 느린 상황에서는 갈등과 분쟁의 가능성도 있어 보인다.[35] 낙관론자들은 양호한 거버넌스, 적절한 관리, 투자를 통해서 인구 압박을 견뎌낼 수 있을 것이라 주장한다. 그러나 개발도상국은 그러한 역량이 부족하다. 이 밖에도 근심거리는 많다. 높은 사망력, 낮은 생활 수준, 열악한 주거환경, 자원의 고갈, 빈곤의 증가, 불평등도 도시 문제의 증상이다. 이러한 도시 문제들 때문에 국가마저 약해질 수 있다.

포커스 ## 성장계획

도시 스프롤(urban sprawl)을 통해서 도시지역이 성장하면 도시 주변부에 새로운 인프라를 건설해야 한다. 일반적으로 스프롤은 오래된 내부도시지역을 포기하는 과정이자 결과이며, 도시의 자원과 납세자 모두에게 압력으로 작용하는 아주 값비싼 현상이다. 예를 들어, 스프롤은 개방 공간을 감소시키며 자동차 운전의 필요성을 높인다. 스프롤이 발생하면, 상하수도, 학교, 경찰, 소방서 등을 공급하며 새로운 개발을 세금으로 지원해야 한다. 세금으로 감당할 수 없는 비용은 사용자들이 부담해야 한다. 결과적으로 도시지역, 특히 선진국 세계의 대도시지역이나 메가폴리탄 지역의 계속된 성장 때문에 계획의 필요성에 대한 인식이 높아지고 있다. 스프롤, 교통 정체, 농업용지의 상실 등 인구성장으로 인한 부정적인 효과에 대처하기 위해서다.

이와 관련해 북아메리카에서는 **스마트 성장** 정책에 대한 논의가 부상했다.[36] 이는 도시성장을 어떻게 잘 계획·관리할지에 대한 것이다. 스마트 성장은 지속 가능한 커뮤니티(공동체) 조성과 개방 공간 보존의 목적을 지향한다. 이를 위해 교통을 개선하고 인구밀도를 높여 토지와 자원을 효율적으로 사용하고자 한다. 스마트 성장 정책은 열 가지 계획 원칙으로 구성된다. 여기에는 보행성 개선, 소득층 혼합 커뮤니티, (주거와 상업의) 토지이용 혼합, 압축된 근린지구 등이 포함된다. 스마트 성장은 공간을 채우는 개발과 인구증가를 강조하면서, 제2차 세계대전 이전의 타운과 도시의 자족적인 근린지구를 재창출하려 한다. 이런 곳에서는 시내(다운타운), 주택, 학교, 직장 모두가 걸을 수 있는 범위 내에 있었다. 그러나 스마트 성장은 단순히 과거의 소규모 타운에서 삶의 이미지를 현대화하는 데에만 머물지 않는다. 다양한 스케일에서 커뮤니티 형성의 중요성도 인식한다. 지역 스케일에서, 스마트 성장은 도시 확장, 대중교통 개선, 농지 보존, 환경 보호 등의 이슈에 대처한다. 로컬의 근린지구 스케일에서는 주거 적합성(livability), 개성 있는 커뮤니티, 교통, 주택 선택 등의 이슈를 다룬다.

한 마디로, 스마트 성장은 도시 스프롤 제한, 성장 관리, 살 만한 공동체 창조, 경제성장 촉진, 환경 보호의 목표를 지향한다. 스마트 성장의 필요성에 대한 논란의 여지는 거의 있을 수 없지만, 이런 원리에서 주목하는 선택지와 결과의 명확한 범위가 있다. 다시 말해, 개발업자, 도시계획가, 정치인, 정부 기관은 스마트 성장 원리를 해석하여 그 개념에 걸맞은 요소만을 선정할 수밖에 없다. 이러한 한계에도 불구하고, 스마트 성장 원리는 광범위하게 실행되고 있으며 이에 대해 주목하는 도시계획 관계자도 많아지고 있다. 이어지는 내용에서는 스마트 성장 계획의 전형으로 알려진 미국 오리건주 포틀랜드의 사례를 살펴본다.

오리건주 포틀랜드의 도시성장 경계

도시성장 경계(UGB : Urban Growth Boundary)는 도시지역이 멈추고 농촌지역이 시작되는 곳의 한계를 정하는 방법이다. 도시성장 경계의 주된 목적은 스프롤을 미연에 방지하고 농지와 개방 공간을 보존하는 것이다. 두 가지 목적은 특정한 지역에 개발의 범위를 제한하는 방식으로 추구된다. UGB는 광역 토론토 지역, 워싱턴주 시애틀, 콜로라도주 볼더, 펜실베이니아주 랭커스터 카운티, 미네소타주 미니애폴리스-세인트폴에서 받아들여졌다. 일반적으로 UGB는 계획을 가능하게 하고 도시 스프롤을 줄이며 기존 도시지역을 집약적으로 활용하기 위해 동원된다. 농지나 생태적으로 민감한 지역을 보호하고 성장의 편익을 극대화하는 것도 UGB를 활용하는 이유이다.

오리건주 포틀랜드가 가장 잘 알려진 사례이다. 이 도시는 1970년대 초반부터 UGB를 시행하며 도시 스프롤 통제에 성공한 곳으로 자주 언급된다. 이러한 성과는 재개발정책, 교통정책, 토지이용정책을 적절하게 조합한 결과이다. 오리건주 의회는 1973년 토지이용계획법을 제정하여, 도시와 카운티 정부가 인구성장에 대처하는 장기적 계획을 수립하도록 요구했다.[37] 이러한 요건이 UGB 여부를 판가름하는 가장 중요한 요소이다. 경계는 정적으로 규정된 것이 아니라, 필요에 따라 확대되기도 한다. 자연자원 보호까지 계획서에 포함되어야 하는 규정도 있었다. 이에 따라, 포틀랜드시는 도시성장 경계의 설정이 필요했다. 이것은 워싱턴, 멀트노마, 클래커마스 카운티, 24개 도시, 60개 이상의 특별 서비스 구역이 참여한 과정이었다. 미래인구와 산업성장에 대한 정보도 제공되어야 했다. 경계가 설정된 이후에, 농촌지역을 인구 스프롤로부터 보호할 수 있었다. 도시성장 경계 내의 토지만이 주택, 비즈니스, 도로, 공원 등 도시적 수요나 시스템을 위해 사용될 수 있었다. 성장 경계 내의 도시개발은 보다 효율적인 토지이용으로 이어졌다. 빈 땅을 개발하는 주택 채우기, 밀도증가, 시내 중심부 재개발, 대중교통 확충 등의 효과가 나타났기 때문이다.

인구성장과 도시 스프롤의 이슈를 계획과 UGB를 통해서 극복할 필요성은 명백하다. 그러나 실행의 현실은 계획과는 매우 달랐다. 사람들 사이에서 스마트 성장에 대한 의견은 갈렸다. 스마트 성장이 무엇으로 구성되어야 할지에 대하여 이익집단 간에 의견이 달랐다는 뜻이다. 한편에서, 지자체, 교육 기관, 공원관리공단, 상수도사업소 등 공공 기관들은 각자의 이익을 대변했다. 다른 한편에서는, 개발업자, 건설·부동산 산업을 포함한 민간 기관이 또 다른 수요와 이슈를 대변했다. 그래서 다양한 집단을 한곳에 모으고 계획 이슈에 대한 합의에 도달하는 일은 시간이 많이 들고 매우 어려운 과정이었다.

스마트 성장을 위한 포틀랜드의 도시성장 경계 설정과 녹색 공간 도시계획은 긍정적 효과와 부정적 영향 모두를 낳았다. 도시성장 경계를 통해서 인구밀도가 높아졌고 사회적으로 혼합된 주거환경이 조성되었다. 이는 보다 친근하고 활력이 넘치는 커뮤니티의 창출로 이어졌다. 그러나 이러한 효과는 쇠락한 구도심을 주택, 쇼핑, 비즈니스의 중심으로 재활성화한 도시 중심부에서만 두드러졌다. 자동차 의존성, 환경오염, 교통량의 감소도 스마트 성장 정책의 효과였다. 이는 특히 대중교통의 개선을 통해서 촉진된 변화였다.

그러나 이 정책이 도시 스프롤을 차단하는 데 성공했는지는 측정하기 어렵다. 스마트 성장이 없었다면 도시가 어떤 모습일지는 알 수 없기 때문이다. 즉, UGB가 없었다면 오늘날의 포틀랜드가 얼마나 달랐을지는 알 수 없는 일이다. 많은 경우, 경계나 (한 커뮤니티를 둘러싼 개방 공간인) 그린벨트를 뛰어넘는 **도약형 개발**이 나타났다. 커뮤니티에 대한 개발 수요와 압력이 증가하면서, 설정된 경계 밖에서 도시 스프롤이 나타났다는 이야기다.[M] 한 연구에 따르면, UGB는 교외화 속도를 늦추지도 자동차 사용을 감소시키지도 못했다.[38] 아울러, 이웃한 카운티에서도 도시개발이 상당한 수준으로 나타났다. 포틀랜드의 UGB는 성장을 포틀랜드 밖으로 우회시킨 효과만 낳았다는 이야기다. UGB 내부에서 발생한 주택 가격의 상승에 주목하며 인구밀도 증가를 우려하는 목소리도 있다. 근본적으로 토지가 제한되었기 때문에, 인구밀도가 증가함에 따라 주택 공급이 부족해졌다. 특히, 저소득층 가구가 이중적 불이익에 시달렸다. 임대료가 상승했고, 이를 감당하지 못하는 사람들이 로컬 주택시장을 떠나게 되면서 이들의 통근비용 지출이 많아졌기 때문이다.[39]

[M] 이처럼 도시지역에서 떨어진 미개발 토지에서 나타나는 스프롤은 **비지적 스프롤**로 번역되기도 한다. 본문에서 소개하는 도약형 개발 이외의 방식으로도 스프롤이 진행될 수 있다. **연속형 스프롤**이 가장 흔하게 나타나는 도시 확장인데, 이는 스프롤이 기존 시가지에 이어서 연속적으로 나타나는 과정을 말한다. 그리고 비지적 개발에 따른 도약형 스프롤은 시간이 지남에 따라 확대되는 현상도 나타나는데, 이는 **매립형 스프롤**로 일컬어진다. 기존 도시지역과 이곳에서 동떨어진 비지적 스프롤 지역 간 개발의 공백이 채워지는 과정으로 볼 수 있기 때문이다(김학훈·이상율·김감영·정희선 역, 2016, 『도시지리학』, 시그마프레스, 146~174).

방법·측정·도구 도시 정의의 국가별 차이

도시지역(UA : Urban Area)의 개념은 명백해 보이지만 정의하기는 쉽지 않다. 무엇이 도시를 구성하는지의 정의는 국가와 정부마다 다르다.[40] 100명이 거주하는 인구의 중심지부터 국가나 주의 수도에 이르기까지 도시의 정의는 다양하다. 인구의 최소 요구치나 인구밀도를 기준으로 하는 통계적 정의가 가장 일반적이다. 개발도상국에서는 토지이용과 인구밀도의 다양한 조합이 적용되고, 인구 대부분이 농업이나 어업에 관여하지 않는다는 조건도 있다. 오스트레일리아에서 UA는 1000명 이상의 인구를 가지며 1km²당 인구밀도가 200명 이상인 인구 클러스터로 정의된다. 이탈리아에서 UA의 인구 기준은 1만 명이다. 다른 유럽 국가에서는 도시적 토지이용을 기초로 UA를 정의하기도 한다. 캐나다 통계청은 센서스 집계에서 1km²당 인구밀도가 400명 이상이며 1000명 이상의 인구가 집중한 곳을 UA로 정의한다. UA를 제외한 나머지 영토는 촌락이나 **농촌지역**으로 범주화된다.[N]

2020년 센서스에서 미국 인구조사국은 도시화된 지역이나 도시 클러스터(UC : Urban Cluster) 내부에 위치하는 인구로 UA를 정의했다. UA와 UC의 경계는 밀집된 주거지 영역을 포함하는 범위로 정의되는데, 이는 다음의 두 가지 요소로 구성된다.[O]

- 핵심 센서스 블록이나 블록 그룹의 1제곱마일(mi²)당 인구밀도가 최소 1000명이고,
- 인근 센서스 블록의 1mi²당 인구밀도가 최소한 500명 이상인 곳[41]

또한, 미국 인구조사국은 도시지역을 **메트로폴리탄** 통계지역, 마이크로폴리탄 통계지역으로 구분한다. 각각은 메트로지역과 마이크로지역으로 줄여서 불리기도 하며, 이 개념들은 통계적으로 정의되는 광역화된 도시지역의 지리적 단위이다. 메트로지역은 인구 5만 명 이상인 도심(urban core)을 포함해야 하고, 마이크로지역의 도심인구는 1만~5만 명 수준에서 정의된다. 메트로지역과 마이크로지역은 모두 도심지역을 가진 1개 이상의 카운티로 구성된다. 여기에 포함되는 인접한 카운티는 도심과 사회·경제적으로 통합되어 있어야 한다. 이러한 통합의 정도는 대체로 통근의 양으로 측정된다.

미국 인구조사국은 도시와 농촌의 구분 이외에도 다양한 공간 스케일에서 나타나는 차별화된 개발의 패턴을 인식한다. 이에 따라 도시의 스케일 관련 개념이 제시되었다. 예산관리국(OMB)은 메트로지역과 마이크로지역 모두를 포함할 수 있도록 중심 기반 통계지역(CBSA)을 정의한다. 메트로지역은 5만 명 이상이 거주하는 도시지역을 최소 한 군데 이상 포함하며, 마이크로지역에는 1만~5만 명 규모의 도시 클러스터가 하나 이상 존재해야 한다. 두 경우 모두에서 내부의 가장 큰 도시는 중심도시로 지정된다.

도시지역을 정의하는 방법들의 다양성은 두 가지 중요한 이슈로 이어진다. 첫째, 다양한 정의 때문에 국가 간 도시화 수준의 비교가 어렵다. 이에 미국 인구조회국(PRB)은 비교 가능한 통계를 제공하기 위해서 세계인구통계표에서 해당 국가가 도시지역으로 정의하는 곳의 인구 비율을 사용한다. 둘째, 도시를 정의하는 방식의 차이를 통해서 도시화는 상대적 현상이라는 점을 파악할 수 있다. 인구가 적거나 인구밀도가 높지

[N] 우리나라의 경우, 지방자치법에서 인구 2만 명 이상의 읍을 도시의 최소 기준으로 제시한다. 지방자치법 제10조에 따르면, "읍은 그 대부분이 도시의 형태를 갖추고 인구 2만 이상이 되어야 하며, 시는 그 대부분이 도시의 형태를 갖추고 인구 5만 이상이 되어야 한다." 여기에서 '도시의 형태'는 통계청에서 정하는 기초단위구의 인구밀도와 토지이용을 기준으로 정의될 수 있다. 통계청은 ① 1km²당 인구밀도 3000명, ② 도시지역으로 지정된 용도지역 비율 50% 이상의 두 가지 조건 중 하나를 충족하면서, 총인구가 3000명 이상인 기초단위구를 도시의 형태를 갖추었다고 정의한다(한국도시지리학회, 2020, 『도시지리학개론』, 법문사, 17~18). 도시지역은 도시계획법에서 "인구와 산업이 밀집되어 있거나 밀집이 예상되어 … 체계적인 개발·정비·관리·보전 등이 필요한 지역"으로 정의되며, 주거지역, 상업지역, 공업지역, 녹지지역으로 세분된다. 한편, 기초단위구는 미국의 센서스 블록처럼 조사구 설정이나 근린지역 통계 서비스의 최하 단위구역으로, 도로, 하천 등 준항구적인 지형지물을 경계로 획정된 구역을 말한다.
[O] 다음 정의에서 1mi²은 약 2.6km²에 상응하는 면적이다.

않은 국가에서 도시지역 정의의 최소 요구치는 작은 경향이 있지만, 인구밀도가 높은 국가에서는 상황이 다르다. 이런 맥락에서 미국의 도시지역 정의에는 인접 센서스 블록의 인구밀도가 1mi^{2}당 500명 이상이어야 한다는 기준이 제시된 것이다.[42]

원주

1. UN Department of Economic and Social Affairs, "2018 Revision of the World Urbanization Prospects, Percentage of Population at Mid-Year Residing in Urban Areas by Region, Subregion and Country, 1950–2050," https://population.un.org/wup/Download/(2020년 4월 29일 최종 열람).

2. UN Department of Economic and Social Affairs, "2018 Revision of the World Urbanization Prospects, Average Annual Rate of Change of the Urban Population by Region, Subregion and Country, 1950–2050(Per cent)," https://population.un.org/wup/Download/(2020년 4월 29일 최종 열람).

3. https://www12.statcan.gc.ca/census-recensement/2016/dp-pd/prof/index.cfm?Lang=E(2020년 4월 29일 최종 열람).

4. 2020년을 기준으로 런던의 인구는 930만 명이다.

5. Richard Florida, *The Rise of the Creative Class: And How It Is Transforming Work, Leisure, and Everyday Life* (New York: Basic Books, 2002).

6. Jane Jacobs, *The Economy of Cities* (New York: Random House, 1969).

7. Ernest George Ravenstein, "The Laws of Migration," *Journal of the Royal Statistical Society* 52(1889), 241–301.

8. Ravenstein, "The Laws of Migration."

9. Wilbur Zelinsky, "The Hypothesis of the Mobility Transition," *Geographical Review* 61, no. 2(1971), 1–31.

10. Paul Swinney and Andrew Carter, "London Population: Why So Many People Leave the UK's Capital," BBC News, 18 March 2019, https://www.bbc.com/news/uk-47529562(2020년 4월 29일 최종 열람).

11. ABC News, "Why Are There Dozens of 'Ghost Cities' in China?" https://www.youtube.com/watch?v=TiTDU8MZRYw(2020년 4월 30일 최종 열람).

12. Natasha Ishak, "34 Unforgettable Photos of China's Massive, Uninhabited Ghost Cities," 28 April 2019, https://allthatsinteresting.com/chinese-ghost-cities(2020년 4월 30일 최종 열람).

13. UN Department of Economic and Social Affairs, "2018 Revision of the World Urbanization Prospects."

14. Sophie Eckert and Stefan Kohler, "Urbanization and Health in Developing Countries: A Systematic Review," *World Health & Population* 15, no. 1(2014), 7–20, https://doi.org/10.12927/whp.2014.23722; Md Abdul Kuddus, Elizabeth Tynan, and Emma McBryde, "Urbanization: A Problem for the Rich and the Poor?" *BMC Public Health* 41, no. 1(2020), https://doi.org/10.1186/s40985-019-0116-0.

15. Ellen Van de Poel, Owen O'Donnell, and Eddy Van Doorslaer, "What Explains the Rural-Urban

Gap in Infant Mortality: Household or Community Characteristics?" *Demography* 46, no. 4(2009), 827–850, https://doi.org/10.1353/dem.0.0074.

16. UN Department of Economic and Social Affairs, "2018 Revision of the World Urbanization Prospects."

17. Robert E. Lang and Dawn Dhavale, "Beyond Megalopolis: Exploring America's New 'Megapolitan' Geography," Metropolitan Institute Census Report Series, census report 05:01(Blacksburg, VA: Virginia Tech, 2005).

18. Jean Gottmann, *Megalopolis Revisited: Twenty-Five Years Later* (College Park: University of Maryland Institute for Urban Studies, 1987), 52.

19. Sean Ross, "New York's Economy: The 6 Industries Driving GDP Growth," 25 June 2019, https://www.investopedia.com/articles/investing/011516/new-yorks-economy-6-industries-driving-gdp-growth.asp(2020년 4월 30일 최종 열람).

20. UK ONS, "Regional Economic Activity by Gross Domestic Product, UK: 1998 to 2018," 19 December 2019.

21. W. Mark Brown and Luke Rispoli, "Metropolitan Gross Domestic Product: Experimental Estimates, 2001 to 2009," Statistics Canada, 11-626-x no. 042, 10 November 2014, https://www150.statcan.gc.ca/n1/en/daily-quotidien/141110/dq141110a-eng.pdf?st=ohtJCUoP(2020년 4월 30일 최종 열람).

22. W. Mark Brown and Darren M. Scott, "Human Capital Location Choice: Accounting for Amenities and Thick Labor Markets," *Journal of Regional Science* 52(2012), 787–808.

23. World Bank, "As Countries Urbanize, Poverty Falls," 9 August 2018, https://datatopics.worldbank.org/world-development-indicators/stories/as-countries-urbanize-poverty-falls.html(2020년 4월 30일 최종 열람).

24. Nancy Foner, "Is Islam in Western Europe Like Race in the United States?" *Sociological Forum* 30, no. 4(2015), 885–899.

25. 격리라는 주제 하나만 가지고도 몇 권의 책을 쓸 수 있다. 연구가 잘 되어있는 분야이니, 관심 있는 독자들은 깊게 파헤쳐보길 바란다.

26. Miranda R. Jones, Ana V. Diez-Roux, Anjum Hajat, Kiarri N. Kershaw, Marie S. O'Neill, Eliseo Guallar, Wendy S. Post, Joel D. Kaufman, and Ana Navas-Acien, "Race/Ethnicity, Residential Segregation, and Exposure to Ambient Air Pollution: The Multi-Ethnic Study of Atherosclerosis (MESA)," *American Journal of Public Health* 104, no. 11(2014), 2130–2137; Kiarri N. Kershaw and Sandra S. Albrecht, "Racial/Ethnic Residential Segregation and Cardiovascular Disease Risk," *Current Cardiovascular Risk Reports* 9, no. 3(2015), 10.

27. Edward Glaeser and Jacob Vigdor, *The End of the Segregated Century: Racial Separation in American Neighborhoods 1890-2010* (New York: Manhattan Institute for Policy Research, 2012), https://www.manhattan-institute.org/html/end-segregated-century-racial-separation-americas-neighborhoods-1890-2010-5848.html(2020년 4월 29일 최종 열람).

28. Douglas S. Massey and Jonathan Tannen, "A Research Note on Trends in Black Hypersegregation," *Demography* 52, no. 3(2015), 1025–1034.

29. Douglas S. Massey, "The Legacy of the 1968 Fair Housing Act," *Sociological Forum* 30(2015), 571–588.

30. Daniel T. Lichter, Domenico Parisi, and Michael C. Taquino, "Emerging Patterns of Hispanic Residential Segregation: Lessons from Rural and Small-Town America," *Rural Sociology* (2016), https://doi.org/10.1111/ruso.12108.

31. 미국 인구조사국, "Quick Facts, Detroit City Michigan," https://www.census.gov/quickfacts/fact/table/US/PST045219(2020년 4월 29일 최종 열람).

32. Katharine Q. Seely, "Detroit Census Confirms a Desertion Like No Other," *New York Times* (22 March 2011), A1.

33. Rachel Franklin, "The Demographic Burden of Population Loss in US Cities, 2000−2010," *Journal of Geographical Systems* (2019), https://doi.org/10.1007/s10109-019-00303-4.

34. Blair Badcock, *Making Sense of Cities: A Geographical Survey* (London: Arnold, 2002).

35. Richard E. Bilsborrow, *Migration, Urbanization, and Development: New Directions and Issues* (New York: United Nations Population Fund and Kluwer Academic Publishers, 1998); Martin P. Brockerhoff, "An Urbanizing World," *Population Bulletin* 55, no. 3(September 2000); Gavin W. Jones and Pravin M. Visaria, *Urbanization in Large Developing Countries: China, Indonesia, Brazil, and India* (Oxford: Clarendon Press, 1997); Josef Gugler, *The Urban Transformation of the Developing World* (Oxford: Oxford University Press, 1996); Eugene Linden, "Megacities," *Time* (11 January 1993), 28−38.

36. Smart Growth, http://www.smartgrowth.org/(2020년 4월 29일 최종 열람).

37. Oregon Metro, https://www.oregonmetro.gov/(2020년 4월 29일 최종 열람).

38. Jun Myung-Jin, "The Effects of Portland's Urban Growth Boundary on Urban Development Patterns and Commuting," *Urban Studies* 41, no. 7(2004), 1333−1348.

39. Deborah Howe, "The Reality of Portland's Housing Markets," in *The Portland Edge: Challenges and Successes in Growing Communities*, ed. Connie P. Ozawa(Portland, OR: Portland State University, Island Press, 2004), 184−205.

40. Center for International Earth Science Information Network(CIESIN), http://sedac.ciesin.columbia.edu/gpw/

41. 미국 인구조사국, https://www.census.gov/glossary/(2020년 4월 29일 최종 열람).

42. 미국 인구조사국, https://www.census.gov/glossary/(2020년 4월 29일 최종 열람).

인구정책

세계 곳곳의 정부는 인구의 규모, 분포, 구성을 통제하는 데에 관심을 기울인다. 이러한 통제를 반드시 해야만 하는 경우도 종종 있다. 어떤 정부는 출산력 수준을 낮추는 **인구정책** 접근을 추구하는 반면, 출산력을 높이고자 노력하는 정부도 있다. 한편에는 유입 이주민의 수를 통제하려는 국가가 있고, 다른 한편에는 선택적 이민정책을 법제화하여 이주민의 질에 많이 신경 쓰는 국가도 있다. 대부분의 선진국은 여러 가지 형태의 다양한 인구정책을 추진하고 있으며, 성공의 정도도 다양하게 나타나고 있다. 인구를 통제하려는 정부는 일반적으로 사망률, 출산율, 국내이동, 이민(이주)과 관련된 네 가지 분야에서 정책 목표를 마련한다.[1] 이와 더불어, 5번째 차원이라 할 수 있는 **경제정책**도 인구 규모와 인구구조에 중대한 함의를 가진다. 이 중에서 이민, 국내이동, 출산은 정부가 취할 수 있는 직접적 인구정책 수단에 해당한다. 사망과 관련해서는, 건강, 의료, 고령화에 초점을 맞추는 정책이 동원된다. 돌봄이나 시설 수용이 필요하기 이전에, 노인들이 활동적이고 생산적인 삶을 오랫동안 누릴 수 있도록 하기 위해서다. 이러한 정책의 효과로 선진국 세계의 기대수명은 지난 몇십 년 동안 증가해왔다.

이 장에서는 인구정책 선택지(옵션)를 성공과 실패 모두에 초점을 맞춰 검토한다. 출산정책, 이민정책, 국내이동정책에 특히 주목한다. 포커스에서는 많은 논란을 낳았던 중국의 한자녀정책을 살펴보고, **방법 · 측정 · 도구**에서는 인구정책의 성공을 평가하는 방안도 고찰한다.

이민정책

선진국 세계에서 사망률은 안정화되었고 출산력은 낮은 수준에 머물러있으며, 이주가 인구 변화의 중심 요소가 되었다. 그래서 캐나다와 미국을 비롯한 많은 선진국에서는 이민정책이 사실상의 인구정책으로 기능한다.[2] 가능한 선택지 중에서 이민정책은 특정 연도에 유입되는 이주자의 수, 출신국, 자격을 정함으로써 인구와 노동력에 즉각적이고 직접적인 영향을 준다. 인구추계에 따르면, 2065년까지 미국 인구성장의 88%를 이주민과 이들의 자녀가 차지할 것으로 전망된다. 이에 따라 미국의 민족과 인종 구성도 변화할 것이다.[3] 캐나다에서는 이미 인구성장의 50%가 이주민의 몫이며, 21세기 중반에는 유일한 인구성장 요인이 될 전망이다.[4] 미국과 같은 나라에서 출산율은 국내 태생 인구보다 이주민 사이에서 높지만, 이주민의 출산력도 감소하고 있다. 이주민이 국가적 출산율 상승에 큰 영향을 주지 못한다는 뜻이다.[5]

한편, 인구감소에 직면해있는 유럽은 캐나다, 미국과 달리 이주 흐름의 주요 도착지가 아니다. 물론, 유럽으로 향하는 단기 노동 프로그램과 난민 유입은 예외적으로 많다. 어쨌든, 이민의 수준은 인구의 고령화를 상쇄할 만큼 충분하지는 않다. 게다가, 새로운 난민의 유입마저 어려워지고 있다.[6] 유럽 국가 대부분은 이민정책을 엄격하게 관리하고 있으며, 심지어 외국 태생 인구의 출국을 적극적으로 장려하는 나라도 있다. 그래서 유럽이 인구감소를 상쇄하기 위해 이주에 주목할 가능성은 적어 보인다.

이주는 한 국가의 인구성장과 경제성장을 지원하기 위해 사용될 수 있지만, 매우 열악한 인구정책 도구에 해당한다. 정부는 국가안보 이슈를 비롯해 여러 가지 필요에 따라서 이민의 목표를 바꿀 수 있기 때문이다. 예를 들어, 미국은 2001년 9/11 테러 이후에 이민정책을 변경했다. 비슷한 이유로, 트럼프 행정부도 난민 수를 줄이고 특정 국가 출신을 제한하는 조치를 마련했다. 코로나19에 대응해 이민자 수를 줄였던 미국처럼, 경제 하강에 대한 대응 조치로 이주의 흐름을 제한하는 정부도 있다. 유럽 국가의 정부들은 2015년 난민 위기의 맥락에서 경제성장의 도전적 상황에 직면하면서 이주민에 대한 우려를 표시했다. 특히 경제적으로 뒤처진 EU 회원국에서 유출된 사람들이 유럽 전역에서 노동시장 접근성을 누리는 것이 우려의 대상이 되었다.[7] 그래서 일부 국가의 정부는 이주와 노동시장 접근성을 제한하는 조치를 도입했다. 심지어 셍겐협약으로 보장된 EU 회원국 간 이동도 그러한 제한 조치에 포함되었다. 예를 들어, 스위스는 노동 허가 쿼터를 실시하여 이주민 수를 제한했고, 덴마크는 예전에 EU 회원국 사이에서 철폐되었던 국경 통제를 다시 도입했다. 스페인은 루마니아 이주민을 대상으로 입국 전에 근로계약을 요구했다. 이 모든 것은 EU 내에서 노동의 자유로운 이동에 어긋나는 조치였다. 한 마디로, 이민정책은 노동의 공간상 이동을 제한하는 손쉬운 도구이다.

이민정책의 기대 효과와 실제 결과 간 차이, 즉 **이민 격차**가 존재한다. 미국의 경우에는, 이주 통제의 현실과 정치 간의 커다란 격차에 직면해있다. 이는 저렴한 노동력이 필요한 고용주와 생계에 위협을 느끼는 미국 태생 노동자 간 입장의 차이 때문에 발생한다. 이러한 미국 정책의 모순은 **브라세로 프로그램**(1942~1964년) 시대부터 나타났다. 이는 계약노동자 수입을 통해서 멕시코와 미국 사이에 이주를 합법화했던 정책이며, 두 나라 사이에 장기적인 연결망의 토대를 형성했다. 그리고 미등록 이주민을 묵인하는 결과를 낳기도 했었다. 정책의 모순은 1986년에 도입된 이민 개혁·통제법(IRCA)에서도 계속되었다. 이 법은 미등록 이주 문제를 해결하기 위해서 도입되었는데, 핵심은 미등록 이주노동자를 고용한 고용주에게 제재를 가하는 것이었다. 하지만 특수농업노동자 프로그램을 통해서 캘리포니아 농업 부문 종사자에게는 면죄부가 부여되었다. IRCA에서 이주노동자의 합법적 체류 자격을 문서로 검증해야 하는 고용주의 의무를 명시했지만, 이것이 잘 지켜지지 않으면서 미국의 이주 통제는 더욱 약해졌다. 또한, IRCA는 자진 신고에 따른 사면이 가능하도록 했다. 이에 따라, 1982년 1월 1일 이전에 입국한 미등록 외국인은 합법적 자격에 지원할 수 있게 되었다. 거의 300만 명에 이르는 이주민이 사면 프로그램을 통해서 합법화되었지만, 미등록 이주를 줄이려던 이 정책의 장기적 목표는 달성되지 못했다. 미등록 이주민의 체포는 정책 시행 3년 안에 빠르게 증가했다. 노동의 수요를 채우기 위해 또 다른 이주민이 많이 입국했기 때문이다. 이후 연구에서도 IRCA의 미등록 이주 억제 효과는 크지 않았던 것으로 밝혀졌다.[8]

국내이동 관련 정책

선진국 세계의 국가 대부분에서 국내 인구 모빌리티는 제한받지 않는다. 예를 들어, 미국, 오스트레일리아, 캐나다는 자유 민주주의 국가이며, 인구의 자유로운 이동을 허용하고 장려한다. 그래서 개인은 경제적 이익을 비롯해 자신의 의지에 따라 자유롭게 이동하고 선택한 곳에 정착할 수 있다. 물론 역사적 예외의 시대는 있었다. 일례로, 미국은 원주민을 비전통적인 보호구역에 강제적으로 이주시켰던 때가 있었다. 미국이 팽창하며 유럽인 정착민들이 원주민의 토지를 강제수용해 자신들의 목적을 위해 사용했던 시대였다. 이에 더해 자연재해에 직면한 커뮤니티를 이주시켰던 적도 있다. 일부 개발도상국에서는 정부의 정책을 통해서 국내이동이 강압적으로 이루어지거나 제한되기도 한다. 예를 들어, 인도네시아는 경제적 인센티브나 토지를 제공하면서 자바섬 사람들을 인구가 희박한 지역으로 이주시키는 정책을 오랫동안 추진해왔다. 2000~2001년에는 강제적 인구 재입지 정책을 추진하면서 기독교인과 무슬림 사이에 폭력적 대치가 발생하기도 했었다. 두 집단은 오랫동안 서로를 멀리하는 정착 패턴을 유지해왔지만, 정부의 정책 개입을 통해서 억지로 같이 살게 되었기 때문이다.[9]

한편, 중국은 통제적인 도시화 정책을 추진해왔다. 농촌지역 소작농의 무분별한 대도시 유입을 방지하기 위해서 **호적제**를 기초로 국내이동을 통제했다. 호적제에서는 모친의 로컬리티에 근거해 **시민권**을 부여해왔다.[10] 호적제는 국내 여권과 같은 기능을 하며, 인구분포와 이촌향도 이동을 통제하는 도구로 사용되었다. 호적제에서 시민권은 의료, 공교육, 주택, 일자리 접근성과 관계되고, 이러한 서비스는 시민권을 갖지 못하는 사람에게는 제공되지 않는다. 농촌지역에서 도시지역으로 이주해 비농업 일자리를 찾고자 하는 노동자는 관계 기관에 지원해 허가를 받은 상태에서만 그러한 시민권 서비스를 받을 수 있다. 그러나 허가받는 노동자의 수는 철저하게 통제되어 왔다.

호적제하에서 세 가지 방식의 이주가 가능하다. 첫째, 합법적 시민권 변경을 통해서 영구적 이주가 승인된다. 1980년대 초반과 1990년대 후반 사이에 연평균 1800만 건의 시민권 변경이 승인되었다. 이들의 대다수는 이촌향도 이동과 관련되었다. 둘째, 비자를 얻으면 한시적 이동이 가능하다. 그러나 일시적으로 머무는 지역에서는 시민권 혜택의 대상에서 제외된다. 셋째, 개인은 불법적으로 이동할 수 있다. 이 경우에도 의료와 같은 로컬 서비스를 받을 수 없으며, 발각되면 시민권을 가진 지역으로 추방된다. 서비스 접근성 부재와 위험성에도 불구하고, 엄청난 수의 중국인이 직업을 찾아 도시지역으로 불법 이주를 감행한다.

국내이동 제한 때문에 중국 대도시의 성장이 억제되고 있지만, 이를 통해 이촌향도 이동을 억제하는 데에는 성공하지 못했다.[11] 경제적 필요성과 관료들의 부패가 불법적 국내이동의 원동력으로 작용했기 때문이다. 물론 빈곤한 사람들만이 불법 이주에 참여한 것은 아니었다. 이촌향도 이동을 억제하는 정책은 일반적으로 효과성이 떨어지며, 그와 관련된 피해가 빈곤층에게 집중되는 경향도 있다.[12]

인구이동 제한은 사회·경제적 불평등 악화의 원인이 되었고, 중국 도시 곳곳에 **슬럼**이 형성되는 역효과도 낳았다. 이주민 대다수는 주거조건이 열악한 기숙사나 성중촌(城中村)으로 불리는 **도시마을**(urban village)에 살고 있다. 1990년대 말 이후에 중국은 경제 개혁을 추진하면서 호적제를 서서히 완화해왔다. 이촌향도 이동을 장려하며 이주민에게 합법적 고용도 보장하고자 했다. 그러나 일부 서비스의 접근성은 여전히 시민권에 근거해 제한되고 있다.[A] 이러한 호적제가 중국의 경제성장을 억제한다는 우려도 있다.

[A] 2019년 말 중국 정부는 인구 300만 명 이하의 도시에서 호적제를 폐지하는 방침을 발표했다. 이에 더해, 호적제는 300만~500만 명 도시에서는 완화되었고 500만 명 이상 도시에서는 개선되었다. 뒤이어 2023년 초반에는 농촌 사람들의 도시 호적 취득을 쉽게 하고 공공 서비스 접근성 제한도 완화하는 계획이 마련되었다. 도시를 중심으로 중국 경제를 재편하여 지속적인 성장을 유지하려는 노력의 일환이다. 이에 중국 정부는 2025년까지 도시화율을 65%까지 높이는 목표를 세워 도시화를 촉진했고, 결과적으로 중국의 도시화율은 2012년 53.1%에서 2022년 65.2%로 증가했다. 그러나 여전히 도시 호적을 보유한 사람들의 수는 소수에 불과하다. 2020년을 기준으로, 도시 호적 보유자는 45.4% 수준에 머물러있다(조선비즈, 2023년 1월 30일, "성장동력 고민하는 중국이 '호적제' 문턱 낮추는 이유").

출산정책

출산억제정책

출산력의 수준은 앞서 살펴본 바와 같이 국가별로 현저한 차이를 보인다. 유럽을 비롯한 선진국 세계 대부분에서 출산력이 매우 낮지만, 사하라 이남 아프리카와 같은 개발도상국 대다수의 출산력은 매우 높다. 이러한 선진국과 개발도상국 간의 차이는 전체 모습의 일부에 불과하다. 개발도상국 중에는 비교적 낮은 출산율을 기록하는 국가도 여럿이다. 1.5에 불과한 중국의 낮은 출산율은 국가 통제를 통해서 의도적으로 만들어진 결과이지만(포커스 참고), 한국이나 대만 같은 국가의 출산율은 대체로 정부의 개입과 무관하게 하락했다.[B]

출산력 선택(fertility choice)은 일반적으로 개인적인 일로 인식된다. 유엔에서도 자녀의 수와 출산 간격을 부부의 권리로 인정한다. 이러함에도 불구하고, 대부분의 정부는 간접적인 형식을 통해서라도 출산율에 관심을 가진다. 장기적 인구성장이나 인구감소에 영향을 주기 때문에, 많은 국가는 출산 결정에 영향을 미치려고 노력한다. 인도처럼 출산력이 너무 높다고 여기는 국가에서는 **가족계획** 프로그램을 통해서 저출산을 장려하는 정책을 추진한다. 대표적으로, 남성과 여성에게 소가족의 혜택을 교육하고 피임 도구 사용과 접근성을 높이고자 한다.

사우디아라비아, 인도, 스리랑카, 파키스탄, 니제르, 페루와 같은 나라에서는 출산력 감소가 실제로 나타나고 있지만, 이들 정부는 인구성장률이 여전히 높다고 인식한다. 1980년대 이후로 개발도상국에서는 복잡한 일이지만 인구성장을 통제해야 한다는 공감대가 형성되었다. 이에 출산 행태를 통제하여 인구성장률을 낮추는 프로그램이 마련되었다. 어떤 곳에서는 **자유방임** 형태의 정책이 추진되었고, 보다 **개입** 지향적인 조치가 취해진 국가도 있었다. 자유방임 조치와 관련해, 인도에서는 출산 행태에 대한 개입 없이 경제 전망이 개선되면 출산력 수준이 낮아질 것으로 기대했다. 이에 자녀 수를 줄이는 것에 대해 경제적 인센티브를 제공하고 적은 자녀의 가정이 주는 삶의 질 개선 효과도 적극적으로 홍보했다. 그러나 결과는 좋지 않았다. 인도는 인구성장률을 줄이고자 하는 정책을 1952년에 도입하여 그러한 정책을 공식적으로 추진한 최초의 국가였지만, 결국에는 이 정책이 실패하고 말았다. 대가족의 전통이 계속되었고, 이 정책을 농촌지역 인구로 전파하는 데에 어려움이 있었기 때문이다.[13]

보다 개입적이고 강압적인 프로그램도 있었는데, **불임정책**이 그에 해당한다. 인도 정부는 1976년 불임 프로그램을 도입하여 시행했다. 이는 출산력을 줄이고자 했던 기존 가족계획 프로그램과 경제개발정책의 실패에 따른 조치였다. 이 프로그램 참여와 관련해 공식적인 강제는 없었다. 그러나 당시 공무원에게는 2명의 불임 지원자를 찾아내야 하는 의무가 있었다. 이로

[B] 이 진술은 논란의 여지가 있음에 유의해야 한다. 우리나라에서는 가족계획과 산아 제한 캠페인의 효과로 1970년대 후반부터 1980년대 중반 사이에 출산율이 가장 빠르게 감소했기 때문이다.

인해 뇌물 공여가 일반화되었고, 대책으로 면허 박탈과 같은 예방 조치가 취해지기도 했다. 그리고 약 2200만 명이 불임수술을 받았지만, 대부분은 원하는 가족 규모를 이미 달성한 나이 많은 사람들이었다. 한 마디로, 불임정책은 출산력을 낮추는 데 효과를 발휘하지 못했다.

이 프로그램의 강압적 성격에 대한 불만이 쏟아지자, 인도 정부는 '생식 보건 및 생식 권리'를 제시하며 강요 없는 개인적 출산력 선택의 자유를 위한 정책이라고 말했다. 그러나 현실은 달랐다. 정부는 생식의 권리와 선택과 관련해 '두 자녀 규범'을 적극적으로 홍보했기 때문이다. 또한, 정부는 여러 가지 선택지를 제공하는 프로그램을 통해서 피임이 제공되었다고 주장하지만, 빈곤층 문맹 여성을 중심으로 난관결찰, 즉 피임수술을 권장했다. 많은 사람이 이 수술의 함의를 완벽하게 이해하지 못했던 것이 문제였다. 다른 한편으로, 완전한 불임의 강요도 일반적이었다. 보건 담당자의 역할은 산아조절 선택지를 교육하는 것이었지만, 이들에게는 **불임수술** 대상 여성 모집에 대한 금전적 대가도 지급되었다. 성과 목표를 채우지 못한 보건 담당자에게는 벌금이 부과되기도 했고, 해고 통고가 내려지기도 했다. 자녀를 둘 이상 낳은 가족은 학교 교육 보조금과 급식 혜택을 받지 못했다. 이들의 상수도 프로그램에서 배제되었으며, 심지어 정치적 출마의 권한도 박탈당했다. 다른 한편으로, 불임을 장려하는 인센티브가 마련되었다. 예를 들어, 불임수술을 받았거나 이를 홍보하는 가정에 신상품 세탁기를 비롯한 가정용품 구입의 우선순위가 부여되었다.[14]

2000년부터는 제1차 국가인구계획이 실시되었다. 이 계획에는 영아사망력, 모성사망력 등의 주제가 포함되었고, 자발적 가족계획을 통한 결혼의 지연도 권장되었다. 계획의 목표는 출산율을 2010년까지 **대체 출산력**(replacement fertility) 수준까지 낮추는 것이었다.[15] 그러나 출산율을 낮추기 위한 정책과 프로그램을 몇십 년 동안 추진한 후에도, 2020년 인도의 출산율은 2.2로 여전히 대체 수준보다 높았다. 현대적 산아조절 기술을 사용하는 사람은 인도 인구의 절반에도 미치지 못한다. **인구모멘텀**을 고려하면, 인도의 빠른 인구성장은 계속될 것이다. 그래서 출산력을 낮출 필요성이 여전히 존재한다.

인도의 출산정책은 생식 보건과 생식 권리를 지향하고 있지만, 정책의 함의는 전혀 공정하지 않다. 이유는 세 가지다. 첫째, 두 자녀 규범을 추구하는 정책의 결과로 수십만 명의 인도 여성이 마치 실종된 듯한 상태에 있다. 인도에서는 **남아선호**가 여전히 강하게 나타난다. 영아사망력과 아동사망력이 높은 상태에서 남자아이가 장차 토지를 상속받아 가족을 부양할 것이란 기대가 있기 때문이다. 강력한 남아선호는 여자아이에 대한 **영아살해** 문제도 낳았다. 인도의 일부 지역에서 성비는 110.6에 이르고,[16] 인도 서부의 다만디우는 2011년 센서스에서 162의 성비를 기록했다.[17] 낙태는 여전히 합법이지만, 성을 선별하는 낙태는 1994년부터 금지되었다. 그리고 인도 정부는 '여자아이 살리기' 캠페인도 벌이고 있으며, 이의 결과로 성비가 약간 감소했다.[18] 둘째, 불임에 대한 압박으로 인해서 젊은 여성들 사이에서는 어린 나이에 첫째와 둘째 아이를 출산하는 분위기가 조성되었다. 임신을 연기하거나 출산 간의 간격을 넓히는 일은 일어나지 않았다. 재생산을 원하는 청년층의 이른 임신은 인구모멘텀의 원인이 되어 인구성장이 계속되게 하는 효과를 낳는다. 셋째, 불임수술은 이상적이지 못한 상황에서 이루어져, 감염과 합병증이 흔하게 나타난다.

자유방임과 개입이라는 양극단 중간에는 **가족계획**이 있다. 가족계획 서비스는 보통 정부에서 제공하는 프로그램이지만, 서비스를 이용하고자 하는 사람들의 뜻에 따라 수용 여부가 결정된다. 이러한 프로그램은 에이즈(HIV/AIDS)와 같은 **성 매개 감염병**(STD : Sexually Transmitted Disease)의 위험성을 알릴 수 있는 장점도 있다. 피임법의 사용이 전 세계적으로 늘고 있지만, 개발도상국 세계에서 피임이 가족의 규모를 줄이는 데 활용되는 경우는 드물다. 자녀 간 출생 간격의 조절을 위해서 사용되거나, 원하는 가족 규모에 도달한 사람들 사이에서 많이 쓰인다. 아프리카에서는 가임연령 기혼 여성의 32%만이 현대적인 산아조절방식을 사용한다. 북아메리카에서 이 수치는 68%에 이른다. 그러나 피임법의 사용이 정치적, 문화적, 종교적 신념에 의해 억제되기도 한다. 한편, 콘돔의 사용이 관계를 위험에 빠뜨리는 경우가 많다. HIV 감염의 가능성이나 위험한 성적 행태의 경험을 암시할 가능성이 있기 때문이다. 출산력 감소 프로그램의 성공 수준은 다양하게 나타난다. 그리고 출산력 감소는 특정한 프로그램의 효과라기보다 사회적 신념의 변화에 따른 결과인 경우가 많다.

출산장려정책

출산력은 대부분의 경우 개인적 선택이지만, 그렇다고 해서 출산을 장려하는 정부의 노력이 없지는 않다. 출산이 너무 적고 고령화가 빠르게 진행되어 인구감소의 우려에 직면해있는 국가가 많기 때문이다. 이는 저출산율의 장기적 추세가 만들어낸 결과이다. 1970년대부터 산업화된 많은 국가에서는 **합계출산율**(TFR)이 대체 수준인 2.1 아래로 떨어지는 현상이 나타났다. 캐나다와 오스트레일리아 같은 국가에서는 감소하는 출산율로 인해서 인구증가의 속도가 느려졌다. 우크라이나, 러시아, 독일, 헝가리에서는 사망자 수가 출생자 수보다 많아지면서 **인구감소**가 이미 진행되고 있다. 65세 이상의 노년인구 비율은 일부 유럽 국가에서 20%를 넘어섰다. 스웨덴(20%), 핀란드(22%), 포르투갈(22%), 이탈리아(23%), 그리스(22%)가 그런 나라에 해당하며, 이런 국가에서는 노년인구의 증가가 계속될 전망이다. 유럽은 이미 낮은 출산율과 함께 인구 고령화 단계에 진입했으며, 인구성장 원인의 변화도 경험하고 있다. 2018년에서 2019년까지 두 해 동안 사망자 수와 출생자 수의 차이가, 즉 자연증가가 나타나지 않았다. 그 대신, 인구증가는 이주만으로 설명되었다.[19] 이주가 현재 수준에 머무른다는 가정하에, 유럽의 인구는 21세기 중반부터 감소하기 시작할 것이다. 이러한 유럽의 상황은 캐나다와 비슷하다.

한편, 미국의 합계출산율은 서구 세계에서 가장 높은 수준이지만, 노년인구 비율은 증가하고 있다. 1900년의 노년인구 비율은 4.1%에 불과했으나 2020년에는 16%까지 증가했다. 그리고 2030년까지 미국의 노년인구 비율은 20%보다 높아질 것이다.[20] 심지어 중국에서도 인구 고령화에 따른 노년인구 부양에 대한 우려가 생기고 있다. 급속한 인구증가가 근심의 대상이었던 이전과는 다른 상황이다. 이에 중국 정부는 2015년 한자녀정책을 공식적으로 철폐하고(포커스 참고), 출산력을 높일 방안을 고심하고 있다. 노년인구가 늘어나고 이들을 부양할 노동력이 줄어들면서, 사회 프로그램의 지속 가능성과 정치 · 경제적 권력의 상실에 대한 우려가 생겼기 때문이다. 이란도 가족계획 프로그램을 포기하고 정관수술 지원을 중단했다. 여성의 건강이 위험하지 않다면 산아조절도 허용하지 않는다.[21] 이 모든 사례에서, 합법적 낙태 접근성, 자녀에 대한 세금 공제 혜택, 보육 서비스와 관련된 정책들도 출산 행태에 영향을 미친다.

서구 국가 대부분에서 대체 수준 미만의 출생률 감소는 심층적인 사회 · 경제적 변화와 연결되어 있다.[22] 여기에는 교육, 성평등, 여성의 노동 참여 증대 등이 포함된다. 여성의 커리어 욕구가 높아지고 고용이 증대되면서 금전적 자립도 역시 높아졌다. 이처럼 가정 밖에서 커리어를 추구하는 여성이 늘어남에 따라 출산력이 감소했다. 동시에 소비의 욕구가 높아지면서 자녀를 양육하는 기회비용도 높아졌다. 해고와 실업에 대한 우려와 복지 국가의 불확실한 미래도 경제적 전망을 어둡게 한다. 이 모든 것의 효과로 많은 사람은 출산을 미루거나 가족의 규모를 줄이고 있다. 그러면서 결혼과 자녀 양육의 시점에 대한 전통적인 전제가 도전에 직면하게 되었다.

낮은 출산율과 인구증가율 감소는 여러 가지 문제의 원인이 된다. **고령화 사회**의 결과는 아직은 불분명하지만, 많은 논객은 저출산율이 심각한 문제라고 결론짓는다. 저출산은 이익보다 불이익이 많고, 정치적으로도 지속 불가능한 상황이라고 말한다.[23] 많은 국가는 '인구통계학적 자살'과 고령화 인구의 경제적 함의를 두려워하고 있다. 이에 출산력을 직접 촉진하거나 육아의 기회비용을 낮추며 출산율의 증가를 기대하는 **출산장려정책**(pronatalist policy)이 추진되고 있다. 출산장려정책의 역사는 동유럽 국가에서 가장 길다.[24] 동유럽 국가 대다수는 이미 1970년대부터 인구증가의 완화나 인구감소 문제에 직면해있었기 때문이다.

그러나 출산장려정책은 바람직한 자녀 수를 제시하는 방식으로는 홍보되지 않는다. 그 대신, 빈곤 퇴치, 여성 친화, 가족 지향의 조치로 제시되며, 이를 통해 출산 결정과 관련된 사회 · 경제적 조건에 영향을 주려는 의도가 깔려있다. 이를 위해 피임이나 낙태 서비스 제한과 함께, 금융이나 세금 인센티브를 제공하여 자녀 양육의 기회비용을 낮추려는 조치가 취해지기도 한다. 일례로, 헝가리에서는 임신에 어려움을 호소하는 부부에게 무료 시험관 아기 시술을 다섯 번까지 지원한다. 이에 더해, 3년의 육아휴직, 자녀 수에 따른 주택 보조금, 보육 지원 등의 정책도 추진된다. 2030년까지 헝가리의 출산율을 2.1 수준으로 올리려는 목표를 가지고 추진되는 정책들이다. 프랑스에서는 2명 이상의 자녀를 양육하면 가족수당을 받을 수 있다. 육아휴직을 3년까지 허용하는 관대한 정책과 함께 보육 서비스도 제공된다. 이러한 출산장려정책 덕분에 프랑스는 유럽에서 출산율이 가장 높은 국가 중 하나가 되었다. 2020년 프랑스의 출산율은 1.8이었다. 오스트레일리아에서는 합계출산율(TFR)이 2001년 1.73까지 낮아져서, 정부는 자녀 1명당 3000달러의 장려금을 지급하는 방안을 마련했다. 이 보너스는 나중에 5000달러로 인상되었다. 결과적으로 오스트레일리아의 출산율은 2008년 2.02까지 상승했고, 보너스정책은 성공으로 평가되었다.[25] 하지만 이 정책은 2014년에 폐지되고 말았다. 프로그램을 통해서 자녀의 수가 증가하지 않고 출산의 시점만 바뀌었다는 비판이 제기되었기 때문이다. 출산율 증가는 1970년대 초반 태생의 대규모 코호트가 출산하며 나타난 **에코(메아리) 효과**라는 지적도 있었다.[26] 어쨌든, 오스트레일리아의 출산율은 다시 1.7로 떨어졌다.

금전적 인센티브의 출산율 증가 효과는 단기적으로만 나타난다는 증거가 있다. 예를 들어, 미국 인구조회국(PRB)의 2008년 보고서에서 스웨덴과 러시아 같은 나라의 TFR이 상당히 증가한 사실을 확인했다.[27] 러시아의 경우, TFR은 1990년대 후반에 1.2까지 떨어졌다. 하지만 둘째 아이를 낳는 부모에게 약 9600달러를 지급하는 장려금정책이 도입된 이후에, 러시아의 출산율은 2007년 1.44, 2020년에는 1.6까지 상승했다. 그러나 출산율 증가는 장기적으로 지속되지는 못했다. 이 사례는 정책을 통해서 출산력과 출산력을 형성하는 힘에 영향을 주는 것이 쉽지 않음을 시사한다.

일반적으로, 출산율이 높은 국가에서는 노동에 종사하는 부모에 대한 사회·경제적 지원이 오랜 시간에 걸쳐서 문화 속에 착근되어 있다. 그러나 다른 방식으로 다소 자극적인 접근을 취해 출산을 촉진하는 나라들도 있다. 덴마크에서는 관광공사의 후원으로 "덴마크를 위해 합시다" 캠페인을 벌여 커플들의 휴가 기간 성관계를 장려한다. 폴란드의 보건부는 "토끼처럼 많이 낳자"고 권장하고 있다.[28] 그러나 모든 출산장려 캠페인이 명랑한 방식으로 이루어지지는 않는다. 민족주의나 극우주의 관점에서 그러한 캠페인을 추진하는 국가도 많다.[29] 나치의 선전이 생각날 정도로 인종주의와 차별적 언어로 치장된 출산장려정책도 존재한다.

아시아 여성의 실종

많은 사회에서 출산율과 씨름하며 출산력을 낮추기 위한 정책을 마련하는 노력이 이루어지고 있다. 이와 함께 개인적, 사회적 기대에 부응하기 위해 남자아이를 선호하는 경향도 아직 강하게 남아있다. 그래서 남자아이를 가졌는지 확인하기 위해 성을 선별하는 커플들도 일부 존재한다.[30] **남아선호**는 문화적 뿌리가 깊은 선택의 과정이다. 일반적으로 아들에게는 가족을 부양하고 늙어가는 부모를 보살필 것이라는 기대가 있었다. 그래서 농장이나 비즈니스는 아들에게 상속했던 반면, 딸들은 상속권을 가지지 못했다. 한 마디로, 아들은 경제적 필수품으로 이해되었다. 개인적 선택이든, 아니면 중국의 한자녀정책처럼 법률화를 통한 것이든 TFR이 감소하고 가족의 규모도 작아지고 있다. 이에 따라 최소한 아들 하나는 키울 필요성이 더욱 높아졌다. 앞서 논의한 바와 같이, 출생 시 **자연적 성비**(natural sex ratio)는 여성 100명당 남성 105명이다. 인도와 중국의 성비는 그보다 훨씬 높고, 공식적 통계에도 성비는 각각 112와 115에 이른다. 실제 성비는 훨씬 높다는 증거도 있는데,[31] 어쨌든 성비는 남성에 매우 많이 편중되어 있다. 결과적으로, 아시아에서만 1억 6300만 명의 여성이 부족하다.[32]

성 선택(sex selection)은 초음파 검사의 사용, 낙태 접근성으로 인해서 가능해졌고, 저출산정책도 성 선택에 영향을 미친다. 이런 상황에서 남아선호는 여자 태아의 낙태로 이어진다. 이러한 선택성은 아시아에서 두드러지지만, 북아메리카와 유럽에서도 나타난다. 특히 일부 이주민 커뮤니티에서 성비의 편향성이 심하다.[33] 남성의 지배성은 위치와 무관하게 여러 가지 사회적 함의를 가진다. 성 선택은 윤리적 문제를 내포하고, 남성이 과도하게 많은 사회에서는 **결혼 압박**의 문제도 생긴다. 이는 남성이 비슷한 연령대에서 배우자를 찾기 어려운 상태를 말한다. 이런 상황에서 남성 간 배우자 찾기 경쟁은 자신의 코호트에만 한정되지 않고, 보다 높은 연령의 남성들과의 관계 속에서도 나타난다. 역으로, 여성이 마치 상품처럼 최상의 구혼자에게 팔려가는 듯한 모습도 나타난다. 남성의 비율이 높은 지역에서 폭력의 빈도와 범죄율이 높다. 이는 남성 사이에서뿐 아니라 여성을 상대로도 나타나는 현상이다.

고령화 대책

인구 고령화 대책에는 여러 가지가 있지만, 여기에서는 **고령 친화 커뮤니티**(age-friendly community)와 **제자리 고령화**(aging in place)의 아이디어를 조명한다.[c] 많은 노년층 사람들은 제자리에서 나이 들기를 원한다. 자신의 집이나 커뮤니티에서 계속해서 살아가며 노년을 보내고자 한다는 뜻이다. 그러나 이러한 계획은 대개 (보행이나 운전 능력 등) 개인 이동성, (착복, 요리, 쇼핑 등) 기본적 일상생활 능력, 커뮤니티 활동 등의 변화로 인해서 혼란스럽게 된다.

제자리에서 성공적으로 나이 드는 능력은 근린으로부터 큰 영향을 받는다. 증거에 따르면, 빈곤지역을 비롯해 불이익을 받는 곳에 살면 열악한 건강, 제한적 이동성, 높은 스트레스, 사회적 결속의 제약 등의 문제에 시달릴 수 있다. 보도의 설치, 로컬 어메니티, 범죄 등 근린의 특징과 물리적 환경도 제자리 고령화에 영향을 미친다. 만성 질환뿐만 아니라 건강 상태에 대한 자각도 근린환경에 영향을 받는다. 불이익을 받는 근린에 사는 노인이 부유한 근린에 사는 노인보다 건강 상태가 좋지 않은 경향이 있다. 개인적 특징과 물리적 환경의 효과를 배제하고도, 빈곤한 근린에 살수록 심장병 위험성을 보유할 확률이 높다. 역으로, 부유한 곳에 살수록 비만의

---

[c] 'aging in place'에 상응하는 통일된 한국말 용어는 아직 없어 보인다. 기존 학술 문헌에는 '지역 사회 계속 거주', '계속 거주', '지속적 거주', '살던 곳에서 계속 살기', '에이징 인 플레이스' 등의 다양한 표현으로 번역되어 있다. 이러한 용어에서는 장소적 함의가 부족해 이 책에서는 '제자리 고령화'로 번역한다.

확률은 낮다.[34]

인구 고령화에 대비하는 계획을 세우려면 고령화하는 커뮤니티의 도전적 문제에 부응할 수 있도록 장소를 만드는 것이 중요하다. 이는 은퇴자를 계속해서 보유하고자 하는 장소와 은퇴자의 이주 목적지가 되고자 하는 장소 모두에 해당하는 사안이다. 대표적으로, 세계보건기구는 **고령 친화 커뮤니티**(AFC)의 아이디어를 촉진하고자 노력하고 있다.[35] AFC는 '능동적 고령화 실천'을 포함하는 아이디어로서, 포용적 교통과 환경, 양호한 건강과 커뮤니티 참여에 이롭게 작용하는 접근성을 중시한다. 예를 들어, 양호한 상태의 보도, 개인 안전, 교통 접근성, (건물, 공원 등) 공간 접근성, 노인이 참여할 수 있는 커뮤니티 활동 등이 AFC에서 강조된다. AFC는 노인을 목표로 하고 있지만, 모든 연령의 사람들이 안전하고 접근성 좋은 사회적, 물리적 환경에 살 수 있도록 정책과 실천을 설계한다.

AFC 실행은 도전적인 과제이며 이를 위해서는 많은 시간이 필요하다. 이러한 성격은 특히 양호한 건강을 촉진할 수 있는 자원이 없거나 부족한 장소에서 나타난다. AFC 정책에 관심을 가진 계획가나 관계자는 로컬 자원 조사에서부터 시작해 커뮤니티 수준에서 실행할 수 있는 기존의 정책 도구상자나 모범 사례를 활용할 수 있다.[36]

경제정책

국가나 지역의 **경제정책**은 일반적으로 인구와 관련된 요소를 포함한다. 또한, 경제정책은 인구정책과 인구구조에 영향을 미친다. 미국의 많은 정책 입안자와 비즈니스 선도자는 인구증가의 완화, 베이비붐 세대의 고령화, 경제활동 참가율 감소로 인해 나타날 수 있는 노동력 성장 둔화의 문제를 우려한다. 미국의 노동력 성장률은 1970년대 2.6%였는데, 베이비붐 세대가 노동시장에 이미 진입한 1980년대에는 1.6%, 1990년대에는 1.2%까지 떨어졌다. 2015년과 2025년 사이에 베이비붐 세대가 고령화되고 은퇴하면서 노동력 성장률은 0.5% 수준에 머무를 전망이다.[37] 베이비붐 세대의 은퇴에 따라 숙련 노동자가 경험이 적은 노동자로 대체되고 생산성은 하락하게 될 것이다.

변화하는 출산력 선호와 관련된 프로그램도 있다. 성평등을 증진하거나 여성의 문해력을 높이는 프로그램이 그에 해당한다. 이를 통해 여성의 교육기회가 많아지면 출산력은 낮아지는 경향이 있다. 건강과 보건 프로그램도 경제정책에 해당한다. 건강과 가족계획에 많이 투자하는 국가는 그렇지 않은 국가보다 인구성장이 낮고 경제성장이 빠르다. 그러나 열악한 투자의 보건시스템은 기본적 서비스에 대한 접근도 어렵게 한다. 이럴 경우, 건강 및 보건 시스템의 효과는 높은 인구성장률, 침체한 경제, 개발과 근대화 제약의 모습으로 나타난다.

많은 선진국은 고령화 인구, 노년인구 부양, 노동력 규모의 축소, 노동 경험 감소의 문제를 우려해 **경제활동 참가율**을 조정하는 방향으로 옮겨가고 있다. 이를 위해 정부는 의무적 정년 폐지, 퇴직연금 축소와 연기, 노년층 경제활동 참여 장려 등의 정책을 추진하고 있다. 미국은 사회보장급여의 수혜연령을 65세에서 67세로 높였고 의무적 정년을 폐지했다. 이에 따라 1995년 이후로 55세 이상의 경제활동 참가율이 꾸준히 증가하고 있다. 65~69세 남성의 경제활동 참가율은 1985년 24%에서 2017년에는 37%까지 높아졌다. 같은 연령대 여성의 경제활동 참가율도 1985년 18%에서 2017년 28%로 증가했다. 70~75세 남성과 여성의 경제활동 참가율도 모두 높아졌다.[38]

이와 유사한 법안을 마련해 비슷한 결과를 얻고 있는 국가는 미국 이외에도 많다. 노년인구가, 다시 말해 사회에서 은퇴자로 정의된 사람들이 노동력으로 활동하며 자립하기를 바라는 기대가 있기 때문이다. 이를 통해 세금과 연금의 재정적 안정성도 요구된다. 65세인 일반적 은퇴연령을 연장한 사람들은 아직 적지만, 비율이 증가하는 추세에 있다. 퇴직연령 이후에도 고용에 참여할 수 있기를 바라는 베이비붐 세대 사람들도 많아지고 있다.[39] 기대수명 연장, 건강 개선, 의무적 정년 폐지, 사회복지 변화의 요인 때문에, 사람들은 65세를 넘어 일하게 된 것이다. 이는 다른 한편으로 채무를 비롯한 금전적 필요성이나 저축 부족에 따른 어쩔 수 없는 선택일 수도 있다. 오늘날의 노년층은 기존 세대보다 많은 채무를 지고 있어서 어쩔 수 없이 은퇴를 늦추고 있다는 것이다.[40]

국제 사회의 역할

1950~1970년대의 초기 노력

재생산(생식)의 선택은 개인적이라고 여기는 경향이 있지만, 국가와 정부가 출산을 촉진하는 데에서 적극적인 역할을 하는 경우가 많다. 물론 국가와 정부의 역할에는 우연적 요소도 작용한다. 선진국에서는 제2차 세계대전 이후에 급속한 인구성장에 대한 우려가 생기면서, 국가정부와 국제기구는 출산력정책에 영향을 주기 위해 노력했다.[41] 개발도상국 세계는 경제개발을 최상의 피임법으로 여기며 처음에는 출산력 감소 프로그램에 늦게 대응했다. 인구정책은 과거의 **식민주의**나 **제국주의** 권력에 의한 국가 주권의 침해로 여겼다. 그러나 침체된 경제, 높은 아동사망력의 상황에서 개발도상국 정부는 인구성장을 늦춰야 한다는 아이디어를 차츰 받아들이기 시작했다. 자신의 출산을 줄이고 싶어 하는 개발도상국 여성도 늘어갔다. 이에 유엔은 1954년 최초의 글로벌 인구 회의를 후원하면서 인구정책에 앞장섰다. 국제보건기구, 유니세프(유엔아동기금)와 같은 유엔 소속 기관들도 생식 보건 프로그램을 도입했다. 이런 프로그램들은 **유엔 인구기금**(UNFPA)의 후원을 통해서 추진되어 왔다.

이와 별도로, 미국 정부도 독립적인 접근을 취하기 시작했다. 미국은 **국제개발처(USAID)**를 통해 자체적 관심사와 정책 목표에 대한 자금 지원을 선호했다.[42] 무엇보다, 자국의 국가안보에 대한 우려가 컸다. USAID는 개발도상국의 빠른 인구증가가 무역, 정치적 분쟁, 국제이주, 환경파괴로 이어져 미국의 안보에 위협을 줄 수 있다고 판단했다. 당시 USAID는 **가족계획** 프로그램의 가장 많은 자금을 제공하는 기관이었다. 처음에는 특정한 목표의 인구통계 집단에서 가족계획 실천을 강조했지만, 1970년대에는 피임법 정보 제공, 산모와 아동 건강 서비스로 초점을 변경했다. 이 프로그램은 그 초점이 협소했다는 점에서 많은 비판을 받았다. 종교적 신념을 존중하지 않았고 사회·경제적 기회에 대한 투자가 부족했다는 지적을 받기도 했다. 대표적으로, **낙태** 반대론자들은 미국이 가족계획 프로그램을 통해서 낙태 촉진에 관여한다고 비판했다. 1970년대 이후로 미국은 법을 제정해 낙태 서비스에 자금을 제공하는 일을 금지해왔다.

1980년대 이후 우선순위 변동

1980년대 레이건 행정부 시기에 미국의 인구정책에는 상당한 변화가 있었다. 당시 정부는 1984년 멕시코시티에서 개최된 **세계인구회의**에서 인구성장은 경제개발에 중립적 영향력을 행사한다고 주장했다. 이는 줄리언 사이먼과 같은 낙관론적 경제학자의 주장에 근거한 것이다. **경제적 낙관론자**들은 세계적 인구성장이 경제적으로 유익하다고 주장했다. 그리고 종교적 우파와 연계되었던 레이건 행정부는 낙태 서비스에 자금을 제공하는 것도 반대했다. 이에 합법적 낙태를 비롯해 낙태 서비스를 제공하는 모든 기관에 대한 금전적 지원을 철폐했다. 미국의 입장이 변하는 사이에, 기존에 가족계획을 반대하던 많은 개발도상국에서도 변화가 일었다. 개발도상국은 소가족의 편익과 인구성장을 늦출 필요성을 인정하게 되었다. 그래서 1984년 세계인구회의에서는 미국의 반대에도 불구하고 가족계획을 지지하며 정부의 가족계획 서비스를 촉구하는 성명이 발표되었다.

1993년에 출범한 클린턴 행정부는 기존 공화당 정부가 마련했던 자금 제공 제한을 철폐하고 가족계획 프로그램에 대한 자금 지원을 늘렸다. 그러나 8년 후 부시-체니 행정부는 출범하자마자 가족계획 프로그램 억제책을 다시 도입했다.[43] 이는 멕시코시티 회의 당시의 제한정책으로 회귀한 것이었지만, 오바마 대통령은 이를 또다시 뒤집었다.[44] 트럼프 행정부는 다시 한번 낙태 서비스를 제공하는 국제 기관에 자금 지원을 금지했고, 트럼프가 취임하자마자 유엔인구기금에 대한 자금 지원이 취소되었다.[45] ◘

◘ 연방정부의 정권이 교체될 때마다 반복되었던 낙태에 대한 미국의 공식 입장 번복은 2021년 조 바이든 대통령 당선 이후에도 계속되었다. 바이든 행정부는 2022년 7월 8일 생식 보건 돌봄 서비스 접근성을 보장하는 차원에서 낙태 서비스를 합법화하는 행정명령을 발표했다. 그러나 2024년 도널드 트럼프가 또 다시 대통령에 당선되면서 낙태 정책의 변화가 있을 전망이다.

낙태 접근성을 제한하고 유엔인구기금 자금 지원을 철폐하는 정책은 가족계획 프로그램의 성공 가능성을 약화시키고 있다. 원치 않는 임신을 방지하고 산모와 아이들의 건강 개선 실패에도 영향을 주었다. 유엔인구기금이 빈곤을 낮추고 자발적 임신과 안전한 출산을 보장하는 정책과 프로그램을 지원해왔기 때문이다. 실제로 상담을 비롯한 여러 가지 서비스를 통해서 낙태를 사전에 방지하는 가족계획 프로그램에 대한 수요는 매우 높다. 합법적 낙태가 불가능한 경우, 원치 않는 임신 상태의 여성은 불법적 낙태를 선택할 수 있고, 이는 상해와 사망의 위험을 높인다. 가족계획 프로그램은 출산 간격 유지를 통해서 출산력 수준을 낮추고, 산모와 아이의 생존 개선, 불안전한 낙태의 방지, (HIV 등) 성 매개 감염병 감소의 기능도 한다. 연구에 따르면, 가족계획 재원을 늘리고 가족계획 방법의 사용이 증가하면 낙태는 감소한다.[46]

1994년 카이로에서 개최된 유엔의 세계인구회의에서도 논의는 인구성장과 개발 간의 관계에 집중되었다. 개발도상국에서 가족계획 프로그램은 성공적인 결과를 얻었지만, 가족계획을 개인 자유에 대한 침해로 여기며 비판하는 사람들도 많았다. 이들은 가족계획 프로그램이 여성의 웰빙을 최우선시하며 보다 광범위한 건강 문제로 통합되어야 한다고 주장했다. 이에 세계인구회의에서는 인구성장을 지속 가능한 개발에 연결하여 인구성장과 이에 대처하는 방식을 재정의했다. 국가적 이익에 초점을 맞추기보다 **인간개발**(human development), 특히 여성의 지위에 대한 투자를 촉진하는 방안도 마련되었다. 그리고 가족계획은 산전/산후 돌봄, 성 매개 감염병, 암 선별 등을 포함하는 광범위한 보건 어젠다에 통합되었다. 영아, 아동, 산모의 사망력을 낮추며 빈곤을 감소시키는 목표도 정해졌고, 가족계획 서비스 접근성, 보편적 초등학교 교육, 여아와 여성의 고등교육 접근성 증진도 촉구되었다. 반면, 낙태는 더 이상 가족계획의 방법으로 촉진되지 않았다. 이에 대해서는 국가마다 다른 법적, 윤리적, 종교적 관점이 존재했기 때문이다.

1994년 카이로 세계인구회의에 대한 평가는 혼재되어 있다. 많은 국가에서 생식 보건 프로그램에 초점을 맞춘 새로운 인구정책을 마련해 시행했지만, 미국을 비롯한 선진국의 자금 지원 부족으로 프로그램의 범위와 효과성이 제약받았다. 카이로 회의의 성공은 광범위한 의료 개혁과 경제 자유화의 맥락에서 평가되어야 한다. 많은 개발도상국은 이미 생식 보건과 성평등을 통합한 광범위한 보건 어젠다를 추진하며 정책과 제도를 바꾸기 시작했다. 예를 들어, 세계보건기구의 '2000년까지 모든 사람에게 건강을(HFA 2000 : Health for All by 2000)' 프로그램은 사회적 보건의 초창기 자극제 역할을 했다. **HFA 2000**은 1차 보건의료를 통한 건강 보호와 증진을 강조하며 1977년에 시작된 프로그램이다. 이는 일부를 위한 치료 의학보다 모든 사람을 위한 포괄적 기본 서비스를 강조하는 접근이다. 1차 보건의료는 세계보건기구의 기본적 건강 증진 전략이 되었다. 이에 세계보건기구는 아동과 산모 건강, 가족계획을 촉진하는 프로그램과 함께 상수도 공급, 위생, 교육, 식량안보 등 건강을 증진하는 요인에도 주목했다. 특히 개발도상국 아동, 청소년, 여성의 건강과 교육에 많은 힘을 쏟았다. 이러한 방침은 아동기 건강이 성인이 되었을 때의 건강에 연결된다는 인식이 높아진 것과 관련되며, 아동의 영양 개선, 예방 접종 접근성 증진, 위생 개선, 교육기회 증대, 안전한 물 공급 등의 정책으로 이어졌다. 사회·문화적 규범 때문에 성별 차이가 심해지는 점을 인식하며, 여성을 대상으로 해서는 평등의 목표가 설정되었다. 이에 문해력, 교육, 소득기회의 격차를 좁히려는 노력이 이루어지고 있다.

글로벌 인구성장에 대한 대처가 우선순위였던 과거와 달리, 현재에는 인구성장에 대한 우려가 낮아지고 있다. 그래서 인구성장은 글로벌 스케일에서 직접 다루어지지는 않는다. 이제는 인구 고령화가 훨씬 더 중요한 글로벌 이슈가 되었다. 유엔의 **지속 가능한 개발 목표**(SDG : Sustainable Development Goals)에서 인구 문제를 부분적으로 다루고 있기는 하지만, 여기에는 더 이상 글로벌 인구성장을 감소시킬 필요가 없다는 암시가 깔려있다. 인구성장이 그러한 개발 목표를 약화시킬 가능성이 있음에도 말이다. 가족계획과 생식 권리는 세 번째 SDG인 건강과 웰빙, 다섯 번째 SDG인 성평등에서 언급되기는 한다.[E] 그러나 어떠한 목표도 인구성장 감소를 지향하지 않는다. 이러한 SDG는 글로벌 인구성장 억제가 더 이상 필요하지 않음을 시사한다. 역으로, SDG는 인구성장을 직접 언급하지 않음으로써 높은 출산력이 여전히 계속되는 국가의 요구에 부응하지 못하는 측면이 있다.[47]

결론

인구정책에는 여러 가지 요소가 혼재되어 있다. 여기에는 종교, 사회적 기대, 경제적 수요, 개인적 결정 등이 포함된다. 예를 들어, 중국에서는 한자녀정책의 시행에도 불구하고 대가족에 대한 욕구가 계속되었다. 그리고 최근에 중국 정부는 급속한 인구 고령화 문제에 직면해서 출산력정책을 포기할 수밖에 없었다. 다른 한편에서, 인도 정부도 출산력 감소 정책을 반세기 이상 추진해왔지만 2020년 인도의 출산율은 2.2로 여전히 대체 수준보다 높다.

이처럼 인구정책, 특히 출산력정책은 인구성장을 촉진하든 인구감소를 추구하든 목표를 달성하기 어렵고 성공의 수준도 다양하게 나타난다. 인구 변화를 통제하는 데 사용되는 정책수단 중에서, 이민정책이 가장 직접적인 효과를 낳는다. 누구를 얼마나 많이 입국시킬 것인지를 통제할 수 있기 때문이다. 이주가 인구성장의 중요한 원천으로 가정되지만, 이주는 적응, 인종·민족적 분열, 국가안보 이슈의 문제도 내포한다. 출산력을 높이거나 낮추는 인센티브가 광범위

[E] SDG의 17개 목표를 순서대로 나열하면 다음과 같다. ① 빈곤 종식, ② 기아 종식, ③ 건강과 웰빙, ④ 양질의 교육, ⑤ 성평등, ⑥ 깨끗한 물과 위생, ⑦ 적정 가격의 깨끗한 에너지, ⑧ 양질의 일자리와 경제성장, ⑨ 산업, 혁신, 인프라, ⑩ 불평등 감소, ⑪ 지속 가능한 도시와 커뮤니티, ⑫ 책임 있는 소비와 생산, ⑬ 기후 행동, ⑭ 해양 생태계, ⑮ 육상 생태계, ⑯ 평화, 정의, 강력한 제도, ⑰ 지속 가능한 개발 목표를 위한 파트너십.

하게 존재하지만, 성공 여부는 혼재된 양상이다. 중국의 출산력 감소 성공에서 한자녀정책의 효과가 매우 중요했다. 인구에 대한 국가의 철저한 통제 때문에 한자녀정책은 출산력 감소로 이어질 수 있었다. 그러나 한자녀정책의 사회적 비용은 점점 더 가시화되고 있다. 대표적으로, 남아의 출생이 과도하게 많아지고 있으며 경제활동 코호트의 규모가 감소하며 노년인구부양의 문제가 현실화되고 있다. 이 밖에, 인도를 비롯한 많은 나라에서는 출산력 통제의 성공 수준은 훨씬 더 낮았다. 마찬가지로 출산력 촉진의 성공도 부분적으로만 나타나고 있다. 이러한 제한적 성공의 문제 때문에, 많은 국가는 출산력 촉진의 대안을 검토하고 있다. 여기에는 은퇴 정년을 연장하여 노동력을 유지하거나 복지 프로그램의 시작을 미루는 방안도 포함된다. 이러한 조치가 미국에서는 이미 시작되었다.

포커스   **인구계획 사례**

중국의 한자녀정책

중국의 **한자녀정책**은 가장 성공적인 출산 제한 프로그램이지만 많은 논란을 일으켰다. 실제로 이 정책은 학계와 대중의 관심이 쏠리는 이슈였다.[48] 처음에 중국 정부는 가족계획과 출산감소 프로그램을 신뢰하지 않았다. 사회주의를 통해서 자원의 공평한 분배가 이루어질 것으로 가정했기 때문이다. 그러나 중국의 지도자들은 1960년대 후반부터 인구성장 제한과 인구조절의 필요성을 인식하기 시작했다. TFR이 7.0을 초과하는 급격한 인구성장은 경제를 개선하고 삶의 수준을 높이는 노력에 방해가 된다고 인정했던 것이다. 이에 중국 정부는 1971년 **늦게, 길게, 적게** 슬로건의 정책을 도입해 출산력과 인구성장률을 낮추는 방침을 정했다. 정책의 대상은 혼인연령의 남성과 여성이었다. 이에 따라, 부부는 첫 자녀를 낳고 최소한 4년을 기다린 후에 둘째를 출산할 수 있었고 도시에서는 자녀 수를 가족당 2명으로 제한했다. 그리고 인구를 12억 명에서 안정화시킬 목표로 1980년에는 한자녀정책이 도입되었다. 이는 선전, 지방정치 활동, (강제적 불임수술 등) 강요, 가족계획과 피임자원의 이용 가능성 증대, 경제적 인센티브와 불이익 등의 수단을 통해서 추진되었다. 프로그램에 동참하는 사람들에게는 현금 보너스를 지급했고, 도시지역에서는 한자녀 가구에 입학, 주택, 취업의 특혜가 제공되었다. 농촌지역의 프로그램은 약간 달랐다. 두자녀 가구에 상응하는 식량 배급과 개인 경작 토지가 한자녀 가구에 제공되었다. 대가족에 대

한 불이익도 도입되었는데, 대표적으로 자녀를 둘 이상을 낳은 가정은 기존의 혜택을 모두 반납해야 했다.

1990년대 후반부터 중국의 TFR은 대체 수준 아래로 떨어졌다. 이러한 추세는 한자녀정책이 완화되고 폐지된 이후에도 나타났다. 상하이처럼 자녀 양육의 기회비용이 높은 도시지역에서 출산율이 1.0 아래로 나타나기도 했다.[49] 이 정책의 성공이 가능했던 이유는 공산주의 사회의 맥락에서 출산을 제한하고 인구를 통제하는 능력이 통했기 때문이다. 개인적, 국가적 경제혜택의 촉진과 광범위한 보건 이슈와의 연계도 중요한 성공 요인이었다. 이 모든 것이 중국 사람들 사이에서 소가족에 대한 욕구를 자극했다.

이처럼 출산율이 감소하고 인구성장은 완화되었지만, 한자녀정책은 여러 가지 이유로 비판받았다. 내부에서는 중국 사람들의 상당수가 한자녀정책에 저항했다. 경제적 필요성과 심층적 문화의 영향에 따른 남아 선호가 중요하게 작용했기 때문이다. 한자녀정책을 수용한 부부가 딸을 출산하면 더 많은 금전적 인센티브를 받을 수 있었다. 앞서 소개한 바와 같이, 농촌지역에서 한자녀 가구는 한자녀에 해당하는 혜택 이상을 받았다. 그러나 한자녀정책의 수용은 50%의 확률로 남자아이를 가질 수 없다는 것을 의미했다. 하지만 빈곤 문제 때문에 가정복지에서 남자아이의 중요성도 커졌다. 그래서 아들을 낳기 위한 노력으로 한자녀정책을 무시하는 부부도 종종 있었다. 원하지 않는 여자아이의 출산을 사전에 방지하기 위해서 산전선별과 낙태

에 의존하는 사람들도 많았다. 이러한 행태는 남아와 여아 수의 불균형과 이른바 **여아 실종 현상**으로 이어졌다.[50] 2017년 중국의 출생성비는 112명에 달했고, 여아 100명당 135명의 남아가 태어나는 지역도 일부 있었다. 일반적인 성비는 여아 100명당 남아 105명이고 많은 남자가 배우자를 찾기 불가능해지면서, 사회적 불만의 가능성도 커졌다.[51] 여아를 출산한 여성에 대한 학대와 여아 대상 영아살해도 흔한 일이었다.[52] 아이를 많이 낳는 여성, 즉 둘째나 셋째를 출산한 여성은 적절한 산전 관리와 임산부 돌봄 서비스를 받을 수 없었다. 그래서 산모와 영아 모두가 높은 사망 위험에 노출되어 있었다.[53] 둘째 이후의 자녀는 정부의 인정을 받지 못해서 공식적 신분을 가지지 못했다. 호적에 등록되지 않았다는 뜻이다(이 책의 10장 참고). **유령 자녀**로 일컬어지기도 하는 이런 아이들은 2010년 1300만 명에 이른다고 추정되었다.[54]

다른 한편으로, 중국에서 출산력 감소는 1960년대부터 일어났던 현상이다. 그래서 한자녀정책의 진정한 성공 여부가 의문시되었다. 1970년대에는 늦은 결혼, 자녀 간 간격의 연장, 적은 자녀의 정책이 도입되어 출산력이 더욱 감소했다. 1980년대 초반 중국의 TFR은 이미 3.0 아래로 떨어져있었다. 출산력 수준의 감소는 가족계획이 처음 도입된 1970년대 중반에 이미 잘 정착되었다는 이야기다. 다른 어떤 곳과 마찬가지로, 경제개발과 소득 수준의 향상도 출산력 감소의 원인으로 작용했다. 따라서 한자녀 프로그램만으로 출산 감소를 유도하지 못했고, 이것이 기존의 소가족 구성 동기를 강화하고 촉진했다고 보는 게 더 나은 해석이다. 인센티브와 불이익을 제공하면서 가족 규모를 국가적 목표로 공식화했던 점에서 한자녀정책의 의의를 찾을 수는 있다.

중국 정부는 한자녀정책을 강경하게 추진했었지만, 정책의 균열이 나타나기도 했다. 예를 들어, 상황에 따라서 정부는 조혼 규제와 한자녀정책을 완화했고 두 자녀까지 허용하기도 했다. 이는 특히 경제 자유화로 인해서 가족부양이나 생산수단으로서 자녀의 필요성이 컸던 농촌지역에서 나타났던 변화다. 25년 만에 빠르게 진행되었던 출산감소로 인해서 15세 미만의 유소년층 인구가 기존 세대보다 많이 적어졌다. 이로써 노년부양비의 부담이 커졌다. 이에 중국 정부는 선진국과 마찬가지로 인구의 고령화와 이들을 부양해야 하는 노동력 감소에 대처하기 위해 노력하고 있다(그림 11.1). 그러나 전통적 가족구조가 해체됨에 따라 자녀들은 더 이상 부모부양을 의무로 생각하지 않게 되면서 여러 가지 문제가 발생했다. 이에 정부는 고령화 문제에 부응하는 차원에서 한자녀정책을 더욱 완화했다.

중국 정부는 2002년까지도 한자녀정책을 고수하고자 했지만, 이 정책은 2015년에 폐지되었다. 그래서 보다 많은 가족이 둘째 아이를 가질 수 있게 되었다. 그러나 정책 변화가 완벽한 반전은 아니었다. 기존 정책에서는 부모 양쪽이 모두 한자녀일 때 둘째를 가질 수 있었지만, 새로운 정책에서 부모 중 한쪽이 한자녀일 때에도 둘째 아이 출산이 가능해졌을 뿐이다. 그리고 둘째를 허가받기 위해서는 엄청난 양의 서류 작업이 필요하다.[55] 아직은 초기 단계라 정책 변화의 효과를 판단하기에는 무리가 있지만, 출생과 출산력 패턴에 큰 변화는 아직 나타나지 않았다(그림 11.2). 여성의 높은 노동 참여율, 자녀 양육비 부담, 경제 자유화, 둘째 자녀 허가 취득의 어려움 등의 요인이 있기 때문이다. 어쩌면 중국도 인구 축소를 방지하기 위해 출산 장려를 해야 하는 상황이 벌어질지도 모른다.

캐나다 퀘벡의 출산 촉진

퀘벡은 프랑스어가 통용되는 캐나다의 주이다. 이곳도 출산력과 인구 규모와 관련된 우려가 높은 지역이다. 역사적으로 퀘벡주는 출생률이 캐나다 평균보다 높은 지역이었다. 다수를 이루는 가톨릭교도들이 피임과 출산력 변화에 저항했기 때문이다. 1950년대 후반 베이비붐이 정점에 달했을 때, 퀘벡의 TFR은 4.0을 넘었다. 그래서 퀘벡주는 산업화된 세계에서 가장 높은 출산율을 기록한 지역 중 한 곳으로 꼽혔다. 퀘벡주에서는 로마 가톨릭교회의 지배력 때문에, 새로운 출산력 규범과 피임법의 수용도 늦었다. 또한, 가톨릭교회는 캐나다 연방 내에서 프랑스어권의 생존을 위해 대가족을 인구통계학적 투자로 여기며 장려했다.[56]

그러나 퀘벡의 인구통계학적 우위는 1960년대에 사라졌다. 교회의 자유화와 급속한 여성해방이 출산율 감소에 주요 원인으로 작용했고, 마침내 퀘벡주의 출산율은 캐나다 평균 아래로 떨어졌다. 1980년대 중반 퀘벡의 출산율은 1.37이었는데, 이는 전 세계에서 가장 낮은 수준 중 하나였다.[57] 결과적으로 캐나다 인구에서 퀘벡주의 비율이 낮아졌다. 1867년 캐나다 연방 출범 당시 퀘벡주 인구의 비율은 32.3%였지만, 2020년에

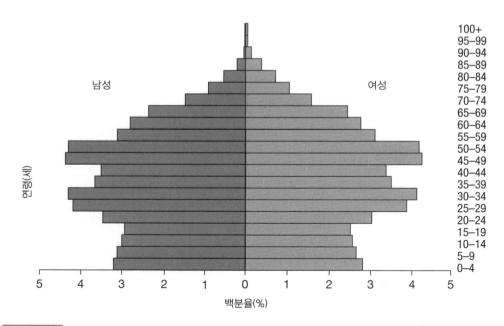

그림 11.1 중국의 인구피라미드(2019년)

출처 : US International Database

는 23%까지 떨어졌다. 이에 1985년 퀘벡주 문화위원회는 그러한 인구통계학적 추세에 대한 대응책을 도입할 필요성을 제기했다. 창립 초기부터 퀘벡주의 정치를 지배해왔던 이슈인 **특별한 사회**로서 퀘벡의 존재가 위협받는다고 여겼기 때문이다. 문화위원회와 여러 논객은 인구의 고령화 문제와 함께 그러한 인구통계학적

그림 11.2 중국의 합계출산율(1955~2020년)

출처 : US International Database

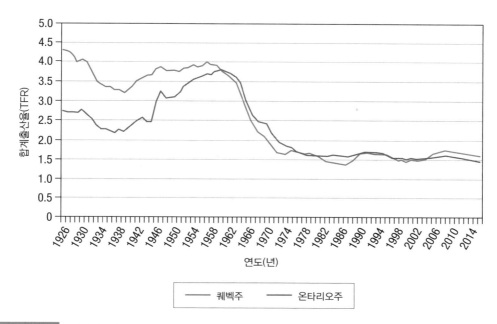

합계출산율(TFR)

연도(년)

⎯⎯ 퀘벡주   ⎯⎯ 온타리오주

그림 11.3 캐나다 퀘벡주와 온타리오주의 합계출산율(1926~2016년)

온타리오주에서 베이비붐의 효과는 분명하지만, 퀘벡주의 높은 출산력은 1960년대부터 감소했고 계속해서 낮게 유지되고 있다.

출처 : Statistics Canada

상황이 퀘벡의 정치적 힘과 문화적 주권에 위협을 가한다고도 주장했다. 당시의 퀘벡 주지사 로버트 부라사는 문화위원회의 우려에 응답하며, 출생률을 높이는 것이 퀘벡의 가장 중요한 문제라고 선언했다.[58] 후속 조치로 퀘벡에서는 관대한 자녀 세금 공제, 가족수당 인상, 육아휴직 연장, 보육기회 증진 등의 여러 가지 출산장려 프로그램이 도입되었다. 1988년부터 가족 규모에 근거한 출산장려금도 지급되었다. 첫째는 500달러, 둘째는 1000달러, 셋째 이후는 6000달러의 장려금을 받을 수 있었다. 이에 더해, 여성의 출산휴가는 연장되었고 가족수당도 인상되었다. 이 보너스는 이후

의 정책 수정을 통해서 약간 더 인상되었다.[59] 그리고 1997년에는 출산장려 시스템의 전면 개정이 이루어졌다. 그러면서 가구 소득과 18세 이하 자녀 수에 기초한 가족수당에 새로운 초점이 맞춰졌다. 이에 더해 출산휴가 혜택을 더욱 강화했고 보육 보조금 지원도 많이 늘렸다.[60] 그러나 이러한 정책들의 성공은 제한적으로만 나타났다. 일례로 캐나다 통계청에 따르면, 출산장려정책 도입 이후 몇 년 동안 퀘벡의 출산력은 약간 증가했지만 장기적인 성공은 확인되지 못했다. 퀘벡주의 TFR은 여전히 대체 출산율에 한참 미치지 못한다(그림 11.3).

방법·측정·도구 인구정책의 평가

인구정책의 효과는 기껏해야 혼재된 성공의 결과로 나타난다. 이 장의 여러 곳에서 논의한 사항이다. 일례로, 인도는 다양한 가족계획 프로그램과 인센티브를 도입해 출산력 수준을 낮추려고 오랫동안 씨름했지만, 이러한 노력은 단편적이었고 여러 가지 문제를 유발했다. 인도의 프로그램은 일관적이지 못하고 정책의 방향 설정이 제대로 이루어지지 못했다는 비판도 받았다. 인구통계학적 목표에 대한 보상과 불이익은 제대로 정립되지 못하고 계속해서 변했다. 또한, 인도는 피임법 사용이 낮은 국가였고, 이런 상황에서 정책 프로그램은 불임에만 초점이 맞춰져 있었다. 피임약이나 자궁 내 장치처럼 보다 유연한 산아조절 방법을 제공하지 못했다는 이야기다. 이 밖에 다른 피임 기술의 사용은 인도에서 매우 적은 부분을 차지한다. 다른 한편으로, 인도의 실패 원인은 편협하고 비일관적인 정책 목표를 넘어서 재생산(생식)의 광범위한 사회적 맥락을 고려하지 못한 점에서도 찾을 수 있다. 특히, 여성의 역할, 계급 간 상호관계, 출산력정책의 정치적 결과를 반영하지 못했다.[61]

출산력 감소 프로그램의 실패는 인도만의 특이한 사례가 아니다. 실패 사례는 세계 곳곳에서 나타나고 있으며, 무엇보다 정부의 우선순위 변화에서 영향을 많이 받는다. 지금은 폐지된 중국의 **한자녀정책**의 결과를 생각해보자. 중국은 이 정책을 통해서 출산력 수준을 낮추고 인구성장을 억제하는 데 성공했지만, 이 성공은 연령구조의 급속한 변화 맥락 속에서 재평가되고 있다. 중국의 연령구조는 남아 출생과 노년인구에 과도하게 편향되어 있다. 두 가지 문제 모두는 앞으로 사회적 불안과 경제적 어려움으로 이어질 수 있다. 가족계획 프로그램 실행의 비일관성, 기대에 미치지 못하는 결과, 다양한 피임법 제공의 실패는 인도나 중국 외에도 많은 곳에서 나타나는 현상이다. 프로그램은 **천편일률적 접근**이어서는 안 된다. 성관계와 피임에 대한 서로 다른 윤리와 태도를 인정하지 않은 채 한 곳에서 다른 곳으로 이식되어도 안 된다. 맥락을 고려하지 않은 정책 이전의 문제는 아프리카에서 많이 나타났다. 이런 문제가 나타나지 않도록, 현실을 고려하여 장소와 선호에 적합한 프로그램이 도입될 필요가 있다.

출산장려 정책과 프로그램도 혼재된 결과를 낳았다.[62] 증거에 따르면, 출산장려정책의 성공은 기껏해야 보통의 수준으로 나타나고 이러한 성공조차도 단기적인 경향이 있다. 출산율이 단기적으로 상승할지는 모르나 장기적 측면에서 성공은 미흡할 수 있다는 뜻이다. 대부분의 연구에 따르면, 출산장려 인센티브가 출산하는 자녀의 수를 늘려서 기대하는 가족 규모를 변화시키지 못한다. 그 대신, 첫 자녀의 출생 시기를 빠르게 하는 변화만 나타난다. 금전적 인센티브와 출산에 대한 태도 간의 장기적 관계는 측정하여 제대로 파악하기 힘들다. 가임연령 여성의 부족과 같은 인구통계학적 요인으로 인해서, 전체 출생자 수가 낮게 유지될 가능성도 있다. 낙태 서비스 접근성에 대한 제한도 단기적 출산력 효과만 낳는다. 커플들이 빠르게 자신의 관행을 조절하거나 불법적 낙태에 의존할 수 있기 때문이다.

이민정책의 성공도 다양한 수준으로 나타난다. 정책의 목표가 비일관적이며, 이에 따라 허용되는 이주민의 수와 패턴도 요동치며 변하기 때문이다. 이에 더해 글로벌 경제의 조건 변화도 이주민 수에 영향을 준다. 다른 한편으로, 이주를 억제하는 노력은 미등록 이주의 증가로 이어질 수 있다. 그래서 많은 나라는 이민정책의 문제성을 인식하고 있다. 무슨 입장을 취하든 간에, 다시 말해 이주를 억제하든 특정 이주민의 유입을 촉진하든 간에, 원하는 결과를 성취할 것이란 보장은 없다. 2015년 대규모 난민이 유입되었던 유럽의 사례에서처럼, 이주의 흐름을 줄이고자 하는 시도는 경제 재구조화와 글로벌화의 상황에서 성공적이지 못했다. 이주를 늘리고자 하는 정책에도 마찬가지의 문제가 있다. 민족적, 인종적, 사회적 불안정의 요소로 작용하고, 저임금 노동자를 늘려 임금이 낮아질 우려가 있기 때문이다. 일자리를 두고서 이들과 국내 태생 인구 간에 벌어지는 경쟁도 우려의 요소다. 전면 개방도 정부가 되돌리기 어려운 비탈길 같아서, 이주의 문제가 통제하기 힘든 지경에 이를 수 있다. 어떤 조치든 혼재된 메시지를 전달할 위험이 있다. 한편으로 이주를 묵인하고 다른 한편으로는 이주를 줄인다는 신호가 있기 때문이다. 그래서 이민정책의 미래 모습은 불분명하고 가늠하기 어렵다.

원주

1. Lori S. Ashford, "New Population Policies: Advancing Women's Health and Rights," *Population Bulletin* 56, no. 1(March 2001).

2. Jynnah Radford, *Key Findings about U.S. Immigrants*, Pew Research Center, 17 June 2019, https://www.pewresearch.org/fact-tank/2019/06/17/key-findings-about-u-s-immigrants/(2020년 5월 11일 최종 열람).

3. Radford, *Key Findings about U.S. Immigrants*.

4. Alain Bélanger, Laurent Martel, and Eric Caron-Malenfant, *Population Projections for Canada, Provinces and Territories, 2005-2031*, catalogue 91-520-XIE(Ottawa: Statistics Canada, 2005).

5. Steven A. Camarota and Karen Zeigler, "Immigrant and Native Fertility 2008 to 2017," Center for Immigration Studies, 14 March 2019, https://cis.org/Report/Immigrant-and-Native-Fertility-2008-2017(2020년 5월 11일 최종 열람).

6. James F. Hollifield, Phillip L. Martin, Rogers Brubaker, Elmar Honekopp, and Marcelo M. Suarex-Orozco in *Controlling Immigration: A Global Perspective*, ed. Wayne A. Cornelius, Philip L. Martin, and James F. Hollifield(Stanford, CA: Stanford University Press, 1992).

7. Raphael Minder, "Immigration Tests Prospects for a Borderless Europe," *New York Times* (28 May 2013), A4.

8. Keith Crane, Beth Asch, Joanna Zorn Heilbrunn, and Danielle C. Cullinane, *The Effect of Employer Sanctions on the Flow of Undocumented Immigrants to the United States* (Lanham, MD: University Press of America, 1990).

9. Jana Mason, *Shadow Plays: The Crisis of Refugees and IDPs in Indonesia* (Washington, DC: United States Committee for Refugees, 2001).

10. Tiejun Cheng and Mark Selden, "The Origins and Social Consequences of China's Hukou System," *China Quarterly* 139(1994), 644-668.

11. Chun-Chung Au and J. Vernon Henderson, "Are Chinese Cities Too Small?" *Review of Economic Studies* 73(2006), 549-576.

12. Arjan de Haan, "Livelihoods and Poverty: The Role of Migration— Critical Review of the Migration Literature," *Journal of Development Studies* 36, no. 2(2000), 1-23.

13. Carl Haub and O. P. Sharma, "India Approaches Replacement Fertility," *Population Bulletin* 70, no. 1(2015).

14. Stephanie Nolen, "Why India's Acclaim for Protecting Reproductive Rights Rings Hollow," *Globe and Mail* (8 April 2013), F1, https://www.theglobeandmail.com/news/world/why-indias-acclaim-for-protecting-reproductive-rights-rings-hollow/article12429763/(2020년 5월 12일 최종 열람).

15. Haub and Sharma, "India Approaches Replacement Fertility."

16. Kate Gilles and Charlotte Feldman-Jacobs, "When Technology and Tradition Collide: From Gender Bias to Sex Selection," Population Reference Bureau Policy Brief, September 2012.

17. India Census 2011, "Female Sex Ratio in India," http://www.mapsofindia.com/census2011/female-sex-ratio.html(2020년 5월 11일 최종 열람).

18. Haub and Sharma, "India Approaches Replacement Fertility."

19. Eurostat, "Population and Population Change Statistics," https://ec.europa.eu/eurostat/statistics-explained/index.php/Population_and_population_change_statistics(2020년 5월 11일 최종 열람).

20. Sandra Johnson, "A Changing Nation: Population Projections under Alternative Immigration Scenarios," *Current Population Reports*, P25-1146, 미국 인구조사국, Washington, DC, 2020.

21. BBC News, "Iran Reins in Family Planning as Population Ages," 15 June 2020, https://www.bbc.com/news/world-middle-east-53048719(2020년 7월 21일 최종 열람).

22. Jean-Claude Chesnais, "The Demographic Sunset of the West," *Population Today* 25, no. 1(January 1997), 4-5.

23. *Demographic Review, Charting Canada's Future* (Ottawa: Health and Welfare, 1989); Peter McDonald, "Low Fertility Not Politically Sustainable," *Population Today* (August/September 2001).

24. Henry P. David, "Eastern Europe: Pronatalist Policies and Private Behavior," in *Perspectives on Population*, ed. Scott W. Menard and Elizabeth W. Moen(New York: Oxford University Press, 1987), 250-258.

25. Robert Drago, Katina Sawyer, Karina M. Shreffler, Diana Warren, and Mark Wooden, "Did Australia's Baby Bonus Increase Fertility Intentions and Births?" *Population Research and Policy Review* 30(2011), 381-397; Sarah Sinclair, Jonathan Boymal, and Ashton de Silva, "A Heterogeneous Fertility Response to a Cash Transfer Policy: The Australian Experience," 2015, https://papers.ssrn.com/sol3/papers.cfm?abstract_id=2722977(2020년 5월 12일 최종 열람).

26. 2005년 7월 1일 출산장려금은 아이당 4,000달러로 인상되었다. Robert Lalasz, "Baby Bonus Credited with Boosting Australia's Fertility Rate," 미국 인구조회국, 2005.

27. Carl Haub, "Tracking Trends in Low Fertility Countries: An Uptick in Europe?" 미국 인구조회국, 2008, http://www.prb.org/tracking-trends-in-low-fertility-countries-an-uptick-in-europe(2020년 5월 12일 최종 열람).

28. https://www.youtube.com/watch?v=vrO3TfJc9Qw(Denmark); https://www.youtube.com/watch?v=9gwHzej1reo(Poland)(2020년 5월 12일 최종 열람).

29. Charlotte McDonald-Gibson, "The Far-Right Has Capitalized on the West's Population Problem. These Policies Could Help," *Time* (5 June 2018), https://time.com/5291439/west-population-problem-white-nationalists-policies/(2020년 5월 12일 최종 열람).

30. Mara Hvistendahl, *Unnatural Selection: Choosing Boys Over Girls, and the Consequences of a World Full of Men* (Philadelphia: Public Affairs, 2011).

31. Hvistendahl, *Unnatural Selection*.

32. Hvistendahl, *Unnatural Selection*.

33. 이 책 4장의 성 선택 논의를 참조하고, 다음의 문헌도 참고할 것. Marcelo L. Urquia et al., "Sex Ratios at Birth after Induced Abortion," *Journal of the Canadian Medical Association*, https://doi.org/10.1503/cmaj.151074; Lauren Vogel, "Sex Selection Migrates to Canada," *Canadian Medical Association Journal* 184, no. 3(2012), E163-E164.

34. Mark Mather and Paola Scommegna, "How Neighborhoods Affect the Health and Well-Being of Older Americans," 미국 인구조회국, 13 February 2017, https://www.prb.org/todays-research-aging-neighborhoods-health/(2020년 6월 12일 최종 열람).

35. World Health Organization, *Global Age Friendly Cities: A Guide* (Geneva: World Health Organization, 2007).

36. https://agefriendlyontario.ca/age-friendly-communities/(2020년 6월 12일 최종 열람).

37. Bureau of Labor Statistics, "Labor Force Projections to 2024: The Labor Force Is Growing, but Slowly," US Department of Labor, https://www.bls.gov/opub/mlr/2015/article/labor-force-projections-to-2024.htm(2020년 5월 20일 최종 열람).

38. Paola Scommegna, "Will More Baby Boomers Delay Retirement?" 미국 인구조회국, 23 April 2018, https://www.prb.org/will-more-baby-boomers-delay-retirement/(2020년 6월 12일 최종 열람).

39. Bureau of Labor Statistics, "Labor Force Projections to 2024."; Marlene A. Lee and Mark Mather, "US Labor Force Trends," *Population Bulletin* 63, no.2(June 2008).

40. Scommegna, "Will More Baby Boomers Delay Retirement?"

41. Alene Gelbard, Carl Haub, and Mary M. Kent, "World Population beyond Six Billion," *Population Bulletin* 54, no. 1(March 1999).

42. Gelbard, Haub, and Kent, "World Population."

43. Peter H. Kostmayer, "Bush 'Gags' the World on Family Planning," *Chicago Tribune* (25 January 2001), A2; Population Connections, http://www.populationconnection.org(2020년 5월 10일 최종 열람); Liz Creel and Lori Ashford, "Bush Reinstates Policy Restricting Support for International Family Planning Programs," 미국 인구조회국, 2001, https://www.prb.org/bush-reinstates-policy-restricting-support-for-international-family-planning-programs/(2020년 5월 10일 최종 열람).

44. Peter Baker, "Obama Reverses Rules on US Abortion Aid," *New York Times* (23 January 2009), A13.

45. Carol Morello, "Trump Administration to Eliminate Its Funding for U.N. Population Fund over Abortion," *Washington Post* (4 April 2017), https://www.washingtonpost.com/world/national-security/trump-administration-to-eliminate-its-funding-for-un-population-fund-over-abortion/2017/04/04/d8014bc0-1936-11e7-bcc2-7d1a0973e7b2_story.html(2020년 5월 12일 최종 열람).

46. Barbara Shane, "Family Planning Saves Lives, Prevents Abortion," *Population Today* 25, no. 3(March 1997), 1.

47. Population Matters, "The World and the UN Must Reduce Population Growth," 12 September 2019, https://populationmatters.org/news/2019/09/the-world-and-the-un-must-reduce-population-growth(2020년 5월 13일 최종 열람).

48. 한자녀정책에 대한 추가적 정보를 원한다면 다음의 문헌을 참고할 것. Jim P. Doherty, Edward C. Norton, and James E. Veney, "China's One-Child Policy: The Economic Choices and Consequences Faced by Pregnant Women," *Social Science and Medicine* 52(2001), 745−761; Johns Hopkins University Population Information Program, "Population and Birth Planning in the People's Republic of China," *Population Reports* 1, no. 25(1982); Jeffrey Wasserstrom, "Resistance to the One-Child Family," in *Perspectives on Population*, ed. Scott W. Menard and Elizabeth W. Moen(New York: Oxford University Press, 1987), 269−276; Nancy E. Riley, "China's Population: New Trends and Challenges," *Population Bulletin* 59, no. 2(June 2004).

49. Yu Mei, "The One Baby Generation," *Globe and Mail* (15 January 2015), A9.

50. Simon Denyer and Annie Gowen, "Too Many Men," *Washington Post* (18 April 2018), https://www.washingtonpost.com/graphics/2018/world/too-many-men/(2020년 5월 10일 최종 열람).

51. Dudley L. Poston Jr., Eugenia Conde, and Bethany DeSalvo, "China's Unbalanced Sex Ratio at Birth, Millions of Excess Bachelors and Societal Implications," *Vulnerable Children and Youth Studies* 6,

no. 4(2011), 314–320.

52. Wasserstrom, "Resistance to the One-Child Family," 269.

53. Doherty, Norton, and Veney, "China's One-Child Policy," 745.

54. Nathan VanderKlippe, "The Ghost Children of China," *Globe and Mail* (14 March 2015), F1.

55. Yu Mei, "The One Baby Generation."

56. Gary Caldwell and Daniel Fournier, "The Quebec Question: A Matter of Population," *Canadian Journal of Sociology* 12, nos. 1–2(1987), 16–41; Roderic Beaujot, *Population Change in Canada* (Toronto: McClelland and Stewart, 1991).

57. Caldwell and Fournier, "The Quebec Question," 16.

58. Beaujot, *Population Change in Canada*.

59. Jean Dumas, *Report on the Demographic Situation in Canada 1990*, cat. no. 91–209(Ottawa: Statistics Canada).

60. Catherine Krull, "Quebec's Alternative to Pronatalism," *Population Today*, https://www.prb.org/quebecs-alternative-to-pronatalism/(2020년 5월 12일 최종 열람).

61. Vinod Mishra, Victor Gaigbe-Togbe, Yumiko Kamiya, and Julia Ferre, "World Population Policies 2013," United Nations Department of Economic and Social Affairs, Population Division, 2013.

62. Doherty et al., "China's One-Child Policy," 745–761; Johns Hopkins University Population Information Program, "Population and Birth Planning in the People's Republic of China"; Wasserstrom, "Resistance to the One-Child Family," 269–276; Caldwell and Fournier, "The Quebec Question," 16–41.

Chapter 12

인구성장

토머스 맬서스와 인구론
논쟁과 오늘날의 관점
경제개발, 자원 희소성, 식량안보
결론 : 분쟁의 가능성?
■ 포커스 : 자원 분쟁
■ 방법·측정·도구 : 지리학자의 역할

21 00년까지 출산율이 급격하게 감소하여 일부 국가의 인구는 절반으로 줄어들 것이라는 전망이 있다. 그러나 최소한 앞으로 몇십 년 동안은 인구증가가 계속될 것으로 보인다. 인구변천의 결과로 출산력과 인구성장률이 낮아지고 있지만, **인구모멘텀**으로 인해서 인구는 2035년까지 89억 명으로 증가하고, 이는 중대한 사회·경제적 결과로 이어질 것이다. 이런 맥락에서, 인구성장이 경제개발, 자원 소비, 식량안보에 긍정적인 영향을 줄 것인지, 아니면 부정적인 함의를 가지는지에 대하여 의문이 생긴다. 이 문제가 이 장의 핵심 주제이다. 우선, 토머스 맬서스의 업적을 살필 것이다. 맬서스는 인구와 식량자원 간의 관계를 최초로 논했던 18세기의 인물이다. 그다음으로, 카를 마르크스와 프리드리히 엥겔스가 제시한 다른 관점과 접근을 소개한다. 이를 통해 인구성장, 경제개발, 자원 희소성, 식량안보 간의 관계를 검토한다. 결론에서는 분쟁과 불안정성에 대한 논의로 끝을 맺는다. **포커스**는 인구성장으로 인해 발생할 수 있는 희소자원을 둘러싼 분쟁의 가능성을 검토한다. 그리고 **방법·측정·도구**에서는 이러한 분야에서 지리학자들이 기여하는 바를 살펴본다.

토머스 맬서스와 인구론

인구통계학자들은 이 세계가 식량을 자족할 수 있을지에 대한 의문과 오래전부터 씨름해왔다. 폴 엘리히의 『인구폭탄(*The Population Bomb*)』은 대중에게 인구 위기를 경고하면서 위기의식을 자극했다.[1] 그러나 엘리히의 **인구폭탄** 발언과 경고는 전혀 새롭지 않았다. 인구—식량(자원)의 관계는 오랜 역사를 가지는 논쟁이었기 때문이다. 논쟁의 역사는 토머스 맬서스가 『인구론

(*Essay on the Principle of Population*)』을 출간했던 1798년까지 거슬러 올라간다. 뒤이어 카를 마르크스와 프리드리히 엥겔스도 인구 논쟁에 참여했다. 맬서스는 『인구론』을 농업 수확이 적고 식량이 부족한 시기에 집필했다. 식량 공급은 (1, 2, 3 …처럼) 선형적인 방식으로, 즉 **산술급수**적으로 증가하고 인구는 (2, 4, 8 …처럼) **기하급수**적으로 증가한다는 것이 **인구론**의 핵심이었다.[2] 인구성장이 억제되지 않는다면, 인구가 농업 생산력을 넘어서게 된다는 것이다. 그리고 맬서스는 역사적 관점에서 기근, 전염병, 전쟁과 같은 **적극적 억제**(positive check)가 인구를 감소시켰다고 주장했다. 다른 한편으로, 인구증가는 **예방적 억제**(preventive check)를 통해서도 통제될 수 있다. 예방적 억제는 자기 스스로가 재생산(생식)을 제한한다는 것을 뜻한다. 맬서스는 인간의 정욕과 생식 욕구는 통제가 불가능하다고 보았다. 그리고 광범위한 빈곤과 전쟁이나 식량 부족에 따른 인구감소의 우울한 미래를 전망했다. 맬서스의 주장은 마르크스와 엥겔스의 반박을 받았다. 이들에 따르면, 사람들이 빈곤한 이유는 그럴 수밖에 없도록 경제와 사회가 조직되었기 때문이다. 이 주장은 산업혁명이 만들어낸 유럽의 사회·경제적 조건의 영향을 받았고, 이에 마르크스와 엥겔스는 (혁명을 통한) 사회·정치적 변화를 요구했다. 그리고 이들은 기술의 도움을 받아 공정하고 공평한 자원의 배분이 이루어지면 억제되지 않은 인구성장이 가능해질 것으로 믿었다.

논쟁과 오늘날의 관점

맬서스의 암울한 전망이 인구성장에 대한 논쟁의 핵심으로 남아있다. 세계 인구를 먹여 살리는 능력이 계속해서 논쟁을 일으키는 중요한 문제라는 이야기다.[3] 역사적 증거로 판단할 때, 맬서스 이론과 마르크스주의 반론 모두는 한편으로 옳고 다른 한편으로 그른 측면이 있다. 어쩌면 맬서스 이론의 실패 덕분에 우리가 이 지구상에 존재하는지도 모른다. 생활 수준의 향상과 새로운 아이디어의 유입이 개인의 선택에 영향을 미쳐 출산력은 감소했다. 기술의 발전 덕분에, 세계는 맬서스의 예상을 훨씬 뛰어넘는 규모를 수용할 수 있게 되었다. 특히, 생명공학 기술의 발전과 **녹색혁명**(Green Revolution)이 중요한 역할을 했다. 녹색혁명은 비료와 살충제를 사용해 농업 생산량을 획기적으로 늘린 사건을 말한다. 실제로 농업 생산이 엄청나게 성장해서, 인구 성장이 계속됨에도 불구하고 1인당 식량 공급량은 오히려 늘어났다. 한편, 마르크스주의의 전망은 중국의 사례로 입증된 듯하다. 중국의 인구는 이미 14억 명이 넘어섰지만, 중국은 빠르게 증가하는 인구의 기본적 수요를 충족시키고 있다. 동시에 중국의 사례를 통해서 인구성장 한계의 존재도 알 수 있다. 한자녀정책의 여파로 출산력이 낮아지고 있기 때문이다.

그러나 유엔식량농업기구(UNFAO)의 2019년 추산에 따르면, 약 8억 2000만 명의 사람들이 영양결핍 상태에 있다. 이처럼 음식을 제대로 섭취하지 못하는 사람들의 수는 2015년 이후로 증가해왔다.[4] 대부분이 개발도상국 세계의 사람들이지만, 2900만 명 정도는 선진국에 있다.[5] 충분한 칼로리를 소비하는 수백만 명은 단백질을 제대로 섭취하지 못한다. 결과적으로, 이 세계가 스스로를 먹여 살릴 수 있는 세계인지에 대한 의문은 계속되고 있다. 지금이 그렇고, 앞으로 다가올 몇 년 동안도 마찬가지다. 식량 생산이 증가하면서, 토양 유실, 사막화, 염류화의 문제 때문에 농지의 질이 저하되고 있다. 그리고 도시화 때문에 농업이 가능한 토지의 면적도 줄고 있다.[6] 그릇된 농업 관행, 사막화, 생태적으로 열악한 토지의 사용으로 인한 토양 유실은 평균 생산량의 감소로 이어졌다. 영양분과 수분의 손실로 토양의 물리적 질이 저하되었기 때문이다. 마찬가지로, 토양의 염분이 증가하는 염류화로 인해서 농업을 지탱하는 농지의 능력도 낮아졌다. 기후변화의 효과와 정치, 분쟁, 유통의 문제에 따른 불균등한 분배는 문제를 더욱 혼란스럽게 한다. 세계의 연간 인구성장률은 1.1%에 이르기 때문에, 지구가 대규모 인구를 먹여 살릴 수 있는지에 대한 의문은 계속되고 있다.

기존의 맬서스와 마르크스주의 간 논쟁으로부터 세 가지의 관점이 등장해 오늘날 공공정책 논쟁에 영향을 미치고 있다.[7] 첫째, **신맬서스주의자**는 한정된 자원이 인구와 소비의 성장에 제약을 가할 것이라고 주장한다.[8] 한계를 넘어서게 되면, 사회적 실패가 나타나게 될 것이다.[9] 공급 부족과 가격 상승으로 촉발된 식량폭동은 미래 사건의 전조로 해석될 수 있다. 기후변화로 인해서 생산이 감소하여 농업지도가 변할 수도 있다.

두 번째 관점은 줄리언 사이먼으로 대표되는 **경제적 낙관론자**의 입장이다. 이들은 경제 시스템과 시장 메커니즘이 올바르게 작용한다면 인구성장과 번영에는 제약이 없다고 말한다.[10] 경제적 낙관론자의 논리에 따르면, 건강 개선, 기대수명 연장, 식량 생산 증가 덕분에 대부분의 사회는 성장과 소비의 한계에 직면하지 않을 것이다. 마지막으로, 세 번째 관점은 마르크스주의자들이 선호하는 **분배주의**(distributionist) 관점이다. 이는 사회에서 부와 권력 배분의 불평등에 초점을 맞추는 관점이다. 그러면서 분배주의자는 자원의 그릇된 배분, 빈곤, 불평등을 인구성장과 자원 고갈의 결과가 아니라 원인이라고 주장한다.

세 가지 관점 모두가 문헌에 나타나지만, 신맬서스주의와 낙관론이 논쟁을 지배한다. 두 가지 관점 모두 일정 정도 타당하지만, 사회 전체의 모습은 보여주지 못한다. 무엇이 문제고, 오늘날의 논쟁은 어떤 모습일까? 첫째, 경험적 증거에 따르면 인구성장이 자원의 장벽에 부딪혀 제한될 것이라는 신맬서스주의의 가정은 유효하지 않다. 실제로 인구는 신맬서스주의에서 가정한 장벽 대부분을 넘어서 성장했다. 기술발전과 자본 투입으로 인해서, 지난 2세기 동안 농업 생산성과 생산량은 엄청나게 증가했다. 마찬가지로, 신맬서스주의자는 에너지가 부족해지면서 에너지 가격이 1차 석유파동이 있었던 1973년과 2000년 사이에 5배 이상 증가할 것으로 예상했다. 그러나 1990년대부터 2000년 중반까지 상대적으로 낮은 에너지 가격이 유지되었다가, 2007~2008년 사이에 에너지 가격이 뛰어올랐다. 석유와 천연가스 보유량이 줄어들고 새로운 유전을 찾는 데 어려움이 있었기 때문이었다. 중국, 인도를 비롯한 개발도상국에서 에너지 사용이 증가한 것도 원인이었다. 하지만 침체가 시작되면서 에너지 가격이 빠르게 하락했다. 수요의 변화, 보유량의 증가, 코로나 바이러스의 효과 때문에 역사상 최저점을 기록하기도 했었다.

경제적 낙관론은 세계가 이러한 장벽에 적응하는 능력을 설명하는 데에 더 유리하다. 낙관론자 입장에서 경제제도, 특히 자유시장의 작동이 가장 핵심이다. 이들은 제도가 제대로 작동한다면 보존, 대체, 혁신, 재화의 글로벌 무역이 촉진된다고 한다. 예를 들어 혁신 이론에 따르면, 토지나 노동 부존의 변화는 시장 가격에 반영된다.[11] 수익 창출의 능력을 보유한 시장이 기술 혁신을 자극하고 이것이 인구성장의 제약을 제거한다는 것이다. 그래서 사람들은 가격 변화에 따라 새로운 자원이나 대체재를 찾을 수 있게 된다. 대표적으로, 에스터 보저럽은 경작지의 희소성이 노동 전문화를 자극하여 농업 관행의 변화를 이끌고 생산성을 높이는 점을 발견했다.[12]

이처럼 새로운 농업 경작지가 마련되거나 보존이 자극을 받을 수 있다. 자원 대체를 통해서 비료의 사용이 촉진되어 농업 생산량이 증가할 수도 있다. 비재생자원의 희소성도 자원 대체, 보존, 생산 효율성 개선, 자원 채굴 기술의 향상을 통해 극복될 수 있다. 또한, 경제적 낙관론자는 인구증가가 **인재**의 증가로 이어진다는 점에서 이를 이롭게 평가한다. 이러한 인재가 희소성의 문제를 해결하는 수단이 될 수 있다는 말이다. 줄리언 사이먼은 인류의 발명 능력만이 자원을 제한하는 요인이라고 말한다. 혁신과 기술적 수정을 통해서, 사회는 성장의 한계를 넘어설 수 있다는 것이다. 낙관론적 입장에서 인구성장과 소비증가를 자원 희소성과 질 저하의 원인으로 볼 수 없고, 희소한 자원의 원인은 **시장 실패**(market failure)에 있다.

낙관론 프레임에도 신맬서스주의와 마찬가지로 오류는 있다. 인구가 많다고 해서 아인슈타인 같은 사람이 증가하거나 발견이 많아지지는 않는다. 어쩌면 같은 발견을 하는 사람만 많아질 뿐이다. 과학자와 사상가의 공급은 교육의 수준과 접근성, 자본, 빈곤에 의해 제약받을 수 있다. 무능한 관료, 부패, 약한 정부도 제약 요소로 작용한다. 개발도상국 세계에서 선진국 세계로 향하는 **두뇌유출**(brain drain), 즉 고학력자의 이주도 악영향을 미칠 수 있다. 두뇌유출의 중요한 원인 중 하나는 고학력자와 고숙련 노동자의 유입을 촉진하려는 선진국의 **이민정책**이다. 이처럼 제도화된 두뇌유출은 개발도상국 세계의 어려움을 더욱 심각하게 만든다. 인적자본 유지가 어려워지고, 중요한 문제를 해결하는 데에 필요한 고학력자를 배출, 유지, 이용하는 능력을 제약하기 때문이다.

다른 한편으로, 낙관론은 자유시장이 작동한다는 가정에 기초하고 이는 여러 가지 상황으로 확대된다. 그러나 자유시장은 보편적인 사실로 볼 수 없다. 자유시장 경제의 정수로 일컬어지는 미국에서조차도 다양한 정부 수준에서 규제가 작동하여 자유시장에 개입한다. 개발도상국에서 시장은 훨씬 더 혼란스럽다. 제도적 한계가 대안의 창출과 대체를 어렵게 하기 때문이다.

불분명한 재산권이나 부적절한 희소자원 가격을 비롯한 시장 실패가 그러한 제도적 한계에 포함된다. 시장 내부에서도 제도적 편향이 존재할 수 있다. 가령, 특정 행위자를 선호하거나 특정 인구집단을 배제하는 제도가 있다. 낙관론과 관련해 사회에 내재하는 제도, 정책, 기술의 질에 유의해야 한다. 이것의 결과는 문화적, 역사적, 생태적 요인에도 영향을 받으며, 희소자원에 반응하는 능력에도 영향을 미친다. 시장이 희소성의 비용을 정확하게 반영하지 못해서 자원이나 재화가 과소평가된다면, 자원은 남용되고 희소성의 문제도 제대로 해결되지 못할 것이다. 이런 상황에서는, 인구성장이 노동 생산량을 촉진하여 아프리카와 아시아의 인구성장률을 뒷받침할 가능성은 커 보이지 않는다.

세 관점 간의 논쟁은 여기에서 멈춰있다. 토머스 호머딕슨은 이를 두고 진보가 거의 없는 무익한 논쟁이라고 했다.[13] 그러나 과학에서는 생태계의 복잡성과 상호연결성이 드러났는데, 이것이 인구에 주는 함의가 있다. 과거에 지구의 환경 시스템은 인간의 간섭에 대하여 안정된 회복력을 가졌다고 여겨졌다. 그러나 해류, 오존파괴, 어류 보존량과 관련된 증거에 따르면, 인간 활동에 대하여 환경 시스템은 안정되지 않았다. 기존에 시스템은 점진적 변화로 가정되었지만, 변화는 비선형적이다. 특정한 범위를 넘어서면, 시스템의 성격은 급격하게 변한다. 그래서 환경 시스템에 대하여서는 카오스나 무정부 상태가 더 나은 표현일 수 있다.[14] 인류가 인구성장과 **기후변화**를 통해서 지구 자원에 엄청난 부담을 주고 있다는 사실에는 광범위한 합의가 이루어져 있다. 인류가 제대로 준비되어 있지 않다면, 기후변화와 생물 다양성의 손실은 어느 순간에 막대한 변화를 폭포수처럼 쏟아낼 수 있다. 이러한 우려는 출산율이 낮아지고 인구가 감소하는 미래라 하여도 최소화되지는 않을 것이다.

경제개발, 자원 희소성, 식량안보

앞으로 몇십 년 동안 인구성장, 1인당 자원 소비 증가, 식량 수요 증가, 자원 접근성 측면에서 불평등은 계속될 것으로 보인다. 이에 따라 재생자원의 희소성은 중대한 이슈가 될 것이다. 인구성장이 생태계에 부담을 준다면, 경제개발, 식량안보, 자원의 전망은 어떤 모습일까?

인구성장과 경제개발

개발도상국의, 특히 사하라 이남 아프리카 빈곤 국가의 경제는 1980년대 동안 침체되어 있었다. 이런 상황에서 사회과학자들은 급격한 인구성장과 **경제개발** 간의 관계를 파헤치려고 노력했다.[15] 결과적으로, 해외 투자와 원조가 몇 년 동안 개발도상국 세계로 쏟아져 들어갔지만, 성과는 매우 미약했다. 1인당 소득은 감소했고 빈곤 상태에 처한 사람들의 비율은 높아졌다. 이에 대한 여러 가지 해석이 생기면서, 인구성장이 경제성장을 촉진하는지 아니면 방해하는지에 대한 논쟁이 일었다. 표면상으로 한 가지 점은 확실하다. 부유한 국가에서 출산율과 사망률이 낮아서 인구성장이 느려졌고, 일부 빈곤 국가의 인구성장률은 매우 높은 상태에 있다. 그러나 이러한 경제개발과 인구성장 간의 관계가 완전하지는 않다. 일례로, 중동 산유국에서 인구성장이 높게 나타난다. 사우디아라비아를 비롯해 경제성장이 강력한 걸프 국가의 출산율은 보통 2.1을 넘는다. 역으로, 일본은 경제성장과 인구성장 모두가 낮은 상태에 있다. 인구 고령화로 인해 둔화된 경제성장 속에서, 2020년 일본은 1.3의 출산율을 기록했다.[16]

인구성장이 경제개발을 촉진하는지에 대한 논쟁은 흙탕물처럼 혼탁하다.[17] 낙관론자들은 인구성장을 새로운 기술의 혁신과 수용, 경제 개혁을 포함한 사회적 적응의 자극제로 가정한다. 그러면서 인구성장이 경제개발을 촉진한다고 주장한다. 이런 주장에 근거가 없지는 않다. 예를 들어, 유럽과 북아메리카에서 인구성장이 산업혁명과 경제개발의 밑바탕이었던 것은 사실이다. 그러나 개발도상국 세계에서는 다른 모습이 나타난다. 유럽이나 미국과 비슷한 경제개발의 단계에서 개발도상국의 생활 수준은 훨씬 더 낮은 상태이다. 이런 상황에서 개발도상국은 선진국을 따라가지 못한다. 실제로 개발도상국은 경제 위기에 시달렸는데, 에이즈(HIV/AIDS)와 이것의 사회·경제적 결과가 침체의 압력으로 작용했다.

인구와 경제개발 간의 관계는 복잡하지만, 둘은 대체로 음(−)의 관계에 있다는 증거가 많아지고 있다. 일례로, 그러한 반비례의 관계는 미국 국가연구위원회의 보고서를 통해서 확인되었다.[18] 경제개발을 위해서는 자본이 교육, 보건, 인프라에 투자되어야 하지만, 이러한 투자는 대부분 국가의 현실에서 매우 어려운 일이다. 빈곤이 개인과 정부의 투자 능력에 방해 요소로 작용하기 때문이다. 다른 한편으로, 경제가 성장하려면 자본 투자의 수준도 높아져야 한다. 자본 투자가 증가하려면 인구성장률도 높아진다. 그러나 맬서스주의 논리에 따르면, 인구성장이 투자율을 초과하면, 국가는 빈곤의 함정에 빠지게 되고 필요한 인프라에 대한 투자가 어려워진다. 인구가 많은 상황에서 경제성장을 이룬다고 하여도, 경제성장의 효과는 대규모 인구에 배분되어야 한다. 따라서 개인에게 돌아가는 몫은 얼마 되지 않는다.

빠른 인구성장과 높은 출산력이 경제성장에 주는 부정적인 효과는 다섯 가지 측면에서 살펴볼 수 있다.[19] 첫째, 인구성장이 빠르게 나타나면 1인당 **국내총생산**(GDP) 성장에 악영향을 준다. 이러한 관계는 1980년대에 처음으로 나타났고, 빈곤한 국가에서 가장 강력하게 나타나고 있다.[20] 출산율이 높으면 유소년부양비가 높아지고, 이는 GDP 성장의 제약으로 작용하기 때문이다. 실제로 젊은 인구구성은 아동을 위한 교육과 보건 비용의 증가, 정부 지출 증가, 가구 저축 감소로 이어지는 경향이 있다. 이러한 투자의 효과는 장기적으로 나타나지만, 단기적으로는 GDP 성장이 위축된다.[21] 인구증가가 경제성장에 주는 결과는 일자리 창출의 측면에서도 나타난다. 인구성장이 빠르게 진행되는 국가의 노동시장은 청년층에게 충분한 일자리의 기회를 제공하지 못하며, 불완전취업과 실업자만 늘어난다. 이러한 인구와 경제 간의 관계 때문에 선진국과 개발도상국 간의 불평등이 계속되며 개선의 전망은 밝지 못하다.

둘째, 높은 출산력과 인구성장은 빈곤을 악화시키고 이러한 빈곤은 제도화되어 다음 세대로 이어지기도 한다. 인구성장은 특히 저숙련, 저임금 집단의 임금성장에 나쁜 영향을 미친다. 일례로, 인도는 인구성장을 감당해내고 있지만 경제개발정책은 단지 15~20%의 인구에게만 이롭게 작용한다. 비용은 빈곤층에게 전가되는 경향이 있다. 사회·경제적 지위가 낮은 계급의 아동은 주로 자금 지원이 원활하지 못한 공교육 기관에서 교육받는다. 빈곤하고 배제되는 사람들은 열악한 건강, 영양결핍, 문맹 때문에 경제에 참여하기도 어렵다.[22] 이에 더해, 효율적 기술의 수용은 저임금·저숙련 노동자 사이에서 느린 경향이 있다.

셋째, 높은 출산력은 가구 **저축**의 방해 요소로 작용한다. 기초적 재화와 서비스에 지출을 늘려야 하고, 교육에 대한 투자와 저축은 우선순위에서 밀리거나 무시된다. 역으로, 인구성장이 낮아져서 아동의 수가 줄어든다면, 경제성장의 필요조건인 교육 투자와 저축을 늘릴 수 있는 가정이 증가한다.[23] 출산력 하락에 따른 저축률의 증가가 1980년대 한국을 비롯한 아시아 경제의 성장 동력 중 하나였다. 가구의 저축이 늘어나면 국내 저축이 증가하고, 이러한 저축은 국가적 수준에서 투자의 확대로 이어진다.

넷째, 경제학자 리처드 이스털린에 따르면 대가족 부모가 소가족 부모보다 아이에게 덜 투자한다. 마찬가지로, 대가족 아동은 소가족 아동보다 평균 교육 기간이 짧다. 급속한 인구성장을 경험하는 국가에서는 교육과 보건에 대한 재정 압박이 크다. 그래서 정부의 세수가 빠르게 증가하지 않거나 지출 우선순위가 바뀌지 않는다면, 교육과 보건 서비스는 어려운 상황에 부닥치게 된다.[24] 이에 대한 증거는 아시아 국가의 경험에서 많이 찾아볼 수 있다. 대표적으로, 한국에서는 출산력과 유소년부양비가 낮아지면서 전체 예산에서 교육 재정의 비중을 늘리지 않고도 1970년과 1989년 사이에 학생 1인당 교육 재정을 4배 늘릴 수 있었다. 이 기간 동안 한국의 학령인구 비율이 케냐만큼 빠르게 증가했다면, 2배 이상의 교육 재정이 더 필요했을 것이다.[25]

다섯째, 인구성장은 **자원**에 대한 압력으로 작용한다. 이러한 문제는 인구수의 증가 때문에 나타나기도 하지만, (소득과 수요의 증가에 따른) 1인당 자원 소비의 증가와도 관련된다. 산림, 농지, 물, 어자원 모두가 인간이 초래한 압력에 취약하다.

빈곤하고 제도가 약한 국가일수록 높은 출산력과 급속한 인구증가의 악영향이 심각하다.[26] 이런 경우, 인구성장은 경제 하강의 소용돌이를 더욱 강하게 만드는 경향이 있다. 출산력이 높고 1인당 소득이 20년 전보다 낮은 사하라 이남 아프리카 지역이 대표적인 사례다.[27] 이들은 제대로 개발되지 못한 시장, 비효율적인 정부 프로그램, 부적절한 리더십 때문에, 필수적 기본 인프라에 대한 투자에 실패했다. 국가적 교육, 출산, 가족계획, 인프라 프로그램을 지원하는 강력한 제도가 부재한 상황에서 인구가 성장하면서, 인재 배출이 감소하고 자원 희소성과 환경파괴도 심해졌다. 역으로, 인프라 투자 실패와 자산 가치의 하락이 제도와 시장의 장애를 초래하기도 했다. 개발도상국 정부 대부분은 노동력 개발 촉진을 위해 제도에 투자할 수 있는 금융적, 정치적 능력이 부족하다.

인구배당

인구배당(demographic dividend)의 개념을 통해서 출산력 수준과 경제개발 간의 관계를 정리해 보자.[28] 이 개념은 인구변천 이론, 부양비, 기초 경제학의 아이디어들을 조합한 것이다. 인구배당은 국가의 연령구조가 저출산력과 저사망률로 변화하면서 나타나는 경제성장을 의미한다.[A] 다시 말해, 부양인구보다 노동력이 빠르게 성장하는 낮은 부양비의 상황이다. 연령분포의 변화로 인해서 유소년 집단에 투입되는 투자의 필요성이 적어지고 경제의 다른 분야에 투자할 수 있는 여력이 높아지게 되어, 경제성장이 촉진된다는 이야기다.

이러한 경제적 배당의 혜택은 네 가지 방식으로 나타난다.[29] 첫째, 노동력 공급이 증가하고 생산력과 생산성이 높아진다. 이는 초과 노동력을 흡수해서 고용할 수 있는 경제의 능력에 좌우된다. 둘째, 피부양자의 수가 감소함에 따라 개인과 가구의 저축이 증가한다. 그러면서 경제에 투자할 수 있는 자본의 이용 가능성이 커진다. 셋째, 저출산율은 여성의 건강을 증진하고 아동에 대한 투자를 늘릴 수 있도록 한다. 건강과 교육의 수준이 높아진다는 이야기다. 넷째, 출산율이 낮아지고 소득이 높아지면서 재화와 서비스에 대한 수요가 증가한다.

이론적으로, 이러한 전환은 고용증가와 경제성장으로 이어진다. 그러나 출산력 감소와 관련된 인구배당이 자동으로 보장된 것은 아니다. 적절한 사회적, 정치적, 경제적 정책이 자리 잡았을 때 인구배당에 따른 경제성장이 나타난다. 인구배당의 혜택을 현실화하려면, 국가는 가족계획, 생식 보건, 교육, 일자리, 여성과 여아에 대한 투자, 양호한 거버넌스에 초점을 맞춘 정책과 프로그램이 필요하다.

이러한 인구배당의 혜택을 얻을 가능성은 적기 때문에, 젊은 인구가 노동시장에 진입하기 이전에 인구배당에 대한 계획을 세워야 한다. 특히 젊은 인구가 취직한 이후에 보다 생산적일 수 있도록 육성하는 것이 중요하다. 반대로 이들에게 기회를 제공하는 데에 실패한다면, 다시 말해 젊은이들이 노동시장에 제대로 흡수되지 못한다면, 실업이 증가하고 사회적 혼란이 발생할 수 있다. 인구배당 이후부터 고령화가 시작되어 부양비가 또다시 증가하기 때문에, 되도록 빠르게 대처하는 것이 좋다.

[A] 인구배당은 인구보너스란 용어로 불리기도 한다(한국인구학회, 2016, 『인구대사전』, 통계청, 477).

인구성장과 자원 부족

2020년 유엔은 물과 인구이동의 글로벌 현황에 관한 보고서를 발간했다. 이 보고서에서는 자원, 인구성장, 인구이동 간의 광범위한 논쟁도 소개되었다.[30] 인구와 자원 간의 관계는 인구와 경제개발 간 관계와 평행선을 이루는 논쟁이다. 신맬서스주의자와 경제적 낙관론자가 대립하며 각자에게 유리한 증거를 제시하기 때문이다. 자원 사용, 소비, 오염 측면에서 80억 명 인구가 지구 생태계에 주는 영향이 실제로 엄청나다는 것은 직관적으로 알 수 있는 사실이다. 오늘날의 자원 소비가 지속 가능한지는 정확하게 알 수 없지만, 현재의 소비 패턴과 인구의 영향은 장기적으로 지속 불가능하다는 의구심이 높다. 이미 많은 지역은 농지, 물, 산림의 부족에 직면해있다.

이러한 **자원 희소성**은 세 가지 원인을 중심으로 정의된다. 세 가지에는 공급, 수요, 구조적 측면이 포함된다.[31] 첫째, 공급으로 유발된 희소성은 양적인 측면에서 자원이 고갈되거나 질이 저하될 때 나타난다. 과도한 채굴이나 오염으로 희소성이 발생한다는 것이다. 둘째, 수요로 유발된 희소성은 인구성장과 소비 패턴의 변화가 자원 수요를 증가시킬 때 나타난다. 이러한 희소성은 **경쟁성 자원**(rivalrous resource)인 경우, 다시 말해 한 경제 행위자의 사용이 다른 사람들의 이용 가능성을 저해할 때 발생한다. 어자원, 수자원, 산림자원 등이 그러한 사례에 해당한다. 셋째, 구조적 희소성은 사회에서 부, 자원, 권력 분배의 불균형 때문에 발생한다. 특정한 집단이 자원의 상당 부분을 가져갈 때 나타난다는 이야기다. 농지처럼 **배제성 자원**(excludable resource)의 경우, 특정 집단의 자원 접근성은 차단된다. 자원의 배제성은 재산권이나 다른 제도를 통해서 사용이 제한되거나 봉쇄될 때 발생한다.

인구성장은 세 가지 자원 희소성 유형 모두가 발생하는 핵심 요인이다. 각각의 자원 희소성 요인은 독립적으로 작동하지 않는다. 서로 간에는 상호작용이 발생한다. 예를 들어, **자원포획**(resource capture)이나 **생태적 주변부화**(ecological marginalization)를 통해서 세 가지 희소성 요인은 서로를 강화한다.[32] 자원포획은 정부, 민족집단 등의 행위자가 입법을 비롯해 여러 가지 수단을 이용해 자원의 통제권을 점유하는 행동을 말한다. 빈곤, 절망, 자원을 보호할 환경 지식의 부족 등도 자원 희소성 문제를 심각하게 만든다.

글로벌 논의든 아니면 국가적 논쟁이든 간에, 희소성은 대규모 인구를 먹여 살리는 문제에만 국한되지 않는다. 의료, 교육, 인프라, 고용의 기회를 제공하면서 장기적으로 지속 가능한 방식으로 삶의 수준을 높이는 것도 중요하다. 또한, 인구성장은 에너지 소비 증가, 지구 온난화, 오존파괴, 산림파괴, 농지 훼손, 생물 다양성 손실, 수자원 감소 등 여러 가지 이슈에도 영향을 준다. 이 모든 것의 결과로, 인구증가는 제한된 자원에 피해를 주고 미래의 지속 가능성에 해를 입힌다. 이런 상황은 자원의 불평등한 접근성과 인구의 주변부화 때문에 더욱 복잡해진다.

인구성장과 식량안보

자원 희소성은 **식량안보** 문제와 밀접하게 연관된다. 중국, 이집트, 인도와 같은 나라가 자국의 인구를 지탱할 만큼 무한한 자원과 경제적 능력을 보유했는지는 의문이다. 이 문제는 당장 인구성장이 멈춘다 해도 심각하다. 식량과 자원 희소성은 특히 개발도상국 세계에서 해결이 시급한 문제다. 개발도상국 인구의 상당수가 로컬자원에 의존해 하루하루를 연명하고 있기 때문이다. 이미 개발도상국 세계의 많은 나라에서는 대규모의 인구통계학적, 환경적, 경제적, 사회적 부담 때문에 어두운 미래가 예견된다.[33] 물론, 식량 공급과 수요 간의 관계는 매우 복잡하다.[34] 식량 공급은 토지와 물, 농업 투자, 무역, 기상, 비료와 관개 기술 접근성에서 영향을 받는다. 그리고 식량 수요에 영향을 주는 요인에는 에너지 가격 상승, 인구성장, 식량시장의 글로벌화, 식생활의 변화, 바이오연료 생산을 위한 농지의 사용 등이 있다. 2000년부터 식량 가격이 갑자기 빠르게 상승하기 시작했고, 2007~2008년 식량 위기 때 가장 많이 올랐다. 예를 들어, 밀과 옥수수의 가격은 2005년과 2008년 사이에 3배 증가했고 쌀의 가격은 5배나 상승했다.[35] 이와 같은 식량 가격 상승은 개발도상국 일부 지역에서 작황이 좋지 않았던 것이 중요한 원인이었고, 이에 따라 공급이 감소했었음에도 수요는 증가했다.[36] 다른 한편으로, 연료 가격이 상승했고, 가뭄 때문에 생산량은 감소했으며, 많은 농지가 식량 생산지에서 **바이오연료** 생산의 장소로 변했다. 결과적으로 식량이 충분하지 않았고, 빈곤한 국가일수록 그러한 상황에 가장 취약했다. 당시 유엔식량농업기구의 추산에 따르면, 식량 가격 상승으로 영양실조를 경험한 사람들의 수는 7500만 명까지 증가했다.[37] 아이티, 인도네시아, 코트디부아르, 타이 등의 국가에서는 **식량폭동**이 발생하기도 했었다.[38] 2009~2012년의 세계적 경제침체는 그런 국가들을 더욱 불안정하게 만들었다. 유엔에 따르면, 27개 국가가 식량안보 문제로 인해서 불안정한 상태에 있었다. 이와 같은 침체의 상황에서 전통적 원조 국가의 식량 원조는 붕괴되었고, 연료 가격이 하락하는 상황에서도 식량 가격은 여전히 높게 형성되었다. 농업에 대한 투자는 급격하게 줄어들었고, 개발도상국 세계 사람들의 식량 구매 자금도 부족해졌다. 실업을 당하거나 다른 국가에서 일하는 가족의 송금이 없어졌기 때문이다.

글로벌 식량안보의 미래에는 두 가지의 중대한 우려 요소가 있다. 첫째, 강우 패턴의 변화와 기온 상승에 따른 **기후변화**는 식량의 이용 가능성과 안보를 위험에 빠뜨릴 수 있다. 기후변화와 이주는 해수면 상승, 강력해진 태풍, 빈번해진 홍수와 가뭄, 물 공급의 감소와도 관련된다. 이런 사례는 세계 곳곳에 다양한 모습으로 나타난다. 한때 볼리비아에서 두 번째로 큰 호수였던 포오포 호수는 기후변화로 인한 강우 변화와 경작을 위한 관개 때문에 사라져버리고 말았다.[39] 전통 어업에 식량과 생계를 의존했던 원주민은 변화된 환경에 적응하는 것이 어려웠다. 이러한 전통적 생활 양식의 상실로 인해서 정체성은 위협받았고, 많은 이들이 고향을 떠나 **환**

경 난민으로 전락했다. 여러 개의 낮은 섬으로 구성된 남태평양 국가 키리바시는 해수면 상승으로 섬 전체가 잠길 것을 우려하며 자국의 국민에게 존엄한 이주를 권장하고 있다. 정부는 난민의 가능성 때문에 피지에 토지를 마련해놓기도 하였다.[40] 이처럼 기후변화는 개발도상국에 큰 피해를 줄 전망이지만,[41] 선진국도 그 영향에서 벗어나기 힘들다. 이에 미국 정부는 기후 회복력 프로그램을 위한 재원을 마련해 루이지애나 미시시피강 삼각주의 진찰스섬 주민을 재입지시키고자 한다.[42] 기후변화로 인해서 홍수 수위가 높아지면서 이 섬이 육지로부터 떨어지는 때가 잦아졌기 때문이다. 기후변화의 위협은 플로리다에서 훨씬 더 큰 규모로 느껴지고 있다. 홍수가 증가하면서 수백만 명의 플로리다 주민이 이주해야 할 가능성도 있다.

　이 모든 사례는 **환경 이주민** 또는 **기후 이주민**의 문제와 관련된다. 이들이 어디로 옮겨가고, 그러면 무엇이 남을 것인가? 이들이 새로운 커뮤니티에 어떻게 적응하게 될 것인가? 이러한 환경 이주는 폭력과 무정부 상태의 원인을 제공할 수도 있다. 사람과 문화가 충돌하면서 생계가 파괴될 수도 있기 때문이다. 어쩌면 2008년의 폭동이 앞으로 개발도상국에서 벌어질 일의 전조였을지도 모른다. 2015년의 한 연구 결과에 따르면,[43] 난민 위기를 촉발했던 시리아 내전은 기후변화, 가뭄, 농업의 붕괴와도 연관되어 있었다. 기후변화만으로 영양실조에 시달리는 사람들의 수는 4000만 명과 1억 7000만 명 사이에 이르게 될 것이다. 기온이 조금만 올라도 사하라 이남 아프리카와 같은 열대기후 지역의 농작물 생산량은 크게 줄어들 것이다.[44] 강우감소와 사막화로 인해서 농지와 식량 생산이 줄어들지도 모른다. 이 문제는 개발도상국의 낮은 농업 집약도, 농업자본 이용 가능성의 축소, 값비싼 식량 수입 자금의 부족 때문에 더욱 복잡하다. 아프리카에서는 기후변화로 인해서 2030년까지 곡물 생산이 2~3% 감소할 수 있다.[45] 유엔식량농업기구의 전망에 따르면, 인도의 곡물 생산은 18%까지 감소할 수 있다. 소규모의 가난한 생계형 농부들이 기후변화로 인한 소득이나 식량 공급 혼란에 특히 취약하다. 변화하는 기후에 적응하는 역량이 제한되어 있기 때문이다. 미국 대평원 대부분 지역에서 식수, 농업 관개, 산업 용수를 공급하는 오갈라라층의 고갈에 대한 우려는 강우의 감소와 함께 계속되고 있다. 캘리포니아에서 오랫동안 지속되고 있는 가뭄의 파급 효과는 주 경계를 훨씬 넘어서까지 확산하고 있다. 무역이나 농업 상품 시장뿐만 아니라, 수력발전의 손실과 관련되어 에너지 안보 문제에까지 영향을 미친다.[46] 결과적으로, 많은 국가가 식량 공급을 수입에 더욱 많이 의존하게 되었다. 이런 곳에서는 주변부 토지 경작이나 지속 불가능한 관개 경작 농법 때문에, 토지오염의 가능성도 커졌다.

　둘째, 인구성장 때문에 먹여 살려야 할 사람들이 더욱 많아졌다. 세계 인구는 2011년 70억 명을 이미 넘어섰고, 2030년까지 식량 수요는 2배 증가할 전망이다. 예상되는 증가의 20%는 인구성장의 결과일 것이다.[47] 이러한 문제는 토지 파편화, 지속 불가능한 소규모 영세 농부의 증가, 농업 생산을 위한 개발도상국 주변부 토지의 사용, 농지의 손실을 유발하는 도시화의 확대로 인해서 더욱 복잡해졌다. 그리고 에너지비용이 증가하면서 비료와 농약 가격이 상승했다. 이로 인해 바이오연료에 대한 수요가 증가했는데, 농업 생산 용지가 바이오연료 생산 용지로 전환되는 문제가 발생했다. 전통 식생활에 육류가 추가되는 음식 소비 문화의 변화도 식량 문제의 원인이다.

결론 : 분쟁의 가능성?

저널리스트 로버트 캐플런은 "다가오는 무정부 상태"란 기사에서 암울한 세계의 미래를 전망했다.[48] 그에 따르면, 주변부 국가는 글로벌화, 열악한 리더십, 환경파괴 속에서 경제 권력을 잃고 작은 단위로 쪼개질 수 있다. 분열의 단위는 민족성이나 문화로 정의되고, 군벌이나 사설 부대의 지배를 받게 될 것이다. 캐플런은 끝이 없어 보이는 아프리카의 전쟁 폐허 국가들을 세계 질서 쇠락의 징후로 이해했다. 실제로 여러 아프리카 국가에서는 정부가 제대로 기능하지 못하면서, 인구통계학적으로, 그리고 환경적으로 혼란스러운 상황이 조성되었다. 이에 캐플런은 폭력과 분쟁이 그러한 지역의 표준적인 모습이 될 것이라고 예견했다.

캐플런의 글에서 핵심 질문은 자원 희소성이 **분쟁**으로 이어지겠냐는 것이며, 그의 답은 '그렇다'이다. 농지, 수자원, 삼림의 희소성으로 인한 자원 갈등의 가능성이 있기 때문이다. 앞에서 살펴본 것처럼, 인구 이슈가 그러한 희소성과 분쟁의 밑바탕에 깔려있다. 자원 희소성은 부정적인 사회적 효과를 낳을 수 있다. 농업·경제적 생산의 제약, 인구이동, 인종이나 종교에 따른 사회적 분절화, 사회제도의 와해 등이 부정적 영향에 해당하고, 모두는 분쟁으로 연결될 소지가 있다.[49] 이들은 인과적으로 연결되어 있기 때문에, 피드백을 통해서 최초의 부정적 결과가 더욱 강해질 수도 있다. 희소성 때문에 발생하는 자원포획은 환경파괴나 자원 희소성의 문제를 더욱 심각하게 만들 수 있다.

자원 희소성의 결과로 사회적 안정성이 위협받고 분쟁이 발생할 가능성에 대한 증거는 많다. 2008년 식량폭동이나 가뭄으로 초래된 분쟁이 그러한 사례에 해당한다. 어쩌면 이것이 직관적 가정일지 모르기 때문에, 정확한 관계가 무엇이고 어떻게 작동하는지에 대한 의문이 남는다. 한 마디로, 자원 희소성이 어떻게 분쟁을 초래할까? 무엇보다, 복잡한 상호작용을 통해서 그러한 관계가 나타난다. 인구성장이 앞으로 몇십 년 동안 계속된다면, 그리고 기후변화와 자원 고갈로 인한 재생자원의 희소성이 발생한다면, 공급, 수요, 구조적 희소성은 부정적인 사회적 결과로 이어질 것이다. 농업·경제적 생산의 감소, 이주와 강제적 이동, 사회적 분열, 제도적 불안 등이 부정적인 결과에 해당한다. 이들 각각은 독립적으로 또는 복합적으로 분쟁을 유발할 수 있다.[50] 이러한 결과는 **기후변화에 관한 정부 간 패널**(IPCC)의 2014년 보고서에서도 언급되었다.[51] 다른 한편으로, 자원 희소성은 자원포획으로 이어질 수 있다. 자원포획은 자신의 이익에 따라 자원 배분을 변화시키는 행위자들 때문에 발생하며, 이는 약한 집단의 생태적 주변부화로 이어진다. 기후변화가 수자원 접근성, 핵심 인프라, 영토보전의 측면에서 문제를 일으킬 수 있다.[52] 두 가지 과정 모두는 환경파괴를 심각하게 만들고 빈곤을 악화시키며 분쟁의 가능성을 높인다. 자원을 통제하려는 집단과 자원 분배의 불균형을 해결하려는 집단 간의 분열이 생길 수 있기 때문이다.

이에 신맬서스주의자와 경제적 낙관론자 모두는 인구증가에 직면한 세계가 충분한 식량, 물, 자원을 제공할 수 있는지를 심각하게 다룬다. 우리는 직관적 수준에서 인구증가, 자원이용, 환경 희소성 간의 관계를 생각해볼 수 있다. 가령, 인구성장이 높은 지역에서 식량, 연료, 수자원과 같은 자원이 희소하고 환경파괴의 위험이 크다. 그러나 이러한 관계는 완전하지 않다. 인구성장, 환경, 자원 간 연계에 대한 이해는 기껏해야 피상적 수준에 머물러있다.[53] 불필요한 우려의 전망은 조심해야 하지만, 인구성장이 경제성장을 저해하고 여러 가지 문제로 인한 피해를 증폭할 것이란 점에는 동의가 이루어졌다. 따라서 인구증가가 토지의 파괴를 악화시킬 것이라는 결론에 도달하기는 어렵지 않다. 자원 고갈은 폭력과 분쟁을 촉발하고 정부와 제도에 압력으로 작용하기 때문이다. 인구성장이 모든 문제의 이유라고 말하는 것은 아니다. 환경파괴는 인구수의 작용으로만 나타나지 않는다는 말이다. 사람들이 무엇을 얼마나 많이 소비하고, 이러한 소비가 환경에 어떻게 피해를 주는지를 이해하는 것도 중요하다. 그렇다 하더라도, 인구증가가 중요한 문제이긴 하다.

보다 광범위한 자원 문제와 경제적 이슈는 무엇일까? 동일한 논리가 인구증가와 다른 자원 소비 증가의 영향으로 확대될 수 있을까? 현재의 자원 소비 수준은 지속 가능할까? 이러한 의문에 대하여 동의가 이루어진 것은 다음과 같다. 급속한 인구성장과 노동력 규모에 비해 높은 유소년부양비는 빈곤과 실업을 늘리고 (교육, 제도, 가족계획, 가구 저축 등) 인적·물적 자산 투자를 어렵게 한다. 그리고 이것은 자원의 양과 질을 떨어뜨리기 때문에, 경제성장에 악영향을 준다. 빠른 인구성장과 낮은 경제성장에는 자기 강화적인 성격이 있기 때문에, 그러한 상황에 처한 국가는 침체의 소용돌이에서 빠져나오기 힘들다. 가난한 국가에서는 제도가 제대로 개발되지 못한 이유도 있다.

마지막으로, 선진국 세계도 환경 희소성과 기후변화의 결과에서 자유롭지 못하다. 일례로, 선진국은 개발도상국으로부터 유입된 이주민의 효과를 절감하고 있다. 어떤 국가에서든 내전으로 인한 와해의 상황이 발생하면, 상당 규모의 실향민과 이주민이 생긴다. 이는 환경파괴와 사회적 분열로 이어진다. 문제의 핵심은 무엇이 인구의 재입지를 촉진하는지에 있다. 중앙아메리카와 남아메리카에서 미국으로 유입되는 이주는 대부분이 경제적, 정치적 불안정 때문에 발생한다. 북아프리카와 중동에서 유럽으로 유입되는 이주는 가뭄으로 인한 자원 희소성과 계속된 분쟁의 결과이다. 이주민들은 고국에서 취할 수 있는 선택지가 없기 때문에 다른 곳에서 새로운 미래를 찾는 것이다. 이주는 유입 국가의 인구구성을 변화시킨다. 이주민의 가장 큰 특징 중 하나는 도시에 정착하는 것이다. 8장에서 논의한 바와 같이, 정부는 그러한 이주민에 대한 대책을 마련한다. 예를 들어, 이주민의 유입을 제한하거나 사회의 반이민 정서를 누그러뜨리려 노력한다. 이러한 국가의 정치경제적 와해와 불안정성은 안보와 무역 패턴과 관련해서도 함의를 가진다. 궁극적으로는 선진국 세계에도 영향을 준다. 그런데 어떤 국가와 정부는 국제적 협상에 참여할 여력을 갖지 못한다. 그래서 국제 커뮤니티에서 원천적으로 배제되는 국가와 정부도 있다.

포커스 ## 자원 분쟁

과거에는 정부의 영토적 야심이 내전과 국제 분쟁의 주원인이었다. **국민국가**(nation-state) 개념도 영향을 미쳤다.[54] 21세기의 분쟁에서는 인구증가와 자원 희소성의 새로운 현실이 중요하게 작용한다. 인구성장이 빠르고 로컬 제도가 약할수록 자원이 희소할 가능성이 크다. 결과적으로, 앞으로 몇십 년 동안 자원 희소성과 관련된 분쟁이 잦아지고 가장 큰 위험은 개발도상국 세계에서 나타날 것으로 보인다. 개발도상국의 농업·경제적 생산이 로컬자원에 크게 의존하고 있기 때문이다. 자원 희소성의 부정적 효과를 누그러뜨릴 재원이 부족하고 제도가 취약하여 적응력도 부족하다.

자원 희소성이 분쟁으로 이어지면, 어떤 형태의 분쟁이 많이 나타날까? 앞으로 몇 년 동안 인구와 자원 희소성 이슈가 분쟁의 원인이 될 것이라는 호머딕슨의 주장은 설득력이 높다.[55] 그의 주장에 따르면, 환경 희소성으로 인한 사회적 불안과 분쟁, 이주와 강제적 이동 때문에 발생한 민족 마찰은 경제 생산성과 생계에 영향을 주는데, 이러한 현상은 개발도상국 세계에서 두드러진다. 이런 곳에서는 환경 희소성이 기존의 경제·문화·정치·사회적 맥락과 상호작용하면서, 분쟁의 위험성을 높이고 제도를 더욱 악화한다.

자원과 분쟁

단순하게 말하면, **자원 분쟁**은 영토, 권력, 국가관계와 관련된 전통 패러다임에서 가장 쉽게 이해된다. 일례로, 국가를 비롯한 여러 행위자는 석유와 같은 **비재생자원**을 확보하기 위해 노력한다. 수단과 앙골라의 내전, 1990년 이라크의 쿠웨이트 침공 등이 석유와 관련된 분쟁 사례에 해당한다.[56]

자원포획은 특정한 집단이 무역이나 군사 정복을 통해서 하나의 자원을 통제하는 것을 말한다. 대개 자원의 양이나 질의 저하가 인구증가와 상호작용한 결과로 나타나며, 자원의 소비가 증가하는 원인으로 작용한다. 자원포획은 농지, 삼림, 물과 같은 재생자원, 다시 말해 장기적 이용 가능성에 위협을 가하지 않고 일정한 범위에서 사용할 수 있는 자원으로까지 확대되기도 한다.[57] 일부 재생자원의 희소성도 빠르게 증가하기 때문이다. 이것이 군사적 수단을 동원한 포획으로 이어져 다른 집단을 주변부화하기도 한다. 결과적으로 자원의 희소성과 저하가 더욱 심각해지게 된다.

물을 사례로 생각해보자. 물은 개인과 국가의 생존에 중요하기 때문에 핵심 자원으로 여겨진다. 물이 사회안보와 경제적 웰빙의 위협 요소로 작용할 수도 있기 때문이다. 물은 재생이 가능한 자원이지만 물의 희소성은 증가하고 있다. 소비를 통해서 줄어들고 있을 뿐 아니라, 오염, 염류화, 기후변화를 통한 질의 저하 문제도 심각해지고 있다. 물의 부족은 수자원 취약성으로도 언급되는데, 이것이 국가의 생존과 안보를 위협하는 경우가 많다.[58] 그러나 물의 희소성이 분쟁의 직접적 원인으로 작용하는 경우는 매우 드물다. 그 대신, 경제개발에 제약을 가하고 자원포획을 촉진하며 사회적 분열을 자극하여 폭력이 나타나게 한다. 하천이나 지하 대수층은 국경을 넘는 초국가적 성격을 가지기 때문에, 한 국가의 사용과 행동은 이웃 국가에 영향을 줄 수밖에 없다. 이에 유엔을 비롯한 많은 기관은 수자원의 전략적 중요성을 간과하지 않는다.[59]

1995년 세계은행은 21세기 분쟁이 수자원 때문에 발생할 수 있다고 경고했었다.[60] 이보다 앞서 요르단의 후세인 국왕은 물 때문에 이스라엘과 전쟁이 벌어질 수 있다고 말했고, 안와르 사다트 이집트 대통령도 에티오피아가 이집트의 나일강 접근성을 방해하면 물리력을 동원할 수 있다고 선언했다. 역으로, 에티오피아는 이집트가 나일강 물 이슈를 1976년 이스라엘과 평화협상 테이블에 올렸던 것을 비난했었다.[61] 그리고 중동에서는 석유 채굴보다 물이 훨씬 더 취약한 이슈로 여겨지기도 한다.

물 때문에 분쟁이 발생한 사례는 많이 있다. 물론, 물 분쟁이 기후변화, 종교적 차이, 역사적 갈등과 혼재된 경우도 많다. 남아프리카공화국은 1986년 레소토에서 발생했던 쿠데타를 지지했는데, 레소토의 물을 자국으로 끌어올 수 있었기 때문이다. 아프리카의 세네갈강, 잠베지강, 나이저강처럼 여러 국가를 지나는 하천을 둘러싸고도 분쟁이 생긴다. 예를 들어, 모리타니와 세네갈 간 분쟁의 핵심에는 세네갈강이 있다. 북부 아프리카에서는 관개농업과 가뭄으로 인해서 차드 호수 면적이 1960년 이후로 95% 줄어들었다. 감소한 물의 양은 어업과 농업을 위협했다. 이처럼 줄어든 물 공급과 인구증가 때문에, 차드 호수의 물을 이용하는 나이지리아, 니제르, 카메룬, 차드 간의 긴장감이 높아졌다. 수자원 분쟁은 구소련 국가인 우즈베키스탄, 투르크메니스탄, 카자흐스탄, 타지키스탄, 키르기스스탄 사이에서도 발생했다. 이들이 아무다리야강과 시르다리야강의 제한된 수자원을 놓고서 경쟁하기 때문이다. 소련의 지배하에서 정부는 두 강에 댐을 건설하여 물길을 옮기고 사막을 면화 재배 지역으로 만들었다. 이 시스템은 소련 붕괴 후 무너졌고, 다섯 국가는 자본주의하에서 물을 놓고 경쟁했다. 결과적으로 아랄해로 들어가는 물길이 막혔고, 물 부족 때문에 농지의 염류화가 심해지게 되었다.

수자원 희소성 관련 분쟁의 사례는 중동 지역에도 많다. 리타니강을 두고 벌어지는 이스라엘과 레바논 간의 분쟁, 유프라테스강과 티그리스강을 둘러싼 튀르키예, 이라크, 시리아 간의 갈등, 이집트와 에티오피아 간의 나일강 분쟁 등이 그런 사례에 속한다. 나일강의 물 배분은 식민지 시대인 1920년대의 협정에 기초한다. 이에 따르면, 나일강 물은 수단과 이집트에 할당되고 나일강 주변의 다른 국가는 아무것도 받지 못한다. 이러함에도, 에티오피아는 2011년부터 댐을 건설하기 시작해 이집트의 물 공급을 위협하고 있다.[B] 이집트의 나일강 통제를 어렵게 하는 새로운 물 이용 협정의 가능성도 있다. 그래서 두 국가 간의 관계에 균열이 생겼고, 심지어는 무장 분쟁 가능성에 대한 발언까지 나오고 있다.[62] 마찬가지로 유프라테스강과 티그리스강의 접근성과 통제를 두고 튀르키예, 시리아, 이라크 사이에서도 긴장관계가 형성되었다. 튀르키예 동부에 댐과 관개 시스템 건설을 포함한 '그레이트 아나톨리아 프로젝트'로 인해서 두 강의 유량이 크게 줄어들게 될 것이기 때문이다. 시리아로 흘러드는 물에는 오염 때문에 비료, 살충제, 염분의 함량이 높아질 것이다.

희소자원 관련 분쟁은 국가 내에서도 발생한다. ISIS나 ISIL로 불리기도 하는 지하드 단체 IS는 이라크 내에서 물 공급과 농업 생산에 위협을 주었다. 서구와의 오랜 전쟁, 그리고 이란과 튀르키예의 상류 통제로 인해 수자원 위기가 더욱 심각해졌다. IS는 주요 댐을 통제하고 물 공급을 차단하거나 농지를 물에 잠기게 하면서, 물을 전쟁수단으로 활용했다. 이라크의 소수민족인 쿠르드가 독립한다면, 티그리스강 유역 대부분을 통제할 수 있기 때문에 상황은 더욱 복잡해지게 된다.[63] 쿠르드는 시리아, 이라크, 이란, 튀르키예에서 오랫동안 독립 영토를 요구해왔다.

기후변화는 분쟁의 모습과 가능성을 더욱 복잡하게 만든다. 중동 지역에서는 이미 건조기후가 탁월하게 나타나고 있고, 기상과 강우의 패턴이 변함에 따라 훨씬 더 건조해질 것으로 예상된다. 오랜 가뭄이 시리아 내전의 중요한 원인 중 하나로 꼽힌다. 이러한 상황은 정부의 관개시설 투자 실패, 농작물 피해, 비자발적 도시 이주 때문에 더욱 심각해졌다. 여기에 인종, 종교 집단 간 마찰의 역사와 민주적 개혁의 요구를 탄압하는 시리아 정부의 방침이 더해져 내전이 발생했던 것이다. 가뭄 하나만으로 시작된 내전은 아니지만, 기후변화가 분쟁의 중요한 요인 중 하나임을 알 수 있는 사례다.[64]

[B] 이 댐의 공식 명칭은 '그랜드 에티오피아 르네상스 댐(GERD)'이다. 수단과의 국경에서 14km 떨어진 청나일강을 막아 건설된 댐이다. GERD의 물 가두기는 2020년부터 시작했고, 전력 생산은 2022년부터 시작되었다.

결론

인구성장과 자원 희소성이 결합된 효과로 세계의 분쟁은 다양한 스케일에서 증가하고 있다. 이러한 분쟁으로 인해서, 기후변화에 대한 취약성이 높아지고 인구의 강제적 이동 가능성도 증가했다.[65] 자원 희소성이 심각해지고 인구가 증가하면서, 자원 분쟁이 일어날 속도와 빈도도 미래에는 증가할 것으로 보인다. 이러한 문제는 로컬자원에 의존도가 높고 자원 희소성 문제 해결의 능력이 부족한 개발도상국에서 가장 먼저 나타날 것이다. 이런 곳에서 환경 희소성으로 인한 문제는 훨씬 더 빈번하고 심각하며 복잡한 양상으로 나타날 가능성이 크다. 이러한 문제를 해결할 능력이 부족하다면, 희소성이 국가를 압도하게 되어 그에 대처하는 능력은 더욱 나빠지게 된다.

대규모 분쟁이 가능한 동시에, 로컬이나 하위 국가 스케일에서는 폭력과 분쟁이 더욱 빈번해질 것이다. 글로벌화의 영향 때문에, 환경 피해, 빈곤과 질병의 증가, 사회적 마찰의 심화에 직면해 무기력한 상태에 빠지는 정부도 있을 수 있다. 이미 경제적 전망이 어두운 주변부 국가에서는, 인구성장, 질병, 환경 피해가 더해져 미래가 더욱 불투명해질 수 있다. 희소한 자원에 대한 접근성을 둘러싸고 분쟁에 돌입할 가능성도 높다. 글로벌화의 영향으로 약해진 빈곤 국가는 기존의 국내 분쟁이나 국제 분쟁으로 정의하기 어려운 '국경 없는' 분쟁에 시달릴 수 있다. 국가의 영향력이 약해지면서, 군벌, 범죄 조직, 마약 카르텔, 게릴라그룹의 힘이 강해질 가능성도 있다. IS와 같은 종교집단이나 민족집단의 영향력이 강해지는 상황이 나타날 수 있을 것이다.[66]

방법·측정·도구 | 지리학자의 역할

이 책 전반에 걸쳐서 지리학과 지리적 관점이 논의의 밑바탕에 깔려있다. **지리학자**들은 시장 입지 분석, 보건·의료지리학, 토지이용계획, 환경 문제 분야의 발전에 크게 공헌해왔다. **인구지리학자**들의 기여에 대해서는 1장을 비롯해 이 책의 여러 곳에서 소개했다. 최근 들어 사망력과 출산력에 대한 지리학자들의 관심이 많이 줄었지만, 인구지리학자들은 여전히 인구이동 분야에 크게 기여하고 있다. 또한, 지리학자들은 기후변화, 물을 비롯한 자원 문제, 식량 공급과 안보, 국제관계, 테러리즘 관련 논의에도 참여한다. 전체를 다루기는 어렵겠지만, 여기에서는 이 책과 관련된 주제에서 지리학자들의 역할을 소개하고자 한다.[67] 미국지리학회의 『국제 지리학 백과사전(International Encyclopedia of Geography)』이나 『옥스퍼드 서지(Oxford Bibliographies)』의 지리학 섹션도 지리학자들의 관심사를 요약적으로 쉽게 소개하고 있어 참고할 만하다. 여기에서 소개하는 내용은 지극히 일부에만 해당하며 각각은 고립되어 있지 않다는 점에도 유의할 필요가 있다. 예를 들어 이주는 건강, 고령화, 도시적 과정과 연관되어 있다.

국가와 정부가 직간접적으로 부딪치는 오늘날의 글로벌 환경에서 지리는 매우 중요하다. 하름 데 블레이는 그의 저서 『분노의 지리학』에서 "지리 리터러시(geographic literacy)는 국가안보의 문제"라고 주장하며 다음과 같이 말했다.[68]

> 지리적 지식은 경쟁이 심화되는 세계에서 심각한, 어쩌면 결정적인 불이익을 받고 있다. 그러나 지리적 통찰력은 지정학 문제를 이해하는 데에서 필수적이다. 문화에서부터 경제에 이르기까지 다양한 영역에서 결정을 내리는 과정에서도 지리적 통찰력이 요구된다.[69]

지리학자들이 이러한 논의에 참여해온 것은 그다지 놀랄 만한 사실이 아니다. 데 블레이를 비롯해 많은 지리학자는 다양한 문제의 지리적 성격에 주목해왔다. 예를 들어, 정치지리학자 콜린 플린트는 전쟁과 전쟁을 낳는 정치적 과정의 공간적 현상에 주목했고,[70] 닉 본윌리엄스는 국경 정치의 역할을 검토했다.[71] 테러 공격을 대비하고 예방할 지리적 도구를 사용해 지리와 테러리즘 간의 관계를 탐구한 정치지리학자도 있다.[72] 이런 연구에서는 테러리스트가 공간상에서 어떻게 동원되고 테러가 특정한 장소에서 발생하는 이유가 무엇인지에도 관심을 둔다. 로저 스텀프는 지난 몇십 년간 종교적 근본주의의 급부상을 사회·문화적 함의에 주목하며 탐구했고,[73] 사미 모이지오와 그의 동료들은 지리와 국가 권력에 대한 새로운 통찰력을 제시했다.[74]

이주와 관련된 국제적 연결이 증가하고 이주와 국가안보관계가 밀접해지면서, 지리학자들은 인구이동과 이주 분야의 논의에도 많이 기여한다. 일부만 언급하면, 이 분야에 공헌하는 많은 이들을 빠뜨릴 위험이 있다. 그래서 인구지리학자들이 무엇을 어떻게 연구하는지에 주목하는 것이 더 나은 접근일 것이다. 인구이동은 에이드리언 베일리나 데이비드 플레인이 제시한 **생애과정** 관점을 비롯한 다양한 관점을 통해서 연구되고 있다.[75] **젠더연구**나 **종단연구**가 활용되기도 한다. 이처럼 다양한 관점을 통해서 이동의 동기와 목적지 선택에 대한 이해가 가능해진다. 미등록 이주노동자 정책에 관한 연구는 이주 동기에 대한 새로운 안목을 제시하고 있으며,[76] 캐서린 미첼은 그녀의 동료들과 함께 비판 이론 관점을 통해 이주 문제에 주목한다.[77] 질적(정성적) 데이터를 활용해 이주와 재정착 과정을 탐구하는 인구지리학 연구도 늘어나고 있다. 민족지리학, 방법론, 지역연구 등 여러 지리학 분야에서 인구를 연구하는 지리학자들도 많다는 점에 주목해야 한다.

인구의 고령화나 건강과 관련된 주제도 지리학자의 관심사이다. 이 분야의 확립에서 앤서니 가트렐과 수전 엘리엇이 중요한 역할을 했고,[78] 멀린다 미드도 의료지리학 발전의 초석을 마련하는 데에 공헌했다.[79] 이러한 전통은 최근의 연구에서도 계속되고 있다.[80] 역학과 긴밀하게 연결된 질병의 공간적 확산은 이 분야의 핵심을 형성했고, 여기에서는 지리정보시스템(GIS)의 시각화 도구와 공간분석 방법이 널리 활용되고 있다. 이와 관련해 엘렌 크롬리와 새라 맥래퍼티의 저서,[81] 유지에 후와 스티븐 리더의 『옥스퍼드 서지』 해설[82] 등을 참고하자. 이러한 지리학자들의 연구를 통해서 장소가 결정적 요인으로 인식되고 있으며,[83] 이는 다른 인문지리학에도 영향을 미치고 있다.[84] 이에 더해, 지리학자들의 역할은 HIV/AIDS를 비롯한 질병 전파 패턴의 이해,[85] 1차 보건의료,[86] 이주와 건강[87] 분야까지 확대되었다. 보건지리학에서 어떻게 질적 연구 방법을 활용할지에 대한 논의도 있다.[88] 최근에는 건강 시스템, 건강과 웰빙, 건강과 개발, 건강 불평등이 보건지리학의 새로운 주제로 부상하고 있다.

인구 고령화는 건강과 긴밀한 관계에 있다. 그리고 주택이나 건강 서비스의 제공도 고령화 문제와 얽혀있다. 그래서 연구자, 정치인, 정책 입안자 모두에게 인구 고령화는 중대한 관심사이자 도전적인 문제에 해당한다. 지리학자들은 돌봄과 완화치료,[89] 교통,[90] 인구이동,[91] 은퇴와 이동[92] 등 여러 가지 주제를 통해서 고령화 이슈를 다루고 있다.[93] 예를 들어, 레이철 페인과 피터 홉킨스는 다양한 이론적 프레임과 접근을 바탕으로 고령화와 장소 간의 관계에 대한 이해의 지평을 넓혔다.[94]

도시와 도시화 과정도 지리학자들이 관심을 두는 연구 주제다. 도시구조, 공간 조직, 교통, 고령화 등의 이슈에 특히 많이 주목한다.[95] 이와 관련해 선진국 세계의 도시지역에는 관심이 집중되지만, 개발도상국의 도시화에 대한 이해는 많이 부족한 실정이다. 불평등, 다양성, 분쟁, 정치, 도시의 지속 가능성 등도 중요한 주제로 부상하고 있다.

자원의 생산이나 이용과 관련해서도 여러 가지 이슈가 제기된다. 분쟁, 지속 가능성, 입지, 기후변화 등이 그에 해당한다. 이 분야에서 연구는 다양한 지리적 차원을 넘나들며 진행되고 있고, 특히 자연지리, 인문지리, 환경지리 간의 통합적 이해가 중요하다. 예를 들어, 자연지리학과 인문지리학 사이의 상호작용을 통해서 토지와 (수)자원 활용에 대한 지리학적 연구가 광범위하게 이루어지고 있다. 이는 물의 순환에 관한 지식에 더하여 인간과 순환 간 관계에 대한 이해와 통찰력이 요구되는 분야이다. 이런 측면에서 중동 지역의 자원과 분쟁 간 관계가 분석되기도 했다.[96] 수자원에 대한 논의는 다양한 지리적 스케일에서 이루어진다. 예를 들어 미국에서는, 대평원을 중심으로 수법(water law)과 지표수 고갈, 물 권리, 물 관리에 대한 관심이 높다.[97] 이 주제와 관련해 인구성장과 에너지 사용 간 관계, 글로벌 기후변화와의 연관성 등이 연구되고 있으며, 지리학 전반의 관심을 끌며 자연지리학자와 지구과학자 간의 협업도 이루어진다.

인구와 식량 공급 간의 관계도 지리학을 비롯한 여러 학문의 지배적 이슈에 해당한다. 식량 생산이 인구보다 빠르게 증가해도 세계가 훨씬 더 많은 인구를 먹여 살릴 수 있을지는 판단하기 어려운 문제다. 어쨌든, 얼마나 많이 먹여 살릴 수 있는지는 중요한 문제다. 그래서 최근의 지리학 연구는 인구성장과 농업, 토지 보유권, 자원 분쟁, 환경 이슈의 변화에 초점이 맞춰져 있다. 예를 들어, 브라이언 터너 등은 아프리카에서 인구증가와 농업 변화 간의 관계를 탐구하여, 인구증가가 변화를 유발하지만 환경, 토지 보유권 시스템, 기술, 정치의 차이도 영향을 미치는 점을 확인했다.[98] 바출라프 스밀도 인구를 먹여 살리는 세계의 능력을 탐구한 지리학자이다. 그에 따르면, 세계는 증가하는 인구를 먹여 살릴 수 있도록 충분한 식량자원을 생산할 수 있지만, 보다 효율적인 농경법과 식생활의 변화도 요구된다.[99] 에반 프레이저는 식량안보 이슈를 해결할 수 있는 여러 가지 선택지를 점검하며 식량안보에 대한 논의를 업데이트하였다.[100] 그러면서 프레이저는 다른 사람들과 마찬가지로 식생활의 변화, 인구성장, 기후변화, 깨끗한 물의 부족, 높은 에너지 가격 등의 문제 때문에 세계를 먹여 살리는 문제가 어려워질 수 있다고 말했다. 그러나 동시에, 논의를 식량 생산의 과학과 기술, 식량 배분 시스템, 로컬 푸드 시스템, 규제 등의 개념으로 확장하여, 이들을 성장하는 인구를 감당할 수 있게 하는 요소로 인식했다.

마지막으로, 인구지리학의 기여에서 이론의 역할을 빼놓을 수 없다. 인구지리학 역사의 대부분은 **실증주의**(positivism) 프레임에 뿌리를 두면서 수치 데이터와 통계적 방법을 강조해 왔다. 인구지리학이 **형식인구학**에서 많이 영향을 받았기 때문이다. 대표적으로, 공간선택 이론과 래리 샤스타드의 인적자본 인구이동 이론을 비롯한 미시경제학적 행태 모델이 거주지 이동 연구를 지배했었다. 이에 따라 인구지리학은 이론 발전보다 경험적 데이터 분석이 우선시되는 분야였다. 풍부한 데이터 덕분에 구체적 연구의 진전은 많이 이루

어졌던 반면, 이론 형성은 미흡했다는 이야기다.

다른 지리학 분야에서 이론이 발전하는 동안, 인구지리학자 사이에서 이론 수용은 매우 느리게 진행되었다. 엘스페스 그레이엄의 말처럼, 실증주의적 기초에 많이 의존했던 인구지리학자들은 대규모 데이터 세트의 존재와 일반화할 수 있는 정책 결과의 필요성 때문에 경험적 분석에만 주목했다.[101] 결과적으로 이론에 별로 주목하지 않았고, 이에 따라 공간인구통계학은 비이론적인 분야가 되어버렸다.

그러나 페미니즘, 젠더 이론, 사회 이론, 초국가주의 이론 등 새로운 이론적 관점이 빠르게 인구지리학에 통합되고 있다. 이러한 변화는 이주연구에서 가장 두드러진다.[102] 특히, 일생에서 발생하는 여러 가지 이벤트에 주목하는 생애과정 관점이 광범위하게 활용되고 있다.[103] 그리고 사회지리학의 테두리 속에서 이루어지는 인구지리학 연구도 많아지고 있다. 제임스 타이너의 2009년 저서 『전쟁 · 폭력 · 인구 : 신체의 중요성(*War, Violence and Population : Making the Body Count*)』과 같은 **비판인구지리학**(critical population geography) 연구도 인구지리학에 영향을 미치고 있다. 이 책은 분쟁과 전쟁을 출산력, 사망력, 이동의 문제를 통해 검토한다. 다른 한편으로, 캐스린 그레이스는 다양한 이론적 관점을 활용해 개발도상국 세계의 관점에서 피임약 사용, 식량안보 등 여러 가지 인구 이슈에 주목했다.[104]

원주

1. Paul Ehrlich, *The Population Bomb* (New York: Ballantine Books, 1968).

2. Thomas Robert Malthus, "An Essay on the Principle of Population," reprinted in Scott W. Menard and Elizabeth W. Moen, *Perspectives on Population* (New York: Oxford University Press, 1987).

3. Bernard Gilland, "Nitrogen, Phosphorus, Carbon and Population," *Science Progress* 98, no. 4(2015), 379–390; Paul Ehrlich, Anne Ehrlich, and Gretchen Daily, "Food Security, Population, and Environment," *Population and Development Review* 19, no. 1(1993), 1–32.

4. UNFAO, "The State of Food Insecurity in the World 2019," http://www.fao.org/state-of-food-security-nutrition(2020년 5월 21일 최종 열람).

5. UNFAO, "The State of Food Insecurity in the World 2019."

6. William Bender and Margaret Smith, "Population, Food, and Nutrition," *Population Bulletin* 51,

no. 4(February 1997); Ehrlich, Ehrlich, and Daily, "Food Security, Population, and Environment," 1–32; Robert Livernash and Eric Rodenburg, "Population Change, Resources, and the Environment," *Population Bulletin* 53, no. 1(March 1998).

7. 대중언론과 녹색운동(green movement)에서는 특히 신맬서스주의 관점을 수용하고 있다. 경제적 낙관론자(economic optimist)의 입장은 선진국 대부분에서 채택되며 세계은행 정책에서도 확인된다.

8. 맬서스는 산아 제한과 현대적 피임법을 적절한 억제책으로 인식하지 않았다. 이 주장에 기초한 점에서 맬서스주의는 인구정책을 옹호하는 신맬서스주의와 다르다. 신맬서스주의에서는 산아 제한을 정당한 인구성장 억제책으로 인정하기 때문이다.

9. Paul Ehrlich and Anne Ehrlich, *The Population Explosion* (New York: Touchstone, 1991).

10. Julian L. Simon, *The Ultimate Resource* (Princeton, NJ: Princeton University Press, 1981).

11. John Richard Hicks, *The Theory of Wages* (London: Macmillan, 1932).

12. Ester Boserup, *The Conditions of Agricultural Growth: The Economics of Agrarian Change under Population Pressure* (Chicago: Aldine, 1965).

13. Thomas Homer-Dixon, *Environment, Scarcity, and Violence* (Princeton, NJ: Princeton University Press, 1999).

14. Wallace Broecker, "Unpleasant Surprises in the Greenhouse?," *Nature* 328, no. 6126(9 July 1987), 123–126; William Clark, *On the Practical Implications of the Carbon Dioxide Question* (Laxenburg, Austria: International Institute of Applied Systems Analysis, 1985).

15. Jane Menken, "Demographic-Economic Relationships and Development," in *Population-the Complex Reality: A Report of the Population Summit of the World's Scientific Academies*, ed. Francis Graham-Smith (Golden, CO: North American Press, 1994).

16. 2019년 일본의 GDP 성장률은 0.65%였고, 이는 같은 해 2.3%의 성장률을 기록한 미국과 대조를 이룬다.

17. Ester Boserup, *Population and Technological Change: A Study of Long-Term Trends* (Chicago: University of Chicago Press, 1981); Boserup, *Conditions of Agricultural Growth*.

18. National Research Council, Committee on Population, *Population Growth and Economic Development: Policy Questions* (Washington, DC: National Academy Press, 1986).

19. Richard P. Cincotta and Robert Engelman, *Economics and Rapid Change: The Influence of Population Growth* (Washington, DC: Population Action International, 1997).

20. Allen C. Kelley and Robert M. Schmidt, *Population and Income Change: Recent Evidence* (Washington, DC: World Bank, 1994).

21. Edward M. Crenshaw, Ansari Z. Ameen, and Matthew Christenson, "Population Dynamics and Economic Development: Age-Specific Population Growth Rates and Economic Growth in Developing Countries, 1965 to 1990," *American Sociological Review* 62, no. 6(1997), 974–984.

22. Cincotta and Engelman, *Economics and Rapid Change*.

23. Kenneth H. Kang, "Why Did Koreans Save So 'Little' and Why Do They Now Save So 'Much'?," *International Economic Journal* 8, no. 4(1994), 99–111; World Bank, *The East Asian Miracle* (Oxford: University of Oxford Press, 1993).

24. Allen C. Kelley, "The Consequences of Rapid Population Growth on Human Resource Development:

The Case of Education," in *The Impact of Population Growth on Well-Being in Developing Countries*, ed. Dennis Ahlburg, Allen C. Kelley, and Karen Oppenheim Mason(New York: Springer, 1996), 67–137; T. Paul Schultz, "School Expenditures and Enrollments, 1960–1980: The Effects of Incomes, Prices and Population Growth," in *Population Growth and Economic Development: Issues and Evidence*, ed. D. Gale Johnson and Ronald D. Lee(Madison: University of Wisconsin Press, 1985), 413–436.

25. Cincotta and Engelman, *Economics and Rapid Change*.

26. Cincotta and Engelman, *Economics and Rapid Change*.

27. United Nations Development Program(UNDP), *Human Development Report 2000* (New York: UNDP, 2000).

28. https://www.unfpa.org/demographic-dividend(2020년 5월 25일 최종 열람); David E. Bloom, David Canning, and Jaypee Sevilla, "The Demographic Dividend: A New Perspective on the Economic Consequences of Population Change," RAND Corporation, 2003, https://www.rand.org/pubs/monograph_reports/MR1274.html(2020년 5월 25일 최종 열람).

29. "The Four Dividends: How Age Structure Change Can Benefit Development," 미국 인구조회국, 7 February 2018, https://www.prb.org/the-four-dividends-how-age-structure-change-can-benefit-development/(2020년 5월 25일 최종 열람).

30. N. Nagabhatla, P. Pouramin, R. Brahmbhatt, C. Fioret, T. Glickman, K. B. Newbold, V. Smakhtin, "Water and Migration: A Global Overview," UNU-INWEH Report Series, Issue 10. United Nations University Institute for Water, Environment and Health, Hamilton, Canada, 2020.

31. Homer-Dixon, *Environment, Scarcity, and Violence*.

32. Homer-Dixon, *Environment, Scarcity, and Violence*.

33. Canadian Broadcasting Corporation, "The Crisis the World Forgot," 2 April 2009.

34. Kristen Devlin and Jason Bremner, "How Changing Age Structure and Urbanization Will Affect Food Security in Sub-Saharan Africa," 미국 인구조회국, March 2012, http://www.prb.org/how-changing-age-structure-and-urbanization-will-affect-food-security-in-sub-saharan-africa(2020년 5월 22일 최종 열람).

35. Joel K. Bourne Jr., "The End of Plenty," *National Geographic* 215, no. 6(June 2009), 26–59.

36. 2009년『내셔널지오그래픽』6월호의 기사에 따르면, 그 이전 10년 동안 세계의 식량 소비량이 생산량보다 많았다. 한 마디로, 곡간이 텅 비어있는 것과 마찬가지였다.

37. UNFAO, *The State of Food Insecurity in the World, 2008* (Rome: UNFAO, 2008).

38. Keith Bradsher, "A Drought in Australia, a Global Shortage of Rice," *New York Times* (17 April 2008), A4.

39. Nicholas Casey, "Climate Change Claims a Lake, and an Identity," *New York Times* (7 July 2016).

40. Mike Ives, "A Remote Pacific Nation, Threatened by Rising Seas," *New York Times* (3 July 2016), A10.

41. Monica Das Gupta, "Population, Poverty, and Climate Change," *World Bank Research Observer* 29, no. 1(2014), 83–108.

42. Coral Davenport and Campbell Robertson, "Resettling the First American 'Climate Refugees,'" *New York Times* (3 May 2016), A1.

43. Colin P. Kelleya, Shahrzad Mohtadib, Mark A. Canec, Richard Seagerc, and Yochanan Kushnir,

"Climate Change in the Fertile Crescent and Implications of the Recent Syrian Drought," *Proceedings of the National Academy of Sciences, 2015* 112, no. 11(2015), 3241–3246.

44. Bradsher, "Drought in Australia."

45. IPCC, *Climate Change 2007*, Fourth Assessment Report(AR4)(New York: IPCC, 2007).

46. Dustin Garrick, "What the California Drought Means for Canadians," *Globe and Mail* (7 April 2015), A9.

47. United Nations Population Fund, "Statement of the UNFPA on the Global Food Crisis, Population and Development," news release, 3 June 2008, http://www.unfpa.org/press/statement-unfpa-global-food-crisis-population-and-development(2020년 5월 22일 최종 열람).

48. Robert D. Kaplan, "The Coming Anarchy," *Atlantic Monthly* (February 1994), 44–76. 캐플런의 기사는 저널리스트적 방식과 비관론적 입장만을 제외하고 상당 부분 토머스 호머딕슨의 저서를 기반으로 쓰였다. 호머딕슨도 분쟁의 가능성을 전망했지만, 인류의 중요한 '이탈' 경로도 제시했다. 무엇보다, 자원의 희소성과 분쟁의 잠재성을 누그러뜨릴 수 있는 개입의 가능성에 주목했다.

49. Homer-Dixon, *Environment, Scarcity, and Violence*; Nicholas Polunin, *Population and Global Security* (Cambridge: Cambridge University Press, 1998).

50. Homer-Dixon, *Environment, Scarcity, and Violence*.

51. IPCC, "2014: Climate Change 2014: Impacts, Adaptation, and Vulnerability. Part A: Global and Sectoral Aspects," Contribution of Working Group II to the Fifth Assessment Report of the Intergovernmental Panel on Climate Change, ed. C. B. Field, V. R. Barros, D. J. Dokken, K. J. Mach, M. D. Mastrandrea, T. E. Bilir, M. Chatterjee, K. L. Ebi, Y. O. Estrada, R. C. Genova, B. Girma, E. S. Kissel, A. N. Levy, S. MacCracken, P. R. Mastrandrea, and L. L. White. Cambridge and New York: Cambridge University Press, 1132.

52. IPCC, "2014: Climate Change 2014."

53. Roger-Mark De Souza, John S. Williams, and Frederick A. B. Meyerson, "Critical Links: Population, Health, and the Environment," *Population Bulletin* 58, no. 3(September 2003).

54. Martin Ira Glassner, *Political Geography*, 2nd ed.(New York: John Wiley, 1996).

55. Homer-Dixon, *Environment, Scarcity, and Violence*.

56. Daniel Yergin, "Oil: The Strategic Prize," in *The Gulf War Reader*, ed. Micah L. Sifry and Christopher Serf(New York: Times Books, 1991). 이라크는 과거 오스만 제국의 역사와 페르시아만 접근성도 침공을 '정당화'하는 이유로 언급했다.

57. 호머딕슨은 분쟁 발생의 원인으로서 재생자원의 역할에 주목했다. 그러나 비재생자원을 포획하려는 욕망을 가진 국가도 있다는 점을 인식해야 한다.

58. Shawn McCarthy, "Water Scarcity a Catalyst for Other Concerns," *Globe and Mail* (30 November 2015), A3.

59. William J. Broad, "With a Push from the UN, Water Reveals Its Secrets," *New York Times* (25 June 2005), 1S.

60. Ismail Serageldin, "Earth Faces Water Crisis," press release, World Bank, Washington, DC(6 August 1995).

61. Terje Tvedt, "The Struggle for Water in the Middle East," *Canadian Journal of Development Studies* 13, no. 1(1992), 13–33. 이집트는 이스라엘에 나일강 물을 공급하려던 제안은 철회했다. 자국에

서의 공급량도 많지 않다고 판단했기 때문이다.

62. "Egypt Fears Grow as Ethiopia Builds Giant Nile Dam," *CBC News*, 30 May 2013, http://www.cbc.ca/news/world/story/2013/05/30/nile-dam-egypt-ethiopia.html.

63. Peter Schwartzstein, "Amid Terror Attacks, Iraq Faces Water Crisis," http://nationalgeographic.com/science/article/141104-iraq-water-crisis-turkey-iran-isis(2016년 6월 13일 최종 열람).

64. Kelleya et al., "Climate Change in the Fertile Crescent," 3241–3246.

65. IPCC, "2014: Climate Change 2014."

66. Robert D. Kaplan, "Countries Without Borders," *New York Times* (23 October 1996), 8A; Paul L. Knox and Sallie A. Marston, *Human Geography: Places and Regions in Global Context*, 2nd ed. (Upper Saddle River, NJ: Prentice Hall, 2001).

67. 지리학자들의 역할은 너무나도 다양하고 광범위해서 요약하기 어렵다. 관심 있는 독자는 다음의 문헌도 참고하길 바란다. American Association of Geographers, *The International Encyclopedia of Geography: People, the Earth, Environment and Technology* (2017); Gary L. Gaile and Cort J. Willmott, eds., *Geography in America at the Dawn of the Twenty-First Century* (New York: Oxford University Press, 2003).

68. Harm de Blij, *Why Geography Matters: Three Challenges Facing America* (New York: Oxford University Press, 2005).

69. de Blij, *Why Geography Matters*, x.

70. Colin Flint, *The Geography of War and Peace: From Death Camps to Diplomats* (New York: Oxford, 2005).

71. Nick Vaughan-Williams, *Border Politics: The Limits of Sovereign Power* (Edinburgh: Edinburgh University Press, 2009).

72. Susan L. Cutter, Douglas B. Richardson, and Thomas J. Wilbanks, *The Geographical Dimensions of Terrorism* (New York: Routledge, 2003).

73. Roger W. Stump, *Boundaries of Faith: Geographical Perspectives on Religious Fundamentalism* (Lanham, MD: Rowman & Littlefield, 2000).

74. Sami Moisio, Natalie Koch, Andrew E. G. Jonas, Christopher Lizotte, and Juho Luukkonen, *Handbook on the Changing Geographies of the State* (London: Edward Elgar, 2020).

75. Adrian J. Bailey, "Population Geography: Lifecourse Matters," *Progress in Human Geography* 33, no. 3(2009), 407–418; David A. Plane, Christoper J. Henrie, and Marc J. Perry, "Migration Up and Down the Urban Hierarchy and Across the Life Course," *Proceedings of the National Academy of Sciences of the United States of America* 102, no. 43(2005), 15313–15318.

76. Mark Ellis, Richard Wright, and Matthew Townley, "State-Scale Immigration Enforcement and Latino Interstate Migration in the United States," *Annals of the American Association of Geographers* 106, no. 4(2016), 891–908.

77. Katharyne Mitchell, Reece Jones, and Jennifer L. Fluri, *Handbook on Critical Geographies of Migration* (London: Edward Elgar, 2020).

78. Anthony C. Gatrell and Susan J. Elliott, *Geographies of Health: An Introduction*, 3rd ed.(Malden, MA: Wiley-Blackwell, 2014).

79. Melinda S. Meade and Michael Emch, *Medical Geography*, 3rd ed.(New York: Guilford Press, 2010).

80. Michael Emch, Elisabeth D. Root, and Margaret Carrel, *Health and Medical Geography* (London: Guilford, 2017).

81. Ellen K. Cromley and Sara L. McLafferty, *GIS and Public Health*, 2nd ed.(New York: Guilford, 2011).

82. Yujie Hu and Steven Reader, "GIS and Health," *Oxford Bibliographies*, 26 November 2019, https://doi.org/10.1093/OBO/9780199874002-0211.

83. Robin A. Kearns and Wibert M. Gesler, eds., *Putting Health into Place: Landscape, Identity, and Well-Being* (Syracuse, NY: Syracuse University Press, 1998).

84. John Eyles and Allison Williams, eds., *Sense of Place, Health and Quality of Life* (Bodmin, UK: Ashgate, 2008).

85. Peter Gould, *The Slow Plague: A Geography of the AIDS Pandemic* (Oxford: Blackwell, 1993).

86. Valorie A. Crooks and Gavin J. Andrews, *Primary Health Care: People, Practice, Place* (Burlington, VT: Ashgate, 2009).

87. K. Bruce Newbold and Kathi Wilson, *A Research Agenda for Migration and Health* (Cheltenham UK: Edward Elgar, 2019).

88. Nancy E. Fenton and Jamie Baxter, *Practicing Qualitative Methods in Health Geographies* (New York: Routledge, 2016).

89. Allison Williams, Rhonda Donovan, Kelly Stajduhar, and Denise Spitzer, "Cultural Influences on Palliative Family Caregiving: Program/Policy Recommendations Specific to the Vietnamese," *BMC Research Notes* 8, no. 280(2015).

90. Ruben Mercado, Antonio Paez, and K. Bruce Newbold, "Transport Policy and the Provision of Mobility Options in an Aging Society: A Case Study of Ontario, Canada," *Journal of Transport Geography* 18, no. 5(2010), 649-661.

91. David A. Plane and J. R. Jurjevich, "Ties That No Longer Bind? The Patterns and Repercussions of Age-Articulated Migration," *Professional Geographer* 61, no. 1(2009), 4-20.

92. K. Bruce Newbold and Tyler Meredith, "Where Will You Retire? Seniors' Migration within Canada and Implications for Policy," IRPP Study 36, Montreal: Institute for Research on Public Policy, 2012.

93. Christine Milligan, "Aging," *The International Encyclopaedia of Geography*, 2017.

94. Rachel Pain and Peter Hopkins, "Social Geographies of Age and Ageism," in *The SAGE Handbook of Social Geographies*, ed. Susan J. Smith, Rachel Pain, Sallie A. Marston, and John Paul Jones III(Los Angeles and London: SAGE, 2010), 78-98.

95. Tim Schwanen and Ronald van Kempen, *Handbook of Urban Geography* (London: Edward Elgar, 2019).

96. Hussein Amery and Aaron T. Wolf, *Water in the Middle East: A Geography of Conflict* (Austin: University of Texas Press, 2000).

97. James L. Wescoat Jr., "Water Resources," in *Geography in America at the Dawn of the Twenty-first Century*, ed. Gary L. Gaile and Cort J. Willmott(New York: Oxford University Press, 2003), 283-301.

98. Brian L. Turner II, Goran Hyden, and Robert Kates, eds., *Population Growth and Agricultural Change*

in Africa (Gainesville: University of Florida Press, 1993).

99. Vaclav Smil, *Feeding the World: A Challenge for the Twenty-First Century* (Cambridge, MA: MIT Press, 2001); Vaclav Smil, *China's Past, China's Future* (New York: Routledge, 2003).

100. 이 이슈에 관심 있는 독자는 다음의 웹사이트를 참고할 것. http://feedingninebillion.com/

101. Elspeth Graham, "What Kind of Theory for What Kind of Population Geography?" *International Journal of Population Geography* 6, no. 4(2000), 257–272.

102. Rachel Silvey, "On the Boundaries of a Subfield: Social Theory's Incorporation into Population Geography," *Population, Space and Place* 10, no. 4(2004), 303–308.

103. Adrian J. Bailey, "Population Geography: Lifecourse Matters," *Progress in Human Geography* 33, no. 3(2009), 407–418; Plane, Henrie, and Perry, "Migration Up and Down the Urban Hierarchy."

104. Kathryn Grace, Molly Brown, and Amy McNally, "Examining the Link between Food Prices and Food Insecurity: A Multi-level Analysis of Maize Price and Birthweight in Kenya," *Food Policy* 45(2014), 56–65.

Chapter 13

결론 : 인구지리학의 쓰임새

마케팅
인구추계 : 보건의료, 교육, 교통
정치계획
지리정보과학
결론

20년 기준 세계 인구는 77억 명이 넘었고, 1.1%의 성장률을 보이고 있다. 지금의 추세라면, 63년 후에는 세계 인구가 2배로 증가할 것이다. 이러한 모든 수치가 현재 세계 인구 상황의 중대함을 시사한다. 이런 맥락에서 이 책은 오늘날 세계가 직면하고 있는 주요 인구통계학적 문제를 탐구하며, **인구지리학**의 주요 도구와 방법을 개괄적으로 소개하였다. 현재의 지식과 새롭게 제기되는 주제와 이슈를 검토하고, 이러한 것들이 어떻게 상호 관련되는지도 논의했다. 예컨대 인구가 어떻게 자원과 환경에 나쁜 영향을 미치는지, 인구증가와 갈등은 어떤 관계에 있는지, 저출산과 고령화 사회가 미치는 영향은 무엇인지 살펴보았다. 에이즈 문제가 출산력이나 인구변천과 무슨 관계에 있는지도 논의하였다. 책에서 소개한 기법들을 여러분이 일상적으로 사용할 일은 별로 없을 것이다. 여기에서 습득한 지식을 활용하려면 관련 분야에 진입해야 한다. 그러나 인구 관련 기법에 대한 지식이 있다는 사실만으로, 여러분이 **인구지리학자**로 고용될 수 있는 것은 아니다.

그렇다면 인구지리학의 도구는 어디에(그리고 어떻게) 적용할 수 있을까? 즉, 인구지리학을 어떻게 수행할 것인가? 아마도 가장 직접적인 방법은 인구 이슈에 관한 지식을 활용하는 것이다. 다소 주관적으로 들릴지 모르겠지만, 인구가 자원이용, 갈등, 기후변화, 일반적 인구동태 등의 이슈와 어떻게 연결되는지를 아는 것은 매우 중요하다. 그러면 인구를 잘 아는 소비자가 될 수 있고, 인구 관련 대화에도 더 잘 참여하게 될 것이다. 인구 고령화와 이주 문제는 사회보장, 교육, 직업 훈련 등과 관련해 국내의 정치 및 정책 논쟁에서 핵심을 차지하고 있다. 이런 분위기는 앞으로도 계속될 것이다. 따라서 이러한 이슈에 대한 기본적인 인구통계학적 근거를 파악하는 역량이 매우 중요하다.

아마도 이 책의 주요 독자인 대학생들은 졸업 후 인구지리학자가 되기보다는, 대부분이 기업, 정부, 교육 기관 등에서 일할 가능성이 더 크다. "인구지리학자 1명 구함"이라고 쓰인 채용 공고를 볼 일은 아마도 거의 없을 것이다. 하지만 이 책의 독자는 인구지리학자로서 최소한 두 가지의 중요한 자질을 갖추게 되었을 것이라고 기대한다. 첫째, 인구에 관한 지식을 습득하여, 어떻게 인구가 경제, 금융, 마케팅, 정책 등의 다른 분야와 관련되는지를 사고할 수 있어야 한다. 둘째, 지리학적 배경지식을 통해 공간, 스케일, 지리적 관계의 중요성을 인식하고, 지리학적 관점에서 문제를 분석하는 역량도 함양했을 것으로 믿는다.

인구지리학은 다른 연구나 학문과 더불어, 사회지리학, 문화지리학, 교통연구, 경제지리학, 보건지리학 등과 서로 연관될 수 있다. 예를 들어, 도시의 사회지리학적 변화를 살펴보고자 할 때 그 변화를 이끈 인구 변화 추세를 고려하지 않을 수 없다. 이주민들이 이동하고 있는가? 국내 출생자들은 그대로 머무르는가, 아니면 이동하는가? 새로운 이주민의 정착 패턴과 출산 관행은 어떠한가? 노년인구가 많은 도시의 특정 지역이 있다면, 상대적으로 젊은 인구의 지역과 무엇이 다르게 서비스를 제공해야 하는가? 이러한 문제들은 분명히 도시의 경제적, 정치적 기능에 영향을 미치게 된다. 이 장의 나머지 부분에서는 인구지리학의 기본 원리를 실세계에 적용하는 몇 가지 방식에 대해 논의해 보겠다.

마케팅

마케팅은 인구 정보가 가장 흥미롭고 영향력 있게 활용되는 분야 중 하나다. 마케팅에서 인구 구조에 관한 지식은 유용성 이상의 의미가 있다. 제품 라인이나 회사의 성패를 좌우할 수도 있기 때문이다. 예를 들어, 10대를 위한 신제품이나 서비스를 성공적으로 선보이고 싶다면 은퇴자들에게는 그다지 매력적이지 않을 것이다. 그래서 사회인구학적, 사회경제적 구성을 포함한 인구구조에 관한 지식이 필요하다. 기업이 제품의 주요 고객층을 결정할 때 구매력이 가장 높은 소비자를 표적화하도록 도와줄 수 있기 때문이다. 마찬가지로, 인구지리학 지식은 특정 언어의 광고나 제품처럼 특정 집단을 직접 겨냥한 시장 세분화에서도 유용하다.

인구 표적화나 시장 세분화를 위한 상품과 서비스 마케팅에 미국 인구조사국에서 제공하는 기초 인구통계와 경제 데이터를 자료원으로 활용할 수 있다. 노동 통계국과 『미국 통계요약집』도 유용하다. (이러한 자료는 대부분 인터넷을 통해 이용할 수 있다.) 연령, 출생, 성별, 인종, 민족, 소득과 같은 인구 정보들은 각기 다른 수요와 취향을 가진 집단을 상대로 하는 제품 표적화에 유익하다. 근린과 같은 작은 스케일의 정보는 로컬 인구에 대한 보다 상세한 분석에 쓰일 수 있다. 그러나 이러한 정보가 무료로 제공되는 경우는 거의 없으며, 돈을 들여 구매해야 한다.

널리 쓰이는 인구통계학 도구 중 하나로 (클라리타스사에서 개발한) **프리즘**(PRIZM : Potential Rating Index for Zip Markets)이 있다. 이 도구는 공통된 인구통계학적 특징, 라이프스타일 선호, 소비 행태를 기반으로 미국인 가구를 분류한다.[1] 비슷한 생활방식을 가진 사람들이 가까이 모여 사는 경향이 있다는 원리에 따른 것이다. 프리즘은 미국을 67개의 라이프스타일 그룹으로 범주화한다. 이를 통해 각 지역에 대한 정보를 제공함으로써 대상 집단을 특정화하는 마케팅을 지원한다. 예를 들어, 잘 알려진 (캘리포니아 베벌리힐스의) 우편번호 90210 지역은 '명문가의 땅'으로 분류된다. 이 그룹은 관리가 잘된 잔디 위의 수백억 달러 집에서 아이들을 키우는 부유한 가정으로 정의된다. 90210 주민의 대부분은 (법학, MBA 등) 전문 학위를 취득하거나 기업 경영에 관여하고 있다. 미국에서 가장 부유한 곳 중 하나라는 사실은 (2010년 센서스 기준) 14만 9195달러에 이르는 중위 가구소득으로 알 수 있다.[2] 90210 구역에는 '돈과 두뇌', '유력가, 거물', '젊은 디제라티(digerati)'로 범주화되는 이웃도 같이 있다.[A] 미국 다른 곳의 '풍요로운 아시아인', '연장과 트럭'의 특징을 지닌 근린과 구별되는 모습이다. 프리즘은 미국을 넘어서 캐나다에도 적용될 수 있게 개발되었다.

인구추계 : 보건의료, 교육, 교통

인구추계 기법은 2장의 **방법·측정·도구**에서 소개된 바 있다. 이러한 인구추계의 적용 범위는 점차 다양한 분야로 확대되고 있다. 마케팅 전문가들은 10년, 20년, 30년 후에 특정 지역의 인구통계가 어떻게 나타날 것인지를 궁금해한다. 기업들은 추계를 통해서 인구통계 변화에 대한 계획을 세우고자 한다. 마찬가지로, 재무 설계사들은 장래인구의 연령구조와 성별구조를 알고 싶어 할 것이다. 그에 상응하는 영향이 저축률이나 상품 및 서비스 소비에 나타날 수 있기 때문이다. 교육 및 보건의료 서비스 분야의 미래계획에도 인구추계가 반드시 필요하다. 다음과 같은 의문에 답을 구하기 위해서다. 보건의료 서비스 설계자는 새로운 병원이나 진료소의 위치를 어떻게 결정할 수 있을까? 교육자와 교육위원회는 지역 인구통계 변화에 어떻게 대응할 수 있을까? 어떻게 폐교나 신규 학교 설립을 결정할 수 있을까? 신규 학교는 어디에 세워야 할까? 신규 학교 설립비용은 어디에 사는 누가 지불해야 할까?

　인구추계와 관련해 가장 핵심이 되는 이슈는 **인구구조**와 **고령화**이다. 이는 어떤 관점이나 배경지식을 가졌든지 모두가 관심을 보이는 사안이다. 예컨대, 인구 고령화는 학령인구의 감소를 의미한다. 동시에, 보건의료시설에 대한 수요와 돌봄비용의 증가도 함의하는 변화다. 노년

[A] 디제라티는 digital(디지털)과 literati(지식인)의 합성어로 디지털 분야에 정통한 엘리트 지식인을 의미하는 신조어이다 (출처 : 위키피디아).

인구에 요구되는 마케팅과 노년층의 재정적 니즈는 젊은 인구와는 다를 것이다. 인구 고령화가 국가적 현상이긴 하지만, 모든 지역이나 근린에서 나타나지는 않는다는 점에 유의해야 한다. 고령화와 인구성장은 지역적으로 차별화된 현상이란 뜻이다. 인구성장은 신흥 교외지역에 집중하고 오래된 지역에서는 인구 고령화가 나타날 가능성이 크다.

어떤 경우든 질문의 핵심은 인구통계학적 구조와 미래에 대한 지식에 기초한다. 학교 교육위원회는 현재나 미래가 불투명한 지역에 재정을 투입해 학교를 신설하려 들지는 않을 것이다. 그래서 추계 및 조사 기법을 사용해 인구증가 지역과 가능한 입학자 수를 파악하는 게 중요하다. 대학 행정가는 청년층 코호트 축소의 상황에 직면해있다. 이들은 대학 진학률과 인구 변화를 조사해 특정 그룹이나 지역이 고등교육 시스템에서 소외되고 있지는 않은지도 알고자 한다. 보건의료 서비스 산업 역시 저출산 및 고령화의 지역에 산모 관련 시설 투자를 원하지 않는다. 교통과 주거의 미래 시나리오를 평가하고자 하는 도시계획가와 교통계획가에게도 인구추계는 필수적인 작업이다.

인구추계는 미래를 바라보는 방안을 제시한다. 정보에 입각한 결정을 원하는 도시계획가와 같은 사람들에게 매우 유용한 예측의 방법이라 할 수 있다. 정부는 정기적인 인구추계를 통해서 미래의 서비스 수요를 계획한다. 예를 들어, 온타리오 주정부는 하위 지방자치단체에게 다양한 계획의 가정하에(가령, 도시의 특정 장소에서 인구밀도가 증가한다는 가정하에) 도시인구를 추계하도록 요구하고 있다(이 책의 10장 참고). 이는 '성장 장소(Places to Grow)' 법안으로 알려져있다. 인구 고령화에 대한 우려는 고령화가 교통의 지속 가능성에 어떤 의미인지에 대한 분석으로 이어졌다. 한 연구에서는 연령이 높아질수록 대중교통보다 자가용에 대한 의존도가 높다는 점이 밝혀졌다.[3] 앞으로 수십 년 동안 도시의 고령 운전자 수와 비율이 상당히 증가할 전망을 시사하는 연구 결과다. 이러한 연구에도 불구하고, 고령인구와 교통 시스템 지속 가능성 간의 관계성은 아직 충분히 다루어지지 않고 있다.

예외적으로 온타리오주 해밀턴에서는 인구 고령화와 교통 수요 간의 관계를 조사하는 대규모 프로젝트가 수행되고 있다. 연구의 일부로 해밀턴 인구의 미래 연령구조와 분포를 센서스 트랙 수준에서 모델링할 필요가 있었다.[4] 대도시지역 내외부로의 인구이동, 인구 고령화, 출생률 감소를 고려하여, 미래의 노년인구가 어디에 집중되고 이러한 분포가 서비스 및 교통과 어떤 관계에 있는지를 파악하기 위해서였다. 이에 참여 연구자들은 로저스 모델에 기반한 인구통계학적 모델을 제안하여 소지역에(즉, 센서스 트랙에) 적용하였다. 이 모델은 원래 훨씬 더 광범위한 수준에서만 적용 가능했는데, 소지역에 맞추어 이동 데이터를 조정했던 것이다. 모든 인구추계 모델이 이처럼 복잡하지는 않다. 하지만 소지역 데이터에 대한 인구추계 필요성이 증가함에 따라 그 가치는 더욱 커지고 있다.

정치계획

인구지리학의 또 다른 활용 사례는 정치 분야에서도 찾아볼 수 있다. 앞서 언급한 것처럼, 하원의원의 할당을 결정할 때(즉, 각 주를 대표하는 하원의원 수를 결정할 때) 미국에서는 센서스 데이터를 활용한다. 미국 의회와 주 입법구역도 주민이 공정한 대표성을 갖도록 구성되어야 한다. 이러한 작업을 위해서는 지리적으로 상세한 데이터가 필요하다.[5] 인터넷 시대가 되면서 보다 신중한 분석에 대한 필요성도 더욱 커졌다. 1990년 센서스 이후의 의원 수 재할당을 시작으로, 개인과 집단은 가용한 인구통계 데이터를 활용해 재할당에 대한 의견을 제시할 수 있게 되었다. 일반인들이 자신의 계획을 발표하는 기회를 얻었다는 것이다.

지리정보과학

지리정보시스템(GIS)은 지리학자와 고용시장을 명확하게 연결하는 가교 역할을 하고 있다. GIS는 지리 정보를 수집, 처리, 재현, 분석하기 위한 데이터 구조와 연산 기법을 연구하는 방법론으로 정의된다.[6] (인구지리학자를 비롯한) 많은 지리학자가 GIS를 활용해 인구 문제와 패턴을 탐구한다. 인구 이슈와 인문적, 자연적 과정 간의 상호작용을 연구하는 데에도 GIS를 사용한다. 예를 들어, 도시환경에서 노인들의 온열 취약성을 이해하는 데에 GIS가 활용된다. 이를 위해 노인 거주지, 잠재적 무더위 쉼터, 필요 지원센터의 위치 등에 대한 정보가 이용된다. 보건의료 서비스 전문가와의 긴밀한 협업이 이루어지기도 한다. 교통환경 문제와 관련해서, GIS는 특정 위치나 시설에 대한 인구 접근성이나 통근 행태를 파악하고 입지 결정을 내릴 때 유용하다. 소매업 분야에는, 새로운 비즈니스나 시장 접근성을 위한 최적 입지를 도출하는 데에 사용될 수 있다. GIS의 활용 범위는 제한이 거의 없고 매우 광범위하다.

결론

인구지리학과 인구통계학 분야는 다양한 논의들의 기초가 된다. 데이비드 풋의 1996년 저서 『붐 · 버스트 · 에코 : 인구 변동에서 이윤 찾기(*Boom, Bust, and Echo : How to Profit from the Coming Demographic Shift*)』는 캐나다의 인구통계학적 변화와 이것이 재정, 부동산 가치, 마케팅, 도시계획 등에 갖는 의미를 논의한다.[7] 보다 최근에, 리처드 플로리다는 인구추계, 특히 (인구의 교육이나 창의성의 수준으로 측정하는) 인적자본을 도시의 성장과 경제적 성과에 연결시켰다.[8] 플로리다의 가설과 연구의 기초는 인구이동 흐름이 지리적 공간에서 인적자본의 변이를 생성한다는 것에 있다. 물론 국내이동의 영향력은 국제이동의 역할과 도시 자체의 인적

자본 창출 능력에 의해 상쇄되기도 한다.[9] 캐나다의 사례를 보면, 이민은 최대급 메트로폴리탄 지역에서 새로운 인적자본의 핵심 공급자 역할을 한다. 반면, 로컬 스케일에서는 국내이동의 중요성이 훨씬 더 크다.

이러한 논의의 요점은 인구지리학 지식이 오늘날 세계의 많은 논쟁과 정책의 기초가 된다는 것이다. 여러 국가에서 인구와 지리 데이터의 가용성이 증가하고, 데이터를 처리하는 계산 능력과 분석 기법도 발달하고 있다. 이에 따라, 인구지리학이나 인구통계학이 폭발적으로 성장할 것으로 예견된다. 실제로 많은 기업가, 정부 관료, 교육자, NGO 활동가가 현재와 미래의 트렌드를 더욱 잘 이해하기 위해서 인구연구에 더욱 몰두하고 있다.

원주

1. http://www.claritas.com(2020년 5월 27일 최종 열람).

2. http://www.zipdatamaps.com/90210(2020년 5월 27일 최종 열람).

3. Sandra Rosenbloom, "Sustainability and Automobility among the Elderly: An International Assessment," *Transportation* 28(2001), 375-408; Darren M. Scott, K. Bruce Newbold, Jamie E. L. Spinney, Ruben G. Mercado, Antonio Páez, and Pavlos S. Kanaroglou, "New Insights into Senior Travel Behavior: The Canadian Experience," *Growth and Change* 40(2009), 140-168.

4. Pavlos Kanarolgou, Hanna Maoh, K. Bruce Newbold, Darren M. Scott, and Antonio Paez, "A Demographic Model for Small Area Population Projections: An Application to the Census Metropolitan Area(CMA) of Hamilton in Ontario, Canada," *Environment and Planning A* 41(2009), 965-979.

5. http://www.census.gov/topics/public-sector/congressional-apportionment.html(2020년 5월 27일 최종 열람).

6. Michael Goodchild, "Twenty Years of Progress: GIScience in 2010," *Journal of Spatial Information Science* 1(2010), 3-20.

7. David Foot, *Boom, Bust and Echo: How to Profit from the Coming Demographic Shift* (Toronto: Macfarlane Walter and Ross, 1996).

8. Richard Florida, *The Rise of the Creative Class: And How It's Transforming Work, Leisure, Community, and Everyday Life* (New York: Basic Books, 2002).

9. Desmond Beckstead, Mark Brown, and K. Bruce Newbold, *Cities and Growth: In Situ versus Migratory Human Capital Growth*, catalogue #11-622-M, no. 019(Ottawa: Statistics Canada, 2008).

용어·약어 목록

가임력(fecundity) 개인이 자녀를 가질 수 있는 생리학적 능력.

강제송환금지(non-refoulement) 난민을 본인의 의사에 반해 본국으로 되돌려 보내는 것을 금지하는 유엔 난민협약(UN Refugee Convention)의 기본 원칙.

개발도상국 세계(developing world) 선진국 세계 밖의 모든 국가.

거주지 이동(residential mobility) (도시나 노동시장 내에서 나타나는) 단거리 거주지 이동

경쟁자원(rivalrous resource) 특정 행위자가 사용하면 다른 사람의 이용 가능성이 감소하는 자원.

경제적 낙관론자(economic optimist) 인구성장이 경제발전을 낳는다고 믿는 사람.

고령화(노령화, aging) 노년인구 비율이 증가하는 과정.

국내총생산(GDP : Gross Domestic Product) 특정 국가 내에서 생산되는 재화와 서비스의 전체 가치.

국제이동(international migration) 국경을 넘어가는 이동.

기대여명(life expectancy) 현재의 사망력 수준에서 특정 연령의 한 개인이 생존할 수 있다고 기대되는 평균 생존연수. 보통 출생 시점의 기대수명(life expectancy at birth)으로 표현함.

난민(refugee) 인종, 종교, 국적, 사회집단 소속, 정치적 견해 등의 이유로 박해받을 공포 때문에 국적 국가 외부에 머물면서 돌아가지 못하는 개인이나 집단.

노년부양비(old dependency ratio) 부양비 참고.

녹색혁명(Green Revolution) 1940~1950년대의 농업 생산성 개선. 새로운 고생산성 작물, 비료, 관개, 농약 사용과 관련됨.

논리실증주의(logical positivism) 수학과 논리학에 기초하는 합리주의(rationalism)와 경험주의(empiricism)를 결합한 철학의 분파(세계에 대한 지식은 관찰할 수 있는 근거와 불가분의 관계에 있다는 사상).

대체 출산력 수준(replacement fertility level) 한 세대를 정확하게 대체하는 데 필요한 (2.1의) 합계출산력. 가임 기간 전에 사망할 가능성을 고려한 것임. 줄여서 대체 수준으로 불리기도 함.

도시(urban) 비농업적 활동을 중심으로 생계를 꾸려가는 사람들이 집중한 공간. 도시 인구의 최소 요구치는 국가마다 다르게 정의됨.

도시지역(urban area)   미국 인구조사국의 정의에 따른, 밀집된 정착 영토의 지역.

동화(assimilation)   수용 국가의 시민으로 거듭나기 위해 이주민이 겪는 경제적, 사회적, 문화적, 정치적 적응(adjustment)의 과정.

마르크스주의(Marxist)   카를 마르크스의 이론을 옹호하는 입장.

맬서스주의(Malthusian)   토마스 맬서스의 업적에 기초한 입장. 맬서스는 식량이 산술급수적으로 증가하는 반면 인구는 기하급수적으로 증가하여 결국 부적절한 식량 공급 때문에 기아, 질병, 전쟁이 발생해(즉, 적극적 제한이 나타나) 인구가 감소한다고 주장함.

메가시티(거대도시, 巨大都市, megacity)   인구 1000만 명 이상의 도시.

메가폴리탄 시티(거대도시, 巨帶都市, megapolitan cities)   여러 도시가 하나의 도시처럼 또는 하나의 도시 네트워크로 합쳐진 모습. 도시지역 간 경계가 없는 것처럼 보임. 메갈로폴리스(megalopolis)로 불리기도 함.

미등록 이주민(undocumented immigrant)   등록이나 허가 없이 한 국가에 진입한 사람.

배가 기간(doubling time)   자연증가가 일정하다는 가정하에, 인구가 2배 증가하는 데에 걸리는 햇수.

베이비붐(baby boom)   많은 서구 국가들이 1946년과 1964년 사이에 경험한 출생률의 증가.

부메랑 자녀(boomerang children)   살기 위해 부모의 집으로 되돌아오는 성인 자녀. (역자주 : 우리나라의 캥거루족에 해당하는 용어임.)

부양비(dependency ratio)   15~64세의 경제활동인구(생산연령인구)에 대한 부양인구의 비. 유소년부양비(young dependency ratio)는 경제활동인구에 대한 0~14세 유소년인구의 비를 말하며, 빠른 인구성장과 관련된다. 노년부양비(old dependency ratio)는 경제활동인구에 대한 65세 이상 노년인구의 비를 뜻한다.

불법 이주민(illegal immigrant)   미등록 이주민 참고.

브라세로(bracero)   1942년부터 1964년 사이 미국에서 합법적으로 수용된 멕시코 이주노동자. (역자주 : 이 용어는 멕시코 노동자, 특히 농업 부문에서 일하는 계절제 노동자의 의미로 여전히 쓰이고 있음.)

비재생자원(nonrenewable resource)   석유와 광물을 비롯한 유한자원.

비호(asylum)   특정한 국가에서 난민의 지위를 얻어 보호받고자 하는 행동.

비호자(asylee, asylum-seeker)   강제적으로 출신 국가를 떠나서 거주하고 있는 새로운 국가에서 난민이 되고자 하는 사람.

빅데이터(big data)   컴퓨터 분석을 통해서 인간 행태의 패턴, 트렌드, 연관성을 드러내는 거대 규모의 데이터 세트.

사회적 분열(social segmentation)   계급, 민족(종족), 종교 등에 따른 사회의 분리.

상주(常住) 센서스(de jure census)　합법적, 일상적 거주지를 기준으로 인구를 집계하는 센서스.

생존 기간(life span)　한 사람이 생존할 수 있는 최장 기간. (역자주 : 기대수명과 동의어.)

생태적 주변부화(ecological marginalization)　개인이나 집단이 생태적 주변부 지역에 강제로 이동하는 과정.

선진국 세계(developed world)　UN의 분류법에 따르면, 유럽, 북아메리카, 오스트레일리아, 이스라엘, 일본, 한국, 뉴질랜드가 선진국 세계에 속함. (역자주 : 분류의 최신 업데이트에 따라 한국과 이스라엘이 추가됨.)

성비(sex ratio)　여성 100명당 남성의 수.

센서스(census)　특정 기간과 국가에 적합한 인구통계, 경제, 사회 데이터의 총체.

셴겐협약(Schengen Agreement)　국경을 넘어 자유로운 이동을 보장하는 주요 유럽 국가 간의 협약.

신맬서스주의(neo-Malthusian)　맬서스주의의 원리는 받아들이지만, 인구성장을 감소시키도록 산아조절 방법을 사용할 수 있다는 입장.

양적(계량) 데이터(quantitative data)　계량화하여 확인하거나 통계적으로 조작할 수 있는 데이터.

에이즈(AIDS : Acquired Immunodeficiency Syndrome)　후천성면역결핍증.

역도시화(counterurbanization)　대도시 중심에서 비도시지역으로 이동의 흐름이 변화하는 현상.

역학변천(epidemiological transition)　높은 사망력에서 낮은 사망력으로 변화함에 따라 생기는 건강과 질병 패턴의 변동.

연령피라미드(age pyramid)　연령과 성에 따른 인구분포 재현.

외국인(alien)　귀화를 통해 시민권을 얻지 않고 체류하는 사람.

유병률(有病率, prevalence)　한 지역의 인구 중에서 일정한 시점이나 기간에 특정 질병에 걸린 환자의 비율. 질병이 언제 시작되었는지는 고려하지 않음.

유소년부양비(young dependency ratio)　부양비 참고.

이동(migration)　거주지 변화를 동반하는 개인, 가족, 가구의 공간상 이동.

이동변천(mobility transition)　국가의 경제발전에 따라 나타나는 국내이동 패턴 변화.

이민 격차(immigration gap)　국가의 이민정책과 결과 간의 차이.

이입률(移入率, immigration rate)　유입 국가의 인구에 대한 이주자 수의 비율.

이입자(移入者, 이주민, immigrant)　태어나지 않은 국가로 이동해 거주하는 사람.

이출률(移出率, emigration rate)　이출 국가의 인구에 대한 이출자 수의 비율.

이출자(移出者, emigrant)　한 국가를 떠나 다른 국가에 정착한 사람.

이환력(morbidity) 한 인구가 질병을 앓고 있는 상태.

인구(population) 특정 국가, 도시, 지역에 거주하는 사람들의 전체 수.

인구구성(population composition) 특정 지역 인구의 특성.

인구동태신고(vital registration) 출생, 사망, 결혼, 이혼, 인구이동 등 인구통계학적 사건을 기록하는 제도.

인구모멘텀(population momentum) 출산율이 대체 수준 아래로 하락하여도 인구의 연령구조와 성별구조에 내재하는 인구성장의 잠재력.

인구밀도(population density) 인구가 특정한 지역에 몰려있는 정도의 표현.

인구배당(demographic dividend) 영아와 아동 사망률의 상당한 감소 때문에 출산율이 낮아지며 경제성장이 촉진되는 시기.

인구분포(population distribution) 밀도와 거주지를 비롯한 인구 위치의 지리적 패턴.

인구연구학(population studies) 인구 이슈에 대한 대안적 접근. 비통계적 접근을 포함함.

인구지리학(population geography) 위치와 공간적 과정을 강조하는 인구의 지리학적 연구.

인구추계(population projection) 미래인구 예상.

인구추정(population estimate) 알려진 두 시점 사이에서 인구 규모를 추산함.

인구통계학(demography) 인구에 대한 통계적 분석.

인구폭발(population explosion) 세계 인구의 급격한 증가.

인구피라미드(population pyramid) 인구의 연령별 구성과 성별 구성을 그래픽으로 재현한 것.

자연증가(natural increase) 출생률에서 사망률을 뺀 값. (이동을 제외한) 연간 인구성장률을 퍼센트로 표현함.

자원포획(resource capture) 입법 등의 수단을 사용한 희소자원의 통제.

재생자원(renewable resource) 물, 농경지, 산림처럼 지속 가능성의 범위를 초과하지 않으면서 무한정 사용할 수 있는 자원.

저지(interdiction) 잠재적 난민이나 비호신청자가 국가로 진입해 난민신청 과정을 시작하는 것을 차단하는 정책.

조사망률(crude mortality/death rate) 인구 1000명당 연간 사망자 수. 서로 다른 연령집단 간 사망률 차이를 비교할 수 있도록 하는 연령 표준화(age standardization)가 되지 않은 지표임.

중위연령(median age) 인구의 평균적 나이를 측정하는 방법의 일종. 전체 인구를 연령순으로 나열할 때 정중앙에 있는 사람에 해당하는 연령.

지속 가능한 발전(sustainable development) 미래 세대에 피해를 주지 않으면서 현재의 필요에 부응하는 인간활동의 수준.

질적(정성) 데이터(qualitative data) 측정하지 않고 사물이나 현상의 속성, 성격, 성질을 어림잡아 특성화하는 데이터.

초과체류자(overstayer)　합법적으로 입국했으나 허가 기간 만료 이후에도 계속해서 머무는 사람.

최빈개도국(least developed countries)　유엔의 정의에 따른, 1인당 연간 소득이 900달러 미만인 국가.

출산력 변천(fertility transition)　높은 출산력에서 낮은 출산력으로의 변화.

출산력(fertility)　재생산(생식)하는 능력.

출산억제정책(antinatalist policy)　출산과 분만을 억제하는 정책. 아동수당 감축이나 보다 강력한 억제책이 이에 속함.

출산장려정책(pronatalist policy)　높은 출생률을 선호하는 정책. 세금 인센티브, 둘째 이후 자녀 수에 따라 지급되는 현금, 보육 서비스, 육아휴직 등이 이에 속함.

코호트(cohort)　같은 해에, 또는 같은 몇 해 동안 태어난 사람의 집단.

쿼터 시스템(quota system)　정의된 인구에 기초해 이민자 수 쿼터를 할당했던 미국의 이민 정책.

표본(sample)　인구의 부분집합.

한시적(일시적) 이동(temporary migration)　교육, 여행, 근무를 위한 단기간 이동.

항레트로바이러스제(antiretroviral drug)　HIV가 에이즈로 발전하는 것을 억제하기 위해 사용되는 약물. 트리플 칵테일이란 별칭으로도 알려져있음.

현주(現住) 센서스(de facto census)　일상적 거주지와 무관하게 있는 곳을 기준으로 인구를 집계하는 센서스.

호적제(후커우, Hukou system)　모친의 로컬리티에 기초해 시민권을 부여하는 중국의 제도. 교육, 주택, 고용, 의료 접근성에 영향을 미침.

환경 이주민(environmental migrant)　기후변화의 영향으로 자신의 생계와 집에서 물리적으로 이탈한 사람.

1차 데이터(primary data)　연구자가 직접 수집하는 데이터.

2차 데이터(secondary data)　사전에 정의된 질문, 표본, 지리적 지역을 바탕으로 기관, 정부 등 타인이 수집한 데이터.

ACS(American Community Survey)　미국 지역사회조사.

ASDR(Age-Specific Death Rate)　연령별 사망률. ASMR과 동의어.

ASFR(Age-Specific Fertility Rate)　연령별 출산율.

ASMR(Age-Specific Mortality Rate)　연령별 사망률. ASDR과 동의어.

BSI(Border Safety Initiative)　국경안전계획. 미국 국경경비대(Border Patrol)가 잠재적 불법 이

주자에게 국경 횡단의 위험성을 교육하고 필요한 경우 의료 지원을 제공하는 프로그램.

CBR(Crude Birth Rate) 조출생률.

DTT(Demographic Transition Theory) 인구변천 이론. 하나의 국가가 높은 출산율과 높은 사망률의 사회에서 낮은 출산율과 낮은 사망률의 사회로 변화하는 과정.

GIS(Geographic Information System) 지리정보시스템.

HIV(Human Immunodeficiency Virus) 인간면역결핍바이러스. 에이즈를 유발하는 바이러스.

IDP(Internally Displaced Persons) 국내실향민. 무력 분쟁, 폭력, 인권 남용, 재난을 피해 고향을 떠날 수밖에 없는 개인이나 집단. 난민(refugee)과 달리, 국적을 보유한 국가 외부에 거주하지 않는다.

IMR(Infant Mortality Rate) 영아사망률. 1세 이하 영아 1000명당 사망자 수.

INS(Immigration and Naturalization Service) 미국 이민귀화국. [역자주 : 2003년 이민국(Citizenship and Immigration Service)으로 개명함.]

IPCC(Intergovernmental Panel on Climate Change) 기후변화에 관한 정부 간 패널.

IRCA(Immigration Reform and Control Act 1986) 1986년 이민 개혁·통제법.

MAUP(Modifiable Areal Unit Problem) 임의적 공간단위 문제. 상이한 공간적 합산 때문에 발생할 수 있는 통계적 편향의 원천.

PUMS(Public Use Microdata Sample) 공공 마이크로데이터 표본.

STD(Sexually Transmitted Disease) 매독, 임질, HIV 등의 성 매개 감염병(성병).

TFR(Total Fertility Rate) 합계출산율. 현재의 연령별 출생률이 일정하다는 가정하에, 한 여성이 15~49세의 가임 기간 동안 낳을 수 있는 자녀 수의 평균.

UGB(Urban Growth Boundary) 도시성장 경계. 도시지역이 끝나고 농촌지역이 시작되는 한계를 설정한 방법이나 정책.

UNAIDS(United Nations Program on HIV/AIDS) 유엔에이즈계획.

UNFAO(United Nations Food and Agricultural Organization) 유엔식량농업기구.

UNHCR(United Nations High Commissioner for Refugees) 유엔난민기구.

USAID(United States Agency for International Development) 미국 국제개발처.

USCRI(United States Committee for Refugees and Immigrants) 미국 난민이민위원회.

WHO(World Health Organization) 세계보건기구.

찾아보기

지은이 |

K. Bruce Newbold

캐나다 맥마스터대학교 지리학과에서 박사학위를 수여받았다. 미국 일리노이대학교(1994~2000년)를 거쳐, 현재는 맥마스터대학교 교수로서 지구 · 환경 · 사회대학(구 지리 · 지구과학대학) 학장직을 수행하고 있으며 같은 학교에서 맥마스터 환경 · 보건연구소장도 역임했다. 대외적으로는 캘리포니아주립대학교 샌디에이고캠퍼스 비교이주연구소의 객원 연구원을 역임했고, 저명 학술지 *Urban Studies*의 지원을 받아 영국 글래스고대학교 사회 · 공공보건 과학연구단에서도 활동했었다. 이동, 이주, 보건, 고령화 등이 주된 연구 관심사이며, 관련 연구는 미국의 국립과학재단(NSF)과 사회과학연구협의회(SSRC), 캐나다의 인문사회과학연구위원회(SSHRC)와 보건연구원(CIHR)의 지원을 받기도 했다. 대표 저서로는 *Six Billion Plus*가 있으며, 이 밖에도 저명 학술지에 실린 연구 업적을 다수 보유하고 있다.

옮긴이

이재열

서울대학교 지리교육과에서 학·석사를 마치고 미국 위스콘신주립대학교 지리학과에서 박사학위를 수여받았다. 포항공과대학교 인문사회학부(2017~2018년), 충북대학교 지리교육과(2018~2024년)를 거쳐, 현재는 고려대학교 지리교육과에서 경제지리학, 지역개발론, 사회지리학 담당 교수로 일한다. 오랜 인구지리학 강의 경력을 바탕으로, 관련 분야에서는 인적자본, 창조계층, 불안계급, 이주노동의 공간적 특성에 관한 연구에 매진하고 있다. 주요 저·역서로는『경제지리학개론』,『지역개발론』,『도시지리학개론』,『사회지리학개론』등이 있다.

이건학

서울대학교 지리교육과에서 학·석사를 마치고 미국 오하이오주립대학교 지리학과에서 박사학위를 수여받았다. 전남대학교 지리교육과(2011~2012년)를 거쳐, 현재는 서울대학교 지리학과에서 GIS, 공간통계, 지도학, 원격탐사 담당 교수로 재직하고 있다. 인구통계학, 휴먼 모빌리티, 지역 상호작용론 등에 관한 전문성을 바탕으로 다양한 도시 및 사회경제 현상에 대한 공간 분석 및 모델링에 관한 연구를 진행하고 있다. 주요 저·역서로는『세븐 웨이브』,『와이파이 공간과 모바일 정보 격차』,『지리학 연구방법론』,『지도학과 지리적 시각화』,『지도 패러독스』등이 있다.